中 国 国 家 标 准 汇 编

513

GB 27807～27848

（2011 年制定）

中国标准出版社　编

中国标准出版社

北　京

图书在版编目(CIP)数据

中国国家标准汇编:2011年制定.513:
GB 27807~27848/中国标准出版社编.—北京:中国
标准出版社,2012
ISBN 978-7-5066-6962-7

Ⅰ.①中… Ⅱ.①中… Ⅲ.①国家标准-汇编-中国
-2011 Ⅳ.①T-652.1

中国版本图书馆CIP数据核字(2012)第197809号

中国标准出版社出版发行
北京市朝阳区和平里西街甲2号(100013)
北京市西城区三里河北街16号(100045)

网址 www.spc.net.cn
总编室:(010)64275323 发行中心:(010)51780235
读者服务部:(010)68523946

中国标准出版社秦皇岛印刷厂印刷
各地新华书店经销

*

开本 880×1230 1/16 印张 30.75 字数 927 千字
2012年9月第一版 2012年9月第一次印刷

*

定价 220.00 元

出 版 说 明

1.《中国国家标准汇编》是一部大型综合性国家标准全集。自1983年起，按国家标准顺序号以精装本、平装本两种装帧形式陆续分册汇编出版。它在一定程度上反映了我国建国以来标准化事业发展的基本情况和主要成就，是各级标准化管理机构，工矿企事业单位，农林牧副渔系统，科研、设计、教学等部门必不可少的工具书。

2.《中国国家标准汇编》收入我国每年正式发布的全部国家标准，分为“制定”卷和“修订”卷两种编辑版本。

“制定”卷收入上一年度我国发布的、新制定的国家标准，顺延前年度标准编号分成若干分册，封面和书脊上注明“20××年制定”字样及分册号，分册号一直连续。各分册中的标准是按照标准编号顺序连续排列的，如有标准顺序号缺号的，除特殊情况注明外，暂为空号。

“修订”卷收入上一年度我国发布的、被修订的国家标准，视篇幅分设若干分册，但与“制定”卷分册号无关联，仅在封面和书脊上注明“20××年修订-1，-2，-3，……”字样。“修订”卷各分册中的标准，仍按标准编号顺序排列(但不连续)；如有遗漏的，均在当年最后一分册中补齐。需提请读者注意的是，个别非顺延前年度标准编号的新制定的国家标准没有收入在“制定”卷中，而是收入在“修订”卷中。

读者配套购买《中国国家标准汇编》“制定”卷和“修订”卷则可收齐由我社出版的上一年度我国制定和修订的全部国家标准。

3. 由于读者需求的变化，自1996年起，《中国国家标准汇编》仅出版精装本。

4. 2011年我国制修订国家标准共1 989项。本分册为“2011年制定”卷第513分册，收入国家标准GB 27807～27848的最新版本。

中国标准出版社

2012年8月

目　　录

ICS 87.040
G 51

中华人民共和国国家标准

GB/T 27807—2011

聚酯粉末涂料用固化剂

Curing agent for polyester powder coatings

2011-12-30 发布　　　　2012-06-01 实施

中华人民共和国国家质量监督检验检疫总局
中国国家标准化管理委员会　发布

前　言

本标准按照 GB/T 1.1—2009 给出的规则起草。

本标准由中国石油和化学工业联合会提出。

本标准由全国涂料和颜料标准化技术委员会(SAC/TC 5)归口。

本标准起草单位：中海油常州涂料化工研究院、常州市牛塘化工厂有限公司、宁波南海化学有限公司、黄山市华惠精细化工有限公司、扬州三得利化工有限公司、黄山新仁凯科技有限公司、六安市捷通达化工有限责任公司、立邦涂料(天津)有限公司、青岛美尔塑料粉末有限公司、肇庆市东源实业有限公司、中国化工学会涂料涂装专业委员会。

本标准主要起草人：黄逸东、刘泽曦、季军宏、任淑芝、胡宁先、方向宏、陶杰、胡尚青、翁世兵、朱星赢、袁文学、周德贵。

聚酯粉末涂料用固化剂

1 范围

本标准规定了聚酯粉末涂料用固化剂的分类和分等、要求、试验方法、检验规则、标志、包装和贮存等内容。

本标准适用于羧基聚酯粉末涂料用异氰脲酸三缩水甘油酯(TGIC)和羟烷基酰胺(HAA)固化剂。

注：羟烷基酰胺(HAA)固化剂指主要成分为 N,N,N′,N′-四羟乙基己二酰胺的羟烷基酰胺。

2 规范性引用文件

下列文件对于本文件的应用是必不可少的。凡是注日期的引用文件，仅注日期的版本适用于本文件。凡是不注日期的引用文件，其最新版本(包括所有的修改单)适用于本文件。

GB/T 617—2006　化学试剂　熔点范围测定通用方法

GB/T 1725—2007　色漆、清漆和塑料　不挥发物含量的测定

GB/T 2794—1995　胶粘剂粘度的测定

GB/T 3186　色漆、清漆和色漆与清漆用原材料取样

GB/T 4612—2008　塑料　环氧化合物环氧当量的测定

GB/T 6682　分析试验室用水规格和试验方法

GB/T 8170　数值修约规则与极限数值的表示和判定

GB/T 9750　涂料产品包装标志

GB/T 12009.1—1989　异氰酸酯中总氯含量测定方法

GB/T 13491　涂料产品包装通则

HG/T 2006　热固性粉末涂料

3 产品分类和分等

3.1 产品分类

本标准根据羧基聚酯粉末涂料用固化剂的组成，分为异氰脲酸三缩水甘油酯(TGIC)和羟烷基酰胺(HAA)两种类型。

3.2 产品分等

异氰脲酸三缩水甘油酯(TGIC)产品分为两个等级：优等品、合格品。

4 要求

4.1　固化剂产品质量性能应符合表 1 的要求。

表 1 要求

项目	类型		
	异氰脲酸三缩水甘油酯(TGIC)		羟烷基酰胺(HAA)
	优等品	合格品	
外观	白色粉末或颗粒		浅黄～白色粉末或颗粒
羟基当量/(g/mol)	—		82±2
环氧当量/(g/mol) ≤	110		—
挥发分/% ≤	0.5		1.0
熔程/℃	95～125		120～130
熔体黏度(120±1)/[℃/(mPa·s)] ≤	100		—
总氯含量/% ≤	0.4	0.6	—
环氧氯丙烷残留量/(mg/kg) ≤	100	250	—
羟烷基酰胺[a]含量/% ≥	—		88

[a] 羟烷基酰胺指 N,N,N′,N′-四羟乙基己二酰胺。

4.2 固化剂产品应用性能

经双方商定的配方、生产工艺制得的粉末涂料和涂层应符合 HG/T 2006 标准或双方商定的其他标准中产品的要求。

5 试验方法

5.1 一般规定

除另有规定,试验用试剂均为分析纯,试验用水均为符合 GB/T 6682 规定的三级水,试验用溶液在试验前预先调整到试验温度。

5.2 取样

产品按 GB/T 3186 的规定取样,也可按商定方法取样。取样量根据检验需要确定。

5.3 外观

目测。

5.4 羟基当量

按附录 A 的规定进行测试。

5.5 环氧当量

按 GB/T 4612—2008 的规定进行测试。

5.6 挥发分

按 GB/T 1725—2007 的规定测试不挥发分(w),然后按式(1)计算挥发分(w_0),烘烤条件为

(110±2)℃/3 h,称样量约 2 g。

$$w_0 = (1 - w) \times 100\% \qquad \cdots\cdots (1)$$

式中:

w_0——挥发分质量分数;

w——不挥发分质量分数。

5.7 熔程

按 GB/T 617—2006 的规定进行测试,升温速度为 1.0 ℃/min,仲裁使用仪器法。

5.8 熔体黏度

按 GB/T 2794—1995 的规定进行测试。

5.9 总氯含量

按 GB/T 12009.1—1989 的规定进行测试。试验样品用量约 0.1 g,硝酸银标准溶液的浓度为 0.005 mol/L。

5.10 环氧氯丙烷残留量

按附录 B 的规定进行测试。

5.11 羟烷基酰胺含量

按附录 C 的规定进行测试。

6 检验规则

6.1 检验分类

6.1.1 产品检验分出厂检验和型式检验。

6.1.2 出厂检验项目包括外观、羟基当量、环氧当量、熔程和挥发分。

6.1.3 型式检验项目包括本标准表 1 所列的全部技术要求。在正常生产情况下每半年至少检验一次。固化剂产品的应用性能根据需要进行检验。

6.2 检验结果的判定

6.2.1 检验结果的判定按 GB/T 8170 中修约值比较法进行。

6.2.2 应检项目的检验结果均达到本标准要求时,该试验样品为符合本标准要求。

7 标志、包装和贮存

7.1 标志

按 GB/T 9750 的规定进行。标志需明示产品安全使用说明。

7.2 包装

按 GB/T 13491 中二级包装要求的规定进行。

7.3 贮存

产品贮存时应保证通风、干燥、防潮，防止日光直接照射并应隔绝火源，远离热源。自生产日期起，未拆封的产品有效贮存期为一年，如有特殊要求双方商定，并在包装标志上明示。产品开包后须立即使用。

附 录 A
（规范性附录）
羟基当量测定

A.1 原理

试样中的羟基在乙酸酐的吡啶溶液中回流被酯化，过量的乙酸酐加水水解，生成的乙酸用氢氧化钠标准滴定溶液滴定，通过空白试验与试样滴定消耗溶液体积的差值计算羟基当量。

A.2 试剂

A.2.1 除另有规定，试验用试剂均为分析纯，试验用水均为符合 GB/T 6682 规定的三级水。

A.2.2 氢氧化钠标准溶液：0.5 mol/L 的水溶液，按 GB/T 601—2002 的规定进行配制和标定。

A.2.3 乙酰化试剂($V_{吡啶}/V_{乙酸酐}=35/2$)：试剂应为新配，深色瓶保存。

A.2.4 酚酞指示液：1%的乙醇溶液。

A.3 仪器

A.3.1 碘量瓶：250 mL。

A.3.2 滴定管：50 mL。

A.3.3 恒温水浴：能将温度控制在(98±2)℃范围内。

A.3.4 移液管：20 mL。

A.3.5 分析天平：精确到 0.000 2 g。

A.4 测定步骤

A.4.1 测定次数

平行测定 2 次。

A.4.2 试样测试

准确称取 0.5 g～0.8 g 样品置于碘量瓶(A.3.1)中，用移液管(A.3.4)移取 20 mL 乙酰化试剂(A.2.3)，加入到碘量瓶(A.3.1)中，盖上瓶塞并摇动至样品完全溶解后，置于(98±2)℃恒温水浴(A.3.3)中，保持恒温水浴中水面高于碘量瓶内的液面，恒温 2 小时后取出碘量瓶，冷却至室温，用 20 mL～30 mL 水小心冲洗瓶塞上的液体进入瓶中，并冲洗瓶壁。加入 1%酚酞指示液(A.2.4)3～5 滴，立即用 0.5 mol/L 氢氧化钠标准溶液(A.2.2)滴定，以 15 s 粉红色不褪为终点.记录滴定消耗的氢氧化钠标准溶液的体积 V，以毫升表示。

以同样的方法进行空白测试，记录消耗的氢氧化钠标准溶液的体积 V_0，以毫升表示。

A.5 结果的计算与表示

羟基当量(HV)以克每摩尔表示，按式(A.1)计算：

$$HV=\frac{1\,000\,m}{(V_0-V)c} \qquad \cdots\cdots(A.1)$$

式中：

m ——试样的质量，单位为克(g)；

V_0——空白试验消耗氢氧化钠标准溶液的体积，单位为毫升(mL)；

V ——试样测定消耗氢氧化钠标准溶液的体积，单位为毫升(mL)；

c ——氢氧化钠标准溶液的浓度，单位为摩尔每升(mol/L)。

取两次测试结果的算术平均值，精确到 0.1 g/mol。

A.6 精密度

A.6.1 重复性

同一操作者二次测试结果的相对偏差应小于 1.5%。

A.6.2 再现性

不同实验室间测试结果的相对偏差应小于 2%。

附 录 B
（规范性附录）
环氧氯丙烷残留量的测定

B.1 原理

试样经稀释后注入气相色谱仪中，经色谱柱分离后，用火焰离子化检测器检测，以外标法定量。

B.2 材料和试剂

B.2.1 载气：氮气，纯度≥99.995%。

B.2.2 燃气：氢气，纯度≥99.995%。

B.2.3 助燃气：空气。

B.2.4 辅助气体（隔垫吹扫和尾吹气）：与载气具有相同性质的氮气。

B.2.5 校准化合物：环氧氯丙烷，纯度（质量分数）至少为99%或已知纯度。

B.2.6 稀释溶剂：N，N-二甲基甲酰胺，纯度（质量分数）至少为99%或已知纯度。

B.2.7 标准工作溶液：准确称取适量的校准化合物（B.2.5），用稀释溶剂（B.2.6）配制成浓度约为10 mg/kg的标准工作溶液。

B.3 仪器设备

B.3.1 气相色谱仪，具有以下配置：

B.3.1.1 分流装置的进样口，并且汽化室内衬可更换。

B.3.1.2 程序升温控制器。

B.3.1.3 检测器：火焰离子化检测器（FID）。

B.3.1.4 色谱柱：应能使被测物足够分离，如聚二甲基硅氧烷毛细管柱、6%腈丙苯基/94%聚二甲基硅氧烷毛细管柱、聚乙二醇毛细管柱或相当型号。

B.3.2 进样器：容量至少应为进样量的二倍。

B.3.3 配样瓶：约15 mL的玻璃瓶，具有可密封的瓶盖。

B.3.4 天平：精度0.1mg。

B.4 气相色谱测试条件

B.4.1 色谱柱：30 m×0.32 mm×0.25 μm，DB-5石英毛细管柱或相当型号。

B.4.2 进样口温度：250 ℃。

B.4.3 检测器温度：300 ℃。

B.4.4 柱温：初始温度50 ℃保持5 min，然后以30 ℃/min升至280 ℃保持7 min。

B.4.5 载气流速：1.8 mL/min。

B.4.6 分流比：分流进样，分流比可调。

B.4.7 进样量：1.0 μL。

注：也可根据所用仪器的性能及待测试样的实际情况选择最佳的气相色谱测试条件。

B.5 测试步骤

B.5.1 测定次数

所有试验进行二次平行测定。

B.5.2 色谱仪参数优化

按 B.4 中的色谱测试条件，每次都应该使用校准化合物(B.2.5)对仪器进行最优化处理，使仪器的灵敏度、稳定性和分离效果处于最佳状态。

进样量和分流比应相匹配，以免超出色谱柱的容量，并在仪器检测器的线性范围内。

B.5.3 试样的测试

B.5.3.1 标准工作溶液中校准化合物(B.2.5)的峰面积测定

在与测试试样相同的气相色谱测试条件下，按 B.5.2 的规定优化仪器参数。用进样器(B.3.2)分别取 1.0 μL 标准工作溶液(B.2.7)注入气相色谱仪中，对校准化合物(B.2.5)进行峰面积积分，进样二次，取平均值，其相对偏差应≤5%。

B.5.3.2 试样的配制

将待测样品搅拌均匀后。称取试样约 1 g(精确至 0.1 mg)、稀释溶剂(B.2.6)约 10 g(精确至 0.1 mg)置于配样瓶(B.3.3)中，密封配样瓶并摇匀。

B.5.3.3 将 1.0 μL 按 B.5.3.2 配制的试样注入气相色谱仪中，记录色谱图，然后按式(B.1)计算试样中被测化合物的含量。

$$w_i = \frac{A_i}{A_s} \times w_s \times \frac{(m_s + m_r)}{m_s} \qquad \text{(B.1)}$$

式中：

w_i——试样中被测化合物 i 的含量，单位为毫克每千克(mg/kg)；

A_i——试样中被测化合物 i 的峰面积；

A_s——标准工作溶液中校准化合物 s 的峰面积；

w_s——标准工作溶液中校准化合物 s 的含量，单位为毫克每千克(mg/kg)；

m_r——稀释溶剂 r 的质量，单位为克(g)；

m_s——试样的质量，单位为克(g)。

注：如遇到采用 B.4 中的色谱测试条件不能有效分离被测化合物而难以准确定量测定时，可换用其他类型的色谱柱(见 B.3.1.4 所列)或色谱测试条件，使被测化合物有效分离后再定量测定。

B.6 精密度

B.6.1 重复性

同一操作者二次测试结果的相对偏差应小于 5%。

B.6.2 再现性

不同实验室间测试结果的相对偏差应小于 10%。

附　录　C
（规范性附录）
羟烷基酰胺含量的测定

C.1　原理

试样经稀释后注入液相色谱仪中，经反相色谱柱分离后，用紫外检测器（UVD）检测，以面积归一法定量。

C.2　材料和试剂

C.2.1　除另有规定，试验用试剂均为分析纯，试验用水均为符合 GB/T 6682 规定的三级水。
C.2.2　乙腈：色谱纯。
C.2.3　三氟乙酸：色谱纯。
C.2.4　校准化合物：N，N，N′，N′-四羟乙基己二酰胺，纯度至少为 99%（质量分数）或已知纯度。

C.3　仪器设备

C.3.1　高效液相色谱仪，配有紫外检测器。
C.3.2　滤膜：0.45 μm。
C.3.3　天平：精度 0.1 mg。
C.3.4　容量瓶：100 mL。

C.4　液相色谱测试条件

C.4.1　液相色谱柱：ODS-C18 柱，150 mm×4.6 mm（内径），粒度 5 μm，或相当型号。
C.4.2　流动相：三氟乙酸/乙腈/水＝0.1/10/90（体积比）。
C.4.3　流速：1.0 mL/min。
C.4.4　波长：210 nm。
C.4.5　柱温：35 ℃。
C.4.6　进样量：20 μL。

注：也可根据所用仪器的性能及待测试样的实际情况选择最佳的液相色谱测试条件。

C.5　测试步骤

C.5.1　测定次数

所有试验进行二次平行测定。

C.5.2　色谱仪参数优化

按 C.4 中的色谱测试条件，每次都应该使用流动相溶液对仪器进行最优化处理，使仪器的灵敏度和稳定性处于最佳状态。

C.5.3 试样的测试

C.5.3.1 试样的配制：将待测样品搅拌均匀后，称取试样约 0.1 g(精确至 0.1 mg)置于 100 mL 容量瓶(C.3.4)中，用流动相溶液定容至刻度，经 0.45 μm 滤膜(C.3.2)过滤得样品溶液。

C.5.3.2 将 20 μL 按 C.5.3.1 配制的试样溶液注入液相色谱仪中，按 C.4 色谱条件进行分析，记录色谱峰的峰面积，响应值均应在在仪器检测的线性范围内，根据羟烷基酰胺的保留时间定性，面积归一法定量，以百分含量计算。羟烷基酰胺的液相色谱保留时间和色谱图见图 C.1。

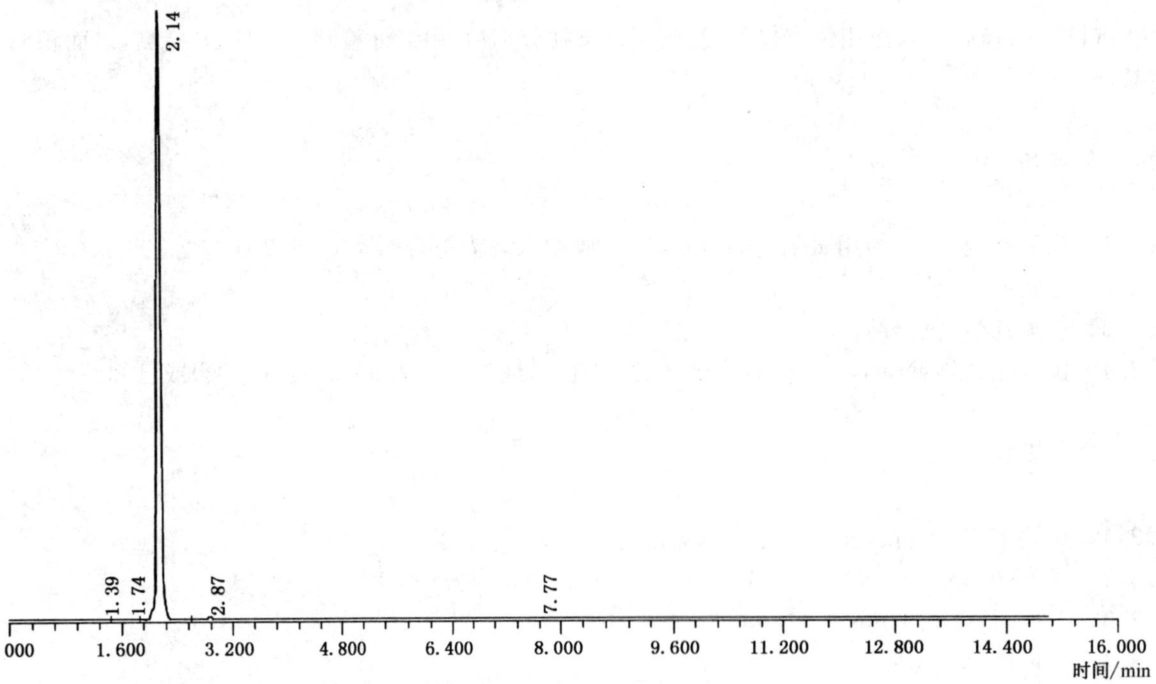

图 C.1 羟烷基酰胺的液相色谱保留时间和色谱图

C.6 精密度

C.6.1 重复性

同一操作者二次测试结果的相对偏差应小于 5%。

C.6.2 再现性

不同实验室间测试结果的相对偏差应小于 10%。

ICS 87.040
G 51

中华人民共和国国家标准

GB/T 27808—2011

热固性粉末涂料用饱和聚酯树脂

Saturated polyester resins for thermosetting powder coatings

2011-12-30 发布

2012-06-01 实施

中华人民共和国国家质量监督检验检疫总局
中国国家标准化管理委员会 发布

前言

本标准按照 GB/T 1.1—2009 给出的规则起草。

本标准由中国石油和化学工业联合会提出。

本标准由全国涂料和颜料标准化技术委员会(SAC/TC 5)归口。

本标准起草单位:中海油常州涂料化工研究院、杭州中法实业股份有限公司、安徽神剑新材料股份有限公司、帝斯曼(中国)有限公司、氰特表面技术(上海)有限公司、浙江天松新材料股份有限公司、黄山永佳三利科技有限公司、扬州百思德新材料有限公司、广州擎天实业有限公司、温州市立邦塑粉有限公司、漳州市万安实业有限公司、玉石塑粉有限公司、浙江昌明化学制品有限公司、中国化工学会涂料涂装专业委员会。

本标准主要起草人:黄逸东、刘泽曦、季军宏、董亿政、李保才、贾林、夏红卫、徐忠根、沈福祥、朱璜、何涛、林晓东、苏万安、陈玉才、朱明辉。

热固性粉末涂料用饱和聚酯树脂

1 范围

本标准规定了热固性粉末涂料用饱和聚酯树脂的术语及定义、产品分类、要求、试验方法、检验规则和标志、包装、贮存。

本标准适用于由多元羧酸(或酸酐)、多元醇等经缩聚反应制得的热固性饱和聚酯树脂,产品用于环氧聚酯粉末涂料、纯聚酯粉末涂料和聚氨酯粉末涂料的制造。

2 规范性引用文件

下列文件对于本文件的应用是必不可少的。凡是注日期的引用文件,仅注日期的版本适用于本文件。凡是不注日期的引用文件,其最新版本(包括所有的修改单)适用于本文件。

GB/T 3186 色漆、清漆和色漆与清漆用原材料取样

GB/T 6682 分析试验室用水规格和试验方法

GB/T 6743—2008 塑料用聚酯树脂、色漆和清漆用漆基 部分酸值和总酸值的测定

GB/T 8170 数值修约规则与极限数值的表示和判定

GB/T 9282.1—2008 透明液体 以铂-钴等级评定颜色 第1部分:目测法

GB/T 9750 涂料产品包装标志

GB/T 9751.1—2008 色漆和清漆 用旋转黏度计测定黏度 第1部分:以高剪切速率操作的锥板黏度计

GB/T 12007.6—1989 环氧树脂软化点测定方法 环球法

GB/T 12008.3—2009 聚醚多元醇 第3部分:羟值的测定

GB/T 13491 涂料产品包装通则

GB/T 19466.2—2004 塑料 差示扫描量热法(DSC) 第2部分:玻璃化转变温度的测定

HG/T 2006 热固性粉末涂料

3 术语及定义

下列术语和定义适用于本文件。

3.1

热固性粉末涂料用饱和聚酯树脂 saturated polyester resins for thermosetting powder coatings

由多元羧酸(或酸酐)、多元醇等经缩聚反应制得的热固性饱和聚酯树脂,其数均分子量在2 000~8 000范围内。

4 产品分类

本标准根据热固性粉末涂料用饱和聚酯树脂类型的不同,分为环氧聚酯粉末涂料用聚酯树脂(环氧聚酯混合型)、纯聚酯粉末涂料用聚酯树脂(纯聚酯型)和聚氨酯粉末涂料用聚酯树脂(聚氨酯型)。

5 要求

5.1 树脂产品质量性能应符合表1要求。

表1 要求

<table>
<tr><td rowspan="2">项　目</td><td colspan="3">指　标</td></tr>
<tr><td>环氧聚酯混合型</td><td>纯聚酯型</td><td>聚氨酯型</td></tr>
<tr><td>外观[a]</td><td colspan="3">浅色或无色透明颗粒，无肉眼可见的夹杂物</td></tr>
<tr><td>颜色(铂-钴法)　≤</td><td>250</td><td>150</td><td>100</td></tr>
<tr><td rowspan="4">酸值[b]/(mg/g)</td><td>5∶5时，70±5或商定</td><td rowspan="4">商定</td><td rowspan="4">—</td></tr>
<tr><td>6∶4时，50±5或商定</td></tr>
<tr><td>7∶3时，30±3或商定</td></tr>
<tr><td>其他比例时，商定</td></tr>
<tr><td>羟值/(mg/g)</td><td colspan="2">—</td><td>商定</td></tr>
<tr><td>软化点/℃</td><td colspan="3">110±10或商定</td></tr>
<tr><td>熔体黏度/(mPa·s)
(175 ℃或200 ℃)</td><td colspan="3">商定</td></tr>
<tr><td>玻璃化转变温度[c]/℃　≥</td><td>52</td><td>TGIC型:60
HAA型:55</td><td>52</td></tr>
<tr><td colspan="4">[a] 有特殊要求的产品指标商定。
[b] 环氧聚酯混合型按聚酯树脂与环氧树脂(E12)固化时的质量比划分品种。
[c] 纯聚酯型按所用固化剂种类分为异氰脲酸三缩水甘油酯(TGIC)型聚酯树脂和羟烷基酰胺(HAA)型聚酯树脂；环氧聚酯混合型和纯聚酯型中有特殊要求的产品指标商定。</td></tr>
</table>

5.2 树脂产品应用性能

经双方商定的配方、生产工艺制得的粉末涂料和涂层应符合HG/T 2006标准或双方商定的其他标准中产品的要求。

6 试验方法

6.1 一般规定

除另有规定，试验用试剂均为化学纯以上，试验用水均为符合GB/T 6682规定的三级水，试验用溶液在试验前预先调整到试验温度。

6.2 取样

产品按GB/T 3186的规定取样，也可按商定方法取样。取样量根据检验需要确定。

6.3 外观

目视观察。

6.4 颜色

将树脂溶解于N,N-二甲基甲酰胺(DMF)或双方商定的合适溶剂中[树脂：溶剂=1：1(质量比)]制成透明液体,如溶解速度慢或不能完全溶解,可稍许加热至透明,然后按GB/T 9282.1—2008的规定进行测试。

6.5 酸值

按GB/T 6743—2008方法A中的指示剂法进行测试,计算按GB/T 6743—2008中8.1.1进行。溶剂:N,N-二甲基甲酰胺(DMF)或双方商定的其他适宜溶剂,如样品溶解不完全,可稍许加热至透明。

6.6 羟值

按GB/T 12008.3—2009中方法A的规定进行测试。建议试样量约1.5 g,邻苯二甲酸酐酰化试剂移取量为10 mL。

6.7 软化点

按GB/T 12007.6—1989的规定进行测试。

6.8 熔体黏度

按GB/T 9751.1—2008的规定进行测试。按双方商定选用其中的一种温度进行测试。

6.9 玻璃化转变温度

按GB/T 19466.2—2004的规定进行测试。升温速度为10 ℃/min。

7 检验规则

7.1 检验分类

7.1.1 产品检验分出厂检验和型式检验。

7.1.2 出厂检验项目包括外观、颜色、酸值、羟值和熔体黏度。

7.1.3 型式检验项目包括本标准表1所列的全部技术要求。在正常生产情况下软化点、玻璃化转变温度每年至少检验一次。树脂产品的应用性能根据需要进行检验。

7.2 检验结果的判定

7.2.1 检验结果的判定按GB/T 8170中修约值比较法进行。

7.2.2 应检项目的检验结果均达到本标准要求时,该试验样品为符合本标准要求。

8 标志、包装和贮存

8.1 标志

按GB/T 9750的规定进行。

8.2 包装

按 GB/T 13491 中二级包装要求的规定进行。

8.3 贮存

产品贮存时应保证通风、干燥，防止日光直接照射并应隔绝火源，远离热源。自生产日期起，未拆封的产品有效贮存期为一年，有特殊要求的产品有效贮存期由有关双方商定，并在包装标志上明示。

ICS 87.040
G 51

中华人民共和国国家标准

GB/T 27809—2011

热固性粉末涂料用双酚A型环氧树脂

Bisphenol A epoxy resins for thermosetting powder coatings

2011-12-30 发布　　2012-06-01 实施

中华人民共和国国家质量监督检验检疫总局
中国国家标准化管理委员会　发布

前　言

本标准按照 GB/T 1.1—2009 给出的规则起草。

本标准由中国石油和化学工业联合会提出。

本标准由全国涂料和颜料标准化技术委员会(SAC/TC 5)归口。

本标准起草单位:中海油常州涂料化工研究院、宏昌电子材料股份有限公司、安徽恒远化工有限公司、中石化巴陵石化分公司环氧树脂事业部、胜利油田方圆防腐材料有限公司、杜邦华佳化工有限公司、江苏华光粉末有限公司、漳州市万安实业有限公司、玉石塑粉有限公司、浙江华彩化工有限公司、大庆庆鲁化工技术研究所、中国化工学会涂料涂装专业委员会。

本标准主要起草人:黄逸东、刘泽曦、季军宏、湛爱冰、程振朔、周建宏、王德洲、鲍红霞、潘建良、苏万安、陈玉才、张松、吴希革。

热固性粉末涂料用双酚A型环氧树脂

1 范围

本标准规定了热固性粉末涂料用双酚A型环氧树脂的产品分类和分等、要求、试验方法、检验规则以及标志、包装和贮存的要求。

本标准适用于双酚A型环氧树脂。产品用于热固性环氧粉末涂料和环氧聚酯粉末涂料的制造。

2 规范性引用文件

下列文件对于本文件的应用是必不可少的。凡是注日期的引用文件，仅注日期的版本适用于本文件。凡是不注日期的引用文件，其最新版本(包括所有的修改单)适用于本文件。

GB/T 1725—2007 色漆、清漆和塑料 不挥发物含量的测定

GB/T 3186 色漆、清漆和色漆与清漆用原材料取样

GB/T 4612—2008 塑料 环氧化合物环氧当量的测定

GB/T 4618.1—2008 塑料 环氧树脂氯含量的测定 第1部分：无机氯

GB/T 4618.2—2008 塑料 环氧树脂氯含量的测定 第2部分：易皂化氯

GB/T 6682 分析试验室用水规格和试验方法

GB/T 8170 数值修约规则与极限数值的表示和判定

GB/T 9282.1—2008 透明液体 以铂-钴等级评定颜色 第1部分：目测法

GB/T 9750 涂料产品包装标志

GB/T 9751.1—2008 色漆和清漆 用旋转黏度计测定黏度 第1部分：以高剪切速率操作的锥板黏度计

GB/T 12007.6—1989 环氧树脂软化点测定方法 环球法

GB/T 13491 涂料产品包装通则

HG/T 2006 热固性粉末涂料

3 产品分类和分等

3.1 产品分类

按制成的粉末涂料应用领域分为通用型和防腐型。

3.2 产品分等

产品分为两个等级：优等品、合格品。

4 要求

4.1 树脂产品质量性能应符合表1的要求。

表1 要求

项目	指标			
	优等品		合格品	
	通用型	防腐型	通用型	防腐型
外观[a]	浅色或无色透明颗粒,无肉眼可见的夹杂物			
软化点/℃	商定			
环氧当量/(g/mol)	商定			
无机氯,w/(mg/kg) ≤	50	20	100	30
易皂化氯,w/(mg/kg) ≤	300	250	600	500
挥发分,w/% ≤	0.2		0.5	
熔体黏度/(mPa·s)(150 ℃)	商定			
颜色(铂-钴法) ≤	100		150	
[a] 有特殊要求的产品指标商定。				

4.2 树脂产品应用性能

经双方商定的配方、生产工艺制得的粉末涂料和涂层应符合 HG/T 2006 标准或双方商定的其他标准中产品的要求。

5 试验方法

5.1 一般规定

除另有规定,试验用试剂均为化学纯以上,试验用水均为符合 GB/T 6682 规定的三级水,试验用溶液在试验前预先调整到试验温度。

5.2 取样

产品按 GB/T 3186 的规定取样,也可按商定方法取样。取样量根据检验需要确定。

5.3 外观

目视观察。

5.4 软化点

按 GB/T 12007.6—1989 的规定进行测试。

5.5 环氧当量

按 GB/T 4612—2008 的规定进行测试。

5.6 无机氯

按 GB/T 4618.1—2008 的规定进行测试。

5.7 易皂化氯

按 GB/T 4618.2—2008 的规定进行测试。

5.8 挥发分

按 GB/T 1725—2007 的规定测试不挥发分(w),然后按式(1)计算挥发分(w_0),烘烤条件为(110±2)℃/3 h,称样量约 2 g。

$$w_0 = (1 - w) \times 100\% \qquad \cdots\cdots(1)$$

式中:

w_0——挥发分质量分数;

w——不挥发分质量分数。

5.9 熔体黏度

按 GB/T 9751.1—2008 的规定进行测试。

5.10 颜色

按 GB/T 9282.1—2008 的规定进行测试。预先将树脂和溶剂(丙酮、二乙二醇丁醚或商定的其他适宜溶剂)按质量比 2∶3 混合溶解成透明液体,再进行测试,若常温溶解不完全,可以稍许加热溶解透明后测试。

6 检验规则

6.1 检验分类

6.1.1 产品检验分出厂检验和型式检验。

6.1.2 出厂检验项目包括外观、软化点、环氧当量、挥发分、熔体黏度和颜色。

6.1.3 型式检验项目包括本标准表 1 所列的全部技术要求。在正常生产情况下每月至少检验一次。树脂产品的应用性能根据需要进行检验。

6.2 检验结果的判定

6.2.1 检验结果的判定按 GB/T 8170 中修约值比较法进行。

6.2.2 应检项目的检验结果均达到本标准要求时,该试验样品为符合本标准要求。

7 标志、包装和贮存

7.1 标志

按 GB/T 9750 的规定进行。

7.2 包装

按 GB/T 13491 中二级包装要求的规定进行。

7.3 贮存

产品贮存时应保证通风、干燥,防止日光直接照射并应隔绝火源,远离热源。自生产日期起,未拆封的产品有效贮存期为一年,并在包装标志上明示。

ICS 87.040
G 50

中华人民共和国国家标准

GB/T 27810—2011/ISO 13885-1:2008

色漆和清漆用漆基　凝胶渗透色谱法(GPC)用四氢呋喃做洗脱剂

Binders for paints and varnishes—Gel permeation chromatography (GPC)—Tetrahydrofuran(THF) as eluent

(ISO 13885-1:2008, Binders for paints and varnishes—Gel permeation chromatography (GPC)—Part 1: Tetrahydrofuran (THF) as eluent, IDT)

2011-12-30 发布　　　　2012-06-01 实施

中华人民共和国国家质量监督检验检疫总局
中国国家标准化管理委员会　发布

前　言

本标准按照GB/T 1.1—2009给出的规则起草。

本标准使用翻译法等同采用国际标准ISO 13885-1:2008《色漆和清漆用漆基　凝胶渗透色谱法(GPC)　第1部分:用四氢呋喃做洗脱剂》。

与本标准中规范性引用的国际文件有一致性对应关系的我国文件如下:

——GB/T 3186—2006　色漆、清漆和色漆与清漆用原材料　取样(ISO 15528:2000,IDT)

——GB/T 6379.1—2004　测量方法与结果的准确度(正确度与精密度)　第1部分:总则与定义(ISO 5725-1:1994,IDT)

——GB/T 20777—2006　色漆和清漆　试样的检查与制备(ISO 1513:1992,IDT)

本标准作了下列编辑性修改:

——改变了标准名称。

本标准由中国石油和化学工业联合会提出。

本标准由全国涂料和颜料标准化技术委员会(SAC/TC 5)归口。

本标准起草单位:中海油常州涂料化工研究院、深圳广田装饰集团股份有限公司。

本标准主要起草人:黄宁、崔建法、胡基如。

色漆和清漆用漆基　凝胶渗透色谱法(GPC)用四氢呋喃做洗脱剂

警示——本标准可能涉及危险的物质、操作及设备。本标准无意论及与其使用有关的(如果有的话)所有安全问题,因此本标准的使用者有责任制定合适的安全和健康措施并保证符合国家的任何法规的规定。具体的危害陈述见第6章。

1　范围

本标准规定了用凝胶渗透色谱法(GPC)[1]测定溶解于THF(四氢呋喃)中的聚合物的分子量分布、数均分子量 M_n 和重均分子量 M_w 的方法。

即使用本方法能获得良好的重复性,本方法也不能用于发生了特殊的相互作用的某些聚合物,例如在样品/洗脱剂/色谱柱体系间发生了吸附作用。

本方法不是一种绝对的测定方法,需要用市售的无支链聚苯乙烯标准物质进行标定,而这种标准物质已用绝对方法测得其分子量。因此除聚苯乙烯外,聚合物样品的测定结果仅用于相同类型样品组间的比较。

本标准规定的条件不适用于用GPC分析 M_w 数值大于 10^6 的聚合物样品(见附录C)。

本标准无修正方法,例如消除峰加宽。如果要得到绝对分子量数值,需要使用绝对方法测量,例如用膜渗透法测定 M_n 或光散射法测定 M_w。

2　规范性引用文件

下列文件对于本文件的应用是必不可少的。凡是注日期的引用文件,仅注日期的版本适用于本文件。凡是不注日期的引用文件,其最新版本(包括所有的修改单)适用于本文件。

ISO 1513　色漆和清漆　试样的检查与制备(Paints and varnishes—Examination and preparation of samples for testing)

ISO 5725-1　测量方法与结果的准确度(正确度与精密度)　第1部分:总则与定义(Accuracy (trueness and precision) of measurement methods and results—Part 1: General principles and definitions)

ISO 15528　色漆、清漆和色漆与清漆用原材料　取样(Paints, varnishes and raw materials for paints and varnishes—Sampling)

3　术语和定义

下列术语和定义适用于本文件。

3.1

凝胶渗透色谱法　gel permeation chromatography

完全溶解在洗脱剂中的聚合物样品的分子被一种多孔的柱填物分级,依据分子的大小(或者更准确

1)　又称体积排阻色谱法(SEC)。

地说，是指在这种洗脱剂中形成的聚合物线团的大小)进行分离的一种色谱法。

注 1：小分子比大分子更频繁地进入柱填物的孔穴内因而被滞留，这样大分子较早地被洗脱出来，随后是小分子。在给定的测试条件下，保留体积仅随分子大小而变化。

注 2：凝胶渗透色谱法是液相色谱法的一种特殊形式。

4 原理

样品中的聚合物含量确定后，用洗脱剂稀释样品至浓度小于 5 g/L，然后将稀释样品的等分试样注入 GPC 系统中。用浓度灵敏型检测器，通常是示差折光检测器，依据递减的分子线团大小测定从色谱柱中洗脱出的分子的浓度。借助已由该 GPC 系统测得的标定曲线从总的色谱图计算分子量分布，M_n 和 M_w 数值以及不均匀性或多分散性 M_w/M_n。

5 仪器

5.1 总则

仪器应由图 1 所示部件组成，如下所述。

应保证与洗脱剂或样品溶液接触的所有部件由耐这些试剂或试样的材料制成，并且不存在任何形式的吸附作用和记忆效应。用 THF 作洗脱剂时，GPC 仪器的各个部件应该使用不锈钢或钛金属毛细管连接。

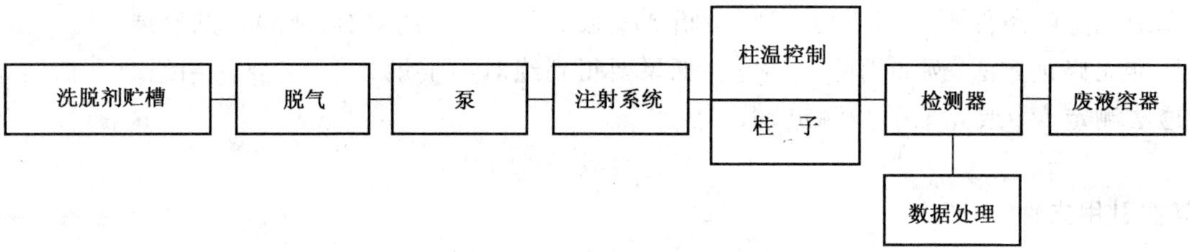

图 1 GPC 仪器的方框图

5.2 洗脱剂的供给

洗脱剂贮液罐应能防止洗脱剂受到外界的影响，例如接触空气或光线照射，必要时可在洗脱剂液面上方充惰性气体层。洗脱剂贮液罐应有足够的容积，以使洗脱剂与柱填物的表面保持平衡并能进行若干个分析。

洗脱剂应进行脱气处理。脱气可在放入贮液罐前进行或在贮液罐与泵系统之间用一个过滤装置进行脱气，以防止泵系统出现故障或在检测器上形成气泡。采用的脱气方法有多种，如气泡分离法，在线吹氦气法或真空脱气法，可以任意选择。

5.3 泵

泵应保证洗脱剂尽可能平稳和无脉动地流过色谱柱，流速应为 1 mL/min(见附录 A)，流速的最大允许偏差为 0.1%。为满足这些要求，泵应以最佳效率在此流速下运行。

5.4 注射系统

注射系统能将预定的准确数量的样品溶液以快速而又平稳的方式注射到洗脱剂液流中。

用样品溶液注满样品环，随后将样品溶液注入洗脱剂液流中时，必须使用足够多的液体量以确保即使发生层流效应，样品环仍完全浸没在样品溶液中并且随后被彻底冲洗。

通过合理的设计或充分的冲洗可避免注射系统中前一个样品溶液的记忆效应。

5.5 色谱柱

仪器应配备一根或多根按顺序串联的色谱柱，柱内填充有球形多孔填料，孔径与待测聚合物分子的大小相匹配。

填料通常是按特定的聚合工艺合成的苯乙烯/二乙烯基苯(S/DVB)共聚物，该填料在溶剂中仅有轻微的溶胀现象，因此在选择的流速所产生的压力下，通常不会变形。

除了多孔球形 S/DVB 颗粒外，其他有机单体合成的聚合物或二氧化硅(硅胶)也可用做填料。选用填料的准则是其表面与样品中的聚合物分子之间不会发生相互吸附作用。此外在色谱体系内，待测样品不应发生化学的或结构的变化。

某些聚合物会与填料表面发生相互作用，如吸附作用，并且其他的效应有时会干扰 GPC 的分离机理，这种效应的详情及适当的补救措施的注释在附录 C 中讨论。若不同实验室计划对这类聚合物的分析结果进行比对，实验室应商定本标准未规定的测试条件的细则。

本标准的目的之一是保证使用不同 GPC 仪器的实验室，分析同一个样品所获得的结果尽可能一致。为了达到这个目的，必须遵守下面规定的关于峰加宽(用若干块理论塔板来表示)和分离性能的最低要求。

a) 理论塔板数

所用仪器的理论塔板数 N 由半峰高处的峰宽测定(见图 2)。在与分析聚合物相同的条件下将 20 μL 的乙苯溶液(浓度 1 g/L)注入色谱柱中(见附录 A)，并由色谱图按式(1)计算理论塔板数：

$$N = 5.54 \times \left(\frac{V_e}{W_{\frac{1}{2}}}\right)^2 \times \frac{100}{L} \qquad \cdots\cdots (1)$$

式中：

V_e ——峰最大值处的保留体积；

$W_{\frac{1}{2}}$——半峰高处的峰宽(见图 2)——与 V_e 和 W 的单位相同；

L ——柱/柱体系的长度，单位为厘米(cm)。

结果以单位柱长的理论塔板数表示。满足本标准要求的柱体系，理论塔板数至少为 20 000 块每米。

拖尾峰和前伸峰(不对称峰)计算塔板数的方法参阅附录 C。

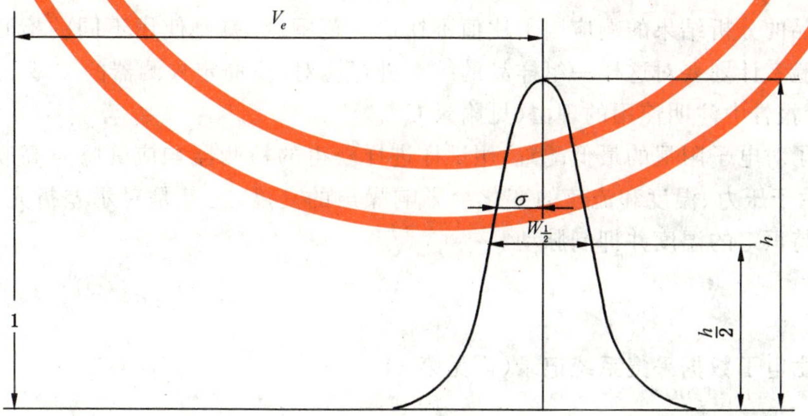

$$N = \left\{\frac{V_e}{\sigma}\right\}^2 = 5.54\left\{\frac{V_e}{W_{\frac{1}{2}}}\right\}^2 \times \frac{100}{L}$$

关键词：

1 注射

图 2 半峰高法测定理论塔板数 N

b） 分离性能

为确保足够的分辨率，所用柱体系的 lg$M$ 与保留体积 V_e 的标定曲线应不超过规定的斜率。对待测聚合物而言，该参数的测定最好利用一对聚苯乙烯标准物质，洗脱至峰最大面积测得或从标定曲线上获得并按式(2)分析如下：

$$\frac{V_{e,M_x}-V_{e,(10\times M_x)}}{A_c}>6.0 \qquad \cdots\cdots(2)$$

式中：

V_{e,M_x} ——分子量为 M_x 的聚苯乙烯的保留体积，单位为立方厘米(cm^3)；

$V_{e,(10\times M_x)}$——分子量为10倍 M_x 的聚苯乙烯的保留体积，单位为立方厘米(cm^3)；

A_c ——色谱柱的横截面面积，单位为平方厘米(cm^2)。

选择 M_x 使待测聚合物样品的峰最大值出现在这两个保留体积之间的近似中点处。

5.6 柱温控制

在室温(15 ℃～35 ℃)或最高不超过 40 ℃的条件下进行测试。分析期间柱温变化不应超过 1℃(见附录 C)。

5.7 检测器

采用示差折光检测器，池体积不应超过 0.010 mL(见附录 A)。

注：只允许使用单一类型检测器的原因见附录 C。

如果被测样品是共聚物或聚合物的混合物，应确保所有的组分有相近的响应因子(检测器信号与洗脱液中分析物浓度的比值，对示差折光检测器而言，是比折光指数增量 v，通常用 dn/dc 表示)，即数学表达见式(3)：

$$0.2\leqslant\frac{k_i}{k_j}\leqslant 5 \qquad \cdots\cdots(3)$$

式中：

k_i 和 k_j ——分别是组分 i 和 j 的响应因子；

dn/dc ——对应浓度 c 变化时的折射指数 n 的变化。

如果一组样品的分析结果的响应因子比值不在这个范围内，就要使用不同的检测器或组合式检测器。如果不同实验室计划要对这样一组样品的结果进行比对，应商定检测器的类型，如果使用了不同的检测器，应在试验报告中注明使用的理由(见附录 C)。

本标准规定了对电子阻尼的最低配置，用试样进样获得的检测器响应其噪声高度应小于聚合物峰最大值的 1%。由于压力、温度和流速的变化会影响噪声的高度，尤其是对示差折光检测器，因此应采取适当的措施保持恒定的温度并抑制脉动。

5.8 数据采集

检测器信号由电子数据采集系统记录(详见第 11 章)。

6 洗脱剂

四氢呋喃(THF)洗脱剂应符合下列规格：

——成分质量分数＞99.5%；

——水的质量分数＜0.05%；

——过氧化物质量分数＜0.005%。

加入最大量为 250 mg/kg 的 2,6-二叔丁基-4-甲基苯酚可以防止过氧化物的形成,保持洗脱剂的稳定。

使用前应检查四氢呋喃中过氧化物的含量,例如使用测试试纸检查。

警示——四氢呋喃极易燃,本标准的使用者应查阅有关的安全使用规程。

特殊情况下(应在试验报告中注明),有必要在四氢呋喃洗脱剂中加入最大量为 10 g/L 的添加剂,以避免分析某些样品时出现问题(详见附录 C)。

调节柱子及测试用的洗脱剂应丢弃,不要放回洗脱剂贮罐中。

7 仪器的校准

7.1 总则

用一系列无支化窄分布的聚苯乙烯标准物质(见附录 C)校准 GPC 仪器,标准物质的分子量已用独立的绝对方法测得。用 GPC 分析聚苯乙烯样品,经计算得到一条标定曲线。如果这条标定曲线用于分析含有其他分子结构的其他组成的试样,结果应表示为"聚苯乙烯——等效分子量"[1]。

7.2 标定用标准物质的规格

标准物质的分子量分布应比下面给出的限值还要窄,该限值随峰最大值处的分子量 M_p 而变化:

$M_p<2\,000$ g/mol	$M_w/M_n\leqslant 1.20$
$2\,000$ g/mol$\leqslant M_p<10^6$ g/mol	$M_w/M_n\leqslant 1.05$
10^6 g/mol$\leqslant M_p$	$M_w/M_n\leqslant 1.20$

由垂直于色谱峰最大值半峰高处前后的半峰宽 A 和 B 计算每个色谱峰的峰不对称因子 A/B,应在式(4)范围内:

$$\frac{A}{B}=1.00\pm 0.15 \qquad (4)$$

半峰宽 A 和 B 用电子采集的数据测量,对每个峰至少取 60 个数据点。

用于标定的各个聚苯乙烯标准物质的特性应满足下列最低要求:

a) 至少一种平均分子量数值 M_n,M_w 或 M_z(见 11.3 中的公式)应该用一种绝对的方法测得。M_p 值用于标定,但是没有绝对的方法可测得 M_p,因此获得 M_p 值的过程应在标准物质的说明书中说明(例如由 M_n 和 M_w 计算得出,或迭代 GPC 标定曲线,从与峰最大值相连的 M_w 值开始重新计算 M_w);

b) 至少使用一种方法测量分子量分布;

c) 这些方法以及标定中用到的所有参数应在试验报告中注明;

d) 每批分析的结果和数据应以使用者能对数据重新计算的形式列出。

注:这类数据表的示例见附录 B。

如果标定用标准物质在峰的一侧出现了肩峰、前伸峰或拖尾峰,那么这些不规则峰的峰面积应小于峰面积的 2%,否则应舍弃该标定标准物质。

已基苯(M=162)用做标定曲线最低分子量的标准物质。

如果低分子量范围的标定标准物质能很好的分离,能分辨出各个齐聚物的峰,应在计算中使用它们的真实分子量(包括端基)。

7.3 注射用标定溶液的制备

在室温下摇荡溶于洗脱剂中的标定标准物质并于室温下保存。

用 0.45 μm 的滤膜人工过滤溶液,如果过滤时出现断流现象,那么该溶液不适宜用于标定。

所配溶液宜在 48 h 内使用。

可以同时注射并分析几个标定标准物质，只要所有的峰能分离至基线。

注射溶液中各个标定标准物质的浓度随峰最大值的分子量而变化，应为：

M_p<50 000 g/mol	1.0 g/L；
50 000 g/mol≤M_p≤10^6 g/mol	0.5 g/L；
10^6 g/mol≤M_p	0.1 g/L。

通过调整注射的体积（不是浓度），使注入色谱柱的溶液量与色谱柱的容量相匹配。在标定操作和试样分析中应根据第 10 章的要求决定注射的溶液体积。

7.4 标定操作的条件

除了注射溶液的浓度外，标定操作的条件应与样品分析的条件相同。

7.5 保留体积/时间的测定

保留体积 V_e 或保留时间 t_R 的测定是从注射溶液起始点至峰达到最大值对应在基线上的那一点为止。在确定这一点时，从注射溶液开始到杂质峰洗脱后的基线漂移为峰高的 5%是可以接受的。如果基线漂移更大或峰区内的基线不稳定，必须重新分析。

可用一种内标物测定并校验保留时间，必要时进行修正。

7.6 绘制标定曲线

以 $\lg M_p$ 为纵坐标，保留体积 V_e 或保留时间（或修正后的保留时间）t_R 为横坐标绘制标定曲线。每十进位的分子量至少应测量 2 个标定点，总计至少 5 个标定点。在低分子量区域，标定曲线从己基苯峰外延至杂质峰。

在高分子量区域，洗脱出的第一个标定标准物质的峰应位于试样高分子量极限的前面，并测量对应于该极限的保留体积。

标定操作的结果能储存于计算机内，或能以表格的形式或能用一条或多条回归曲线表示。这些数据应该始终能以原始记录的形式获得，便于直接检查。色谱图的分析包括根据要求（见 11.4）将标定曲线一阶导数的倒数转换成不同的分布曲线，因此它应是微分方程 $\lg M = f(V_e 或 t_R)$。

为了检验标定曲线对于测量的适用程度，按下式计算每个标定点的百分偏差：

$$\frac{M_{p,校正值} - M_{p,计算值}}{M_{p,校正值}} \times 100$$

绘制它对 V_e 或 t_R 的曲线图，从图上可估计出沿着 V_e 或 t_R 轴出现的正或负偏差是否是随机的。显示偏差曲线趋势超出特定洗脱区域的标定曲线拟合是不适用的。如果这种残差分布不能用实验室使用的回归模式（见附录 C）修正，可以预计试验结果会存在较大误差，应在试验报告中注明。

由测定点的方法得到的标定曲线和由自动拟合绘制的标定曲线以及由许多相联的直线和无补偿齿条状计算法绘制的标定曲线不必进行残差分布的测定。采用这些方法时，必须采取其他方法确保计算用的标定曲线不包括实际上不可能存在的面积，例如有正斜率的区域。

8 取样

按 ISO 15528 的规定，在待试样品中取出有代表性的试样。按 ISO 1513 的规定，检查和制备每一个试样。

9 试验的准备

9.1 注射溶液的制备

称取等分的聚合物样品并溶解在洗脱剂中(见第6章),该洗脱剂与色谱仪贮液罐中用于分析试样的洗脱剂相同,溶液于室温下保存。

注射溶液的浓度不是一个固定值,取决于所用色谱柱的总容积及注射体积,详见第10章。

在室温下摇晃溶液以确保完全溶解并成均一相,对于平均分子量小于700 000 g/mol的聚合物,可以使用磁力搅拌器使其溶解。不允许使用超声波,因为它会使聚合物有降解的可能,也应避免使用加热的方法。对特殊样品例如PVC,应在试验报告中注明理由。

通常称取的聚合物试样应不含溶剂。如果试样含有溶剂并且是敏感的,能使用具有原始浓度的原始溶液,或者在称量前于室温下小心地真空浓缩。原始溶液中聚合物的含量应单独测定,使用的方法应在试验报告中注明。如果这类试样给出了溶剂和聚合物的重迭峰,那么分析应限定在未受影响的色谱峰区域,并在试验报告中说明以分子量表示的分析极限。对几个样品进行分析和比对时,对每种情况选择的分析极限应相同。

利用合适的方法如超高速离心,过滤或膜渗透法除去注射溶液中的不溶杂质,例如颜料、填料和高抗冲组分。即使肉眼看上去溶液是清澈的,仍建议使用2 μm~0.2 μm孔径的膜过滤。这些操作以及为保证注射溶液浓度保持不变所采取的措施,应在试验报告中注明。

如果样品中含有不溶的聚合物颗粒,例如微凝胶体,试验报告中应明确指出GPC结果仅是可溶解组分的测定结果,并且应描述这种样品的外观。

注射溶液宜在48 h内使用。

9.2 仪器的准备

仪器应在第10章给出的条件下运行。首先泵入洗脱剂通过整个仪器,直至检测器噪声水平降至最低,最好低于5.7的规定,基线条件能保持在7.5的要求内,从该时间点开始可以进行分析,如有必要可以进行对比分析。

10 分析条件

注射样品溶液的浓度应在0.1 g/L~5.0 g/L之间。

注射体积应与所用色谱柱相匹配,对一根300 mm×7.8 mm的色谱柱(相关色谱柱的注射体积见附录A)注射体积应不超过100 μL,总注射体积不应超过250 μL。

具有窄分子量分布和高分子量的聚合物,其保留体积对注入的聚合物量是非常敏感的。如果有个别的样品出现不规则的峰形,应将注射溶液的浓度减半重做,直至M_w计算值的有效变化低于5%。

如果个别的聚合物样品因检测器响应因子不合适而需要较大的注射量时,应在试验报告中注明。

每个样品应注射多次,注射次数应在试验报告中注明,最后两次注射应逐个分析,结果也逐个表示,它们在注射顺序中的位置应可以识别。

当不同实验室计划进行比对时,至少应对分别制备的两份试样溶液进行注射测试。

按5.5中叙述的表示注射聚合物与柱填料之间相互吸附作用的观测结果应在试验报告中注明。

11 数据采集和分析

11.1 总则

电子数据采集系统记录色谱图。数据记录从所用柱体系的分析极限前的那一点(见11.2.3)开始持续至最后的系统峰洗脱出,曲线回到基线时为止。

测量的数据点应是等间距的,对使用的标定曲线每十进位的分子量范围内至少应有20个测量点,并且对要分析的峰至少应包含25个这样的测量点。

扣除基线后最低检测值与色谱图中最高峰检测器信号的动态范围至少应为1∶500。

试样和标定分析得到的原始数据应保存至少一年以便必要时可重新分析。

11.2 由原始数据获得的净色谱图的计算

11.2.1 基线的确定

在分析极限之前的区域与最后的杂质峰出完后的区域,即在一个理想的GPC分离过程中不出现洗脱物的区域,检测器零信号(即基线)应为一条直线。

在占总分析时间至少10%的时间内基线与检测器的信号在这些区域内应相符,否则分析结果不合适而应舍弃。如果在该区域内测定的基线偏差能观察到,测定结果也应舍弃。偏差的计算可在这样确定的基线区域内各点上进行。

在同一时间内,每一个原始数据点和内插基线点之间做出的曲线差异或在低分子与高分子截止点间的体积差异,将在下面涉及净色谱图部分讨论。

11.2.2 测量值和净色谱图的修正

本标准未规定原始数据或净色谱图的调整或修正,例如峰加宽效应的消除,浓度变化的修正等。

只有在平滑测量值,例如不超过5个相邻点得到的数值平均以及间接测量值平滑,例如为了压缩数据用内插法得到的数值,或者以匹配点计算的数值和修正曲线矩阵计算的数值才允许修正;对一个点进行的必要补偿计算必须限制在小于0.25 lg$M$单位的间隔内,对数据的所有这种处理方法应在试验报告中清晰地记录。

除了13.3 g)中的数据以外,允许取重复分析的几个数据的平均值或平均分布曲线,例如色谱图的叠加或平均分子量的平均值。应完整的描述所采用的方法,测定并列出标准偏差。

11.2.3 分析极限

开始分析之前,应注入实际使用的流动相溶剂,测定系统或溶剂峰开始洗出的那一点,该点是色谱图低分子量的端点。对应于该点的淋洗体积是低分子量的分析极限,其值与从标定曲线上读取的相应分子量数值应在试验报告中列出。

如果谱图上显示样品峰峰尾延伸至杂质峰区域内,就不能按照本标准规定的方法进行分析而应舍弃。

11.3 平均值的计算

按11.1中规定的一定间隔的测量点计算平均值,可用求和代替通常使用的积分法,谱图曲线可用一系列间隔来表示。

以每个间隔的中点作为单个测量点,并且在标定曲线第i个测量点测得的分子量可适用于第i个间隔区间的整个宽度。

假设所有测量点是等间距的，下面所列的所有公式中，间隔宽度相互抵消，间隔面积可直接由测量的纵坐标代替，例如对第 i 个间隔区间用 h_i 表示。

按下列公式计算平均分子量：

$$数均分子量\ M_n = \frac{\sum_{i=1}^{i=n} h_i}{\sum_{i=1}^{i=n} h_i / M_i} \quad \cdots\cdots (5)$$

$$重均分子量\ M_w = \frac{\sum_{i=1}^{i=n} h_i \times M_i}{\sum_{i=1}^{i=n} h_i} \quad \cdots\cdots (6)$$

$$Z\ 均分子量\ M_z = \frac{\sum_{i=1}^{i=n} h_i \times M_i^2}{\sum_{i=1}^{i=n} h_i \times M_i} \quad \cdots\cdots (7)$$

$$(Z+1)\ 均分子量\ M_{z+1} = \frac{\sum_{i=1}^{i=n} h_i \times M_i^3}{\sum_{i=1}^{i=n} h_i \times M_i^2} \quad \cdots\cdots (8)$$

式中：

h ——色谱图的高度；

M_i——物质 i 的分子量。

多分散系数 D 定义为 M_w 与 M_n 的比值。由于未对峰加宽进行修正，多分散系数用下标 GPC 标注，即：

$$D = \left(\frac{M_w}{M_n}\right)_{\mathrm{GPC}}$$

便于与用绝对方法测得的分子量计算的多分散系数相区别。

M_p 是净色谱图上最大峰高 H 处间隔的分子量。

这些平均值的重复性可用重复分析的标准偏差来表示，也可用该 GPC 仪器以前测得的数值表示。

按式(9)计算粘均分子量 M_v，这样的计算没有意义：

$$M_v = \left\{\frac{\sum_{i=1}^{i=n} h_i \times M_i^{\alpha}}{\sum_{i=1}^{i=n} h_i}\right\}^{1/\alpha} \quad \cdots\cdots (9)$$

除非样品和标定聚合物具有相同的结构或者在所用的洗脱剂中二者具有相同的 Mark-Houwink 指数 α。

11.4 分布曲线的计算

累积质量分数分布曲线 $S(M)$ 是由归一化的间隔面积加和得到，$S(M)$ 应为低分子量分析极限与分布曲线和横坐标 M_i 相交点之间的所有面积的总和：

$$S(M_i) = \frac{\sum_{j=1}^{j=i} (h_{j-1} + h_j)/2}{\sum_{j=1}^{j=n} h_j} \times 100 \quad \cdots\cdots (10)$$

式中：

$j=1$ 在曲线的低分子量端点，$j=n$ 在曲线的高分子量端点。

微分分布曲线 $W(M)$ 的形状取决于选择的横坐标。分子量 W 与 $\lg M$ 的相对频率的曲线，要求按下列公式之一由净色谱图的横坐标 V_e 或 t_R 值计算 W：

$$W(\lg M_i)=(-1)\frac{h_i}{\sum\limits_{j=1}^{j=n}h_j}\times\left(\frac{\mathrm{d}V_e}{\mathrm{d}\lg M}\right)_i \quad\cdots\cdots(11)$$

或

$$W(\lg M_i)=(-1)\frac{h_i}{\sum\limits_{j=1}^{j=n}h_j}\times\left(\frac{\mathrm{d}t_R}{\mathrm{d}\lg M}\right)_i \quad\cdots\cdots(12)$$

即：归一化的色谱图高度乘以修正曲线一阶导数的负倒数。

12 精密度

12.1 总则

本方法的精密度由几个循环试验测得(详见附录 C)。

如果个别样品以非理想的方式与柱填料表面相互作用(如 5.5 所述)，那么标准偏差能增大至给定值的数倍。

12.2 重复性

根据 ISO 5725-1 的方法，重复性是在尽可能恒定的试验条件下，即在同一个地点(同一个实验室)由同一个操作者用同一台仪器在短的时间间隔内按照相同的测试方法进行试验得到的一组试验结果的精密度。下列的重复性标准偏差 σ_r 是以测量值的百分数表示：

M_n：　　$\sigma_r=3\%$

M_w：　　$\sigma_r=2\%$

M_z：　　$\sigma_r=3\%$

M_w/M_n：　　$\sigma_r=3\%$

M_p：　　$\sigma_r=2\%$

12.3 再现性

根据 ISO 5725-1 的方法，再现性是在可比较的条件下，即在不同的实验室由不同的操作者使用不同的设备，但按照相同的测试方法对同一个试样进行试验得到的一组试验结果的精密度。对 M_n 和 M_w 等参数的再现性标准偏差 σ_R(在 12.2 中涉及)，平均高于重复性标准偏差 σ_r 的 5 倍。

由所有实验室对一条平均分布曲线在不同区域计算得到的再现性标准偏差 σ_R 值如下所列：

0%～10%低分子量区域：　　$\sigma_R=50\%$

10%～90%区域：　　$\sigma_R=11\%$

90%～100%高分子量区域：　　$\sigma_R=38\%$

如上所示重复性标准偏差 σ_R 数值之间较大的差异表明各实验室通过商定本标准目前尚未包含的其他细节使其统一，可以改进结果的可比性。

各个实验室间测量结果不同的主要原因是对高低分子量组分色谱图拖尾峰的估算方法不同所致。因此要特别注意 11.2.3 第一段及 11.2.1 的规定，尤其是在计算机上手动或自动绘制基线和确定分析极限时。

13 试验报告

13.1 总则

试验报告应包括本标准涉及的信息以及13.2和13.3要求列出的数据(在相同的测试条件下对一系列样品进行分析,仅需列出一次13.2中要求的数据)。以(*)号标识的条款应在实验室内记录,不必在试验报告中说明。

13.2 仪器设备的基本数据

13.2.1 所用仪器的数据

a) 洗脱剂贮液罐、惰性气体和洗脱剂的脱气,洗脱剂中加入的任何添加剂的说明;

*b) 泵;

*c) 注射系统;

d) 色谱柱(制造商、填料、孔径、分离范围、数量、尺寸以及使用组合柱时所用色谱柱的顺序);

e) 按11.2.3测量的低分子量分析极限;

*f) 所用组合柱单位柱长的理论塔板数,塔板数峰的不对称因子;按5.5 b)测量的待测样品在最大峰面积处的分离性能;

g) 柱温;

*h) 恒温方法;

*i) 检测器(测量原理、类型、池体积);

*j) 数据采集以及分析的硬件和软件(制造商、型号、版本号)。

13.2.2 标定

*a) 采用标定曲线拟合法求得测量值的完整叙述;

*b) 这种拟合法的典型精密度数据的特性,例如误差的平方和,相关系数,单次测量的平均误差;

*c) 任何假定:例如标定曲线的外延,在齿条状曲线上的极限限定和附加交点,单次数值的加权;

*d) 绘制标定曲线使用的数据,对每个标定点列表给出下列数据:

——所用标准物质的名称和批号;

——标准物质的生产商;

——生产商给出的M_p、M_n、M_w和M_w/M_n的特性数值或这些数据其后的测量值以及采用的测量方法的详细说明;

——注射溶液的浓度,单位为克每升(g/L);

——注射体积,单位为微升(μL);

——用于标定的M_p数值;

——峰最大值处的洗脱体积V_e或调整的保留时间t_R;

——由峰最大值处计算得到的M_p数值;

——按下式计算的百分误差:

$$\frac{M_{p,\text{校正值}}-M_{p,\text{计算值}}}{M_{p,\text{校正值}}}\times 100$$

13.2.3 分析

*a) 以时间为基础进行分析时,为了保证标定与样品分析期间流速的稳定性和重复性所采取措

施的描述(修正的方法、标准物质、自动或手动测量等);

b) 不完整分析的聚合物峰、分析极限;

c) 说明直接或间接实施的平滑程序;

*d) 说明重复分析的迭加数据(如果进行了操作的话)。

13.3 样品的特殊数据

a) 待试样品的描述(名称、批号、生产日期);

b) 样品的类型;

*c) 测定不挥发组分的结果(如果进行了测定);

d) 试样的制备(预处理、称量方式、溶解过程、注射溶液的提纯方法);

e) 观察到的试样中任何不溶组分;

f) 分析参数:注射体积、单位为微升(μL)、注射溶液的浓度、单位为克每升(g/L);

g) 试验结果:

对测量的每个色谱图分别列出分子量平均值 M_n、M_w,$(M_w/M_n)_{GPC}$,并根据情况选择性地列出 M_z,M_{z+1},M_p 或 M_v。如果已计算出 M_v,需列出采用的 Mark-Houwink 系数。如果已知所用 GPC 仪器的重复性标准偏差也应列出,便于研究特殊类别的聚合物。

如果样品中的聚合物不是100%的聚苯乙烯,那么应对所有分析结果注明测得的分子量不是绝对分子量而是“聚苯乙烯——等效分子量”。

附上以表或图表示的分布曲线(微分质量分数对 lg$M$ 作图或累积质量分数对 lg$M$ 作图)。

包括显示基线和分析极限的原始色谱图。

h) 说明受其他因素影响对理想的 GPC 分离机理造成的重叠现象的任何观察结果;

i) 偏离本标准规定的测试条件;

j) 试验日期。

附 录 A
(规范性附录)
不同尺寸色谱柱实验参数的换算

本标准规定的流速、注射体积、注射质量和池体积适用于300 mm×7.8 mm的色谱柱(称为参考柱)。如果柱体积与该数值不同,需要调整实验参数(见表A.1)。

为了获得最佳的分离度,线流速应与参考柱相同。体积流速 F_1(单位为毫升每分钟(mL/min))可按式(A.1)计算:

$$F_1 = F_2 \times \left(\frac{D_1}{D_2}\right)^2 \qquad \cdots\cdots (A.1)$$

式中:

F_2——参考柱的体积流速(=1 mL/min);

D_1——所用色谱柱的直径,单位为毫米(mm);

D_2——参考柱的直径(=7.8 mm)。

为了计算所需的洗脱体积、注射质量和池体积,应考虑孔穴体积。注射体积可按式(A.2)计算:

$$F_1 = F_2 \times \left(\frac{D_1}{D_2}\right)^2 \times \frac{L_1}{L_2} \qquad \cdots\cdots (A.2)$$

式中:

L_1——所用色谱柱的长度,单位为厘米(cm);

L_2——参考柱的长度(=30 cm)。

表 A.1 不同尺寸色谱柱的实验参数

色谱柱的尺寸/(mm×mm)	体积流速 F/(mL/min)	测定塔板数的最大注射体积/μL	测定塔板数的最大注射质量/μg	每根柱子对试样的最大注射体积/μL
50×20	6.25	20	20	100
300×8.0	1.0	20	20	100
300×7.8	1.0	20	20	100
150×7.8	1.0	10	10	50
250×4.6	0.35	10	10	50
250×4[a]	0.25	5	5	25
250×3[a]	0.15	3	3	15
250×2[a]	0.05	1	1	5

[a] 为了降低峰加宽效应,这种尺寸的色谱柱需要采用所用检测器中的微型池。

附 录 B
（资料性附录）
聚合物标准物质说明书的示例

质量保证书

聚合物类型：聚苯乙烯

批号：ps15057

分子量分布：

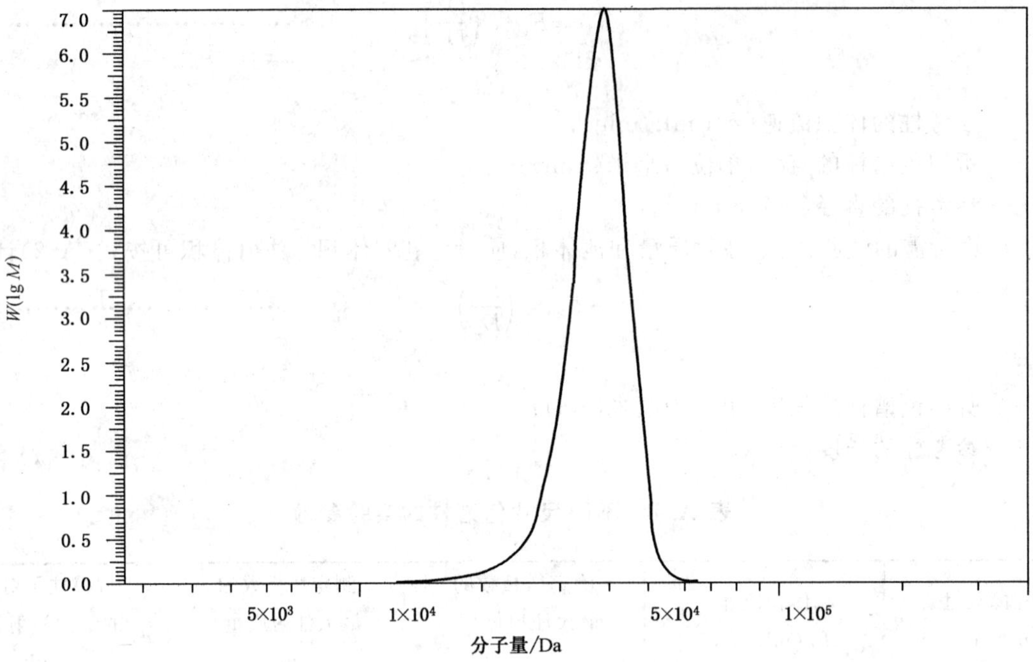

参数：

样品浓度：1.00 g/L　　注射体积：20 μL

溶剂：THF　　流速：1.00 mL/min

色谱柱：PSS SDV 5 μm 10e3Å/10e5Å/10e6Å　　温度：25 ℃

数据采集软件：PSS WINGPC 7　　操作者：A. N. Other

聚合物特性：

检测器	M_w/Da	M_n/Da	M_p/Da	$D(M_w/M_n)$
Shodex RI-71	37 600	36 500	39 200	1.03

M_w：重均分子量；

M_n：数均分子量；

M_p：最大峰处的分子量；

D：多分散性。

附 录 C
（资料性附录）
进一步的说明

关于第1章:范围

聚合物样品 M_w 数值 $>10^6$ g/mol 的 GPC 分析

本标准目前不适用于 M_w 数值大于 10^6 g/mol 的样品。为了避免注射溶液在第一根柱子中被稀释时粘滞指迹的干扰,高分子量样品的注射溶液必须稀释至约 0.03 g/L 的浓度。尽管如此,为了获到一个合适的检测器信号,可以将注射体积增加 2～3 倍。预计溶解分子量如此高的样品的过程将会更慢。

正常的洗脱剂流速必须由 1 mL/min 降低至 0.2 mL/min～0.3 mL/min,以避免样品受到剪切作用而降解。同理,通常推荐使用粗的柱填料,粒径为 20 μm～36 μm。

这些测量方面的要求可改善色谱柱、连接用的毛细管和检测器的的温度控制。如果检测器仍给出一个相对弱的信号,应使用比正常测试更灵敏的检测器和数据采集设备。

如果不同实验室间计划对这类样品的 GPC 结果进行比对,必须商定测试条件。

关于第4章:原理

这里所述的 GPC 方法与用液相色谱法分析低分子量化合物方法的主要差异在于所使用的柱填料(见 5.5)以及标定和分析方法(见第 7 章和第 11 章)。

对尺寸为 x 的分子,保留或洗脱体积 $V_{r,x}$ 的关系按式(C.1)计算:

$$V_{r,x}=V_0+K_x\times V_i \qquad \text{(C.1)}$$

式中:

V_0——流动相在柱中填料颗粒间的体积,即空隙体积。

V_i——可以通过的最大的内部体积,即填料的孔穴体积。

K_x——尺寸为 x 的分子进入孔穴体积的比例。

K_x 和 $V_{r,x}$ 在规定的条件下仅是被分析分子线团大小的函数。

关于5.5:色谱柱

在微分分布曲线上出现肩峰/次峰

如果试样的微分分子量分布曲线的侧面出现肩峰或次峰,这种特殊形状的色谱图不一定是该试样的属性,这样的结果也可能是由总孔穴体积或孔穴体积分布具有较大差别的组合柱引起。理论上这种变化表现为标定曲线是弯曲的,然而按照本标准的规定,每十进位 M 绘制点的数量,它可能很容易地被忽视。此外目前商品化的 GPC 分析软件中绘制标定曲线的数学函数通常不适用于这种不规则的类型。因此这种形状的色谱图在计算微分分子量分布曲线时仍保留为人工方式。

如果在特殊的情况下需要决定是否包括这种人工方式,建议按下面更严格的条件重复 GPC 分析:

使用单一类型填料填充的组合柱,其最佳分离范围延伸至约一个十进位的 M 上下有一个精确的洗脱范围,在该范围内,分离性能应比正常情况下式(2)中的要求更有效。“线性”柱(具有多于三个十进位的线性分离范围)因其在更窄的范围内分离性能更低,通常不适用于这种特殊情况。在相当规则的间隔区域,用至少 10 个数值确定该区域的二个十进位的标定曲线,标定曲线在该范围内应光滑,梯度恒定。在样品峰的整个范围内不需要对整个分离范围进行优化;出现在临界范围之外的异常现象,例如到达分析或渗透极限，可以忽视，因为该区域在标准条件的分析中已研究过了。

柱填料表面与注入的聚合物试样间特殊的相互作用对 GPC 分离机理的干扰

在制备有机 GPC 柱填料时，悬浮聚合反应所需的一些辅助化学物质不可逆转地混入填料中，这些组分通常比已交联的基体聚合物更活泼，并能与同样活泼的官能团，例如样品中的羧基或氨基相互作用。

以二氧化硅为柱填料，其上的硅醇基团出现相似的现象。虽然可能改善这些填料的表面，但这种作用仅能降低而不可能完全消除。

这种相互作用可由下面的观测结果显示出来：

——样品峰的尾部拖至溶剂和杂质峰以外；

——聚合物峰的出现可一直推迟到杂质和溶剂峰处；

——在紧接着的重复分析中，净色谱图的面积不能保持恒定，但变化是有规律的，通常是面积增大；

——在紧接着的重复分析中，聚合物的峰位置不能保持恒定，但是位移是有规律，通常趋向于更小的洗脱体积；分析结果能给出有规律变化的分子量平均值；

——前一次分析的不同化学结构试样的影响能在峰面积、峰位置和计算的结果中看到；

——仅当注入量超过一定的数量时，峰面积与注射量成正比。

通常在进行了若干个调节分析后，立即重做色谱图，但存在分离是按照线团尺寸分布还是按照混合分离机理进行分离的不确定性。

这种作用通常通过采取一系列措施可以避免或消除：

——更换一根色谱柱或使用完全不同柱填料的色谱柱；

——在洗脱剂中加入助剂，掩蔽柱填料或注射样品中的活性基团；

——更换洗脱剂。

这些措施中有一些已超出了本标准的范围，因此若计划在不同的实验室研究这类聚合物，需要商定适宜的分析条件。

测定塔板数时选用的峰形

计算塔板数时的峰形应尽可能地对称，即 W_f/W_b 的比值应尽可能接近 1，W_f 和 W_b 是通过最大峰处垂直线 10％峰高处前后各自的宽度(见图 C.1)。

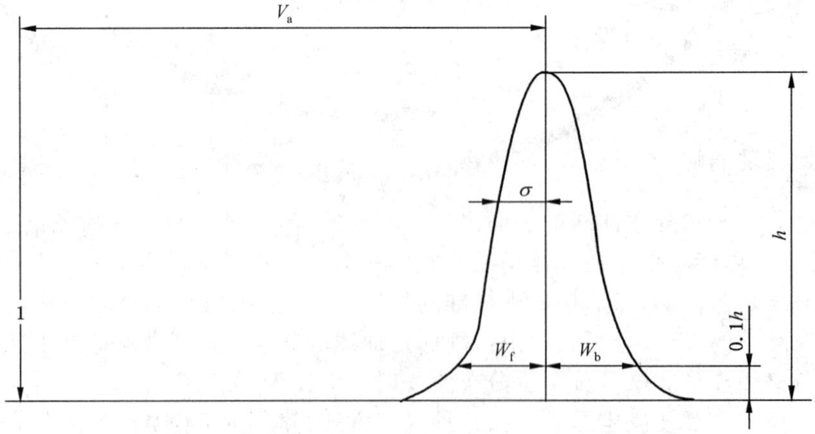

$$A=\frac{W_f}{W_b}$$

关键词：

1 注射

图 C.1 色谱峰不对称因子 A 的测定

用半峰高法测定塔板数时不考虑峰的形状。但在实际应用中前伸峰或拖尾峰对组合柱的分离效率有相当大的影响。

本标准期望通过规定适宜的特性数据，使测量塔板数的峰形尽可能地对称，即没有前伸峰或拖尾峰。然而目前大多数的色谱柱制造商不能保证色谱柱的这种特性，因此这一要求仅能在随后的修订中实现。

分离性能

计算分离性能的数据与绘制标定曲线的数据相同，因此无需额外的测量。

关于5.6:柱温控制

柱温影响洗脱剂的粘性和压缩系数进而影响样品的分离，因此必须控制柱温。本标准规定的四氢呋喃(THF)洗脱剂不需要使用高温。

关于5.7:检测器

检测器连续地测量从柱子中洗脱出来的洗脱液中样品级分的浓度，并给出与浓度成正比的电信号。

为了避免已分离的样品级分重新混合，规定了检测池的最大体积(见5.7和附录A)。

除了示差折光检测器外，具有相同灵敏度的检测器，例如，UV-滤光光度计和UV分光光度计也可以使用。表示浓度与检测器信号关系的响应因子取决于检测原理、分析方法和洗脱剂。如果分析的是共聚物或者是由化学性质不同或结构不同的聚合物形成的聚合物混合物，当样品中的组分变化时，分子的大小也随之变化，那么不同型号的检测器将会给出不同的色谱图。由于本标准不限定于均聚物，因此规定单一类型的检测器很重要。式(3)中仅对响应作了一般性的要求，如果示差折光检测器对样品中的个别组分在整个范围内的响应很弱或者根本没有响应，可以使用不同型号的检测器或几个检测器的组合作为最终的检测手段。对本标准的任何偏离应该用响应因子来验证(示差折光检测器:比折光指数增量 v;UV检测器:吸光系数 ε)。

关于第7章:仪器的校准

标定标准物质

目前使用的窄分子量分布的聚苯乙烯标准物质是由阴离子引发聚合制得的。在一端有丁基端基，因此同系列的第一个成员不是乙基苯而是已基苯，这正是本标准采用它作为标定曲线低分子量端点的原因所在。使用带有其他端基的聚苯乙烯标准物质，如两端为H原子(在这样的情况下乙苯是同系列的第一个成员)可能改变齐聚物范围内标定曲线的形状，因此本标准是不允许的。

关于7.6:绘制标定曲线

回归法绘制标定曲线

目前广泛采用包含洗脱体积 V_e 三次方的多项式公式：

$$\lg M = A_0 + A_1 \times V_e + A_2 \times V_e^2 + A_3 \times V_e^3 \quad \cdots\cdots\cdots\cdots (C.2)$$

这些模型通常给出7.5中所述的非统计残数分布类型，虽然与随后的更高次方相加能改善标定曲线的适应性，但这也会导致出现无意义的最大值和最小值。已证明仅含有奇次方的公式更好，例如：

$$\lg M = A_0 + A_1 \times V_e + A_3 \times V_e^3 + A_5 \times V_e^5 + A^7 \times V_e^7 \quad \cdots\cdots\cdots\cdots (C.3)$$

包含单个双曲线项的形式：

$$H_1/V_e \text{ 或 } H_2/V_e \text{ 或 } H_3 \times \lg[(H_4 - V_e)/V_e] \quad \cdots\cdots\cdots\cdots (C.4)$$

上面列出的抛物线公式之一也是合适的，H_i 项代表用回归法调整的系数。另一种可能是使用减少的参数数量，例如：V_e-K_0 作为自变量，K_0 小于或等于分析极限的洗脱体积，直接替代了淋出体积 V_e。

关于第 12 章：精密度

根据 ISO 5725-1 测定精密度的方法，在两次循环试验中对下列样品进行了分析：

表 C.1

样　　品	M_w（聚苯乙烯等效分子量）/(g/mol)	M_w/M_n	参与的实验室数量
聚苯乙烯	2 100	5	17
具有明显低分子侧链的聚苯乙烯	187 000	50	16
含-OH 基团的丙烯酸树脂	19 600	6	10
氯乙烯/顺丁烯二酸酯共聚物	56 000	37	10
醇酸树脂（酸值 13）	7 000	7	9
反式醇酸树脂（酸值 65）	8 700	12	10
三聚氰胺/甲醛树脂	3 400	6	10
苯酚酚醛树脂	2 900	9	9

在对所有样品的各个标准偏差平均时，是根据参与的实验室数量进行加权。通过一次 Nalimov 测试已预先排除了离群值。如果任何一个实验室对任何一个样品的 M 值有一个以上的离群值，那么该实验室测得的其他 M 和 M_w/M_n 数据也不能采用，如果离群值超过 5%级分的三分之一，则样品的分布曲线也要舍弃。

参 考 文 献

[1] Smith W. V. ,*Rubber Chem*. & *Technol*. ,45(1972),pp. 667-708,particularly p. 676

ICS 87.040
G 51

中华人民共和国国家标准

GB/T 27811—2011

室内装饰装修用天然树脂木器涂料

Natural resin coatings for woodenware for indoor decorating and refurbishing

2011-12-30 发布　　2012-06-01 实施

中华人民共和国国家质量监督检验检疫总局
中国国家标准化管理委员会　发布

前　言

本标准按照 GB/T 1.1—2009 给出的规则起草。

本标准由中国石油和化学工业联合会提出。

本标准由全国涂料和颜料标准化技术委员会(SAC/TC 5)归口。

本标准起草单位:江苏冠军涂料科技集团有限公司、广东华润涂料有限公司、三棵树涂料股份有限公司、深圳广田装饰集团股份有限公司、中海油常州涂料化工研究院。

本标准主要起草人:谢海、武宝珍、唐瑛、张军、罗启涛、胡基如。

室内装饰装修用天然树脂木器涂料

1 范围

本标准规定了室内装饰装修用天然树脂木器涂料产品的术语和定义、要求、试验方法、检验规则及标志、包装和贮存等内容。

本标准适用于由亚麻油、桐油、蓖麻油、松香等天然原料制成的树脂作为主要成膜物质，用松节油、橘油等来源于植物的天然稀释剂作为稀释剂，调制而成的氧化干燥型天然树脂涂料。产品主要用于室内木器表面的保护及装饰。

本标准不适用于人为加入甲苯、二甲苯等来源于矿物的稀释剂的天然树脂涂料。

2 规范性引用文件

下列文件对于本文件的应用是必不可少的。凡是注日期的引用文件，仅注日期的版本适用于本文件。凡是不注日期的引用文件，其最新版本(包括所有的修改单)适用于本文件。

GB/T 1725—2007　色漆、清漆和塑料　不挥发物含量的测定

GB/T 1728—1979　漆膜、腻子膜干燥时间测定法

GB/T 1766—2008　色漆和清漆　涂层老化的评级方法

GB/T 3186　色漆、清漆和色漆与清漆用原材料　取样

GB/T 4893.1—2005　家具表面耐冷液测定法

GB/T 4893.3—2005　家具表面耐干热测定法

GB/T 6682　分析试验室用水规格和试验方法

GB/T 6739—2006　色漆和清漆　铅笔法测定漆膜硬度

GB/T 6750—2007　色漆和清漆　密度的测定　比重瓶法

GB/T 6753.1—2007　色漆、清漆和印刷油墨　研磨细度的测定

GB/T 8170　数据修约规则与极限数值的表示和判定

GB/T 9278　涂料试样状态调节和试验的温湿度

GB/T 9286—1998　色漆和清漆　漆膜的划格试验

GB/T 9750　涂料产品包装标志

GB/T 9754—2007　色漆和清漆　不含金属颜料的色漆漆膜的20°、60°和85°镜面光泽的测定

GB/T 13491　涂料产品包装通则

GB 18581—2009　室内装饰装修材料　溶剂型木器涂料中有害物质限量

GB 18582—2008　室内装饰装修材料　内墙涂料中有害物质限量

3 术语和定义

下列术语和定义适用于本文件。

3.1

挥发性有机化合物(VOC)　volatile organic compounds

在101.3 kPa标准大气压下，任何初沸点低于或等于250 ℃的有机化合物。

3.2

挥发性有机化合物含量　volatile organic compounds content

按规定的测试方法测试产品所得到的挥发性有机化合物的含量。

3.3

天然树脂　natural resins

由亚麻油、桐油、蓖麻油、松香等天然原料制成的树脂。

3.4

天然稀释剂　natural thinner

指松节油、橘油等来源于植物的稀释剂。

4　要求

产品应符合表1的要求。

表1　要求

项　　目			指　　标
在容器中状态			搅拌后均匀无硬块
细度/μm		≤	40
干燥时间/h　≤	表干		8
	实干		24
贮存稳定性	结皮性(24 h)		不结皮
	沉降性[(50±2)℃,7 d]		无异常
涂膜外观			正常
光泽(60°),单位值			商定
硬度(擦伤)		≥	B
附着力/级(划格间距 2 mm)		≤	1
耐干热性/级[(70±2)℃,15 min]		≤	2
耐水性(24 h)			无异常
耐碱性(50 g/L $NaHCO_3$ 溶液,1 h)			无异常
耐醇性(8 h)			无异常
耐污染性(1 h)	醋		无异常
	茶		无异常
挥发性有机化合物(VOC)含量[a]/(g/L)		≤	450
苯含量[a],w/%		≤	0.1
甲苯、二甲苯、乙苯含量总和[a],w/%		≤	1.0
卤代烃含量[a,b],w/%		≤	0.1
可溶性重金属含量/(mg/kg)　≤	铅 Pb		90
	镉 Cd		75
	铬 Cr		60
	汞 Hg		60

[a] 按产品明示的施工配比混合后测定。如稀释剂的使用量为某一范围时,应按照产品施工配比规定的最大稀释比例混合后进行测定。

[b] 包括二氯甲烷、1,1-二氯乙烷、1,2-二氯乙烷、三氯甲烷、1,1,1-三氯乙烷、1,1,2-三氯乙烷、四氯化碳。

5 试验方法

5.1 取样

产品按 GB/T 3186 的规定取样，也可按商定方法取样。取样量根据检验需要确定。

5.2 试验环境

试板的状态调节和试验的温湿度应符合 GB/T 9278 的规定。

5.3 试验样板的制备

各项目检验用底材及涂装要求见表 2。也可采用喷涂或商定的其他方式进行涂装。若使用与本标准规定不同的样板制备条件，应在试验报告中注明。

表 2 制板说明

<table>
<tr><th>项　目</th><th>底材</th><th>尺寸/mm</th><th>涂装要求</th></tr>
<tr><td>涂膜外观、附着力、耐水性、耐碱性、耐醇性、耐污染性</td><td rowspan="2">浅色贴面胶合板[a]（符合 GB/T 15104—2006），使用前在 5.2 环境条件下放置 7 d 以上。</td><td>150×70</td><td rowspan="2">刷涂两道。第一道刷涂量为（0.8±0.1）g/dm²；间隔 24 h 后刷涂第二道；第二道刷涂量为（0.7±0.1）g/dm²，涂膜外观项目放置 24 h 后测试，其他项目放置 7 d 后测试。</td></tr>
<tr><td>耐干热性</td><td>150×150</td></tr>
<tr><td>干燥时间、硬度</td><td>马口铁板</td><td>50×120×(0.2～0.3)</td><td rowspan="2">刷涂一道，干膜厚度为（23±3）μm，光泽项目放置 48 h 后测试，硬度项目放置 7 d 后测试。</td></tr>
<tr><td>光泽</td><td>玻璃板（清漆测光泽时采用喷有无光黑漆的玻璃板）</td><td>150×100×3</td></tr>
<tr><td colspan="4">[a] 推荐采用白桦、白枫木、白橡木等浅色品种。</td></tr>
</table>

5.4 操作方法

所用试剂均为化学纯以上，所用水均为符合 GB/T 6682 规定的二级水，试验用溶液在试验前预先调整到试验温度。

5.4.1 在容器中状态

打开容器，用调刀或搅棒搅拌，允许容器底部有沉淀，若经搅拌易于混合均匀，则评为“搅拌后均匀无硬块”。

5.4.2 细度

按 GB/T 6753.1—2007 规定进行。

5.4.3 干燥时间

表干和实干分别按 GB/T 1728—1979 表干中乙法和实干中甲法规定进行。

5.4.4 贮存稳定性

5.4.4.1 结皮性

将试样约 90 mL 倒入 120 mL 带盖广口瓶中，立即盖好瓶盖并密封好。将瓶放在(23±2)℃的环境条件下的暗处 24 h 后，取出瓶，打开瓶盖目视检查。检查方法：将瓶倾斜，并用玻璃棒触及试样的表面，检查表层的流动性。如表层保持液态时，可评定为“不结皮”。

5.4.4.2 沉降性

将约 0.5 L 的样品装入密封良好的铁罐中，罐内留有约 10%的空间，密封后放入(50±2)℃恒温干燥箱中，7 d 后取出在(23±2)℃下放置 3 h，如有结皮，应小心地去除结皮，然后按照 5.4.1 方法考查“在容器中状态”，如果搅拌后均匀无硬块，则认为“无异常”。

5.4.5 涂膜外观

样板在散射日光下目视观察，如果涂膜均匀，无流挂、发花、针孔、开裂和剥落等涂膜病态，则评为“正常”。

5.4.6 光泽(60°)

按 GB/T 9754—2007 规定进行。

5.4.7 硬度

按 GB/T 6739—2006 规定进行。铅笔为中华牌 101 绘图铅笔。

5.4.8 附着力

按 GB/T 9286—1998 规定进行。划格间距为 2 mm。

5.4.9 耐干热性

按 GB/T 4893.3—2005 规定进行。试验温度为(70±2)℃，试验时间 15 min。

5.4.10 耐水性

按 GB/T 4893.1—2005 规定进行。试液为蒸馏水，试验区域取每块板的中间部位，在每个试验区域上分别放上五层滤纸片，试验过程中需保持滤纸湿润，必要时在玻璃罩和试板接触部位涂上凡士林加以密封。24 h 后取掉滤纸，吸干，放置 2 h 后在散射日光下目视观察，如 3 块试板中有 2 块未出现起泡、开裂、剥落等涂膜病态现象，但允许出现轻微变色和轻微光泽变化，则评为“无异常”。如出现以上涂膜病态现象按 GB/T 1766—2008 进行描述。

5.4.11 耐碱性

试液为 50 g/L 的 $NaHCO_3$ 溶液，试验 1 h 后取掉滤纸，用水冲洗后吸干，放置 1 h 后观察。测评方法同 5.4.10。

5.4.12 耐醇性

试液为 70%(体积分数)乙醇水溶液，试验 8 h 后取掉滤纸，用水冲洗后吸干，放置 1 h 后观察。测评方法同 5.4.10。

5.4.13 耐污染性

试验 1 h 后取掉滤纸，用水冲洗后吸干，放置 1 h 后观察。测评方法同 5.4.10。

耐醋：试液为酿造食醋。

注：推荐使用符合 GB 18187—2000 的酿造食醋。

耐茶：试液为绿茶水，在 2 g 绿茶中加入 250 mL 沸水，室温放置 5 min 后立即用茶水进行试验。

注：推荐使用袋装立顿绿茶。

5.4.14 挥发性有机化合物(VOC)含量的测试按 GB 18581—2009 中附录 A 的规定进行。

5.4.15 苯含量测试按 GB 18581—2009 中附录 B 的规定进行。

5.4.16 甲苯、乙苯、二甲苯含量的测试按 GB 18581—2009 中附录 B 的规定进行。

5.4.17 卤代烃含量的测试按 GB 18581—2009 中附录 C 的规定进行。

5.4.18 可溶性重金属(铅、镉、铬、汞)含量的测试按 GB 18582—2008 中附录 D 的规定进行。

注：也可使用其他合适的分析仪器如电感耦合等离子体原子发射光谱法(ICP-OES)等测试处理后试验溶液中的可溶性铅、镉、铬、汞的含量，并根据仪器制造商的相关说明进行操作和测试，但应在检测报告中注明采用的分析仪器。

6 检验规则

6.1 检验分类

6.1.1 产品检验分出厂检验和型式检验。

6.1.2 出厂检验项目包括在容器中状态、细度、干燥时间、涂膜外观、光泽。

6.1.3 型式检验项目包括本标准所列的全部技术要求。在正常生产情况下每年至少检验一次。

6.2 检验结果的判定

6.2.1 检验结果的判定按GB/T 8170中修约值比较法进行。

6.2.2 应检项目的检验结果均达到本标准要求时，该试验样品为符合本标准要求。

7 标志、包装和贮存

7.1 标志

按GB/T 9750的规定进行。

7.2 包装

按GB/T 13491中一级包装要求的规定进行。

7.3 贮存

产品贮存时应保证通风、干燥，防止日光直接照射并应隔绝火源，远离热源。产品应根据类型定出贮存期，并在包装标志上明示。

参 考 文 献

[1] GB/T 15104—2006 装饰单板贴面人造板
[2] GB 18187—2000 酿造食醋

ICS 71.100.40
G 77

中华人民共和国国家标准

GB/T 27812—2011

水处理剂　多氨基多醚基亚甲基膦酸（PAPEMP）

Water treatment chemicals—Polyamino polyether methylene phosphonate（PAPEMP）

2011-12-30 发布　　2012-06-01 实施

中华人民共和国国家质量监督检验检疫总局
中国国家标准化管理委员会　发布

前　言

本标准按照 GB/T 1.1—2009 给出的规则起草。

本标准由中国石油和化学工业联合会提出。

本标准由全国化学标准化技术委员会水处理剂分技术委员会(SAC/TC 63/SC 5)归口。

本标准起草单位:江苏江海化工集团有限公司、南京化工学院常州市武进水质稳定剂厂、河南清水源科技股份有限公司、中海油天津化工研究设计院、山东省泰和水处理有限公司、常州市武进精细化工厂有限公司、深圳市华测检测有限公司、上海森清水处理有限公司。

本标准主要起草人:吴文导、常春华、杨海星、李琳、王忠英、谈菊瀚、武广元、蒋毅章。

水处理剂 多氨基多醚基亚甲基膦酸 (PAPEMP)

警告——本标准使用的强酸、强碱具有腐蚀性，使用时应注意。溅到身上时，用大量水冲洗，避免吸入或接触皮肤。

1 范围

本标准规定了水处理剂多氨基多醚基亚甲基膦酸(PAPEMP)的要求、试验方法、检验规则、包装、标志、运输、贮存和安全要求。

本标准适用于以端氨基聚醚、亚磷酸或三氯化磷、甲醛等为原料合成而得的多氨基多醚基亚甲基膦酸(PAPEMP)产品。本产品主要用于工业水处理作阻垢缓蚀剂和印染行业作过氧化物稳定剂及金属螯合剂。

2 规范性引用文件

下列文件对于本文件的应用是必不可少的。凡是注日期的引用文件，仅注日期的版本适用于本文件。凡是不注日期的引用文件，其最新版本(包括所有的修改单)适用于本文件。

GB/T 191 包装储运图示标志(GB/T 191—2008,ISO 780:1997,MOD)

GB/T 601 化学试剂 标准滴定溶液的制备

GB/T 602 化学试剂 杂质测定用标准溶液的制备(GB/T 602—2002,ISO 6353-1:1982,NEQ)

GB/T 603 化学试剂 试验方法中所用制剂及制品的制备(GB/T 603—2002,6353-1:1982,NEQ)

GB/T 6678 化工产品采样总则

GB/T 6682 分析实验室用水规格和试验方法(GB/T 6682—2008,ISO 3696:1987,MOD)

GB/T 8170 数值修约规则与极限数值的表示和判定

3 结构式和相对分子质量

3.1 结构式

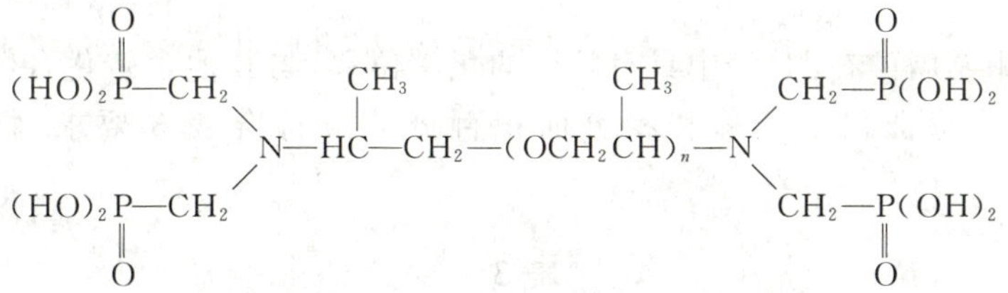

3.2 相对分子质量

约 600(结构式中 n 在 2～3 之间)(按 2007 年国际相对原子质量)。

4 要求

4.1 外观:淡黄色或黄色透明液体。

4.2 水处理剂多氨基多醚基亚甲基膦酸(PAPEMP)按相应的试验方法测定应符合表1的规定。

表 1

指标名称		指　　标	试验方法
活性组分(以 PAPEMP 计)质量分数/%	≥	36.0	5.3
亚磷酸(以 PO_3^{3-} 计)质量分数/%	≤	2.5	5.4
磷酸(以 PO_4^{3-} 计)质量分数/%	≤	1.0	5.5
pH(10 g/L 水溶液)	≤	2.0	5.6
密度(20 ℃)/(g/cm³)	≥	1.15	5.7
铁(以 Fe 计)质量分数/(μg/g)	≤	35	5.8

5 试验方法

5.1 通则

本标准所用试剂,除非另有规定,应使用分析纯试剂和符合 GB/T 6682 中三级水的规定。

试验中所需标准滴定溶液、杂质测定用标准溶液、制剂及制品,在没有注明其他要求时,均按 GB/T 601、GB/T 602、GB/T 603 的规定制备。

5.2 鉴别

5.2.1 方法提要

多氨基多醚基亚甲基膦酸中的每一个碳原子在 ^{13}C 核磁共振谱图上都有特定的化学位移,并且其谱图与其他水处理剂不相同,其特征化学位移如表 2,特征谱图参见附录 A 图 A.1。

表 2

化学位移 δ	归　　属
~61,~65	与磷原子相连的亚甲基碳

多氨基多醚基亚甲基膦酸在 ^{31}P 谱中具有特定的化学位移,与其他含磷化合物、异构体中的磷原子出峰位置有所不同。其特征化学位移和积分面积百分数应符合表 3 要求,特征谱图参见附录 A 图 A.2。

表 3

化学位移 δ	归　　属	积分面积	面积百分数/%
~9	PAPEMP 上的磷原子	A_X	>80
其他位移	试样中的杂质磷原子		

5.2.2 试剂和材料

5.2.2.1 二氧六环。

5.2.2.2 重水。

5.2.2.3 磷酸。

5.2.3 仪器

5.2.3.1 傅里叶变换核磁共振仪：频率 300 MHz 以上。

5.2.3.2 样品管：外径 5 mm，长度约 18 cm 管，测碳谱用；外径 10 mm，长度约 20 cm 管，测磷谱用。

5.2.4 分析步骤

5.2.4.1 碳谱：直接将试样原液移入核磁共振测定专用样品管中，再加入封有重水的毛细管供锁场用。在宽带去偶、脉冲间隔为 3 s 的条件下进行定性测定。定标采用二氧六环间接标准($\delta_0=67.8$)。试样的谱图应与附录 A 图 A.1 吻合。

5.2.4.2 磷谱：直接用原液测定，重水锁场。在反门控去偶、脉冲间隔为 30 s，85%磷酸作基准(外标 $\delta_0=0$)条件下进行测定。FID 信号不加窗函数(LB=0)处理。当主峰(PAPEMP 峰)高度大至 30 cm 时，其基座(峰底宽)不应超过 1.5 个化学位移单位，否则重新匀场，改善谱峰的分辨率。对于主峰基座上的小杂峰，当其积分值小于主峰面积的 0.5%时，可以不去修正它们对主峰的影响，否则须从主峰积分值中扣除这些杂质峰的影响。

积分面积百分数 W，数值以%表示，按式(1)计算：

$$W=\frac{A_X}{A_T} \quad \cdots\cdots(1)$$

式中：

A_X ——$\delta\approx9$ 主峰的积分面积；

A_T ——磷谱中全部峰的积分面积。

试样的谱图应与附录 A 图 A.2 吻合，积分面积应大于 80%。

5.3 活性组分含量的测定

5.3.1 方法提要

多氨基多醚基亚甲基膦酸中含有的有机膦酸、磷酸和亚磷酸，经加入硫酸和分解剂加热分解，均转变成正磷酸。加入喹钼柠酮溶液后生成磷钼酸喹啉沉淀，过滤、洗涤、干燥、称量，计算总磷含量。减去正磷酸、亚磷酸相当的磷含量后计算出活性组分。

生产控制过程中可参见附录 B 用容量法测定活性组分的含量。

5.3.2 试剂和材料

5.3.2.1 硝酸。

5.3.2.2 过硫酸钾。

5.3.2.3 硫酸溶液：1+4。

5.3.2.4 硝酸溶液：1+1。

5.3.2.5 喹钼柠酮溶液制备方法：

——溶液Ⅰ：称取 70 g 钼酸钠，溶于 150 mL 水中；

——溶液Ⅱ：称取 60 g 柠檬酸，溶于 85 mL 硝酸和 150 mL 水的混合液中；

——溶液Ⅲ：量取 5 mL 喹啉，溶于 35 mL 硝酸和 100 mL 水的混合液中；

——在不断搅拌下，先将溶液Ⅰ缓慢加入到溶液Ⅱ中，再将溶液Ⅲ缓慢加入到溶液Ⅱ中，混匀。放置 24 h，过滤，在滤液中加入 280 mL 丙酮，用水稀释至 1 000 mL，混匀。贮于棕色瓶或聚乙烯瓶中。

5.3.3 仪器

坩埚式过滤器：滤板孔径为 5 μm～15 μm。

5.3.4 分析步骤

5.3.4.1 试液的制备

称取约 4 g 试样，精确至 0.2 mg，加水溶解，全部转移到 500 mL 容量瓶中，用水稀释到刻度，摇匀。此为试液 A。

5.3.4.2 测定

移取 10.00 mL 试液 A，置于 400 mL 高型烧杯中。加 10 mL 硫酸溶液，0.5 g～0.7 g 过硫酸钾，盖上表面皿，置于可控电炉(1 000 W)或微波消解电炉上缓慢加热至出现浓厚白烟。取下表面皿，直至白烟几乎赶尽，溶液呈黏稠状，仔细观察刚有细微结晶出现时，即取下冷却，分解的全过程约为 30 min。加入 100 mL 水，加热，待结晶溶解后，稍冷，加入 15 mL 硝酸溶液、50 mL 喹钼柠酮溶液，盖上表面皿，置于沸水浴中，放置 30 min。取出后冷却至室温。冷却过程中摇动 3～4 次。

用预先于(180±5)℃下恒量的坩埚式过滤器以倾析法过滤。在烧杯中洗涤沉淀 3 次，每次用水约 15 mL，将沉淀全部转移至坩埚式过滤器中，继续用水洗涤。所用洗水共约 150 mL。于(180±5)℃下烘干至恒量。

5.3.5 结果计算

总磷(以 P 计)含量以质量分数 w_0 计，按式(2)计算：

$$w_0 = \frac{m_1 M_1 / M_2}{m \times 10/500} \times 100\% \qquad \cdots\cdots(2)$$

式中：

m_1——磷钼酸喹啉沉淀质量的数值，单位为克(g)；

m——试料质量的数值，单位为克(g)；

M_1——磷的摩尔质量的数值，单位为克每摩尔(g/mol)($M_1 = 30.97$)；

M_2——磷钼酸喹啉的摩尔质量的数值，单位为克每摩尔(g/mol)($M_2 = 2\ 212.73$)。

活性组分(以 PAPEMP 计)以质量分数 w_1 计，按式(3)计算：

$$w_1 = \left(w_0 - w_2 \frac{M_1}{M_2} - w_3 \frac{M_1}{M_3}\right) \frac{M_4}{4M_1} \times 100\% \qquad \cdots\cdots(3)$$

式中：

w_0——总磷(以 P 计)的质量分数，%；

w_2——按 5.4 测得的亚磷酸(以 PO_3^{3-} 计)的质量分数，%；

w_3——按 5.5 测得的磷酸(以 PO_4^{3-} 计)的质量分数，%；

M_1——磷的摩尔质量的数值，单位为克每摩尔(g/mol)($M_1 = 30.97$)；

M_2——亚磷酸根的摩尔质量的数值，单位为克每摩尔(g/mol)($M_3 = 78.97$)；

M_3——磷酸根的摩尔质量的数值，单位为克每摩尔(g/mol)($M_2 = 94.97$)；

M_4——PAPEMP 的摩尔质量的数值，单位为克每摩尔(g/mol)($M_4 = 600$)。

5.3.6 允许差

取平行测定结果的算术平均值为测定结果。平行测定结果的绝对差值不大于0.3%。

5.4 亚磷酸含量的测定

5.4.1 方法提要

在pH值为7.0～7.5的条件下,碘将亚磷酸根氧化成磷酸根。用硫代硫酸钠标准滴定溶液滴定过量的碘。

反应式:

$$H_3PO_3 + I_2 + H_2O = H_3PO_4 + 2HI$$

$$I_2 + 2Na_2S_2O_3 = 2NaI + Na_2S_4O_6$$

5.4.2 试剂和材料

5.4.2.1 五硼酸铵饱和溶液。

5.4.2.2 乙酸溶液:6 mol/L。

5.4.2.3 碘标准溶液:$c(\frac{1}{2}I_2)$约0.1 mol/L。

5.4.2.4 硫代硫酸钠标准滴定溶液:$c(Na_2S_2O_3)$约0.1 mol/L。

5.4.2.5 淀粉指示液:5 g/L。

5.4.3 分析步骤

称取约1.5 g试样,精确至0.2 mg,于250 mL碘量瓶中,加50 mL水,移取50.0 mL五硼酸铵饱和溶液于250 mL碘量瓶中,加入25.00 mL碘标准溶液,立即盖好瓶塞,水封,于室温(20 ℃～25 ℃)下暗处放置15 min,然后加入5 mL乙酸溶液,以硫代硫酸钠标准滴定溶液滴定至溶液呈浅黄色时,加3 mL淀粉指示液,继续滴定至蓝色消失即为终点。同时作空白试验。

5.4.4 结果计算

亚磷酸(以PO_3^{3-}计)含量以质量分数w_2计,按式(4)计算:

$$w_2 = \frac{(V_0/1\,000 - V/1\,000)cM/2}{m} \times 100\% \quad \cdots\cdots (4)$$

式中:

V_0——空白试验消耗硫代硫酸钠标准滴定溶液的体积的数值,单位为毫升(mL);

V——测定试样消耗硫代硫酸钠标准滴定溶液的体积的数值,单位为毫升(mL);

c——硫代硫酸钠标准滴定溶液的实际浓度的准确数值,单位为摩尔每升(mol/L);

M——亚磷酸根的摩尔质量的数值,单位为克每摩尔(g/mol)(M=78.97);

m——试料质量的数值,单位为克(g)。

5.4.5 允许差

取平行测定结果的算术平均值作为测定结果,平行测定结果的绝对值不大于0.20%。

5.5 磷酸含量的测定

5.5.1 方法提要

在酸性条件下,正磷酸和钼酸铵反应生成黄色的磷钼杂多酸,用抗坏血酸还原成磷钼蓝,使用分光光度计，于最大吸收波长(710 nm)处测定吸光度。

5.5.2 试剂和材料

5.5.2.1 抗坏血酸溶液：20 g/L。称取 10 g 抗坏血酸溶于约 50 mL 水中，加入 0.20 g 乙二胺四乙酸二钠及 8 mL 甲酸，用水稀释至 500 mL，混匀。贮存于棕色瓶中，保存期 15 d。

5.5.2.2 钼酸铵溶液：26 g/L。称取 13 g 钼酸铵溶于 200 mL 水中，加入 0.5 g 酒石酸锑钾和 120 mL 硫酸。冷却后用水稀释至 500 mL，混匀。贮存于棕色瓶中。保存期两个月。

5.5.2.3 磷酸盐标准贮备溶液：1 mL 含有 0.1 mg PO_4^{3-}。

5.5.2.4 磷酸盐标准溶液：1 mL 含有 0.02 mg PO_4^{3-}。移取 20.00 mL 磷酸盐标准贮备溶液，置于 100 mL容量瓶中，用水稀释至刻度，摇匀。此溶液现用现配。

5.5.3 仪器

分光光度计：带有厚度为 1 cm 的吸收池。

5.5.4 分析步骤

5.5.4.1 校准曲线的绘制

在 7 个 50 mL 容量瓶中，分别加入 0.00 mL(试剂空白)、1.00 mL、2.00 mL、3.00 mL、4.00 mL、5.00 mL、6.00 mL 磷酸盐标准溶液。分别加水至约 25 mL，各加 2.0 mL 钼酸铵溶液、3.0 mL 抗坏血酸溶液，用水稀释至刻度，摇匀，室温放置 10 min。

使用分光光度计，用 1 cm 吸收池，在 710 nm 波长处，以试剂空白为参比测定其吸光度。

以 PO_4^{3-} 含量(mg)为横坐标，对应的吸光度为纵坐标，绘制校准曲线。

5.5.4.2 测定

移取 1.00 mL 试液 A(5.3.4.1)，置于 50 mL 容量瓶中，加水至约 25 mL。以下按 5.5.4.1 从“各加 2.0 mL 钼酸铵溶液……”至“……以试剂空白为参比测定其吸光度”操作。

5.5.5 结果计算

磷酸(以 PO_4^{3-} 计)含量以质量分数 w_3 计，按式(5)计算：

$$w_3 = \frac{m_1 \times 10^{-3}}{m \times 1/500} \times 100\% \quad \cdots\cdots\cdots(5)$$

式中：

m_1——根据测得的试液吸光度从校准曲线上查出的磷酸根的量的数值，单位为毫克(mg)；

m ——试料质量的数值，单位为克(g)。

5.5.6 允许差

取平行测定结果的算术平均值为测定结果，平行测定结果的绝对差值不大于 0.05%。

5.6 pH 值的测定

5.6.1 仪器

酸度计：精度 0.02 pH 单位，配有饱和甘汞参比电极、玻璃测量电极或复合电极。

5.6.2 分析步骤

称取 1.00 g±0.01 g 试样，用水溶解后，全部转移到 100 mL 容量瓶中，稀释至刻度，摇匀。

将试样溶液倒入烧杯中，置于磁力搅拌器上，将电极浸入被测溶液中，开动搅拌，在已定位的酸度计上读出 pH 值。

5.7 密度的测定

5.7.1 方法提要

由密度计在被测液体中达到平衡状态时所浸没的深度读出该液体的密度。

5.7.2 仪器、设备

5.7.2.1 密度计：分度值为 0.001 g/cm^3。

5.7.2.2 恒温水浴：可控温度(20±0.1)℃。

5.7.2.3 温度计：0 ℃～50 ℃，分度值为 0.1 ℃。

5.7.2.4 量筒：250 mL 或 500 mL。

5.7.3 分析步骤

将试样注入清洁、干燥的量筒内，不得有气泡。将量筒置于 20 ℃的恒温水浴中。待温度恒定后，将清洁、干燥的密度计缓缓地放入试样中，其下端应离筒底 2 cm 以上，不能与筒壁接触，密度计的上端露在外面的部分所沾液体不得超过 2～3 分度。待密度计在试样中稳定后，读出密度计弯月面下缘的刻度(标有弯月面上缘刻度的密度计除外)，即为 20 ℃时试样的密度。

5.8 铁含量的测定

5.8.1 方法提要

试样中的铁常以三价铁的形式存在。用盐酸羟胺将三价铁离子还原成二价铁离子，在 pH 值 4～6 时，二价铁离子和邻菲啰啉形成一种红色的络合物，用分光光度计在最大吸收波长 510 nm 处，测定其吸光度。

5.8.2 试剂和材料

5.8.2.1 盐酸溶液：1+1。

5.8.2.2 氨水溶液：1+1。

5.8.2.3 盐酸羟胺溶液：200 g/L。

5.8.2.4 邻菲啰啉溶液：15 g/L。称取 5.0 g 邻菲啰啉($C_{12}H_8N_2 \cdot H_2O$)，溶于 250 mL“95%乙醇”中，再加入 80 mL 水，摇匀即可。

5.8.2.5 铁标准贮备溶液：1 mL 含有 0.1 mgFe。

5.8.2.6 铁标准溶液：1 mL 含有 0.01 mgFe。移取铁标准贮备溶液 10.00 mL 于 100 mL 容量瓶中并稀释至刻度，摇匀。此溶液现用现配。

5.8.3 仪器

分光光度计：带有厚度为 3 cm 的吸收池。

5.8.4 分析步骤

5.8.4.1 校准曲线的绘制

分别取 0.00 mL(试剂空白溶液)、1.00 mL、2.00 mL、4.00 mL、6.00 mL、8.00 mL、10.00 mL 铁

标准溶液于7个100 mL烧杯中，各加水40 mL，如有必要，借助pH计用盐酸溶液将溶液的pH值调至1.5～2.0。分别加入2 mL盐酸羟胺溶液，混匀，再依次加入2 mL邻菲啰啉溶液，混匀后，借助pH计用氨水溶液将溶液的pH值调至5.2～5.8，在可调电炉上将溶液加热至沸，取下冷却至室温，将冷却后的溶液转移到100 mL容量瓶中，用水稀释至刻度，摇匀。

使用分光光度计，用3 cm吸收池，在510 nm波长处，以试剂空白溶液为参比测定其吸光度。

以铁的毫克数(mg)为横坐标，对应的吸光度为纵坐标，绘制校准曲线。

5.8.4.2 测定

称取约2.0 g试样，精确至0.2 mg，全部转移到100 mL烧杯，稀释至约40 mL。借助pH计用盐酸溶液或氨水溶液将其pH值调至1.5～2.0。以下按5.8.4.1从“分别加入2 mL盐酸羟胺溶液……”至“……以试剂空白溶液为参比测定其吸光度”操作。

5.8.5 结果计算

铁(Fe)含量以质量分数w_4计，数值以μg/g表示，按式(6)计算：

$$w_4=\frac{m_1\times10^3}{m} \qquad \cdots\cdots(6)$$

式中：

m_1——从校准曲线上查出的试样中铁含量的数值，单位为毫克(mg)；

m——试料质量的数值，单位为克(g)。

5.8.6 允许差

取平行测定结果的算术平均值为测定结果。平行测定结果的绝对差值不大于0.5 μg/g。

6 检验规则

6.1 本标准规定的全部指标项目为型式检验项目，在正常生产情况下，每六个月至少进行一次型式检验。其中活性组分、亚磷酸、磷酸、pH、密度、铁等六项指标项目应逐批检验。

6.2 每批产品应不超过20 t。

6.3 水处理剂多氨基多醚基亚甲基膦酸(PAPEMP)应由生产厂的质量监督检验部门按本标准的规定逐批检验。

6.4 水处理剂多氨基多醚基亚甲基膦酸(PAPEMP)的验收时间从货到之日起15 d内进行。

6.5 按GB/T 6678规定确定采样单元数。采样时先充分混匀，用玻璃管或聚乙烯塑料管插入桶深的三分之二处采样。总量不少于1 000 mL，充分混匀，分装入两个清洁、干燥的瓶中，密封。瓶上贴标签，注明：生产厂名、产品名称、批号、采样日期和采样者姓名。一瓶供检验用，另一瓶保存三个月备查。

6.6 按GB/T 8170中修约值比较法判定检验结果是否符合要求。

6.7 检验结果中如果有一项指标不符合本标准要求时，应重新自两倍量的包装单元中采样核验。核验结果有一项不符合本标准要求时，整批产品为不合格。

7 标志、包装、运输和贮存

7.1 水处理剂多氨基多醚基亚甲基膦酸(PAPEMP)的外包装上应涂刷牢固清晰的标志，内容包括：生产厂名、厂址、产品名称、商标、净含量、批号或生产日期、本标准编号以及GB/T 191规定的“向上”标志。

7.2 每批出厂的水处理剂多氨基多醚基亚甲基膦酸(PAPEMP)都应附有质量检验报告及质量合格证。

7.3 水处理剂多氨基多醚基亚甲基膦酸(PAPEMP)用塑料桶包装。远途运输时,如需要外包装,由供需双方另行协商。

7.4 运输时要严防暴晒,贮存在通风干燥的库房里。在运输过程中不得重压和剧烈碰撞。

7.5 水处理剂多氨基多醚基亚甲基膦酸(PAPEMP)的贮存期为12个月。

8 安全要求

水处理剂多氨基多醚基亚甲基膦酸(PAPEMP)对皮肤和眼睛有一定的腐蚀性和刺激性,操作人员在进行作业时应戴防护手套和眼镜,避免和皮肤直接接触。

附 录 A
（规范性附录）
多氨基多醚基亚甲基膦酸（PAPEMP）核磁共振谱图

A.1 多氨基多醚基亚甲基膦酸（PAPEMP）^{13}C 核磁共振谱图

多氨基多醚基亚甲基膦酸（PAPEMP）^{13}C 核磁共振谱图见图 A.1。

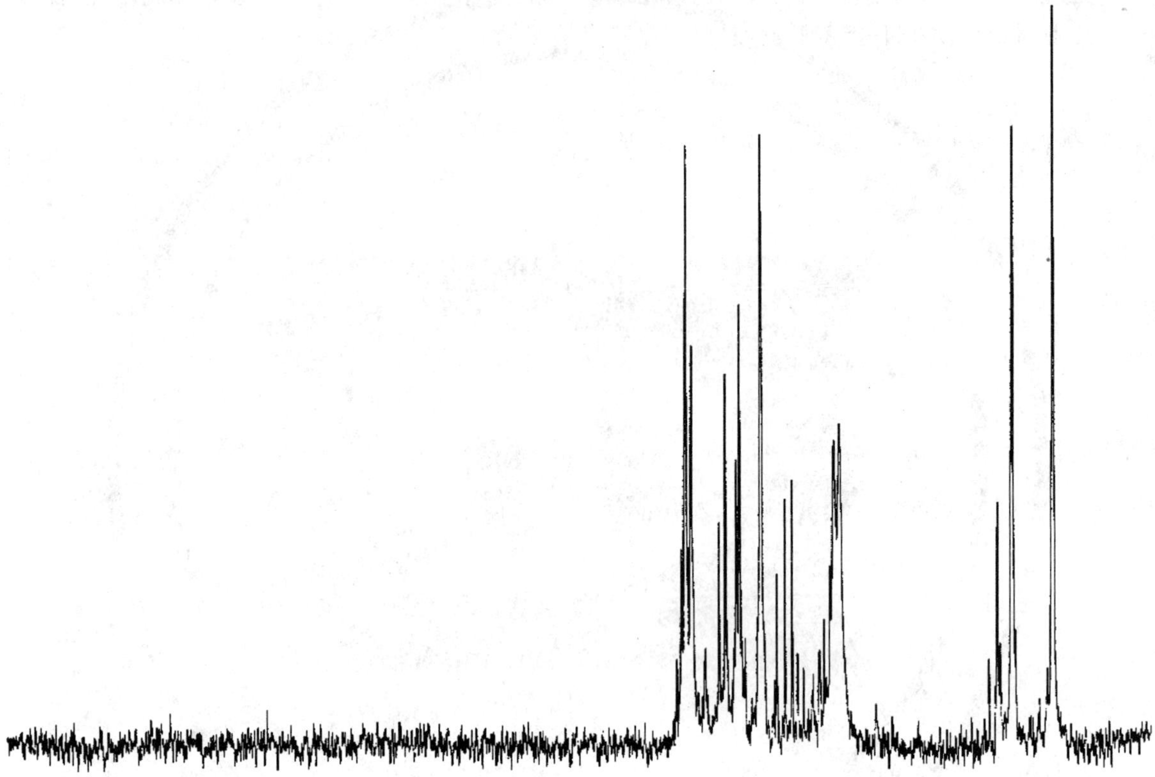

图 A.1

A.2 多氨基多醚基亚甲基膦酸（PAPEMP）^{31}P 核磁共振谱图

多氨基多醚基亚甲基膦酸（PAPEMP）^{31}P 核磁共振谱图见图 A.2。

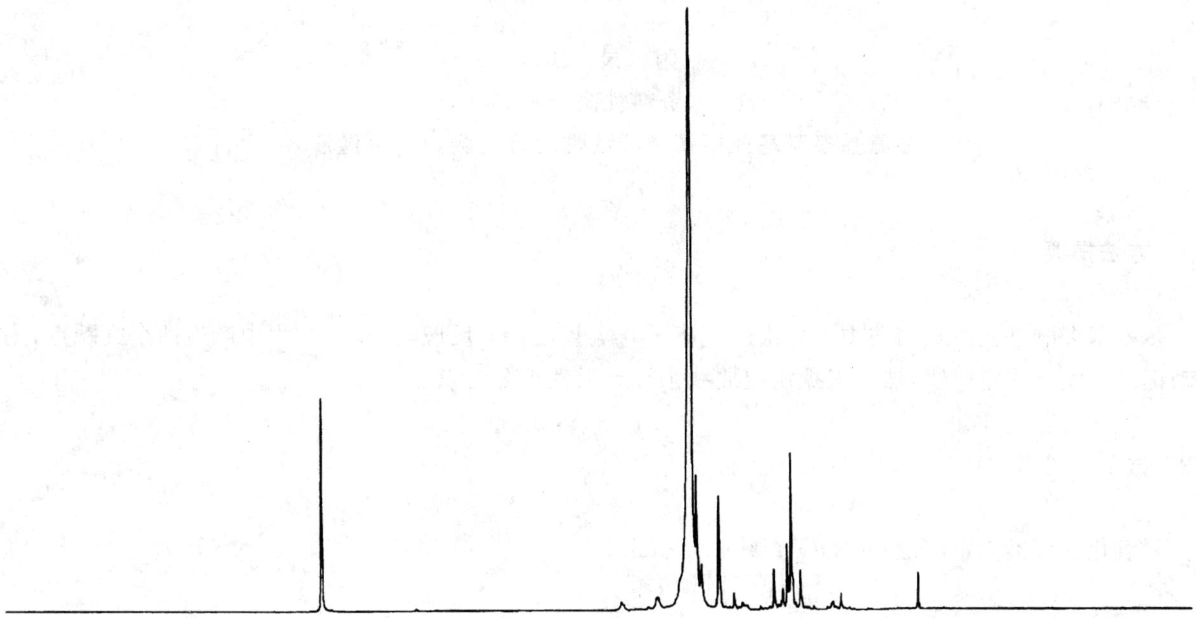

图 A.2

附 录 B
（资料性附录）
多氨基多醚基亚甲基膦酸活性组分的测定 容量法

B.1 方法提要

多氨基多醚基亚甲基膦酸中电离出的氢离子与氢氧根离子反应，在反应过程中产生两个突跃点，用自动记录仪绘制滴定曲线，然后根据滴定曲线来计算活性组分含量。

B.2 试剂和材料

氢氧化钠标准滴定溶液：c(NaOH)约 1.0 mol/L。

B.3 仪器

自动电位滴定仪或 pH 计带记录仪。

B.4 分析步骤

B.4.1 试样溶液的制备

称取约 0.8 g 试样，精确至 0.2 mg，于 100 mL 烧杯中，加水 80 mL。

B.4.2 测定

将盛有试样的烧杯置于电磁搅拌器上，搅匀，将电极插入烧杯中，用氢氧化钠标准滴定溶液滴定，同时记录仪绘制滴定曲线，在出现第一个突跃点时，放慢滴定速度，并开始记录滴定曲线上各个点所消耗的氢氧化钠标准滴定溶液的体积，滴定至出现第二个突跃点后，停止滴定，记录两个突跃点之间所消耗的氢氧化钠标准滴定溶液的体积。

B.5 结果计算

多氨基多醚基亚甲基膦酸的活性组分含量以质量分数 w_1 计，数值以%表示，按式(B.1)计算：

$$w_1=\frac{VcM_1/4}{1\,000m}-w_2\frac{M_1}{4M_2}-w_3\frac{M_1}{4M_3} \qquad \cdots\cdots(\text{B.1})$$

式中：

V ——两个突跃点之间所消耗的氢氧化钠标准滴定溶液的体积的数值，单位为毫升(mL)；

c ——氢氧化钠标准滴定溶液的实际浓度的准确数值，单位为摩尔每升(mol/L)；

m ——试料质量的数值，单位为克(g)；

w_2——按 5.4 测得的亚磷酸(以 PO_3^{3-} 计)的质量分数，%；

w_3——按 5.5 测得的磷酸(以 PO_4^{3-} 计)的质量分数，%；

M_1——PAPEMP 的摩尔质量的数值，单位为克每摩尔(g/mol)($M_1=600$)；

M_2——亚磷酸根的摩尔质量的数值，单位为克每摩尔(g/mol)(M_2=78.97)；

M_3——磷酸根的摩尔质量的数值，单位为克每摩尔(g/mol)(M_3=94.97)。

B.6 允许差

取平行测定结果和算术平均值为测定结果，两次平行测定结果的绝对差值不大于0.2%。

ICS 71.060.01
G 10

中华人民共和国国家标准

GB/T 27813—2011

无水氟化钾分析方法

Analytical methods of anhydrous potassium fluoride

2011-12-30 发布 2012-06-01 实施

中华人民共和国国家质量监督检验检疫总局
中国国家标准化管理委员会 发布

前 言

本标准按照GB/T 1.1—2009给出的规则起草。

本标准由中国石油和化学工业联合会提出。

本标准由全国化学标准化技术委员会无机化工分会(SAC/TC 63/SC 1)归口。

本标准起草单位:中海油天津化工研究设计院、多氟多化工股份有限公司、浙江省化工研究院有限公司、新乡市盛威生物有限公司、山东兴氟新材料有限公司。

本标准主要起草人:赵美敬、王健萍、方路、程烨、周鹏鹏、王松。

无水氟化钾分析方法

警告——使用本标准的人员应有正规实验室工作的实践经验。本标准并未指出所有可能的安全问题。使用者有责任采取适当的安全和健康措施,并保证符合国家有关法规规定的条件。

1 范围

本标准规定了无水氟化钾中氟化钾含量及各种杂质的分析方法。

本标准适用于无水氟化钾产品。

2 规范性引用文件

下列文件对于本文件的应用是必不可少的。凡是注日期的引用文件,仅注日期的版本适用于本文件。凡是不注日期的引用文件,其最新版本(包括所有的修改单)适用于本文件。

GB/T 6682—2008 分析实验室用水规格和试验方法

HG/T 3696.1 无机化工产品 化学分析用标准溶液、制剂及制品的制备 第1部分:标准滴定溶液的制备

HG/T 3696.2 无机化工产品 化学分析用标准溶液、制剂及制品的制备 第2部分:杂质标准溶液的制备

HG/T 3696.3 无机化工产品 化学分析用标准溶液、制剂及制品的制备 第3部分:制剂及制品的制备

3 安全提示

本分析方法中使用的部分试剂具有毒性或腐蚀性,操作时应小心谨慎!如溅到皮肤上立即用水冲洗,严重者应立即治疗。氟化钾本身具有毒害性,腐蚀性较强,操作时应小心谨慎,佩戴防护用品。

4 一般规定

本标准所用试剂和水,在没有注明其他要求时,均指分析纯试剂和 GB/T 6682—2008 中规定的三级水。试验中所用标准滴定溶液、杂质标准溶液、制剂及制品,在没有注明其他要求时,均按 HG/T 3696.1、HG/T 3696.2、HG/T 3696.3 的规定制备。

5 氟化钾含量的测定

5.1 方法提要

用水溶解试料,通过强酸型阳离子交换树脂进行交换,生成氢氟酸,以酚酞为指示剂,用氢氧化钠标准滴定溶液滴定,得出结果。

5.2 试剂和材料

5.2.1 氢氧化钠标准滴定溶液:$c(NaOH)\approx 0.5$ mol/L。

5.2.2 酚酞指示液:10 g/L。

5.2.3 石棉。

5.2.4 H-732 型离子交换树脂。

5.2.5 无二氧化碳的水。

5.3 仪器、设备

5.3.1 离子交换柱:聚乙烯塑料管,内径 25 mm,长 500 mm,能控制流速。

5.3.2 塑料烧杯。

5.4 分析步骤

5.4.1 离子交换柱的制备

将离子交换柱固定在架子上,关上活塞,在柱子底部填 1 cm 厚的石棉,倒入约 10 mL 水浸湿,将预处理过的 H-732 型离子交换树脂倒入柱内,使树脂床高为 400 mm。使用前按附录 A 的规定进行处理。

5.4.2 测定

称取约 1 g 试样,精确至 0.000 2 g,置于 100 mL 塑料烧杯中,加入 50 mL 无二氧化碳的水溶解,注入离子交换柱。用无二氧化碳的水作洗脱液,控制柱流速为 5.0 mL/min~6.0 mL/min,洗涤至流出液为中性(用 pH 试纸检验),流出液收集于 500 mL 塑料烧杯中。加入 2 滴酚酞指示液,用氢氧化钠标准滴定溶液滴定至溶液呈粉红色并保持 30 s 不褪为止。

5.5 结果计算

氟化钾含量以氟化钾(KF)的质量分数 w_1 计,按式(1)计算:

$$w_1=\frac{(V/1\,000)\,cM}{m}\times 100\% - 1.639w_2 - 2.904w_4 - 1.210w_6 \qquad \cdots\cdots(1)$$

式中:

V ——滴定时所消耗的氢氧化钠标准滴定溶液的体积的数值,单位为毫升(mL);

c ——氢氧化钠标准滴定溶液浓度的准确数值,单位为摩尔每升(mol/L);

m ——试料质量的数值,单位为克(g);

w_2 ——按第 6 章测得的氯化物的质量分数;

1.639——氯换算为氟化钾的系数;

w_4 ——按第 8 章测得的游离酸的质量分数;

2.904——氢氟酸换算为氟化钾的系数;

w_6 ——按第 9 章测得的硫酸盐的质量分数;

1.210——硫酸盐换算为氟化钾的系数;

M ——氟化钾(KF)摩尔质量的数值,单位为克每摩尔(g/mol)(M=58.10)。

取平行测定结果的算术平均值为测定结果,两次平行测定结果的绝对差值不大于 0.2%。

6 氯化物含量的测定

6.1 方法提要

用水溶解试料,加入酚酞指示液,调节试验溶液的 pH 值至 7~8,以铬酸钾作指示剂,用硝酸银标准滴定溶液滴定。

6.2 试剂

6.2.1 氢氧化钠溶液：4 g/L。

6.2.2 硫酸溶液：1+99。

6.2.3 硝酸银标准滴定溶液：$c(AgNO_3)\approx 0.1$ mol/L 或 0.05 mol/L。

6.2.4 酚酞指示液：10 g/L。

6.2.5 铬酸钾指示液：50 g/L。

6.3 仪器

6.3.1 塑料烧杯。

6.3.2 微量滴定管：分度值为 0.02 mL 或 0.05 mL。

6.4 分析步骤

称取约 4 g 试样，精确至 0.000 2 g，置于 250 mL 塑料烧杯中，加入 50 mL 水溶解，滴加 2 滴酚酞指示液，用氢氧化钠溶液或硫酸溶液调节试验溶液为微红色，此时 pH 值约为 7～8。加入 2 mL 铬酸钾指示液，使用微量滴定管，用硝酸银标准滴定溶液滴定[$c(AgNO_3)\approx 0.1$ mol/L 用于工业无水氟化钾产品的测定，$c(AgNO_3)\approx 0.05$ mol/L 用于高品质无水氟化钾产品的测定]至溶液由黄色变为砖红色为终点（近终点时需剧烈摇动）。同时进行空白试验。

空白试验除不加试样外其他操作及加入试剂的种类和量（标准滴定溶液除外）与测定试验相同。

6.5 结果计算

氯化物含量以氯(Cl)的质量分数 w_2 计，按式(2)计算：

$$w_2=\frac{(V-V_0)/1\,000\times cM}{m}\times 100\% \quad\cdots\cdots(2)$$

式中：

V ——滴定时所消耗的硝酸银标准滴定溶液体积的数值，单位为毫升(mL)；

V_0——空白试验所消耗的硝酸银标准滴定溶液体积的数值，单位为毫升(mL)；

c ——硝酸银标准滴定溶液浓度的准确数值，单位为摩尔每升(mol/L)；

m ——试料质量的数值，单位为克(g)；

M——氯(Cl)的摩尔质量的数值，单位为克每摩尔(g/mol)(M=35.45)。

取平行测定结果的算术平均值为测定结果，两次平行测定结果的绝对差值不大于 0.01%。

7 灼烧减量的测定

7.1 仪器、设备

7.1.1 铂金坩埚。

7.1.2 高温炉：温度能控制在 650 ℃±20 ℃。

7.2 分析步骤

用已于 650 ℃±20 ℃下灼烧至质量恒定的铂金坩埚称取约 5 g 试样，精确至 0.000 2 g，置于 650 ℃±20 ℃的高温炉中灼烧 2 h 后，取出，冷却后称量。

7.3 结果计算

灼烧减量以质量分数 w_3 计，按式(3)计算：

$$w_3 = \frac{m_1 - m_2}{m} \times 100\% \quad \cdots\cdots(3)$$

式中：

m_1——灼烧前试料和坩埚质量的数值，单位为克(g)；

m_2——灼烧后试料和坩埚质量的数值，单位为克(g)；

m ——试料质量的数值，单位为克(g)。

取平行测定结果的算术平均值为测定结果，两次平行测定结果的绝对差值不大于0.05%。

8 游离酸或游离碱含量的测定

8.1 试剂和材料

8.1.1 氢氧化钠标准滴定溶液：$c(NaOH) \approx 0.05$ mol/L。

8.1.2 盐酸标准滴定溶液：$c(HCl) \approx 0.05$ mol/L。

8.1.3 酚酞指示液：10 g/L。

8.1.4 无二氧化碳的水。

8.2 仪器

8.2.1 塑料烧杯。

8.2.2 微量滴定管：分度值为0.02 mL或0.05 mL。

8.3 分析步骤

称取约5 g试样，精确至0.000 2 g，置于250 mL塑料烧杯中，加入50 mL无二氧化碳的水溶解，加2滴酚酞指示液。

如试验溶液无色，用氢氧化钠标准滴定溶液滴定至溶液呈粉红色，并保持30 s不褪为止。

如试验溶液呈红色，用盐酸标准滴定溶液滴定至溶液恰呈无色。

8.4 结果计算

游离酸含量以氢氟酸(HF)的质量分数 w_4 计，按式(4)计算：

$$w_4 = \frac{(V/1\,000)\,cM}{m} \times 100\% \quad \cdots\cdots(4)$$

式中：

V ——滴定时所消耗的氢氧化钠标准滴定溶液的体积的数值，单位为毫升(mL)；

c ——氢氧化钠标准滴定溶液浓度的准确数值，单位为摩尔每升(mol/L)；

m ——试料质量的数值，单位为克(g)；

M——氢氟酸(HF)摩尔质量的数值，单位为克每摩尔(g/mol)($M=20.01$)。

游离碱含量以氢氧化钾(KOH)的质量分数 w_5 计，按式(5)计算：

$$w_5 = \frac{(V/1\,000)\,cM}{m} \times 100\% \quad \cdots\cdots(5)$$

式中：

V ——滴定时所消耗的盐酸标准滴定溶液的体积的数值，单位为毫升(mL)；

c ——盐酸标准滴定溶液浓度的准确数值，单位为摩尔每升(mol/L)；

m ——试料质量的数值，单位为克(g)；

M——氢氧化钾(KOH)摩尔质量的数值，单位为克每摩尔(g/mol)($M=56.11$)。

取平行测定结果的算术平均值为测定结果，两次平行测定结果的绝对差值不大于0.02%。

9 硫酸盐含量测定

9.1 方法提要

试样在盐酸介质中，加入硼酸络合其中的氟离子，然后加入过量的氯化钡溶液，使硫酸根生成硫酸钡沉淀，根据硫酸钡重量求硫酸根含量。

9.2 试剂

9.2.1 硼酸。

9.2.2 盐酸溶液：1＋3。

9.2.3 氯化钡溶液：100 g/L。

9.2.4 甲基橙指示液：1 g/L。

9.3 仪器设备

9.3.1 塑料烧杯(聚四氟乙烯)。

9.3.2 铂金坩埚。

9.3.3 高温炉：能控制温度 850 ℃±20 ℃。

9.4 分析步骤

称取约 2 g 试样，精确至 0.000 2 g，置于 300 mL 塑料烧杯中，加水约 50 mL，加入 2 g 硼酸，加 10 mL 盐酸溶液，将塑料烧杯置于电热板上低温加热使试样完全溶解，趁热用中速定性滤纸过滤。用热水洗净烧杯，再用热水洗涤滤纸 6 次，至滤液体积约为 200 mL，滤液收集于 250 mL 烧杯中。加热煮沸，加入 10 mL 氯化钡溶液，盖上表面皿，取下静置过夜。用慢速定量滤纸过滤，用淀帚擦拭烧杯壁，用热水洗净烧杯，并洗涤沉淀，洗至不呈酸性为止(用甲基橙指示液检验滤液为黄色)。把滤纸连同沉淀一起置入已于 850 ℃±20 ℃灼烧至质量恒定的铂金坩埚中，在电炉上灰化后，置于 850 ℃±20 ℃的高温炉中灼烧至质量恒定，取出，冷却后称量。同时进行空白试验。

空白试验除不加试样外其他操作及加入试剂的种类和量(标准滴定溶液除外)与测定试验相同。

9.5 结果计算

硫酸盐含量以硫酸根(SO_4)的质量分数 w_6 计，按式(6)计算：

$$w_6=\frac{[(m_1-m_2)-(m_3-m_4)]\times 0.411\ 6}{m}\times 100\% \quad \cdots\cdots(6)$$

式中：

m_1 ——坩埚和沉淀物质量的数值，单位为克(g)；

m_2 ——坩埚质量的数值，单位为克(g)；

m_3 ——空白试验坩埚和沉淀物质量的数值，单位为克(g)；

m_4 ——空白试验坩埚质量的数值，单位为克(g)；

0.411 6——硫酸钡换算成硫酸根的系数；

m ——试料质量的数值，单位为克(g)。

取平行测定结果的算术平均值为测定结果，两次平行测定结果的绝对差值不大于 0.05%。

10 氟硅酸盐含量的测定

10.1 方法提要

试样中的氟离子与硼酸反应生成 BF_4^-，在微酸性溶液中，硅酸与钼酸铵定量反应，生成硅钼杂多酸（硅钼黄），加入还原剂将硅钼黄还原为硅钼蓝。于 795 nm 处，用分光光度计或紫外可见分光光度计进行测定。

10.2 试剂

10.2.1 硼酸溶液：40 g/L。

10.2.2 硫酸溶液：1＋33。

10.2.3 钼酸铵溶液：100 g/L（当溶液出现沉淀时需重新配制）。

10.2.4 草酸溶液：50 g/L。

10.2.5 氯化亚锡盐酸溶液：20 g/L。

10.2.6 二氧化硅标准溶液：1 mL 溶液含二氧化硅（SiO_2）0.01 mg；

移取 1.00 mL 按 HG/T 3696.2 配制的二氧化硅标准溶液，置于 100 mL 容量瓶中，用水稀释至刻度，摇匀。此溶液现用现配。

10.2.7 饱和 2,4-二硝基酚指示液。

10.3 仪器

10.3.1 分光光度计或紫外可见分光光度计：配有 2 cm 比色皿。

10.3.2 塑料烧杯。

10.4 分析步骤

10.4.1 工作曲线的绘制

取 6 个 50 mL 容量瓶，分别加入 0.00 mL、2.00 mL、4.00 mL、6.00 mL、8.00 mL、10.00 mL 二氧化硅标准溶液，加水至 25 mL，加 2 滴饱和 2,4-二硝基酚指示液，滴加硫酸溶液至溶液黄色刚刚消失，再加 4.5 mL 硫酸溶液。加 2 mL 钼酸铵溶液，室温下放置 20 min。加 5 mL 草酸溶液，放置 5 min。加 0.2 mL 氯化亚锡盐酸溶液，用水稀释至刻度，摇匀，放置 5 min。用分光光度计或紫外可见分光光度计在 795 nm 波长下，使用 2 cm 比色皿，以水调零，测量其吸光度。

从每个标准溶液的吸光度中减去试剂空白溶液的吸光度，以二氧化硅质量（mg）为横坐标，对应的吸光度为纵坐标，绘制工作曲线。

10.4.2 测定

称取 0.5 g 试样，精确至 0.000 2 g，置于塑料烧杯中，加 20 mL 硼酸溶液溶解试样。将溶液全部转移至 100 mL 容量瓶中，用水稀释至刻度，摇匀。移取 10.00 mL 上述试验溶液，置于 50 mL 容量瓶中，以下按 10.4.1 条从"加 2 滴饱和 2,4-二硝基酚指示液……测量其吸光度"开始进行操作。空白试验是取 2 mL 硼酸溶液，与试样同时同样处理。从工作曲线上查出试验溶液和空白试验溶液中二氧化硅的质量。

10.5 结果计算

氟硅酸盐含量以二氧化硅（SiO_2）的质量分数 w_7 计，按式（7）计算：

$$w_7 = \frac{(m_1 - m_0)/1\ 000}{m \times 10/100} \times 100\% \qquad \cdots\cdots(7)$$

式中：

m_1——从工作曲线上查得的试验溶液中二氧化硅的质量的数值，单位为毫克(mg)；

m_0——从工作曲线上查得的空白试验溶液中二氧化硅的质量的数值，单位为毫克(mg)；

m ——试料质量的数值，单位为克(g)。

取平行测定结果的算术平均值为测定结果，两次平行测定结果的绝对差值不大于0.005%。

11 水不溶物含量的测定

11.1 方法提要

将试样溶解，将水不溶物过滤，置于高温炉中灼烧至质量恒定，计算其水不溶物含量。

11.2 试剂

氯化钡溶液：100 g/L。

11.3 仪器、设备

11.3.1 塑料烧杯(聚四氟乙烯)。

11.3.2 塑料漏斗。

11.3.3 高温炉：温度能控制在500 ℃±20 ℃。

11.4 分析步骤

称取约30 g试样，精确至0.01 g，置于250 mL塑料烧杯中，加入100 mL水摇匀，将塑料烧杯置于电热板上低温加热，使试样完全溶解。使用塑料漏斗用慢速定量滤纸，过滤，用水洗涤至无氟离子(用氯化钡溶液检验)。将滤纸置于已于500 ℃±20 ℃条件下灼烧至质量恒定的瓷坩埚中，灰化，再将瓷坩埚置于500 ℃±20 ℃高温炉中灼烧至质量恒定，取出，冷却后称量。

11.5 结果计算

水不溶物含量以质量分数 w_8 计，按式(8)计算：

$$w_8 = \frac{m_1 - m_2}{m} \times 100\% \qquad \cdots\cdots(8)$$

式中：

m_1 ——瓷坩埚和水不溶物质量的数值，单位为克(g)；

m_2 ——瓷坩埚质量的数值，单位为克(g)；

m ——试料质量的数值，单位为克(g)。

取平行测定结果的算术平均值为测定结果，两次平行测定结果的绝对差值不大于0.05%。

12 砷含量、铁含量、铅含量、铬含量、硅含量、硼含量、钙含量和镍含量的测定

12.1 方法提要

使用电感耦合等离子体原子发射光谱分析仪器(ICP-AES)进行多元素同时测定。

12.2 试剂

12.2.1 硝酸溶液：2+98(优级纯)。

12.2.2 硝酸溶液：1＋10(优级纯)。

12.2.3 混合标准溶液 A：1 mL 溶液各含砷(As)、铁(Fe)、铅(Pb)、铬(Cr)、硼(B)、钙(Ca)、镍(Ni) 0.02 mg 的混合标准溶液；

移取 2.00 mL 按 HG/T 3696.2 配制的砷、铁、铅、铬、硼、钙、镍标准溶液，置于 100 mL 容量瓶中，用硝酸溶液(12.2.1)稀释至刻度，摇匀。有效期 6 个月～12 个月。

12.2.4 标准溶液 B：1 mL 溶液含硅(Si)0.05 mg；

移取 5.00 mL 按 HG/T 3696.2 配制的硅标准溶液，置于 100 mL 容量瓶中，用硝酸溶液(12.2.1)稀释至刻度，摇匀。有效期 6 个月～12 个月。

12.2.5 一级水：符合 GB/T 6682—2008 的规定。

12.3 仪器、设备

12.3.1 电感耦合等离子体原子发射光谱分析仪器(ICP-AES)。

12.3.2 抗氟炬管。

12.3.3 高盐雾化器。

12.3.4 塑料烧杯(聚四氟乙烯)。

12.3.5 塑料容量瓶。

12.3.6 塑料单标线吸量管。

12.4 分析步骤

12.4.1 仪器的清洗

清洗所有器皿前应先去污，自来水冲洗，一级水冲洗，用硝酸溶液(1＋1)浸泡 24 h，一级水冲洗多次，晾干，防止灰尘污染。

12.4.2 试验溶液的制备

称取 50 g 试样，精确至 0.01 g，置于塑料烧杯中，沿杯壁缓慢加入 100 mL 水，置于电热板上低温加热 10 min～20 min，溶解试样，冷却，用硝酸溶液(12.2.2)调至中性(用 pH 试纸检验)，全部转移至 250 mL 塑料容量瓶中，用水稀释至刻度、摇匀。

12.4.3 工作曲线的绘制

取 4 个 50 mL 塑料容量瓶，分别加入 0.00 mL、1.00 mL、2.00 mL、5.00 mL 混合标准溶液 A，再分别加入 25.00 mL 试验溶液，用水稀释至刻度，摇匀。此溶液用于测定砷、铁、铅、铬、硼、钙、镍含量。

再取 4 个 50 mL 塑料容量瓶，分别加入 0.00 mL、1.00 mL、2.00 mL、5.00 mL 标准溶液 B，再分别加入 25.00 mL 试验溶液，用水稀释至刻度，摇匀。此溶液用于测定硅含量。

12.4.4 仪器操作

在电感耦合等离子体原子发射光谱分析仪器(ICP-AES)最佳的测定条件下，按表 1 给出的元素测定波长，利用标准加入法测定工作曲线中各待测元素的光谱强度，计算机根据所输入的相关数据，自动计算出各元素的浓度。测定每个样品间隙应用硝酸溶液(12.2.1)在线清洗 1 min～2 min。样品测定结束熄火前先用硝酸溶液(12.2.1)在线清洗 5 min～10 min，再用水在线清洗 5 min～10 min，以保护抗氟炬管。

表 1　各杂质测定波长

杂质元素	测定波长/nm
As	193.759
Fe	259.940
Pb	220.353
Cr	206.149
Si	251.611
B	249.677
Ca	393.366
Ni	231.604

12.5　结果计算

各杂质元素含量以质量分数 w_9 计，按式(9)计算：

$$w_9=\frac{\rho\times 50\times 10^{-6}}{m\times 25/250}\times 100\% \quad\cdots\cdots(9)$$

式中：

ρ——由工作曲线查出的被测溶液中被测元素浓度的数值，单位为微克每毫升(μg/mL)；

m——试料质量的数值，单位为克(g)。

取平行测定结果的算术平均值为测定结果，两次平行测定结果的绝对差值铁含量一等品、铅含量一等品、硼含量一等品、钙含量一等品、砷含量、铬含量、镍含量不大于0.000 2%。铁含量合格品、铅含量合格品、硼含量合格品、钙含量合格品不大于0.000 8%、硅含量不大于0.001%。

附　录　A
（规范性附录）
H-732 型离子交换树脂的预处理和再生

A.1　树脂的预处理

将树脂置于塑料容器中，用清水漂洗，直到排水清晰为止。用水浸泡树脂 12 h～24 h，使其充分膨胀。如为干树脂，应先用饱和氯化钠溶液浸泡，再逐步稀释氯化钠溶液，以免树脂突然急剧膨胀而破碎。用树脂体积 2 倍量的盐酸溶液（1+2）浸泡 2 h～4 h，并不时搅拌。也可将树脂装入柱中，用动态法使酸液以 5.0 mL/min～6.0 mL/min 的流速流过树脂层，然后用水自上而下（间以自下而上）洗涤树脂，直到流出液的 pH=4，再用氢氧化钠溶液（5 g/L～20 g/L）处理，处理后用水洗至微碱性，再一次用盐酸溶液（1+2）处理，使树脂变为氢型。最后用水洗至中性。

A.2　树脂的再生

每次样品洗脱分离完毕，用树脂体积 2 倍量的盐酸溶液（1+2）流过树脂床，使树脂再生。临用前用水先慢速洗涤树脂，然后以 5.0 mL/min～6.0 mL/min 流速洗至流出液为中性（用 pH 试纸检验），维持液面高于树脂层 1 cm，关闭交换柱，备用。

ICS 71.060.50
G 12

中华人民共和国国家标准

GB/T 27814—2011

无 水 碳 酸 镁

Anhydrous magnesium carbonate

2011-12-30 发布　　　　2012-06-01 实施

中华人民共和国国家质量监督检验检疫总局
中 国 国 家 标 准 化 管 理 委 员 会　发布

前　言

本标准按照GB/T 1.1—2009给出的规则起草。

本标准由中国石油和化学工业联合会提出。

本标准由全国化学标准化技术委员会无机化工分会(SAC/TC 63/SC 1)归口。

本标准起草单位:中海油天津化工研究设计院、诸城市良丰化学有限公司、北京科技大学化学与生物工程学院。

本标准主要起草人:王彦、崔妍珍、马会彩、沈兴。

无 水 碳 酸 镁

1 范围

本标准规定了无水碳酸镁的要求、试验方法、检验规则、标志、标签、包装、运输和贮存。

本标准适用于作为陶瓷、塑料、橡胶的填料和阻燃剂的人工合成的无水碳酸镁。

2 规范性引用文件

下列文件对于本文件的应用是必不可少的。凡是注日期的引用文件,仅注日期的版本适用于本文件。凡是不注日期的引用文件,其最新版本(包括所有的修改单)适用于本文件。

GB/T 191—2008 包装储运图示标志

GB/T 3049—2006 工业用化工产品 铁含量测定的通用方法 1,10-菲啰啉分光光度法

GB/T 3050—2000 无机化工产品中氯化物含量测定的通用方法 电位滴定法

GB/T 6003.1—1997 金属丝编织网试验筛

GB/T 6678 化工产品采样总则

GB/T 6682—2008 分析实验室用水规格和试验方法

GB/T 8170 数值修约规则与极限数值的表示和判定

GB/T 23774—2009 无机化工产品白度测定的通用方法

HG/T 3696.1 无机化工产品 化学分析标准溶液、制剂及制品的制备 第1部分:标准滴定溶液的制备

HG/T 3696.2 无机化工产品 化学分析标准溶液、制剂及制品的制备 第2部分:杂质标准溶液的制备

HG/T 3696.3 无机化工产品 化学分析标准溶液、制剂及制品的制备 第3部分:制剂及制品的制备

3 分子式和相对分子质量

分子式:$MgCO_3$

相对分子质量:84.31(按2007年国际相对原子质量)

4 要求

4.1 外观:白色松散粉末。

4.2 无水碳酸镁按本标准规定的试验方法检测应符合表1的技术要求。

表1 技术要求

项 目		指 标
氧化镁(MgO),w/%	≥	46.5
氧化钙(CaO),w/%	≤	0.40

表 1（续）

项目			指标
盐酸不溶物，w/%		≤	0.10
水分，w/%		≤	1.5[a]
灼烧减量，w/%			49.0～53.0
氯化物（以 Cl 计），w/%		≤	0.10
铁（Fe），w/%		≤	0.02
锰（Mn），w/%		≤	0.004
硫酸盐（以 SO_4 计），w/%		≤	0.30
细度	0.150 mm（筛余物），w/%	≤	0.025
	0.075 mm（筛余物），w/%	≤	1.0
堆积密度/（g/mL）		≤	0.22
白度，度		≥	93
[a] 水分指标以出厂检验为准。			

5 试验方法

5.1 安全提示

本试验方法中使用的部分试剂具有腐蚀性，操作者须小心谨慎！如溅到皮肤上应立即用水冲洗，严重者应立即治疗。

5.2 一般规定

本标准所用试剂和水，在没有注明其他要求时，均指分析纯试剂和 GB/T 6682—2008 中规定的三级水。试验中所需标准滴定溶液、杂质标准溶液、制剂及制品，在没有注明其他要求时，均按 HG/T 3696.1、HG/T 3696.2、HG/T 3696.3 的规定制备。

5.3 外观判别

在自然光下，在白色衬底的载玻片或白瓷板上用目视法判定外观。

5.4 氧化镁含量的测定

5.4.1 方法提要

用三乙醇胺掩蔽少量三价铁、三价铝和二价锰等离子，在 pH 值为 10 的介质中，以铬黑 T 作指示剂，用乙二胺四乙酸二钠标准滴定溶液滴定钙镁合量，从中扣去钙含量。

5.4.2 试剂

5.4.2.1 三乙醇胺溶液：1＋3。

5.4.2.2 盐酸溶液：1＋1。

5.4.2.3 硝酸银溶液：10 g/L。

5.4.2.4 氨-氯化铵缓冲溶液（甲）：pH≈10。

5.4.2.5 乙二胺四乙酸二钠(EDTA)标准滴定溶液:c(EDTA)≈0.02 mol/L。

5.4.2.6 铬黑T指示剂。

5.4.3 分析步骤

5.4.3.1 试验溶液A的制备

称取约5 g试样,精确至0.000 2 g,置于250 mL烧杯中,加少量水润湿,盖上表面皿,缓缓加入约25 mL盐酸溶液溶解,煮沸3 min～5 min,趁热用中速定量滤纸过滤,用热水洗涤沉淀至滤液不含氯离子(用硝酸银溶液检验)。滤纸和不溶物用于灼烧减量的测定。

将滤液和洗液一并移入250 mL容量瓶,加水至刻度,摇匀,此溶液为试验溶液A,用于氧化钙、氧化镁、铁和硫酸盐含量测定。

5.4.3.2 测定

移取25.00 mL试验溶液A,置于250 mL容量瓶中,加水至刻度,摇匀。移取25.00 mL置于锥形瓶中,加入50 mL水,5 mL三乙醇胺溶液,10 mL氨-氯化铵缓冲溶液(甲),少量铬黑T指示剂,用乙二胺四乙酸二钠标准滴定溶液滴定,溶液由紫红色变为纯蓝色。

5.4.4 结果计算

氧化镁含量以氧化镁(MgO)的质量分数 w_1 计,按式(1)计算:

$$w_1 = \frac{VcM}{m \times 25/250 \times 25/250 \times 1\,000} \times 100\% - 0.719w_2 \qquad \cdots\cdots(1)$$

式中:

V ——滴定试验溶液所消耗的乙二胺四乙酸二钠标准滴定溶液的体积的数值,单位为毫升(mL);

c ——乙二胺四乙酸二钠标准滴定溶液浓度的准确数值,单位为摩尔每升(mol/L);

m ——试料质量的数值,单位为克(g);

M ——氧化镁(MgO)的摩尔质量的数值,单位为克每摩尔(g/mol)(M= 40.30);

0.719——氧化钙换算为氧化镁的系数;

w_2 ——按本标准的5.5测得氧化钙的质量分数。

取平行测定结果的算术平均值为测定结果,两次平行测定结果的绝对差值不大于0.12%。

5.5 氧化钙含量的测定

5.5.1 方法提要

用三乙醇胺掩蔽少量三价铁、三价铝和二价锰等离子,在pH值大于12的介质中,以钙试剂羧酸钠盐作指示剂,用乙二胺四乙酸二钠标准滴定溶液滴定钙离子。

5.5.2 试剂

5.5.2.1 氢氧化钠溶液:100 g/L。

5.5.2.2 三乙醇胺溶液:1+3。

5.5.2.3 乙二胺四乙酸二钠(EDTA)标准滴定溶液:c(EDTA)≈0.02 mol/L。

5.5.2.4 钙试剂羧酸钠盐指示剂。

5.5.3 分析步骤

移取50.00 mL试验溶液A(5.4.3.1),置于250 mL锥形瓶中,加入40 mL水,5 mL三乙醇胺溶液，边摇动边滴加氢氧化钠溶液，当试液刚出现浑浊时，加入少量钙试剂羧酸钠盐指示剂，继续滴加氢氧化钠溶液至试液由蓝色变为酒红色，再过量 0.5 mL，用乙二胺四乙酸二钠标准滴定溶液滴定至溶液变为纯蓝色。

5.5.4 结果计算

氧化钙含量以氧化钙(CaO)的质量分数 w_2 计，按式(2)计算：

$$w_2=\frac{VcM}{m\times 50/250\times 1\,000}\times 100\% \qquad \cdots\cdots(2)$$

式中：

V ——滴定试验溶液所消耗的乙二胺四乙酸二钠标准滴定溶液的体积的数值，单位为毫升(mL)；

c ——乙二胺四乙酸二钠标准滴定溶液浓度的准确数值，单位为摩尔每升(mol/L)；

m ——按 5.4.3.1 中称取试料质量的数值，单位为克(g)；

M——氧化钙(CaO)的摩尔质量的数值，单位为克每摩尔(g/mol)(M=56.08)。

取平行测定结果的算术平均值为测定结果，两次平行测定结果的绝对差值不大于 0.02%。

5.6 盐酸不溶物含量的测定

5.6.1 方法提要

将试样溶解于盐酸溶液中，将不溶物过滤，置于高温炉中灼烧至质量恒定，计算其不溶物含量。

5.6.2 仪器和设备

高温炉：温度能控制在 850 ℃±25 ℃。

5.6.3 分析步骤

将 5.4.3.1 操作所得的滤纸和不溶物一并移入已于 850 ℃±25 ℃下灼烧至质量恒定的瓷坩埚中，灰化后置于高温炉中，于 850 ℃±25 ℃下灼烧至质量恒定。

5.6.4 结果计算

盐酸不溶物含量以质量分数 w_3 计，按式(3)计算：

$$w_3=\frac{m_1-m_2}{m}\times 100\% \qquad \cdots\cdots(3)$$

式中：

m_1——瓷坩埚和盐酸不溶物的质量的数值，单位为克(g)；

m_2——瓷坩埚的质量的数值，单位为克(g)；

m ——按 5.4.3.1 中称取的试料质量的数值，单位为克(g)。

取平行测定结果的算术平均值为测定结果，两次平行测定结果的绝对差值不大于 0.02%。

5.7 水分的测定

5.7.1 仪器和设备

5.7.1.1 称量瓶：ϕ45 mm×25 mm。

5.7.1.2 电热恒温干燥箱：能控制温度 105 ℃±2 ℃。

5.7.2 分析步骤

用预先在 105 ℃±2 ℃下干燥至质量恒定的称量瓶称取 1 g 试样，精确至 0.000 2 g。移入电热恒温干燥箱中，将称量瓶盖倾斜，在105 ℃±2 ℃下干燥至质量恒定。取出，置于干燥器中，冷却30 min。称量，精确至0.000 2 g。

5.7.3 结果计算

水分以质量分数 w_4 计，按式(4)计算：

$$w_4 = \frac{m_1 - m_2}{m} \times 100\% \qquad \cdots\cdots(4)$$

式中：

m_1——干燥前称量瓶和试料质量的数值，单位为克(g)；

m_2——干燥后称量瓶和试料质量的数值，单位为克(g)；

m ——试料质量的数值，单位为克(g)。

取平行测定结果的算术平均值为测定结果，两次平行测定结果的绝对差值不大于0.05%。

5.8 灼烧减量的测定

5.8.1 方法提要

在850 ℃±25 ℃下，试样完全分解为氧化镁并释放出二氧化碳和水，测量其减量。

5.8.2 仪器和设备

高温炉：温度能控制在850 ℃±25 ℃。

5.8.3 分析步骤

称取约1 g试样，精确至0.000 2 g，置于已于850 ℃±25 ℃下灼烧至质量恒定的瓷坩埚内，放置在850 ℃±25 ℃的高温炉中灼烧至质量恒定。

5.8.4 结果计算

灼烧减量以质量分数 w_5 计，按式(5)计算：

$$w_5 = \frac{m_1 - m_2}{m} \times 100\% - w_4 \qquad \cdots\cdots(5)$$

式中：

m_1——灼烧前试料和瓷坩埚的质量的数值，单位为克(g)；

m_2——灼烧后试料和瓷坩埚的质量的数值，单位为克(g)；

m ——试料的质量的数值，单位为克(g)。

w_4——按本标准的5.7测得水分的质量分数。

取平行测定结果的算术平均值为测定结果。两次平行测定结果的绝对差值不大于0.05%。

5.9 氯化物含量的测定

5.9.1 方法提要

在酸性的乙醇-水溶液中，以银电极为测量电极，双盐桥甘汞电极为参比电极，用硝酸银标准滴定溶液进行滴定，借助于电位突跃确定其反应终点。

5.9.2 试剂

5.9.2.1 硝酸溶液：1 mol/L。

5.9.2.2 氢氧化钠溶液：1 mol/L。

5.9.2.3 其他溶液按 GB/T 3050—2000 第 4 章的规定。

5.9.3 仪器和设备

按 GB/T 3050—2000 第 5 章的规定。

5.9.4 分析步骤

称取约 4 g 试样，精确至 0.01 g，置于 50 mL 烧杯中，加少量水使试料润湿，滴加硝酸溶液(2+3)至试料完全溶解，加 2～3 滴溴酚蓝指示液，如果试液呈黄色，则滴加氢氧化钠溶液(5.9.2.2)至蓝色，再滴加硝酸溶液(5.9.2.1)至恰呈黄色，再过量 2～3 滴。如果试液呈蓝色，则滴加硝酸溶液(5.9.2.1)至恰呈黄色再过量 2～3 滴。加入 30mL"95%乙醇"，以下操作按 GB/T 3050—2000 的 4.6 中所述从"放入电磁搅拌子……"至"……记录起始电位值"。然后，用硝酸银标准滴定溶液[$c(AgNO_3)\approx 0.01$ mol/L]进行滴定，先加入 0.5 mL，再逐次加入 0.1 mL，以下按 GB/T 3050—2000 中 4.6 所述从"记录每次加入硝酸银标准滴定溶液后的总体积……"开始进行操作。

空白试验是于另一个 50 mL 烧杯中，加入 4 mL 硝酸溶液，用氢氧化钠溶液调节 pH 值至中性(用 pH 试纸检验)，以下操作从"加 1 滴溴酚蓝指示液……"开始，与试验溶液同时同样处理。

5.9.5 结果计算

氯化物含量以氯(Cl)的质量分数 w_6 计，按式(6)计算：

$$w_6=\frac{[(V_1-V_0)/1\,000]cM}{m}\times 100\% \qquad \cdots\cdots(6)$$

式中：

V_1——滴定试验溶液消耗硝酸银标准滴定溶液体积的数值，单位为毫升(mL)；

V_0——滴定空白溶液消耗硝酸银标准滴定溶液体积的数值，单位为毫升(mL)；

c——硝酸银标准滴定溶液浓度的准确数值，单位为摩尔每升(mol/L)；

m——试料质量的数值，单位为克(g)；

M——氯(Cl)摩尔质量的数值，单位为克每摩尔(g/mol)(M=35.45)。

取平行测定结果的算术平均值为测定结果，两次平行测定结果的绝对差值不大于 0.003%。

5.10 铁含量的测定

5.10.1 方法提要

按 GB/T 3049—2006 中第 3 章的规定。

5.10.2 试剂

按 GB/T 3049—2006 中第 4 章的规定。

5.10.3 仪器、设备

按 GB/T 3049—2006 中第 5 章的规定。

5.10.4 分析步骤

5.10.4.1 工作曲线的绘制

选用 4 cm～5 cm 的比色皿及对应的曲线，按 GB/T 3049—2006 中 6.3 的规定进行操作。

5.10.4.2 测定

移取10.00 mL试验溶液A(5.4.3.1)置于100 mL容量瓶中,以下操作按GB/T 3049—2006中6.3.2的规定进行操作。移取1.00 mL盐酸溶液(1+1)置于100 mL容量瓶中作为试验空白溶液,与试验溶液同时同样处理。

选用4 cm~5 cm比色皿,按GB/T 3049—2006中6.3.3的规定测量吸光度,根据工作曲线查出试验溶液和试验空白溶液中铁的质量。

5.10.5 结果计算

铁含量以铁(Fe)的质量分数w_7计,按式(7)计算:

$$w_7=\frac{(m_1-m_0)\times 10^{-3}}{m\times\frac{10}{250}}\times 100\% \qquad \cdots\cdots(7)$$

式中:

m_1——从工作曲线上查出试验溶液中铁的质量数值,单位为毫克(mg);

m_0——从工作曲线上查出试验空白溶液中铁的质量数值,单位为毫克(mg);

m——按5.4.3.1中称取试料质量的数值,单位为克(g)。

取平行测定结果的算术平均值为测定结果,两次平行测定结果的绝对差值不大于0.003%。

5.11 锰含量的测定

5.11.1 方法提要

在强酸性介质中,用高碘酸钾将试液中二价锰离子氧化成紫红色的高锰酸根离子,在最大吸收波长(525 nm)下用分光光度计测量其吸光度。

5.11.2 试剂

5.11.2.1 高碘酸钾。

5.11.2.2 磷酸溶液:1+1。

5.11.2.3 硝酸溶液:1+1。

5.11.2.4 氨水溶液:2+3。

5.11.2.5 锰标准溶液:1 mL溶液含锰(Mn)0.01 mg。移取1.00 mL按HG/T 3696.2配制的锰标准溶液置于100 mL容量瓶中,用水稀释至刻度,摇匀。

5.11.3 仪器设备

分光光度计:带有厚度为3 cm的比色皿。

5.11.4 分析步骤

5.11.4.1 工作曲线绘制

移取:0.00 mL、5.00 mL、10.00 mL、15.00 mL、20.00 mL、25.00 mL和30.00 mL锰标准溶液,分别置250 mL烧杯中,各加入40 mL水、1.5 mL硝酸溶液、10 mL磷酸溶液和0.5 g高碘酸钾,盖上表面皿,加热煮沸至高锰酸根的紫红色出现,再微沸3 min,冷却后全部移入100 mL容量瓶中,加水至刻度,摇匀。

在 525 nm 波长下，用 3 cm 比色皿，以水为参比，将分光光度计的吸光度调整为零，测量其吸光度。以锰的质量(mg)为横坐标，对应的吸光度为纵坐标，绘制工作曲线。

5.11.4.2 空白试验溶液的制备

量取 5 mL 硝酸溶液，置于烧杯中，用氨水溶液调节 pH 为 7(用 pH 试纸检验)，再加入 1.5 mL 硝酸溶液。

5.11.4.3 测定

称取约 5 g 试样，精确至 0.01 g，置于烧杯中，加少量水润湿，加 20 mL 硝酸溶液溶解试样，将试验溶液加热至沸，趁热用中速定量滤纸过滤，以 50 mL 热水分 4 次洗涤，将滤液和洗液一并收集于 250 mL 烧杯中，和空白试验溶液同时按照 5.11.4.1 中“加 10 mL 磷酸……”开始，直到测量其吸光度进行操作。

从试样的吸光度中减去空白试验溶液的吸光度，由工作曲线上查出试样中锰的质量(mg)。

5.11.5 结果计算

锰含量以锰(Mn)的质量分数 w_8 计，按式(8)计算：

$$w_8 = \frac{m_1 \times 10^{-3}}{m} \times 100\% \qquad \cdots\cdots(8)$$

式中：

m_1——从工作曲线上查得锰质量的数值，单位为毫克(mg)；

m ——试料质量的数值，单位为克(g)。

取平行测定结果的算术平均值为测定结果，两次平行测定结果的绝对差值不大于 0.004%。

5.12 硫酸盐含量的测定

5.12.1 方法提要

在酸性介质中钡离子与硫酸根离子生成白色硫酸钡悬浮微粒，以目视比浊法与同时同样处理的标准比浊溶液进行对比。

5.12.2 试剂

5.12.2.1 盐酸溶液：1+1。

5.12.2.2 氨水溶液：1+4。

5.12.2.3 氯化钡溶液：100 g/L。

5.12.2.4 硫酸盐标准溶液：1 mL 溶液含有硫酸盐(SO_4)0.1 mg。移取 10.00 mL 按 HG/T 3696.2 要求配制的硫酸盐标准溶液，置于 100 mL 容量瓶中，用水稀释至刻度，摇匀。

5.12.3 分析步骤

分别移取 5.00 mL 试验溶液 A(5.4.3.1)和 3.00 mL 硫酸盐标准溶液，置于两支 50 mL 比色管中，用氨水溶液将试液调节至中性(用 pH 试纸检验)，各加 10 mL 水、1 mL 盐酸溶液和 2 mL 氯化钡溶液，加水至刻度，摇匀，置于 40 ℃～50 ℃水浴中，10 min 后与标准比较，所呈浊度不得深于 3.00 mL 硫酸盐标准溶液所呈浊度。

5.13 细度的测定

5.13.1 方法提要

试料通过一定孔径的试验筛筛分，称量筛余物的质量，计算粒度通过率。

5.13.2 试剂

95%乙醇。

5.13.3 仪器和设备

5.13.3.1 试验筛：R40/3 系列，ϕ200×50-0.075/0.05 GB/T 6003.1—1997 和 ϕ200×50-0.15/0.1 GB/T 6003.1—1997。

5.13.3.2 毛刷：1 号羊毛画笔。

5.13.3.3 电热恒温干燥箱：能控制温度 105 ℃±2 ℃。

5.13.4 分析步骤

称取约 10 g 试样，精确至 0.01 g，一次或数次移入试验筛内，用水润湿后一边振摇试验筛，一边用自来水轻轻地冲洗至试样不再通过时，用毛刷在筛网上轻轻刷之，用水冲洗毛刷和试验筛，直到冲洗水中不含试样为止，再用 95%乙醇冲洗试验筛，将试验筛连同筛余物一并移入电热恒温干燥箱于 105 ℃±2 ℃干燥至质量恒定，将筛余物移至已知质量的表面皿或称量纸(硫酸纸)上称量其质量，精确至0.000 2 g。

5.13.5 结果计算

细度以筛余物的质量分数 w_9 计，按式(9)计算：

$$w_9=\frac{m_1}{m}\times 100\% \qquad \cdots\cdots(9)$$

式中：

m_1——筛余物质量的数值，单位为克(g)；

m——试料质量的数值，单位为克(g)。

取平行测定结果的算术平均值为测定结果；两次平行测定结果的绝对差值不大于：0.15 mm 试验筛为 0.003%；0.075 mm 试验筛为 0.04%。

5.14 堆积密度的测定

5.14.1 方法提要

一定量的试料通过圆锥形漏斗，进入一已知容积的圆柱形料罐中，测定装满料罐所需试料的质量。

5.14.2 仪器

5.14.2.1 试验筛：ϕ200×50-0.25/0.16。

5.14.2.2 堆积密度测定装置：如图 1 所示。

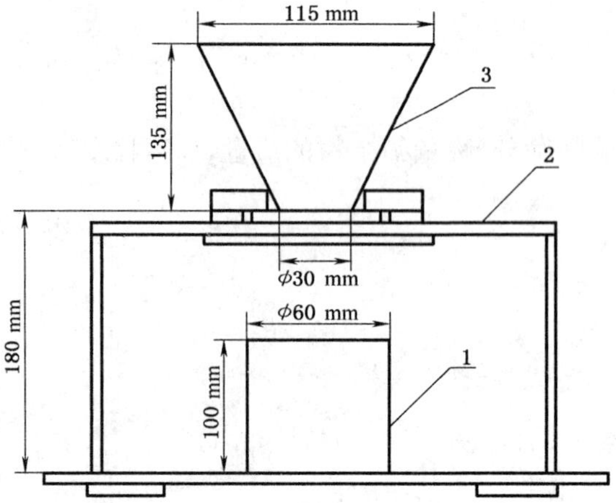

说明：

1——料罐；

2——支架；

3——漏斗。

图 1 堆积密度测定装置

5.14.2.3 料罐

料罐体积的测定：将料罐洗净、晾干，盖上玻璃片，称量料罐和玻璃片的质量。用温度计测量水的温度，小心将水倒入料罐中，近满时用滴管加水至全满，盖上玻璃片，用滤纸吸干料罐及玻璃片外部的水，玻璃片与料罐中水之间应无气泡。再称量料罐和玻璃片的质量。

料罐体积 V，数值以毫升(mL)表示，按式(10)计算：

$$V=\frac{m_1-m_2}{\rho_{水}} \qquad \cdots\cdots(10)$$

式中：

m_1——灌满水的料罐及玻璃片质量的数值，单位为克(g)；

m_2——未灌水的料罐及玻璃片质量的数值，单位为克(g)；

$\rho_{水}$——查得的测定温度下纯水密度的数值，单位为克每毫升(g/mL)。

料罐体积每年至少校准一次。

5.14.3 分析步骤

称量料罐质量，精确至 0.01 g。按图 1 安装好堆积密度测定装置。关好漏斗下底，使试样通过试验筛落入漏斗，用直尺刮去高出漏斗边缘的试料，放好已知质量的料罐，打开漏斗下底，使试料全部自动流入料罐中，用直尺刮去高出料罐边缘的试料(刮平前勿移动料罐)，称量试料和料罐的质量，精确至 0.01 g。

5.14.4 结果计算

堆积密度以单位体积的质量 ρ 计，数值以克每毫升(g/mL)表示，按式(11)计算：

$$\rho=\frac{m_1-m_2}{V} \qquad \cdots\cdots(11)$$

式中：

m_1——料罐和试料质量的数值，单位为克(g)；

m_2——料罐质量的数值，单位为克(g)；

V ——料罐体积的数值，单位为毫升(mL)。

取平行测定结果的算术平均值为测定结果，两次平行测定结果的绝对差值不大于 0.02 g/mL。

5.15 白度的测定

5.15.1 方法提要

当光谱反射比均为 1 的理想完全反射漫射体的白度为 100，光谱反射比均为 0 的绝对黑体白度为 0 时，采用本标准规定的条件，测定试样的三刺激值，再用所规定的公式计算白度。

5.15.2 仪器

5.15.2.1 白度仪。

5.15.2.2 工作白板：符合 GB/T 23774—2009 规定的工作标准白板。

5.15.3 分析步骤

取一定量的试样放入压样器中，压制成表面平整、无纹理、无疵点、无污点的试样板。每批产品需压制 3 件试样板。

按仪器的使用说明预热稳定仪器，调零，用工作白板调校仪器。将试样板置于仪器上测定试样的蓝反白度。

5.15.4 结果计算

按 GB/T 23774—2009 中 6.1 的规定读出白度值。

取平行测定结果的算术平均值为测定结果，两次平行测定结果的绝对差值不大于 1。

6 检验规则

6.1 本标准规定的所有指标为出厂检验项目，应逐批检验。

6.2 用相同材料，基本相同的生产条件，连续生产或同一班组生产的无水碳酸镁为一批。每批产品不超过 5 t。

6.3 按 GB/T 6678 规定的采样技术确定采样单元数。采样时，将采样器自包装袋的上方斜插入至料层深度的 3/4 处采样。将采得的样品混匀后，按四分法缩分至不少于 500 g，分装于两个清洁干燥的瓶(袋)中，密封。瓶(袋)上粘贴标签，注明：生产厂名、产品名称、批号、采样日期和采样者姓名。一瓶(袋)作为实验室样品，另一瓶(袋)保存备查，保存时间由生产厂根据实际情况确定。

6.4 检验结果如有一项指标不符合本标准要求时，应重新自两倍量的包装中采样进行复验，复验结果即使只有一项指标不符合本标准的要求时，则整批产品为不合格。

6.5 采用 GB/T 8170 规定的修约值比较法判定检验结果是否符合标准。

7 标志、标签

7.1 无水碳酸镁产品包装上应有牢固清晰的标志，内容包括：生产厂名、厂址、产品名称、净含量、批号(或生产日期)、本标准编号及 GB/T 191—2008 中规定的“怕雨”标志。

7.2 每批出厂的无水碳酸镁产品都应附有质量证明书，内容包括：生产厂名、厂址、产品名称、净含量、批号(或生产日期)、产品质量符合本标准的证明和本标准编号。

8 包装、运输和贮存

8.1 无水碳酸镁可采用两种包装方式：

8.1.1 塑料编织袋包装：内包装采用聚乙烯塑料薄膜袋，厚度不小于0.03 mm，外包装采用塑料编织袋。内袋将空气排出后用维尼龙绳或其他质量相当的绳人工扎口，或用与其相当的其他方式封口；外包装牢固缝合。每袋净含量10 kg、20 kg、25 kg，也可根据用户要求的规格进行包装。

8.1.2 复膜袋包装：将空气排出后用维尼龙线或其他质量相当的线牢固缝合。每袋净含量10 kg、20 kg、25 kg，也可根据用户要求的规格进行包装。

8.2 无水碳酸镁在运输过程中应有遮盖物，防止日晒、雨淋、受潮，不得与酸混运。不得与尖锐器件碰撞，钩挂。

8.3 无水碳酸镁应贮存在阴凉干燥处，防止雨淋、受潮、防止日晒、受热，不得与酸混贮。

ICS 71.060.40
G 11

中华人民共和国国家标准

GB/T 27815—2011

工业乳状氢氧化钙

Lime water for industrial use

2011-12-30 发布

2012-06-01 实施

中华人民共和国国家质量监督检验检疫总局
中国国家标准化管理委员会 发布

前　言

本标准按照GB/T 1.1—2009给出的规则起草。

本标准由中国石油和化学工业联合会提出。

本标准由全国化学标准化技术委员会无机化工分会(SAC/TC 63/SC 1)归口。

本标准主要起草单位:杭州稳健钙业有限公司、中海油天津化工研究设计院、建德市天石碳酸钙有限责任公司、建德市鑫伟钙业有限公司。

本标准主要起草人:李霞、盛转小、项建平、陈春玉、张朝羽。

工业乳状氢氧化钙

警告——使用本标准的人员应有正规实验室工作的实践经验。本标准并未指出所有可能的安全问题。使用者有责任采取适当的安全和健康措施，并保证符合国家有关法规规定的条件。

1 范围

本标准规定了工业乳状氢氧化钙的要求、试验方法、检验规则、标志、标签、包装、运输和贮存。

本标准适用于工业乳状氢氧化钙。

2 规范性引用文件

下列文件对于本文件的应用是必不可少的。凡是注日期的引用文件，仅注日期的版本适用于本文件。凡是不注日期的引用文件，其最新版本（包括所有的修改单）适用于本文件。

GB/T 191—2008 包装储运图示标志

GB/T 3049—2006 工业用化工产品 铁含量测定的通用方法 1,10-菲啰啉分光光度法

GB/T 6678 化工产品采样总则

GB/T 6680 液体化工产品采样通则

GB/T 6682—2008 分析实验室用水规格和试验方法

GB/T 8170 数值修约规则与极限数值的表示和判定

HG/T 3696.1 无机化工产品 化学分析用标准溶液、制剂及制品的制备 第1部分：标准滴定溶液的制备

HG/T 3696.2 无机化工产品 化学分析用标准溶液、制剂及制品的制备 第2部分：杂质标准溶液的制备

HG/T 3696.3 无机化工产品 化学分析用标准溶液、制剂及制品的制备 第3部分：制剂及制品的制备

3 分子式及相对分子质量

分子式：$Ca(OH)_2$

相对分子质量：74.09（按2007年国际相对原子质量）

4 要求

工业乳状氢氧化钙按本标准规定的试验方法检测应符合表1技术要求。

表1 技术要求

项 目		指 标
氢氧化钙[$Ca(OH)_2$]，w/%		25.0～40.0
铁(Fe)(以干基计)，w/%	≤	0.1

表 1（续）

项　　目		指　　标
氧化镁(以干基计),w/%	≤	1.0
盐酸不溶物(以干基计),w/%	≤	0.5

5 试验方法

5.1 安全提示

本试验方法中使用的部分试剂具有腐蚀性,操作时须小心谨慎！如溅到皮肤上应立即用水冲洗,严重者应立即治疗。

5.2 一般规定

本标准所用试剂和水在没有注明其他要求时,均指分析纯试剂和 GB/T 6682—2008 中规定的三级水。试验中所用标准滴定溶液、杂质标准溶液、制剂及制品,在没有注明其他要求时,均按 HG/T 3696.1、HG/T 3696.2、HG/T 3696.3 的规定制备。

5.3 氢氧化钙含量的测定

5.3.1 方法提要

在蔗糖介质中,氢氧化钙与蔗糖生成溶解度较大的蔗糖钙,以酚酞为指示剂,用盐酸标准滴定溶液滴至无色为终点。

5.3.2 试剂

5.3.2.1 蔗糖溶液:300 g/L。称取 300 g 蔗糖,溶于 1 000 mL 水中。加 1 滴酚酞指示液，使用前滴加氢氧化钠溶液(4 g/L)至溶液刚呈微粉色。

5.3.2.2 盐酸标准滴定溶液:$c(HCl)\approx 0.5$ mol/L。

5.3.2.3 酚酞指示液:10 g/L。

5.3.3 仪器、设备

5.3.3.1 称量瓶:ϕ25 mm×25 mm。

5.3.3.2 电磁搅拌器。

5.3.4 分析步骤

将试样摇匀后,于称量瓶中快速称取约 1.5 g 试样,精确至 0.000 2 g。用水转移至 250 mL 锥形瓶中,加水至约 50 mL,振摇使之混匀。加入 50 mL 蔗糖溶液,用磁力搅拌器搅拌 15 min 后,加入 2～3 滴酚酞指示液,用盐酸标准滴定溶液滴定至无色,并保持 30 s 不返色。

同时做空白试验,除不加试样外,其他操作及加入的试剂的种类和量与测定试验溶液的相同,并与试样同样处理。

5.3.5 结果计算

氢氧化钙含量以氢氧化钙[$Ca(OH)_2$]的质量分数 w_1 计,按式(1)计算:

$$w_1=\frac{(V-V_0)cM\times10^{-3}}{m}\times100\%\qquad\cdots\cdots(1)$$

式中：

V ——滴定试验溶液所消耗的盐酸标准滴定溶液体积的数值，单位为毫升(mL)；

V_0——滴定空白试验溶液所消耗的盐酸标准滴定溶液体积的数值，单位为毫升(mL)；

c ——盐酸标准滴定溶液浓度的准确数值，单位为摩尔每升(mol/L)；

m ——试料质量的数值，单位为克(g)；

M ——氢氧化钙[$\frac{1}{2}Ca(OH)_2$]摩尔质量的数值，单位为克每摩尔(g/mol)(M=37.05)。

取平行测定结果的算术平均值为测定结果，两次平行测定结果的绝对差值不大于0.5%。

5.4 氧化镁含量的测定

5.4.1 方法提要

以盐酸、高氯酸溶解试样后，用原子吸收分光光度计在波长285.2 nm处，以标准加入法测定氧化镁含量。

5.4.2 试剂

5.4.2.1 高氯酸。

5.4.2.2 盐酸溶液：1+1。

5.4.2.3 氧化镁标准溶液：1 mL溶液含氧化镁(MgO)0.1 mg 。称取0.100 g于800 ℃±50 ℃灼烧至质量恒定的氧化镁，用少量水润湿，慢慢加入5 mL盐酸溶液，溶解后全部转移至1 000 mL容量瓶中，用水稀释至刻度，摇匀。

5.4.2.4 氧化镁标准溶液：1 mL溶液含氧化镁(MgO)0.01 mg。用移液管移取10 mL上述氧化镁标准溶液，置于100 mL容量瓶中，加入2 mL盐酸溶液，用水稀释至刻度，摇匀。此溶液现用现配。

5.4.2.5 二级水：符合GB/T 6682—2008中规定。

5.4.3 仪器

原子吸收分光光度计：附有镁空心阴极灯。

5.4.4 分析步骤

将试样摇匀后，快速用量筒量取约100 mL。置于蒸发皿中，先于沸水浴中蒸发至干，再于105 ℃±2 ℃烘干至质量恒定，研细。此为试样A，用于氧化镁含量、铁含量以及盐酸不溶物含量的测定。

称取约0.2 g试样A，精确至0.000 2 g。置于烧杯中，以少量水润湿，盖上表面皿。加入5 mL盐酸溶液，2 mL高氯酸，低温加热，蒸发冒高氯酸白烟至近干，冷却。加入5 mL盐酸溶液，低温加热溶解盐类，冷却，必要时过滤。将试液移入250 mL容量瓶中，用水稀释至刻度，摇匀。

用移液管分别移取2 mL试液，置于四只100 mL容量瓶中，再分别移入0.00 mL、2.00 mL、3.00 mL、5.00 mL氧化镁标准溶液(5.4.2.4)，各加入2 mL盐酸溶液，用水稀释至刻度，摇匀。在原子吸收分光光度计上，使用乙炔-空气火焰，于波长285.2 nm处，以水调节零点，测定吸光度。

以试验溶液中加入氧化镁的浓度为横坐标，对应的吸光度为纵坐标，绘制工作曲线，曲线反向延长与横坐标相交处，即为试验溶液中氧化镁的浓度。

5.4.5 结果计算

氧化镁含量以氧化镁(MgO)的质量分数w_2计，按式(2)计算：

$$w_2 = \frac{(\rho - \rho_0) \times 0.1 \times 10^{-3}}{m \times (2/250)} \times 100\% \quad \cdots\cdots (2)$$

式中：

ρ ——从工作曲线上查出的试验溶液中氧化镁含量的数值，单位为毫克每升(mg/L)；

ρ_0 ——从工作曲线上查出的空白试验溶液中氧化镁含量的数值，单位为毫克每升(mg/L)；

0.1——测定吸光度时试验溶液体积，单位为升(L)；

m ——试料质量的数值，单位为克(g)。

取平行测定结果的算术平均值为测定结果，两次平行测定结果的绝对差值不大于0.05%。

5.5 铁含量的测定

5.5.1 方法提要

同GB/T 3049—2006中的第3章。

5.5.2 试剂

5.5.2.1 盐酸溶液：1+1。

5.5.2.2 同GB/T 3049—2006中的第4章。

5.5.3 仪器、设备

分光光度计：带有光程为2 cm的比色皿。

5.5.4 分析步骤

5.5.4.1 工作曲线的绘制

按GB/T 3049—2006中6.3的规定，使用光程为2 cm的比色皿及相应的铁标准溶液用量，绘制工作曲线。

5.5.4.2 测定

称取约1 g试样A(5.4.4)，精确至0.000 2 g，置于50 mL烧杯中，加入少量水润湿，加盐酸溶液至试样溶解，全部转移至100 mL容量瓶中，用水稀释至刻度，摇匀。干过滤，弃去初始的20 mL滤液，保留滤液用于测定。

用移液管移取20 mL滤液，置于100 mL容量瓶中，以下按照GB/T 3049—2006中6.4所述“必要时，加水至约60 mL……测定两个试液(6.4.1)的吸光度”进行操作。

同时做空白试验，除不加试样外，其他加入的试剂种类和量与试验溶液的完全相同，并与试验溶液同时同样处理。

5.5.5 结果计算

铁含量以铁(Fe)的质量分数 w_3 计，按式(3)计算：

$$w_3 = \frac{(m_1 - m_0) \times 10^{-3}}{m \times (20/100)} \times 100\% \quad \cdots\cdots (3)$$

式中：

m_1——根据测得的试验溶液吸光度从工作曲线上查得的铁质量的数值，单位为毫克(mg)；

m_0——根据测得的空白试验溶液吸光度从工作曲线上查得的铁质量的数值，单位为毫克(mg)；

m ——试料质量的数值，单位为克(g)。

取平行测定结果的算术平均值为测定结果，两次平行测定结果的绝对差值不大于0.005%。

5.6 盐酸不溶物含量的测定

5.6.1 方法提要

试样用盐酸溶液溶解后过滤，将不溶物烘干，称量。

5.6.2 试剂

5.6.2.1 盐酸溶液：1＋3。

5.6.2.2 硝酸银溶液：17 g/L。

5.6.3 仪器、设备

5.6.3.1 玻璃砂芯坩埚：孔径 5 μm～15 μm。

5.6.3.2 电热恒温干燥箱：温度可控制在 105 ℃±2 ℃。

5.6.4 分析步骤

称取约 4 g 试样 A(5.4.4)，精确至 0.000 2 g，加少量水润湿，加入约 60 mL 盐酸溶液使试样溶解，加热煮沸。趁热用预先于 105 ℃±2 ℃干燥至质量恒定的玻璃砂芯坩埚过滤，用热水洗涤滤液至无氯离子(用硝酸银溶液检验)。将玻璃砂芯坩埚连同不溶物置于电热恒温干燥箱中，于 105 ℃±2 ℃干燥至质量恒定。于干燥器中冷却至室温，称量。

5.6.5 结果计算

盐酸不溶物含量以质量分数 w_4 计，按式(4)计算：

$$w_4=\frac{m_1-m_2}{m}\times 100\% \qquad \cdots\cdots(4)$$

式中：

m_1——玻璃砂芯坩埚和不溶物的质量的数值，单位为克(g)；

m_2——玻璃砂芯坩埚的质量的数值，单位为克(g)；

m ——试料质量的数值，单位为克(g)。

取平行测定结果的算术平均值为测定结果，两次平行测定结果的绝对差值不大于 0.03% 。

6 检验规则

6.1 本标准要求中的所有指标项目均为出厂检验项目，应逐批检验。

6.2 用相同材料，基本相同的生产条件，连续生产或同一班组生产的同一级别的乳状氢氧化钙为一批，每批产品不超过 60 t。

6.3 按 GB/T 6678 中的规定的采样技术确定采样单元数。采样时，将物料混匀后，按照 GB/T 6680 中规定进行采样，将采出的样品混匀，缩分至不少于 500 g。将样品分装于两个清洁、干燥的容器中，密封，并粘贴标签，注明生产厂名、产品名称、批号、采样日期和采样者姓名。一份供检验用，另一份保存备查，保存时间由生产厂根据实际情况确定。

6.4 检验结果如有指标不符合本标准要求，应重新自两倍量的包装中采样进行复验，复验结果即使有一项指标不符合本标准的要求时，则整批产品为不合格。

6.5 采用 GB/T 8170 规定的修约值比较法判定检验结果是否符合标准。

7 标志、标签

7.1 工业乳状氢氧化钙槽罐车上应在显著位置悬挂牢固清晰的标志牌，内容包括：生产厂名、厂址、产品名称、净含量、批号（或生产日期）、本标准编号及 GB/T 191—2008 中规定的“怕雨”、“怕晒”标志。

7.2 每批出厂的工业乳状氢氧化钙都应附有质量证明书，内容包括：生产厂名、厂址、产品名称、净含量、批号（或生产日期）和本标准编号。

8 运输、贮存

8.1 工业乳状氢氧化钙采用带搅拌或曝气的槽罐车运输。每罐净含量 20 t、30 t。或根据用户要求协商确定包装方式。

8.2 工业乳状氢氧化钙在运输过程中，防止雨淋，不应受潮和包装不应受到污损。

8.3 工业乳状氢氧化钙不应与酸混贮，应贮存在密闭的带搅拌的容器中，不应长时间暴露在空气中搅拌。产品保存期为不少于 15 d。

ICS 87.040
G 50

中华人民共和国国家标准

GB/T 27816—2011

色漆和清漆用漆基 玻璃化转变温度的测定

Binders for paints and varnishes—Determination of glass transition temperature

(ISO 16805:2003,MOD)

2011-12-30 发布　　2012-06-01 实施

中华人民共和国国家质量监督检验检疫总局
中国国家标准化管理委员会　发布

前　言

本标准按照 GB/T 1.1—2009 给出的规则起草。

本标准使用重新起草法修改采用 ISO 16805:2003《色漆和清漆用漆基　玻璃化转变温度的测定》。

本标准与 ISO 16805:2003 相比在结构上有较多调整，附录 A 中表 A.1 列出了本标准与 ISO 16805:2003 的章条编号对照一览表。

本标准与 ISO 16805:2003 相比存在技术性差异，这些差异涉及的条款已通过在其外侧页边空白位置的垂直单线(|)进行了标示，附录 A 中表 A.2 给出了相应技术性差异及其原因的一览表。

本标准由中国石油和化学工业联合会提出。

本标准由全国涂料和颜料标准化技术委员会(SAC/TC 5)归口。

本标准起草单位：中海油常州涂料化工研究院、深圳广田装饰集团股份有限公司。

本标准主要起草人：彭菊芳、胡基如。

色漆和清漆用漆基
玻璃化转变温度的测定

1 范围

本标准规定了采用差示扫描量热法(DSC)测定色漆和清漆包括粉末涂料用漆基的玻璃化转变温度的样品制备方法、主要测试步骤和结果表示等内容。

注：塑料玻璃化转变温度的测定方法和步骤见 GB/T 19466.2—2004。

2 规范性引用文件

下列文件对于本文件的应用是必不可少的。凡是注日期的引用文件，仅注日期的版本适用于本文件。凡是不注日期的引用文件，其最新版本(包括所有的修改单)适用于本文件。

GB/T 3186 色漆、清漆和色漆与清漆用原材料 取样(GB/T 3186—2006,ISO 15528:2000,IDT)

GB/T 19466.1—2004 塑料 差示扫描量热法(DSC) 第1部分：通则(ISO 11357-1:1997,IDT)

GB/T 19466.2—2004 塑料 差示扫描量热法(DSC) 第2部分：玻璃化转变温度的测定(ISO 11357-2:1999,IDT)

3 术语和定义

下列术语和定义适用于本文件。

3.1

玻璃化转变 glass transition

无定形聚合物或半结晶聚合物的无定形区域在粘流态或橡胶态和既硬又脆的玻璃态之间的可逆变化。

注：是指开始出现聚合物分子自由旋转的温度。

[GB/T 19466.2—2004]

3.2

玻璃化转变温度 glass transition temperature

发生玻璃化转变的温度范围的近似中点的温度。

注1：根据材料的特性和所选择的试验方法及测量条件的不同，测得的玻璃化转变温度(T_g)可能和材料已知的 T_g 值不同。

注2：也可使用所谓的起始温度(见 GB/T 19466.2—2004)，这一温度通常能定义得更准确。

注3：为了避免由于存在松弛或残余的溶剂/水等的挥发而造成干扰或测量不准确，最好对同一样品进行两次测定，并以第二次测量结果报出。

[GB/T 19466.2—2004]

3.3

外推起始温度 T_{eig} extrapolated onset temperature

曲线低温侧的初始基线外推与曲线拐点处切线的交点。

3.4

外推终止温度 T_{efg} extrapolated end temperature

曲线高温侧的初始基线外推与曲线拐点处切线的交点。

3.5

中点温度 T_{mg}　midpoint temperature

与两条外推基线距离相等的线与曲线的交点。

外推起始温度 T_{eig}、外推终止温度 T_{efg} 和中点温度 T_{mg} 均为玻璃化转变的特征温度(见图 1),其中下标中的"g"表示"玻璃化转变"。

[GB/T 19466.2—2004]

4　取样及样品的制备

按照 GB/T 3186 规定,取待测漆基的有代表性的样品。

除非另有规定,用间隙深 40 μm～50 μm 的漆膜制备器将漆基在合适的、平整的、不与其发生化学作用且无孔的底材上制备成合适湿膜厚度的漆膜[适宜的湿膜厚度为 20 μm～25 μm(0.8 密耳～1.0 密耳),或者由用户规定]。该底材应能使干燥后的漆膜容易被脱去,可以是玻璃、聚四氟乙烯(PTFE)或乙烯/丙烯双烯三元共聚物(EPDM),只要其不与待测漆基发生化学作用。

将湿膜在合适的环境条件下放置足够长的时间使其完全干燥。如果对不同体系进行比较,则对每个体系均应采用相同的干燥时间和条件,且应对干燥后的样品注意防潮处理。

注:所需时间的长短取决于漆基的组成,如溶剂含量/水含量。

除非另有规定,也可采用升高温度的方法,然而选择温度时应该考虑以下因素,如漆基是否会发生热分解,漆基中是否存在任何可能会发生热反应的组分,如交联剂等,这些都将会影响玻璃化转变温度的测量值。

除非材料标准另有规定,称取 5 mg～20 mg 干燥后的样品膜(精确到 0.1 mg)放在 DSC 样品皿内,确保漆膜与样品皿接触良好。对于半结晶材料取接近上限的试样量。

5　操作步骤

5.1　打开仪器

按照 GB/T 19466.2—2004 中 9.1 的规定进行。

5.2　将试样放在样品皿内

按照 GB/T 19466.2—2004 中 9.2 的规定将前面称取的干燥后的样品膜放在 DSC 样品皿内。

样品皿的底部应平整,且样品皿与试样支持器之间接触良好。这对获得好的数据是至关重要的。

不能用手直接处理试样或样品皿,要用镊子或戴手套处理试样。

5.3　把样品皿放入仪器内

用镊子或其他合适的工具将样品皿放在样品支持器上,确保试样和样品皿之间、样品皿与试样支持器之间接触良好。盖上样品支持器的盖。

5.4　温度扫描

5.4.1　在开始升温操作之前,用氮气预先吹扫炉子 5 min。

5.4.2　以 20 ℃/min 的速率开始升温并记录。将样品皿加热到比预期的玻璃化转变温度高约 30 ℃,以消除试验材料以前的热历史(即试样以前经受的加热、冷却、挤压、敲打等作用,这些作用对测试结果有影响)。

样品和试样的热历史及形态对聚合物的 DSC 测量结果有较大影响。先进行预热循环,然后再在第二次升温扫描(见 GB/T 19466.1—2004 中附录 B)时测量是非常重要的。若材料是反应性的或希望评定经特殊预处理试样的性能时,取第一次热循环时的数据。试验报告中应记录这一操作步骤与标准步骤的差别。

5.4.3 保持温度 5 min。

5.4.4 将温度骤冷到比预期的玻璃化转变温度低约 50 ℃。

5.4.5 保持温度 5 min。

5.4.6 以 20 ℃/min 的速率进行第 2 次升温并记录,加热到比外推终止温度 T_{efg} 高约 30 ℃。

注:经有关双方同意,可以采用其他升温或降温速率。特别是,高的扫描速率使记录的转变有高的灵敏度。另一方面,低的扫描速率能提供较好的分辨率。选择适当的速率对观察细微的转变是十分重要的。

5.4.7 将仪器冷却到室温,取出样品皿,观察样品皿是否变形或试样是否溢出。

5.4.8 重新称量样品皿和试样,精确到 0.1 mg。

5.4.9 如有任何质量损失,应怀疑发生了化学变化,打开样品皿并检查试样。如果试样已降解,舍弃此试验结果,选择较低的上限温度重新试验。

变形的样品皿不能再用于其他试验。

如果在测试过程中有试样溢出,应按照仪器制造商的说明书清理样品支持器组件,并用至少一种温度和热焓的标准样品来确认仪器的校准仍有效。

5.4.10 按仪器制造商的说明处理数据。

5.4.11 应由使用者决定是否进行重复试验。

6 结果表示

玻璃化转变温度的测定曲线如图 1 所示。通常两条基线不是平行的。在这种情况下,T_{mg} 就是两条外推基线间的中线与曲线的交点。

也可以把测定的拐点本身作为玻璃化转变温度 T_g。它可通过测定微分 DSC 信号最大值或转变区域斜率最大处对应的温度而得到。

如 DSC 曲线出现图 1 中 b)曲线的情况,确定玻璃化转变温度的方法是相同的。

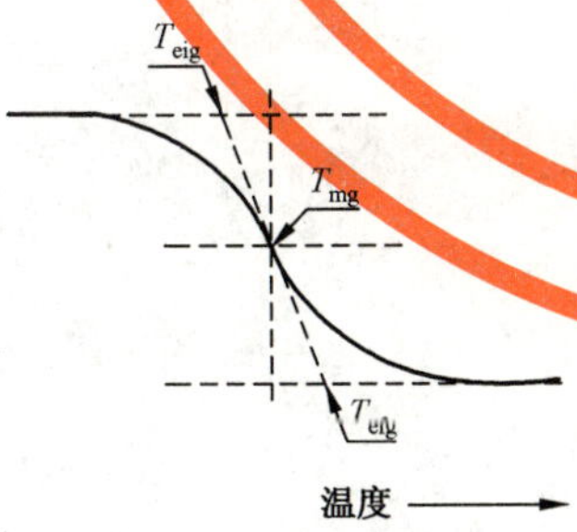

a)

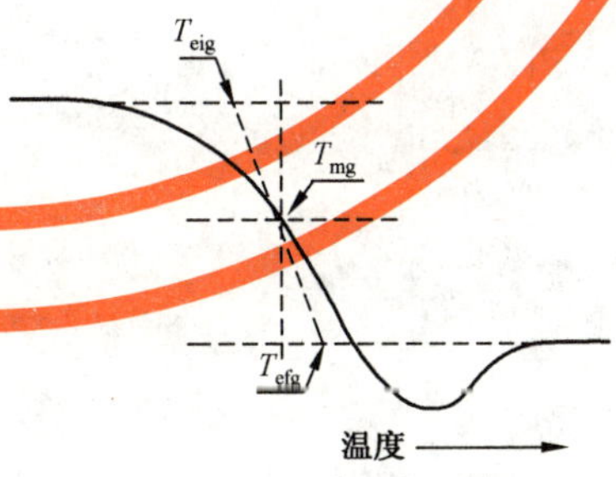

b)

图 1 玻璃化转变特征温度示例

7 精密度

见 GB/T 19466.2—2004。

8 试验报告

试验报告至少应包括以下内容：

a） 注明本标准编号；

b） 完全识别受试产品所必须的全部细节（生产商、商标名称、批号等）；

c） 与样品制备有关的全部细节，如所用的底材、施涂方法、干燥条件、试验温度（采用室温或更高的温度）和压力（抽真空或常压条件）；

d） 试验结果和试验参数，试验结果包括玻璃化转变的特征温度 T_{eig}、T_{efg} 和 T_{mg} 值，单位为摄氏度（℃），修约到整数位。尽管玻璃化转变温度 T_g 应对应于 T_{mg}，但应用最多的 T_{eig} 也是比较有意义的，也常将其作为 T_g。必须强调，当说明玻璃化转变温度时，应报告 T_{eig}、T_{efg} 和 T_{mg} 值；

e） 结果是取起始温度、中点温度还是拐点温度，是取第一次测量值还是第二次测量值；

f） 与规定的试验方法的任何不同之处；

g） 试验日期。

附 录 A
（资料性附录）
本标准与 ISO 16805:2003 相比的结构变化情况和技术性差异及其原因

本标准与 ISO 16805:2003 相比在结构上有较多调整，具体章条编号对照情况见表 A.1。表 A.2 给出了本标准与 ISO 16805:2003 的技术性差异及其原因。

表 A.1 本标准与 ISO 16805:2003 的章条编号对照情况

本标准章条编号	对应的 ISO 16805:2003 章条编号
3.3～3.5	—
5.1～5.4	—
5.4.1～5.4.11	—

表 A.2 本标准与 ISO 16805:2003 的技术性差异及其原因

本标准章条编号	技术性差异	原 因
1	范围中增加了规定测定玻璃化转变温度的主要测试步骤和结果表示等内容。	本标准为了方便用户的使用，文本中将 ISO 16805:2003 的引用文件中有关测试步骤和结果表示等内容详细列出，故须在范围中进行明确。
2	用等同采用相应国际标准的 GB/T 3186 和 GB/T 19466.2—2004 分别代替 ISO 15528 和 ISO 11357-2:1999。	适应我国的技术现状，更方便用户的使用。
2	用等同采用国际标准的 GB/T 19466.1 代替 ISO 11357-1，并增加了年代号。	适应我国的技术现状，更方便用户的使用；同时由于文本中直接引用了带年代号的标准，故增加年代号。
3.2	注 2 参照的标准增加年代号。	与规范性引用文件一致。
3.3～3.5	增加了三个玻璃化转变的特征温度的术语和定义。	方便用户的使用，更客观。
4	第 2 段和第 5 段前增加了“除非另有规定，”的内容。	也能按客户的要求制备和干燥试样，更科学。
4	第 3 段最后增加“且应对干燥后的样品注意防潮处理。”	能防止干燥后的样品再次受潮而影响试验结果。
4	最后一段增加了取样量的规定	本标准为了方便用户的使用，将 ISO 16805:2003 的引用文件中的有关测试步骤和结果表示等内容详细列出。
5	增加了 5.1～5.4.11，即具体的测试步骤。	
6	增加了结果表示的具体内容。	
7	参照的标准增加年代号。	与规范性引用文件一致。
8	d)改为试验结果和试验参数，并增加了如何规定试验结果的内容。	本标准将测试步骤和结果表示等内容详细列出，方便使用。

ICS 13.300;11.100
A 80

中华人民共和国国家标准

GB/T 27817—2011

化学品　免疫毒性试验方法

Chemicals—Test method of immunotoxicity

2011-12-30 发布　　2012-08-01 实施

中华人民共和国国家质量监督检验检疫总局
中国国家标准化管理委员会　发布

前　言

本标准按照GB/T 1.1—2009给出的规则起草。

本标准与美国环境保护局(USEPA)预防、农药及有毒物质预防办公室发布的生物化学品试验指南OPPTS 880.3550(1996)免疫毒性(EPA Biochemicals Test Guidelines OPPTS 880.3550:1996, Immunotoxicity)(英文版)技术性内容一致。

本标准作了下列结构和编辑性修改:

——将原文中的下列内容作为本标准的"引言"内容:"前言";(a) 标题下(1) "适用性"和(2)"背景";(b) 标题下的(1)"产品登记对免疫毒性试验的要求"、(2)"目的" 和(5)"受试物";(f)标题下的内容:"免疫毒性试验的阶段性";

——增加了范围一章(见第1章)和规范性引用文件一章(见第2章);

——计量单位改成我国法定计量单位。

本标准由全国危险化学品管理标准化技术委员会(SAC/TC 251)提出并归口。

本标准起草单位:中国疾病预防控制中心职业卫生与中毒控制所、中国化工经济技术发展中心、中国检验检疫科学研究院。

本标准主要起草人:侯粉霞、李朝林、林铮、王晓兵、陈会明。

引　言

本标准参考了 USEPA OPPTS 880.3550:1996 免疫毒性试验(英文版),技术内容与试验指南 OPPTS 880.3550(1996)免疫毒性相一致。

该试验指南是美国环境保护局(USEPA)预防、农药及有毒物质预防办公室(The Office of Prevention,Pesticides and Toxic Substances,OPPTS)发布的系列试验指南之一,受检对象为农药和有毒物质;所获得的毒理学资料提交后供 EPA 根据有关法规进行审查。

OPPTS 发布的该试验指南是通过合并和权衡多个试验指南(包括污染预防和有毒物质办公室(the Office of Pollution Prevention and Toxics,OPPT)发布的指南、美国规范大全中标题 40 下的第 I 章第 R 亚章中所述指南(Title 40,Chapter I,Subchapter R of the Code of Federal Regulations,CFR)、农药规划办公室(the Office of Pesticide Programs,OPP)、经济合作与发展组织(the Organization for Economic Cooperation and Development,OECD)后最终形成的一个协调一致的指南。

融合多个试验指南来形成单一一套 OPPTS 试验指南的目的是为了达到美国环境保护局对试验数据的要求,使试验方法的差异减小到最小。

适用性:为了满足美国联邦关于农药、杀真菌剂和杀鼠剂条例的要求。

背景:起草参考的原始文件是 OPP 指南 152-18。

产品登记对免疫毒性试验的要求:产品登记对免疫毒性资料的要求根据情况而定。当要求开展亚慢性(90 d)经口毒性试验(OPPTS 870.3100)、亚慢性(90 d)经皮毒性试验(OPPTS 870.3250)或亚慢性(90 d)吸入的毒性试验(OPPTS 870.3465)时,则要求开展免疫毒性试验;免疫毒性试验中动物的染毒途径应与亚慢性毒性试验的染毒途径相一致。

目的:通过免疫毒性试验可以了解亚慢性染毒受试物(一般是经口染毒)对机体产生的健康损害作用。这些免疫毒性试验可以定性或定量评价受试物对抗体介导的体液免疫以及特异性和非特异性细胞免疫的影响。

受试物:应测定受试物中每一种有效成分的技术等级。

免疫毒性试验的阶段性:如果第一阶段的任何一项免疫毒性试验证明受试物具有免疫毒性,则应开展第二阶段的免疫毒性试验(OPPTS 880.3800)。如果第一阶段免疫毒性试验的结果不能被明确解释或有资料证明受试物或其结构类似物具有免疫毒性时,也许也应进行第二阶段免疫毒性试验。如果第一阶段试验明确证明受试物没有免疫毒性,或没有相关资料可以证明受试物或其结构类似物具有免疫毒性时,不需要进行第二阶段试验。

化学品　免疫毒性试验方法

1　范围

本标准规定了化学品免疫毒性试验方法的术语和定义、试验原则、试验方法和试验报告。

本标准适用于检测化学品的免疫毒性。

2　规范性引用文件

下列文件对于本标准的应用是必不可少的。凡是注日期的引用文件，仅注日期的版本适用于本标准。凡是不注日期的引用文件，其最新版本(包括所有的修改单)适用于本标准。

美国环境保护局(USEPA)生物化学品试验指南 OPPTS 880.3800(1996)免疫反应(EPA Biochemicals Test Guidelines OPPTS 880.3800:1996，Immune Response)

3　术语和定义

下列术语和定义适用于本文件。

3.1

免疫毒性　immunotoxicity

受试物诱导免疫系统发生功能紊乱或不合适的抑制性或刺激性反应的能力。

4　试验原则

本标准中的免疫毒性试验，可以评价受试物是否改变或损伤免疫系统的机能状态。评价指标包括：免疫组织、免疫器官的重量及细胞结构；临床血液生化分析；血液学检查；体液免疫功能；细胞免疫功能。不同组的动物染毒不同剂量的受试物至少 30 d，每天对动物进行观察，记录所出现的任何临床毒性表现。染毒结束后，处死动物，对上述的评价指标进行检测或分析；其中有些试验中需要用抗原将动物致敏。

5　试验方法

5.1　实验动物

5.1.1　种属和品系

首选小鼠或大鼠，并使用常用的动物品系。如果使用其他种属的动物则应说明理由。所有动物应无寄生虫和病原菌。雌性动物应未产、未孕。

5.1.2　年龄

应使用健康的动物。在试验开始时，单只动物的体重不应超过平均体重的±20%。于 6 周龄～8 周龄时开始染毒。

5.1.3　性别

使用单一性别的动物。如果已知受试物对其中一种性别的动物更敏感，则应使用这种性别的动物。

5.1.4 数量

对照组及各剂量组的每个观察指标测定时至少应包含10只动物。

5.2 对照组

应设立溶剂对照组，而且溶剂对照组中还应另外包含一些动物，用于评价免疫毒性的可恢复性、持续性以及迟发性时作为对照[见 OPPTS 880.3800(d)(1)]。

溶剂毒性未知时，应设立一个不作任何染毒的对照组。

为了说明方法的敏感性，应使用已知的免疫抑制剂(如，环磷酰胺)设立阳性对照组，每个观察指标至少需要5只动物。

5.3 附加组

高剂量组应设立附加组，至少包含20只动物，以高剂量组的剂量染毒30 d，染毒结束后继续观察一段时间(30 d)，以评价免疫毒性作用是否可以恢复、是否持续存在、是否具有迟发性等情况[见 OPPTS 880.3800(d)(1)]。

5.4 剂量水平

对于亚慢性毒性试验，常常期望得到受试物剂量-反应关系和无免疫毒性作用的剂量水平，因此，至少应设3个剂量组和1个阴性对照组。

高剂量应不使动物产生明显的应激、营养不良或死亡；但最好可使动物产生一些可测量的一般中毒表现。

低剂量最好不使动物产生任何免疫毒性作用。

5.5 染毒

受试物或溶剂经口和/或经皮和/或经吸入染毒至少30 d(一般经口染毒)，具体的染毒途径应与90 d亚慢性毒性试验的染毒途径相一致。

5.6 观察期限

观察期限至少为30 d。

附加组动物在停止染毒受试物后至少再观察30 d，以观察免疫毒性作用是否恢复、是否持续存在、是否具有迟发性。

5.7 动物的观察

每天对动物至少进行一次细致的临床观察，记录中毒症状的出现时间、严重程度及其持续时间。观察应包括如下方面但并不仅限于此：

——皮、毛；

——眼、黏膜；

——呼吸系统；

——自主性和中枢神经系统；

——循环系统；

——肢体运动功能；

——行为特征；

——抗感染能力等。

每周测量一次动物的摄食量和饮水量。

动物染毒前称体重，之后每周1次，处死前再次称体重。

任何频死动物一被发现就应与其他动物分开并被安乐死。对试验过程中的任何濒死的或死亡的动物都应进行大体解剖。

5.8 临床检验

试验结束后，各剂量组和对照组各取10只动物进行临床检验。动物处死前应隔夜禁食。

5.8.1 血液学检测

可包括下列指标：

——红细胞压积；

——血红蛋白浓度；

——红细胞计数；

——白细胞总数及分类计数；

——血小板计数。

5.8.2 血液生化分析

可包括下列指标：

——血糖；

——谷丙转氨酶；

——尿素氮；

——白蛋白；

——总蛋白；

——需要时可进行其他的临床生化分析。

5.9 大体解剖

所有动物都应进行大体解剖，包括：

——测量体重；

——测量胸腺和脾脏的湿重，取出后应尽快称量以免脏器干燥。

5.10 组织制备

各剂量组和对照组各取10只动物，取下列组织器官以及病变器官，用适当的固定液进行固定保存，用于组织病理学检查。这些组织器官包括：

——胸腺；

——脾脏；

——肝脏；

——肺脏；

——肾脏；

——骨髓（股骨、胸骨或肋软骨部位的骨髓）；

——有代表性的淋巴结（黏膜附近的淋巴结或周围淋巴结）；

——肾上腺；

——垂体；

——卵巢或睾丸；

——所有肉眼可见的损伤。

5.11 检测脾脏、胸腺和骨髓的细胞结构及细胞活力。

5.12 对任何肉眼可见的损伤进行传统的组织病理学检查。

5.13 如果特异性和非特异性细胞免疫反应受到了影响，则应对上述组织或器官进行组织病理学观察。

5.14 免疫毒性试验

5.14.1 体液免疫试验

首先用抗原免疫动物，然后采用抗体形成细胞检测（Antibody Plaque Forming Cell，简称PFC试验，也称溶血空斑试验）方法或酶联免疫吸附（Enzyme Linked Immunosorbent Assay，ELISA）检测抗体滴度的方法评价受试物对体液免疫的影响。

5.14.1.1 PFC试验

杰尼（Jerne）和诺尔丁（Nordin）的PFC方法经卡尼海姆（Cunningham）和森博格（Szenberg）修改

后[1-2],被用于检测亚慢性染毒受试物(30 d)对脾脏内产生抗体的细胞的毒性作用。试验时,应对如下因素进行考虑:

——于染毒的第26天经静脉注射T细胞依赖性抗原绵羊红细胞(sheep red blood cells,SRBCs);应对各种种属和品系的动物在注射抗原后测定PFC的最佳时间作出评价。

——测定每批补体的活性。

——对上述所引用的PFC方法存在一些修改(如参考文献[22]中特目普(Temple)的方法)[22],这些修改可能是有用的。但是,引用某种方法时应对方法进行整体引用,对方法所做的任何修改都应予以说明并能证明其合法性和合理性;应说明主要试剂的来源,最好也能说明这些试剂的活性或纯度。

——为了验证试验方法的敏感性,应设立经免疫抑制剂(如,环磷酰胺)染毒的阳性对照组。

——使用双盲法进行PFC计数。

——测定脾细胞的活性。

5.14.1.2 定量测定免疫球蛋白

通过该试验评价受试物是否影响抗体对抗原的反应性。在染毒结束前4 d~5 d,用适当的胸腺依赖性抗原免疫动物后,经过适当的时间再次用抗原免疫动物,然后测定每只动物血清中IgG和IgM的滴度。测定抗体滴度的时间点应足够多,以便对染毒组和对照组动物的初级抗体反应和次级抗体反应进行比较。测定抗体时受试物的染毒时间至少为30 d。试验时,应对如下因素进行考虑:

测定血清中IgG和IgM滴度的方法应足够敏感以便测得每只动物的IgG和IgM滴度。ELISA方被认为是一种灵敏、可靠、重复性好的方法。

5.14.2 特异性细胞免疫反应

为了评价亚慢性染毒受试物(30 d)对特异性细胞免疫反应的影响,应采用下列三种方法中的一种进行试验。

5.14.2.1 单向混合淋巴细胞培养法(One-way Mixed Lymphocyte Culture,MLC)

该方法可以证明亚慢性染毒受试物(30 d)对同种异品系淋巴细胞刺激引起的淋巴细胞增值能力的影响。通过测量放射性标记物(一般为3H-胸腺嘧啶)掺入DNA的量来说明淋巴细胞的增殖。试验时,应对如下因素进行考虑:

——应答细胞来自对照组和染毒组动物的脾细胞,在无菌条件下制备脾细胞。应答细胞的DNA合成没有采取阻断处理;

——刺激细胞来自未经染毒的同种异品系动物的脾细胞,在无菌条件下制备脾细胞。刺激细胞的DNA合成用丝裂霉素或X线处理进行阻断;

——测定应答细胞和刺激细胞的活力;

——应设3份或4份对照,用于证明收获细胞的效益、保证刺激细胞的非反应性、测定DNA合成的基础水平;

——对空白对照和溶剂对照同时进行测定;

——用每个培养皿中掺入应答细胞的放射性标记物的量来表示脾细胞的增殖程度,表示为每分钟居里数(curie per minute,CPM)。要计算净CPM(n CPM),即,应答细胞被刺激细胞刺激后参入的CPM均值减去未经刺激的脾细胞参入CPM的均值。染毒组与对照组差异的百分比表示为:[1-(染毒组nCPM/对照组nCPM];

——不同的单向混合淋巴细胞培养法中存在许多不同,应说明所引用的试验方法及详细的试验步骤,说明主要试剂的来源,最好也说明这些试剂的纯度;

——为了证明方法的灵敏性,应设立阳性对照组,用已知的免疫抑制剂进行染毒。

5.14.2.2 迟发型过敏(Delayed-type Hypersensitivity,DTH)反应

该方法是一种检测受试物对实验动物诱导性DTH影响的体内方法。一般来说,动物被胸腺依赖

性抗原致敏，之后用相同的抗原进行激发，激发后 24 h～48 h，比较染毒组和对照组 DTH 反应的差异。开展该试验时，应对如下因素进行考虑：

——DTH 检测方法有数种，应选用灵敏度高、可重复性好、并适用于所选用实验动物品系的方法；

——不同的方法中下列参数也可能不同，如，致敏及激发动物所用抗原的性质，免疫性注射的次数及途径，免疫激发的时间，同位素的使用等。试验时选用的这些参数及其他相关的参数应可以使所选用的实验动物产生足够的 DTH 反应；

——测定 DTH 反应前，应对动物染毒至少 30 d。

5.14.2.3 细胞毒性 T 淋巴细胞(Cytotoxic T-lymphocyte，CTL)检测

该方法用于证明亚慢性染毒受试物(30 d)对 CTL 生成的影响。该试验中使用同种异品系肿瘤抗原对 CTL 进行诱导(体内或体外诱导)，然后，来自染毒组和对照组动物的脾细胞与^{51}Cr 标记的同种异品系肿瘤细胞共孵育，4 h 后，肿瘤细胞所释放的放射性标记物的量可以说明 T 淋巴细胞溶解肿瘤细胞的能力。试验时，应对如下因素进行考虑：

——应设立对照组来测定效应细胞不存在时靶细胞释放的放射性标记物的本底量和放射性标记物的总的释放量；

——应可以证明试验中所选用的动物可产生 CTLs，所选用的试验方法应适合于诱导动物 CTL 的生成；

——CTL 检测有数种不同的方法，引用某一种方法时应做到完全引用，对方法进行修改时应予以说明，合适的情况下应说明主要试剂的来源、活性和/或纯度。

5.14.3 非特异性细胞免疫反应

通过测定 NK 细胞的功能、巨噬细胞数及其吞噬作用可以评价亚慢性染毒(30 d)受试物对非特异性细胞免疫的影响。

5.14.3.1 NK 细胞的活性(natural killer cell activity)

建议采用瑞纳尔兹(Reynolds)和贺伯门(Herberman)的微量培养法[17]来检测亚慢性染毒(30 d)受试物对 NK 细胞活性的影响。染毒组和未染毒组动物的脾细胞与^{51}Cr 标记的 YAC-1 淋巴瘤细胞共培养。靶细胞与效应细胞共培养 4 h 后，靶细胞中释放的放射性标记物的量可用于表示 NK 细胞杀伤肿瘤细胞的能力。开展该试验时，应对如下因素进行考虑：

——应设立几个对照以说明在没有效应细胞存在时，靶细胞释放放射性标记物的本底量以及放射性标记物总的释放量；

——试验使用除 YAC-1 淋巴瘤细胞之外的靶细胞也许是合适的。任何情况下都应测定靶细胞的存活力；

——也许需要对方法的某些步骤进行修改，但是，引用某种方法时应对方法进行整体引用，对方法所做的任何修改都应予以说明并能证明其合法性和合理性；应说明主要试剂的来源，最好也能说明这些试剂的活性或纯度。

5.14.3.2 巨噬细胞检测

该试验可以评价亚慢性染毒(30 d)受试物对巨噬细胞数及其吞噬功能的影响。应对如下方面进行检测：

——试验中应计数腹腔细胞的总数及分类计数；

——评价在有或没有促进因子(如，γ-干扰素或细菌脂多糖)存在的情况下腹腔细胞对颗粒(如，荧光乳液珠)的吞噬作用。

——有数种不同的巨噬细胞检测方法，因此，应对所选用的方法进行描述并说明方法引证的来源；如果对所选用的方法作了一些修改，则应说明修改的合理和合法性。

6 试验报告

除总则规定的一般项目外,鉴定报告还应包括以下内容:

——统计方法;

——动物级别及饲养条件的详细信息;

——实验室免疫毒性试验历史资料的测定值;

——减少免疫毒性测定值波动的方法。

参 考 文 献

[1] Cunningham, A. J. A method of increased sensitivity for detecting single antibody-forming cells. Nature, 1965, 207: 1106-1107

[2] Cunningham, A. J., and A. Szenberg. Further improvements in the plaque technique for detecting single antibody-forming cells. Immunology, 1968, 14: 599-601

[3] Daugherty, M. L. Immunotoxicology; in Scientific Rationale for the Selection of Toxicity Testing Methods. Ⅱ. Teratology, Immunotoxicology, and Inhalation Toxicology. M. G. Ryon and D. S. Sawhney, eds. EPA-560/6-84-004, 1985

[4] Dean, J. H. et al. Amos (eds). Immunotoxicology and Immunopharmacology. Raven Press, NY, 1985

[5] Dean, J. H. et al. Toxic responses of the immune system. Pp. 245-285; in Casarett and Doull's Toxicology: The Basic Science of Poisons. Third edition. J. Doull, C. D. Klaassen, and M. O. Amdur (eds). MacMillan, NY, 1987

[6] Exon, J. H. et al. Effect of lead, polychlorinated biphenyls and cyclophosphamide on rat natural killer cells, interleukin 2 and antibody synthesis. Fundamental and Applied Toxicology, 1985, 5: 158-164

[7] Jerne, N. K., and A. A. Nordin. Plaque formation in agar by single antibody-producing cells. Science, 1963, 140: 405-406

[8] Klein, J. Immunology. The Science of Self-Nonself Recognition. John Wiley and Sons, NY, 1982

[9] Luster, M. I. et al. Evaluation of immune functions in toxicology. Pp. 561-586 in Principles and Methods in Toxicology. A. W. Hayes (ed). Raven Press, NY, 1982

[10] Luster, M. I. et al. Development of a testing battery to assess chemical-induced immunotoxicity: National Toxicology Program's guidelines for immunotoxicity evaluation in mice. Fundamental and Applied Toxicology, 1988, 10: 2-19

[11] Mishell, R. and R. Dutton. Immunization of dissociated mouse spleen cell cultures from normal mice. Journal of Experimental Medicine, 1967, 126: 423-442

[12] Norbury, K. C. Immunotoxicological evaluation: an overview. Journal of the American College of Toxicology, 1985, 4: 279-290

[13] Proceedings. (1978) Inadvertant Modification of the Immune Response. The Effects of Foods, Drugs, and Environmental Contaminants. I. M. Asher, ed. Fourth FDA Science Symposium. Office of Health Affairs, FDA

[14] Proceedings. (1982) Target Organ Toxicity: Immune System. Environmental and Health Perspectives 43. Symposium held at Arlington, VA, October 20-21, 1980. Sponsored by Society of Toxicology and NIEHS

[15] Proceedings. (1983) NIH Immunotoxicology Workshop. Symposium held at Research Triangle Park, NC, October 17-18, 1983. Sponsored by NIH and NIEHS

[16] Proceedings. (1985) International Seminar on the Immunological System as a Target for Toxic Damage. Symposium held at Luxembourg, Belgium, November 6-9, 1984. Sponsored by UNEP, ILO, WHO and COEC

[17] Reynolds, C. W., and R. B. Herberman. In vitro augmentation of rat natural killer (NK)

cell activity. Journal of Immunology,1984,126:1581-1585

[18] Riccardi,C. et al. Rapid in vivo assay of mouse natural killer cell activity. Journal of the National Cancer Institute. ,1979,63:1041-1045

[19] Riccardi,C. et al. Role of natural killer cells in rapid in vivo clearance of radiolabelled tumor cells. In Natural Cell Mediated Immunity Against Tumors. R. B. Herberman (ed.) Academic Press,NY,1980:1121-1139

[20] Rose,N. R. ,and H. Friedman (eds.). Manual of Clinical Immunology. ASM,Washington DC,1980

[21] Stites,D. P. et al. Basic and Clinical Immunology. Lange Medical Publications,Los Altos, CA,1984

[22] Temple,L. et al. Comparison of ELISA and plaque-forming cell assays for measuring the humoral immune response to SRBC in rats and mice treated with benzo[a]pyrene or cyclophosphamide. Fundamental and Applied Toxicology,1993,21:412-41

[23] Tripathy, S. P. , and G. B. Mackaness. The effect of cytotoxic agents on the primary immune response to Listeria monocytogenes. Journal of Experimental Medicine,1969,130:1-16

[24] Van Furth,R. et al. In vitro determination of phagocytosis and intracellular killing by polymorphonuclear and mononuclear phagocytes. In: T3Handbook of Experimental Immunology D. M. Weir (ed.) Blackwell,Oxford,1978:32. 1-32. 19

[25] Vos,J. G. et al. Ovalbumin immunity in the rat: Simultaneous testing of IgM,IgG,and IgE response measured by delayed-type hypersensitivity. Scandinavian Journal of Immunology,1980,12: 289-295

[26] Vos,J. G. et al. Use of the Enzyme-linked immunosorbent assay (ELISA) in immunotoxicity testing. Environmental and Health Perspectives,1982,43:115-121

ICS 13.300;11.100
A 80

中华人民共和国国家标准

GB/T 27818—2011

化学品　皮肤吸收　体外试验方法

Chemicals—Testing method for skin absorption—*In vitro*

2011-12-30 发布　　2012-08-01 实施

中华人民共和国国家质量监督检验检疫总局
中国国家标准化管理委员会　发布

前　言

本标准按照 GB/T 1.1—2009 给出的规则起草。

本标准与经济合作与发展组织(OECD)化学品测试方法 No. 428(2004)《皮肤吸收：体外试验》(英文版)技术性内容一致。

本标准作了下列结构和编辑性修改：

——增加了范围一章；

——将 OECD428 原文中的“初始考虑”和“介绍”部分作为本标准的引言；

——将 OECD428 原文中的“结束程序”和“分析”部分作为本标准“4.10　染毒时间和取样”；

——将 OECD428 原文中的“数据与报告”和“结论”部分作为本标准“5　试验数据和报告”；

——将 OECD428 原文附录中的“定义”作为本标准“2　术语和定义”；

——计量单位统一改为我国法定计量单位。

本标准由全国危险化学品管理标准化技术委员会(SAC/TC 251)提出并归口。

本标准起草单位：中国疾病预防控制中心职业卫生与中毒控制所、天津市疾病预防控制中心、中国化工经济技术发展中心。

本标准主要起草人：王延让、刘清君、林铮、杨德一、刘保峰、刘静、张明。

引　言

本标准参考了 OECD 化学品测试方法 No. 428(2004)《皮肤吸收:体外试验》(英文版)。该指南为离体皮肤吸收试验提供方法,既可以结合 OECD 皮肤吸收(体内试验)使用[1],也可以单独使用。该测试方法推荐 OECD 关于皮肤吸收的研究文件[2]为指导性文件,以协助基于该方法为依据的实验设计。OECD 指南性文件将有助于在特殊情况下选择使用合适的体外操作规程,以及确保通过该方法所得结果的可靠性。

检测皮肤吸收和透皮吸收的方法可分为两类:体内试验和体外试验。关于体内皮肤吸收的方法已建立,并提供了不同种属动物的药物代谢动力学信息,体内试验方法将在 OECD 另一指南中单独介绍[1]。检测皮肤吸收的体外方法已经使用多年。尽管利用该方法所进行的正式有效的体外吸收研究尚未开展,但 OECD 专家在 1999 年达成一致意见,认为已有充分的数据支持该方法[3],此外,该方法提供的详细资料也证实了这点,其中包括体内外试验方法直接比较所得的重要数据[2]。大量专著论述了该观点并提供了使用体外试验方法的详细资料[4-12]。体外试验既可测量化学品经皮肤进入到体液的扩散,也可以单独利用非活性皮肤来测量这种扩散,或可以利用新鲜的、有代谢活性的皮肤同时测量这种渗透和皮肤代谢。该方法在筛选比较不同化学品以不同方式进入或通过皮肤转运及在评价人类经皮吸收提供有用模型方面都有特殊的用途。

体外试验并非适用于所有情况和所有类型的化学品。仅适用于皮肤渗透的最初定性评价。在某些情况下,应进一步参考体内试验数据。OECD 化学品测试方法 No. 428《皮肤吸收:体外试验》(2004)(英文版)应进一步明确体外试验方法的适用情况,并在 OECD 专家会议报告中提供支持这些结论的附加详细信息[3]。

OECD 化学品测试方法 No. 428《皮肤吸收:体外试验》(2004)(英文版)提出了使用离体皮肤检测受试物透皮吸收和转运的一般原理。离体皮肤可以来自多种哺乳动物,包括人类皮肤。因为渗透层的成份是非活性角质层,所以皮肤的渗透性在离体以后仍得以保留;化学品通过皮肤的主动运输机制尚未得到肯定。研究表明,某些化学品在经皮吸收过程中,皮肤具有代谢这些化学品的能力[6],尽管它会影响到进入血液的化学品性质,但是这个过程并不是实际吸收剂量的限制步骤。

化学品　皮肤吸收　体外试验方法

1　范围

本标准规定了化学品皮肤吸收体外试验方法的术语和定义、试验原理、试验方法、试验数据和报告。

本标准并非适用于检测所有的情况和所有类型化学品的经皮吸收，仅适用于皮肤渗透的最初定性评价。在某些情况下，应进一步参考体内试验数据。

2　术语和定义

下列术语和定义适用于本文件。

2.1

未吸收剂量　unabsorbed dose

染毒后，从皮肤表面淋洗下来的以及在遮盖装置上受试物的量，包括染毒过程中从皮肤表面挥发的量。

2.2

吸收剂量（体外试验）　absorbed dose:*in vitro*

在一定时间内，受试物到达接收液或循环系统的量。

2.3

可吸收剂量（体外试验）　the absorbable dose:*in vitro*

冲洗后，留在皮肤表面或皮肤组织内受试物的量。

3　试验原理

受试物（可以是放射标记物）作用于将扩散池分隔为两部分的皮肤表面，一定条件下，化学品需在皮肤上作用于一定时间，然后用适当的清洗方法从皮肤表面除去该化学品。在整个试验过程中，在不同的时间点采集接受液，并分析受试物和代谢产物。

如果使用代谢活化系统，受试物的代谢产物应用适当的方法来进行分析。试验结束时，在适当的情况下，测量受试物及其代谢产物的分布。

在本标准和指导性文件[2]所描述的适当条件下，利用分析接受液和受试皮肤来监测一定时间内受试物的吸收情况。除非能证明受试物仅被吸收液吸收，否则留在皮肤里的受试物的量应被认为是被吸收的量。考虑到进一步的数据分析，其他组分（从皮肤表面洗下来的和留在皮肤里的）也应进行分析，包括所有受试物的分布和回收率。

为了说明试验系统的准确性和稳定性，相关化学品的试验结论应与采用该方法所发表的文献的结论一致。应通过检测合适的参考物质（最好与受试物亲油性相近）来达到这个要求，或通过提供多种不同亲脂性参考物质（如咖啡因、苯甲酸、睾丸酮）的充分经验数据来达到这个要求。

4　试验方法

4.1　扩散池

扩散池由皮肤分隔而成，包括供给池和接收池（图 1 为典型扩散池样例）。扩散池与皮肤四周应有很好的密封性,以方便取样及与下层皮肤接触的接收液良好混合,并能较好控制扩散池及其内溶物的温度。静态渗透式和循环流动式扩散池均可使用。正常情况下,供给室在染毒于有限剂量受试物过程中保持开放。但在使用无限剂量和部分有限剂量受试物情况下,供给室应封闭。

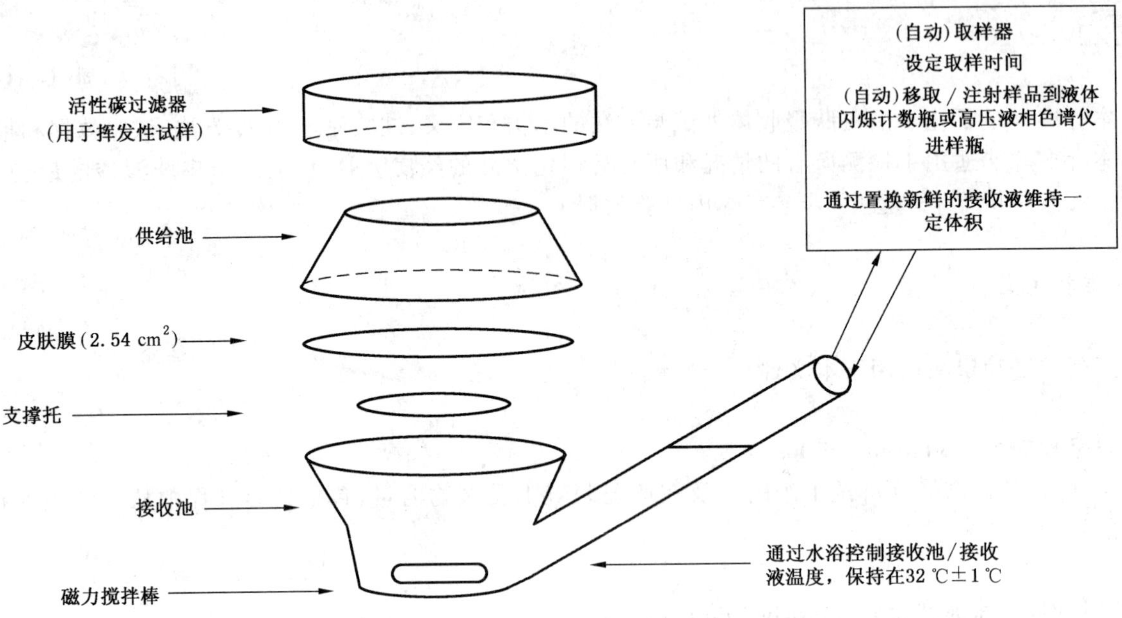

图 1　一种用于体外经皮吸收试验的典型静态扩散池装置示例图

4.2　接收液

尽管证明其他溶液也可作为接受液,但还应优先选择有益于生理的溶液作为接收液。要提供接收液的精确组分,并证实受试物在接收液中能充分溶解,不影响皮肤吸收;另外,接收液不能影响皮肤的完整性。在循环流动系统中,流动速率不能妨碍受试物扩散进入接收液。在静态渗透式系统中,接收液应连续搅拌并有规律取样。如果要研究皮肤的代谢效应,应在整个试验过程中接收液必须能维持皮肤的活性。

4.3　皮肤制备

取自人类或动物皮肤的标本都可使用。人类皮肤标本可符合国家和国际伦理学委员会条约的规定[13]。首选活体皮肤,也可使用证明是完整的非活性皮肤标本。表皮层(酶、热或化学分离的)或用植皮刀分离的厚皮肤(典型的是 200 μm～400 μm 厚)都可选取。但应避免使用太厚的(约大于 1 mm)皮肤,除非化学品较特殊,需用整个皮肤层来测试。应确定皮肤种类、解剖位置以及制备技术。要求每个试验样品至少进行四次重复试验。

4.4　皮肤完整性

应正确制备皮肤标本。不恰当的处理可能破坏角质层,因此应检查皮肤标本的完整性。当需要研究皮肤的代谢作用时,分离出来的新鲜皮肤应尽快使用,并在已知条件下保持其代谢活性。一般情况下,新鲜的离体皮肤应在 24 h 内使用,但适宜的保存期可根据代谢酶系统和贮藏温度的不同而有所不同[14]。如果皮肤标本在使用前已被储藏,需要证明其屏障功能保持完好。

4.5 受试物

受试物是指被用来研究其渗透特性的物质。受试物最好作放射性标记。

4.6 受试物制备

受试制备物(包括纯品、经稀释的或直接施用于皮肤的包含受试物的制备物等)应与人体或其他潜在目标种属可能的暴露一致(或者是理想的替代物)。制备过程中产生的差异应进行合理校正。

4.7 受试物浓度和组成

通常情况下受试物浓度不止一个,应涵盖人类可能的染毒范围。同样,也应考虑检测典型组分的浓度范围。

4.8 皮肤染毒

在一般情况下,人类接触化学品的剂量通常是有限的。因此,模拟人类染毒的剂量通常每平方厘米皮肤表面使用 1 mg～5 mg 固体化学品或 10 μL 液体化学品。根据研究对象、试验样品物理特性和使用特定条件,对用量进行调整。例如,单位面积使用大剂量化学品时,接触到皮肤表面的化学品可能是不限量的。

4.9 温度

化学品的被动吸收受温度的影响。扩散室和皮肤应保持恒定接近于皮肤正常温度(32 ℃±1 ℃)。不同的扩散池要求不同的水浴或加热到一定温度以确保受体/皮肤温度在其正常生理标准。相对湿度最好在 30%～70%之间。

4.10 染毒时间和取样

有可能在整个试验过程都得对皮肤进行染毒,也可染毒较短时间(如模拟人类染毒的特定模型)。用相应的清洗试剂洗掉过量的受试物,再收集清洗液进行分析。受试物的清洗规程取决于受试物使用条件,并且应对受试物的清洗规程给出合理说明。通常要求考虑到充分吸收的特征,要进行 24 h 采样。由于皮肤完整性超过 24 h 就会变差,因此采样时间一般不应超过 24 h。对能迅速渗透到皮肤的受试物可能不用染毒至 24 h,但对低速渗透的受试物而言,则需更长时间。接收液采样频率应根据受试物的吸收特性,采样频率要以图的形式给出。

4.11 结果与分析

试验系统的所有组分应进行分析并测定回收率,包括供给池、皮肤表面清洗液,制备的皮肤以及接收液/池。在某些情况下,应将皮肤分成染毒面皮肤和接收池凸缘下面的皮肤两部分,从而分为角质层、表皮和真皮部分进行独立分析。所有这些测试物要求有足够的回收率(放射活性的均数应为 100±10%,任何偏差都应进行解释)。应用恰当的技术方法分析接收液、皮肤、皮肤表面清洗液以及仪器清洗液中受试物的数量。

5 试验数据和报告

5.1 数据

应列出接收液的分析结果,不同时间内受试物在试验系统中的分布和吸收情况。对于有限染毒剂量,应计算从皮肤清洗下的化学品的量、与皮肤结合的数量(分析不同皮肤层)以及接收液中受试物的数量(比率、数量与使用剂量的百分率)。经皮吸收试验的结果有时只能用接收液的数据表示,然而,当受试物在试验结束时仍残留于皮肤内,总的吸收量应包括残留于皮肤内的数量。对于无限剂量染毒,需要计算渗透系数(K_p),但吸收百分比是没有意义的。

5.2 试验报告

试验报告应包含方案中规定的需求,除包括应用试验系统的证明外,还应包含以下内容:

5.2.1 受试物:

a) 物理特性、理化性质(至少包括相对分子质量和 $\lg P_{ow}$ 的分配比)、纯度(放射化学物纯度);

b) 鉴定资料(如批号);

c) 在接收液中的溶解度。

5.2.2 受试物制备:

a) 使用制剂的组分和理由;

b) 均一性。

5.2.3 试验条件:

a) 皮肤来源和位置、制备方法、使用前的储藏条件、所有预处理(清洗、抗生素处理等)、皮肤完整性测量、代谢状况、使用的理由;

b) 扩散池的设计、接收液的组分、接收液的流速或采样次数和规程;

c) 所用试验制剂的详细资料和剂量选择的依据;

d) 染毒持续时间;

e) 从皮肤清除试验制剂的详细内容,如皮肤冲洗;

f) 分析皮肤的细节以及用于说明皮肤分布的分离技术;

g) 扩散池和仪器清洗的规程;

h) 检测方法、提取技术、检出限以及分析方法的有效性。

5.2.4 结果:

a) 受试物的回收情况(使用剂量=皮肤洗出物+皮肤内的量+接收液+扩散池清洗液);

b) 每个反应池的回收情况;

c) 受试物的吸收情况;

d) 经皮吸收数据(以渗透速度、渗透量或者百分率表示)。

5.2.5 结果讨论。

5.2.6 结论。

参 考 文 献

［1］ OECD (2004). Test Guideline 427:Skin absorption:*in vivo* Method. OECD,Paris

［2］ OECD (2004). Guideline Document for the Conduct of Skin Absorption Studies. OECD,Paris

［3］ OECD (2000). Report of the Meeting of the OECD Extended Steering Committee for Percutaneous Absorption Testing,Annex 1 to ENV/JM/TG(2000)5. OECD,Paris

［4］ Kemppainen BW and Reifenrath WG. (1990). Methods for skin absorption. CRC Press, Boca Raton

［5］ Bronaugh RL and Collier,SW. (1991). Protocol *for In vitro* Percutaneous Absorption Studies,in *In vitro Percutaneous Absorption:Principles,Fundamentals and Applications*,RL Bronaugh and HI Maibach, Eds. ,CRC Press,Boca Raton,237-241

［6］ Bronaugh RL and Maibach HI. (1991). *In vitro Percutaneous Absorption:Principles,Fundamentals and Applications*,CRC Press,Boca Raton

［7］ European Centre for Ecotoxicology and Toxicology of Chemicals (1993). Monograph No. 20,Percutaneous Absorption,ECETOC,Brussels

［8］ Diembeck W,Beck H,Benech-Kieffer F,Courtellemont P,Dupuis J,Lovell W,Paye M,Spengler J, Steiling W (1999). Test Guidelines for *In vitro* Assessment of Dermal Absorption and Percutaneous Penetration of Cosmetic Ingredients,Fd Chem Tox,37,191-205

［9］ Recommended Protocol for *In vitro* Percutaneous Absorption Rate Studies (1996). US Federal Register,Vol. 61,No. 65

［10］ Howes D,Guy R,Hadgraft J,Heylings JR *et al.* (1996). Methods for assessing percutaneous absorption. ECVAM Workshop Report ATLA 24,81 R10

［11］ Schaefer H and Redelmeier TE. (1996). Skin barrier:principles of percutaneous absorption. Karger,Basel

［12］ Roberts MS and Walters KA. (1998). Dermal absorption and toxicity assessment. Marcel Dekker,New York

［13］ WMA (2008). WMA Declaration of Helsinki-Ethical Principles for Medical Research Involving Human Subjects,59th WMA General Assembly,Seoul

［14］ Jewell,C. ,Heylings,JR. ,Clowes,HM. And Williams,FM. (2000). Percutaneous absorption and metabolism of dinitrochlorobenzene in vitro. Arch Toxicol 74:356-365

ICS 13.300;11.100
A 80

中华人民共和国国家标准

GB/T 27819—2011

化学品　体外哺乳动物细胞转化试验方法

Chemicals—Test method of *in vitro* mammalian cell transformation

2011-12-30 发布　　　　2012-08-01 实施

中华人民共和国国家质量监督检验检疫总局
中国国家标准化管理委员会　发布

前　言

本标准按照GB/T 1.1—2009给出的规则起草。

本标准与欧盟委员会440/2008法规：欧洲议会和欧盟理事会关于化学品注册、评估、许可和限制(REACH)的第1907/2006号法规的测试方法法规的方法B.21(2008年)《体外哺乳动物细胞转化试验》(英文版)技术性内容一致。

本标准作了下列结构和编辑性修改：

——增加了范围一章；

——计量单位改成我国法定计量单位。

本标准由全国危险化学品管理标准化技术委员会(SAC/TC 251)提出并归口。

本标准起草单位：中国疾病预防控制中心职业卫生与中毒控制所、北京市疾病预防控制中心、中国化工经济技术发展中心。

本标准主要起草人：穆效群、李朝林、王晓兵、熊晓燕、赵素娟、吴维皑。

化学品　体外哺乳动物细胞转化试验方法

1　范围

本标准规定了化学品体外哺乳动物细胞转化试验的试验原则、试验方法、试验数据和报告。

本标准可以作为化学品的致癌作用的替代检测方法。

2　试验原则

哺乳动物细胞培养试验系统可用于检测化学品引起的表型改变，这种改变与其在体内系统的恶性转化有关。广泛使用的细胞株包括 C3H10T1/2、3T3、SHE、大鼠 Fischer 细胞，主要观察细胞的形态、在软琼脂中转化灶的形成或锚着独立性的改变。该系统还用于检测细胞暴露于化学品后的其他一些生理和形态学改变，但应用不广泛。目前尚无任何体外试验检测终点被证实与癌症发生机制有明确关系。某些检测系统可以检出促癌剂。通过测定受试物对克隆形成能力(克隆形成率)或培养细胞的生长率的影响可反映其细胞毒性的大小，故可通过计算染毒与毒性作用的相关性评价细胞毒性，但由于有些试验需要延长培养时间或更换培养皿，因此，有时细胞毒性数据不能用于计算转化率。

3　试验方法

3.1　试验准备

3.1.1　细胞

很多细胞株和原代细胞都可作为受试细胞，应根据所选择的转化试验方法选择适宜的细胞种类。试验前，研究者应保证受试细胞接触致癌物后会产生相应的表型改变，本实验室还应有记录表明这种表型改变是有效、可靠的。

3.1.2　培养基(液)

所用培养基和实验条件应适合细胞转化试验。

3.1.3　受试物

在细胞染毒前，受试物应与培养基混合均匀，也可用适当的溶剂先溶解或制成悬浮液。培养基中溶剂的终浓度不应对细胞活性、生长率或转化率造成影响。

3.1.4　代谢活化

细胞应分别在有、无适宜代谢活化系统存在的条件下染毒；当所用细胞类型自身具备代谢活化能力时，则应考虑其活化特点是否适合受试物的化学特性。

3.2　试验条件

3.2.1　阴性对照和阳性对照

每个试验中均应分别选用一个直接作用的化合物和一个需要代谢活化的化合物作为阳性对照。另设阴性(溶剂)对照。

可作为阳性对照化合物:

a) 直接作用类:

1) 甲基磺酸乙酯(Ethylmethanesulphonate);

2) β-丙内酯(β-propiolactone)。

b) 间接作用类:

1) 2-乙酰氨基芴(2-acetylaminofluorene);

2) 4-二甲胺基偶氮苯(4-dimethylaminoazobenzene);

3) 7,12-二甲基苯并蒽(7,12-dimethylbenzanthracene)。

必要时,还应另设一个与受试物的同类化合物作为阳性对照。

3.2.2 染毒浓度

应设多个受试物的浓度点。这些设计浓度应可产生浓度依赖的毒性作用,即最高浓度组应使细胞存活率降低而最低浓度组细胞的存活率与阴性对照基本一致。对在水中溶解性低的受试物,应采取适当措施使其达到饱和浓度。溶于水的低毒受试物最高浓度根据具体情况确定。

3.3 试验步骤

根据所选试验系统确定适宜的染毒时间,如染毒时间延长,则需换培养基,并在更换时重新调整受试物浓度(如需要,应加入新鲜配制的代谢活化混合物)。对自身无代谢活化能力的细胞应分别在有或无代谢活化系统存在的条件下染毒受试物,染毒结束后,应洗去受试物,并在适合细胞表型转化的条件下进行培养并观察其转化发生率。所有的结果都是在一个独立的实验下完成的。

4 试验数据

所有试验数据应以表格的形式列出,根据所选方法确定指标,例如:平皿计数、阳性平皿数、转化细胞数等。存活率(Survival)最好以对照存活细胞数百分数表示,转化率以每一定数量存活细胞中的转化细胞数表示。应选用合适的统计学方法对数据进行统计处理。

5 试验报告

只要可能,报告应包括以下内容:

——选用细胞的类型,培养的细胞数,细胞培养方法;

——试验条件:受试物浓度,所用溶剂,孵育时间,受试物处理的持续时间和次数,处理时的细胞密度,所用的外源性代谢活化系统种类,阴性和阳性对照,所检表型特征说明,选用的选择系统(适用时),剂量设计的理由;

——用于判别和计数存活及转化细胞的方法;

——统计学分析;

——结果讨论;

——结果解释。

ICS 13.300;11.100
A 80

中华人民共和国国家标准

GB/T 27820—2011

化学品 体外哺乳动物细胞姊妹染色单体交换试验方法

Chemicals—Test method of *in vitro* mammalian cells sister chromatid exchange

2011-12-30 发布 2012-08-01 实施

中华人民共和国国家质量监督检验检疫总局
中国国家标准化管理委员会 发布

前　言

本标准按照 GB/T 1.1—2009 给出的规则起草。

本标准与联合国经济合作与发展组织(OECD)化学品测试指南 No.479(1986)《体外哺乳动物细胞姊妹染色单体交换试验》(英文版)技术性内容一致。

本标准做了下列结构和编辑性修改：

——增加了范围一章；

——将 OECD479 原文中的“简介”部分内容作为本标准的“引言”；

——将 OECD479 原文中的“必备资料”部分内容，作为本标准“4.1.1”；

——计量单位统一改为我国法定计量单位。

本标准由全国危险化学品管理标准化技术委员会(SAC/TC 251)提出并归口。

本标准起草单位：中国疾病预防控制中心职业卫生与中毒控制所、辽宁省职业病防治院、中国化工经济技术发展中心、江苏出入境检验检疫局。

本标准主要起草人：曲波、林铮、李雪飞、白羽、杨挺、汤礼军。

引　言

体外姐妹染色单体交换(SCE)试验是一项快速检测复制期染色体两条姐妹染色单体间DNA相互交换的试验,SCE代表姐妹染色单体同源位点上DNA复制产物的相互交换。尽管其分子机制还不清楚,但推测其交换过程可能包括DNA断裂和重连两个步骤。检测SCEs需要使用某种方法对不同的染色体进行标记。如可采用在染色体DNA中掺入溴代脱氧尿嘧啶(bromodeoxyuridine,BrdU)并复制两个细胞周期的方法。SCEs可以在哺乳动物或非哺乳动物系统中进行。

化学品 体外哺乳动物细胞姊妹染色单体交换试验方法

1 范围

本标准规定了化学品体外哺乳动物细胞姊妹染色单体交换试验方法的术语和定义、试验原则、试验方法、试验数据和报告。

本标准适用于化学品体外哺乳动物细胞姊妹染色单体交换试验。

2 术语和定义

下列术语和定义适用于本文件。

2.1

姊妹染色单体交换 sister chromatid exchange,SCE

细胞分裂复制期单个染色体内的两个染色体单体的相互交换。在细胞分裂中期相可见到这种交换,它可能需要DNA双螺旋的酶切、转移和连接。

3 试验原则

哺乳动物细胞在加入和不加入外源性代谢活化系统条件下,在含有受试物和溴代脱氧尿嘧啶(bromodeoxyuridine,BrdU)的培养液中,连续培养两个细胞周期。加入纺锤体抑制剂(如秋水仙素),将分裂的细胞汇聚停留在中期分裂相样阶段,收获细胞、制备染色体。

4 试验方法

4.1 准备

4.1.1 受试物

应提供受试物的物态、纯度、溶解性、熔点/沸点、pH值(如果适用)、蒸气压(如果有)等资料。

应在细胞染毒前准备好含有受试物的培养基或将受试物溶解在合适的介质中,受试物应新鲜配制。介质的终浓度不能显著影响细胞活性、生长率和SCE频率。

4.1.2 细胞和培养方法

可使用原代培养细胞(如人淋巴细胞)或已建立的细胞系(如中国仓鼠卵巢细胞或肺细胞)。细胞系应保证无支原体污染和核型稳定。

采用合适的培养基和培养条件(如温度、培养皿、CO_2浓度和湿度)。

4.1.3 代谢活化

分别在有/无合适的哺乳动物代谢活化系统条件下用受试物对细胞染毒。常用的代谢活化系统有酶诱导剂诱导过哺乳动物肝匀浆微粒体酶系统并加入辅助因子配制成的活化系统,以及原代培养的哺乳动物肝细胞。

4.2 试验条件

4.2.1 染毒浓度

至少使用三个剂量差别足够大的受试物浓度。最高浓度应能引起明显的毒性效应,但应同时保证有足够多的细胞进行复制。对于相对不溶于水的受试物,应选择合适的方法提高溶解性,使用其最大浓度试验;对于溶于水且无细胞毒性的受试物,其最高浓度依情况而定。

4.2.2 培养数量

每个试验点至少有双份平行操作的培养标本。

4.2.3 对照组

每一剂量组均应设有直接断裂剂和间接断裂剂的阳性对照。还应设溶剂对照。阳性对照物可以选择以下物质:

——甲磺酸乙酯(ethylmethanesulphonate,EMS)、丝裂霉素 C(mitomycin C)(直接断裂剂);

——环磷酰胺(cyclophosphamide)(间接断裂剂)。

4.3 操作方法

4.3.1 试验细胞培养准备

对于建系的细胞可以从培养好的细胞中获得(通过胰酶消化或吹打),按适宜的密度接种于培养皿中,37 ℃培养。对于单层培养细胞,接种的密度应使细胞在收获时不出现融合。也可以使用悬浮培养细胞,如从人血液中分离的淋巴细胞,经合适的处理后,于 37 ℃培养。

4.3.2 染毒

应在细胞指数增长期给予细胞受试物染毒。作用时间 1 h～2 h,但有时可能要延长到两个完整的细胞周期。在某些情况下,在无血清的培养基中染毒更有效。细胞应分别在加入代谢活化系统和不加入代谢活化系统的条件下染毒。染毒结束时,洗脱受试物,在新培养基中加入 BrdU,继续培养两个细胞复制周期。也可选择在同时含有受试物和 BrdU 的培养基中培养细胞两个完整的细胞周期。

人血淋巴细胞应当在细胞处于半同步状态下染毒。

应在染毒开始后细胞的第二个有丝分裂期分析,以保证细胞在最敏感细胞周期内接触到受试物。

所有加入 BrdU 的培养皿在细胞收获前应尽量减少光照,以降低掺入 BrdU 的脱氧核糖核酸(DNA)光解。

4.3.3 收获细胞

在收获细胞前 1 h～4 h,用纺锤体抑制剂(如秋水仙碱)处理细胞,分别收获和处理各剂量组细胞、制备染色体。

4.3.4 染色体制备和染色

用标准细胞遗传学技术方法制备染色体标本,可采用几种技术染色显示 SCEs,如荧光加吉姆萨法染色。

4.3.5 染色体分析

一般每个培养皿至少分析 25 个染色体分散良好的中期分裂相细胞,但分析细胞的数量也可根据对照组自发交换频率的情况而变化。玻片在分析前应编号。人血淋巴细胞，只分析含46个着丝粒的中期分裂相细胞；对于建系的细胞系，仅分析含有±2条着丝粒的中期分裂相细胞。无论交换是否带着丝粒均记为一次SCE。试验的结果需要独立的试验验证。

5 试验数据和报告

5.1 数据处理

结果以表格形式表示。应列出染毒组和对照组每个中期分裂相细胞的SCEs数、染色体数和每条染色体SCEs平均数。使用合适的统计学方法统计处理。

5.2 结果评价

阳性结果的判断标准：每个中期分裂相细胞SCEs平均数随着染毒剂量增高而显著增加；或是至少在一个检测点SCEs有可重复的、有统计学意义的增高。

阴性结果的判断标准：单个细胞SCEs平均数与染毒浓度间未观察到有统计学意义的相关关系，也不存在在某个检测点出现SCEs有可重复的、有统计学意义的增高。

5.3 试验报告

试验报告应包括以下内容：

——使用的细胞、细胞培养方法；

——测试条件，包括培养基成分、CO_2浓度、受试物浓度、溶剂、培养温度、染毒时间、纺锤体抑制剂、纺锤体抑制剂浓度和作用时间、使用的哺乳动物代谢活化系统类型、阳性和阴性对照、BrdU浓度；

——每个试验点培养细胞的数量；

——玻片制备的详细技术描述；

——列出分析的中期相细胞数(每个培养皿)；

——列出每个细胞和染色体SCEs平均数(每个培养皿)；

——SCEs计数的标准；

——染毒浓度设置的原则；

——剂量-反应关系(如可能)；

——统计学评价；

——结果的讨论；

——结果的解释。

参 考 文 献

[1] S. A. Latt, J. W. Allen, S. E. Bloom, A. Carrano, E. Falke, D. Kram, E. Schneider, R. Schreck, R. Tice, B. Whitfield and S. Wolff, Sister Chromatid Exchanges, in Report of the Gene-Tox Program, *Mutation Res*. 1981:87:17-62

[2] P. Perry, L. Henderson and D. Kirkland, Sister Chromatid Exchange in Cultured Cells, inReport of the UKEMS Subcommittee on Guidelines for Mutagenicity Testing, Part Ⅱ, 1984:89-122

[3] P. E. Perry and E. J. Thomson, The Methodology of Sister Chromatid Exchange, in *Handbookof Mutagenicity Test Procedures*, 2nd Edition (edited by B. J. Kilbey, M. Legator, W. Nicholsand C. Ramel), Elsevier Scientific, Amsterdam, 1984:495-530

[4] P. E. Perry, Chemical Mutagens and Sister Chromatid Exchange, in *Chemical Mutagens*, Vol. 6(edited by F. J. de Serres and A. Hollaender), Plenum Publishing Co., New York, 1980:1-39

[5] S. Takehisa, Induction of Sister Chromatid Exchange by Chemical Agents, in *Sister ChromatidExchange* (edited by S. Wolff et al.), John Wiley & Sons, New York, 1982:87-147

ICS 13.300;11.100
A 80

中华人民共和国国家标准

GB/T 27821—2011

化学品　细菌DNA损伤或修复试验方法

Chemicals—Bacterial DNA damage or repair test

2011-12-30 发布　　2012-08-01 实施

中华人民共和国国家质量监督检验检疫总局
中国国家标准化管理委员会　发布

前 言

本标准按照 GB/T 1.1—2009 给出的规则起草。

本标准与美国环境保护局(United States Environmental Protection Agency，USEPA)预防、农药及有毒物质办公室(the Office of Prevention, Pesticides and Toxic Substances，OPPTS)的 OPPTS 870.5500:1998 细菌 DNA(脱氧核糖核酸)损伤或修复试验(Health effect test guidelines—Bacterial DNA damage or repair tests)(英文版)技术性内容一致。

本标准做了下列结构和编辑性修改：

——介绍部分改为引言；

——增加了范围一章(见第 1 章)。

本标准由全国危险化学品管理标准化技术委员会(SAC/TC 251)提出并归口。

本标准起草单位：中国疾病预防控制中心职业卫生与中毒控制所。

本标准主要起草人：刘清君、李朝林、林铮、史晓祎、吴维皑。

引　言

本标准参考了 USEPA OPPTS 870.5500:1998 细菌 DNA(脱氧核糖核酸)损伤或修复试验((英文版)。该指南是美国环境保护局(United States Environmental Protection Agency,USEPA)预防、农药及有毒物质办公室(the Office of Prevention,Pesticides and Toxic Substances,OPPTS)制定,用来评价农药和其他有毒物质安全性的系列测试指南之一。是 OPPTS 整合了三个相关部门的测试指南和要求而最终形成,这三个相关部门的测试指导分别是依据美国联邦法规(Code of Federal Regulations,Title 40),第一章的 R 部分的污染预防和有毒物质办公室(the Office of Pollution Prevention and Toxics,OPPT)制定的测试指南和要求,美国国家情报社出版的(the National Technical Information Service,NTIS)农药规划办公室(the Office of Pesticide Programs,OPP)的测试指南和要求,以及世界经济合作与发展组织(the Organization for Economic Cooperation and Development,OECD)出版的测试指南。

依据有毒物质控制法规(the Toxic Substances Control Act,15U. S. C. 2601)和联邦杀虫剂、杀真菌剂和杀啮齿类动物剂法规(the Federal Insecticide, Fungicide and Rodenticide Act (7 U. S. C. 136, et seq.),为满足对测试数据的要求,USEPA 把多套指南整合而形成一套最终的 OPPTS 测试指南,以降低不同测试程序引起的差异。

化学品　细菌DNA损伤或修复试验方法

1　范围

本标准规定了化学品细菌DNA损伤或修复试验的试验原理、试验方法、试验步骤和试验数据及报告。

本标准适用于化学品细菌DNA损伤或修复试验。

2　试验原理

细菌DNA损伤或修复试验可用来测试DNA损伤，在一套修复功能健全的菌株和修复功能缺陷菌株试验中，修复缺陷菌株的细胞死亡和生长抑制表现不同。该试验本身并不是用来测量突变事件，而是通过检测受试物与遗传物质的相互作用检测其遗传毒性。通过检测修复功能健全的菌株和修复功能缺陷菌株表现出的不同的生长抑制作用，测试化学品对修复功能健全的野生型菌株和修复功能缺陷的突变型菌株不同的致细胞死亡作用。修复功能缺陷的突变型菌株通常是一种或多种调控DNA损伤修复酶缺陷的菌株。

本测试方法可用来检测化学品是否能够与细胞DNA反应导致细胞生长抑制或致死亡作用。化学品与DNA的相互作用可以通过特异的细胞修复系统识别。本方法选择特异DNA修复基因完好和缺陷的一对菌株，由于DNA修复缺陷菌株不能修复某一化学品引起的DNA损伤，其表现为细胞趋向于生长抑制或趋向于死亡。

本方法的参考物质包括但不限于氯霉素(chloramphenicol)和甲基磺酸甲酯(methyl methanesulfonate)。

3　试验方法

3.1　方法的选择

可选用不同的方法进行测试，本方法宜选用以下两种方法：

a)　在固相基质上进行的测试(扩散试验)；

b)　在液相基质上进行的测试(悬浮试验)。

3.2　菌株选择

3.2.1　常用菌株

宜选择大肠杆菌(*Escherichia coli polA*，W3110/p3478)和枯草杆菌(*Bacillus subtilis rec*，H17/M45)。也可选择其他菌株。

3.2.2　菌株的准备和保存

菌株保存液的准备和保存、生长条件、菌株的鉴定以及所需表型的验证等都应采用良好的微生物试验方法，而且都应记录在案。

3.3 菌株的培养

应选用良好的微生物方法，使用新鲜的细菌培养物培养细菌。记录细胞所处的生长期和细胞密度，满足实验设计的要求。

3.4 代谢活化

应设置加与不加代谢活化系统的平行对照组。常用的代谢活化系统是经酶诱导剂(物)处理过的啮齿类动物的肝匀浆微粒体酶系。也可选用其他种属、组织或方法。

3.5 对照组

3.5.1 平行对照

每一次试验都应设置阳性对照、阴性对照和溶剂对照。

3.5.2 阴性对照

阴性对照应不表现出明显的生长抑制作用(即对两种菌株的影响是相同的)。常选氯霉素。

3.5.3 基因型特异对照

可选用甲基磺酸甲酯作为大肠杆菌试验的基因型特异阳性对照，选用丝裂霉素作为枯草杆菌试验的基因型特异阳性对照。

3.5.4 阳性对照用来保证代谢活化系统的有效性

试验的阳性对照参考物质，包括代谢活化系统应根据试验选用的活化系统类型确定。

3.5.5 其他阳性对照

可选择其他阳性对照参考物质。

3.6 受试物

3.6.1 溶剂

受试物、阳性对照和阴性对照都应溶解在恰当的溶剂中，试验前用溶剂稀释备用。

3.6.2 染毒浓度

最初试验应选择较宽的染毒浓度范围，染毒的上限浓度的选择应根据细胞毒性的结果和受试物的溶解性来确定。受试物的细胞毒性结果受代谢活化系统的影响。对于溶解性高的无毒化学品，应根据具体情况逐步确定最高剂量。因为扩散试验的结果以获得的生长抑制作用带的直径或范围表示，所以培养皿或培养板中加入的受试物的量应完全一致。如有阳性反应，应用更窄浓度范围进行重复确认。

4 试验步骤

4.1 扩散试验

4.1.1 培养皿扩散试验

培养皿扩散试验可采用两种方法：

a) 琼脂中加入单一菌株进行铺板或把菌株涂在琼脂表面，受试物加在琼脂表面的滤纸上；

b) DNA修复功能健全的菌株和修复功能缺陷菌株划在同一琼脂表面，把含有受试物的培养皿置于琼脂表面，与细菌接触。

4.1.2 培养板扩散试验

在培养板扩散试验中，既可把细菌加在琼脂中铺板也可把细菌涂在琼脂表面，把受试物溶液加在含琼脂的培养板中。

4.2 悬浮试验

4.2.1 用受试物对细菌悬液进行染毒，根据细菌存活量（克隆形成数）判断受试物的作用是依赖于时间还是依赖于浓度。

4.2.2 对于澄清的细菌悬液，可用一系列的受试物稀释液染毒，得出每一菌株最低的抑制浓度，并可通过观察培养后是否出现可见的生长现象来验证。

4.2.3 可使用单一剂量的受试物处理成对的细菌悬液（通常最初是浑浊的），通过比较浑浊度增加速率的改变判断不同的抑制作用，得出阳性结果。

4.3 培养的数量

如选用培养皿扩散试验，每一稀释度至少应在两个单独的培养皿进行试验。对于液体悬浮试验，至少应使用两个独立的样本确定存活细胞的数量。

4.4 培养条件

试验的所有培养皿都应采用相同的培养条件，通常为37 ℃，18 h～24 h。

5 试验数据和报告

5.1 结果处理

5.1.1 扩散试验

应以生长抑制带的直径（以mm计）或生长抑制带的范围（以mm^2计）表示结果，如果有剂量-反应数据，应使用相同的单位。

5.1.2 液体悬浮试验

5.1.2.1 以剂量-反应形式给出菌株的存活数据，宜给出每一菌株存活百分数或存活比例，或者给出两种菌株的相对存活比例。

5.1.2.2 结果也可表示为一定存活率的浓度（如D_{37}表示37%存活的浓度）。该数据来源于存活曲线。浓度应以单位体积的量表示，即摩尔浓度。

5.1.2.3 结果还可表示为最小抑制浓度或最小致死浓度。根据液体培养基中是否出现可见的生长得出最小抑制浓度；根据半固体培养基上的受试物稀释浓度得出最小致死浓度。

5.1.3 原始数据

所有的试验中，浓度应以试验处理时的最终浓度表示，并提供原始数据，包括实际测试数，如净值。对于扩散试验，应说明培养皿或培养板的直径，测量结果应说明是否减去了培养皿或培养板的直径。此外，还应说明受试物是否出现快速、弥散及双向的生长抑制带。如果出现了双向生长抑制带，应说明对内带和外带是否都进行了测量。

5.1.4 活性计数

以某一稀释度下培养皿真正的计数和涂板的体积或原始滴度(细胞数每毫升)表示。不应仅提供最终的结果(如比率、差异、存活比),而不提供原始试验数据。

5.2 统计评价

应选用恰当的统计方法进行评价。

5.3 结果的判断

5.3.1 阳性结果的判断有多个标准。其一为修复缺陷菌株出现具有统计学意义的剂量相关的抑制趋势或死亡差异。另一标准为至少在一个测试点,出现可重复的、具有统计学意义的阳性反应。

5.3.2 如果某一受试物在修复缺陷菌株上未见具有统计学意义的剂量相关的抑制趋势或死亡差异,在所有的测试点,也没表现出可重复的、具有统计学意义的阳性反应,即可认为该受试物与所用试验系统中的遗传物质没有相互作用。

5.3.3 在评价时应同时考虑生物学上的显著性和统计学上的显著性。

5.4 测试评价

细菌的DNA损伤或修复试验既不是用来测量DNA损伤本身,也不是用来测量突变。该试验是检测DNA损伤表现出的细胞死亡或生长抑制。如果在某一试验系统中,受试物的DNA损伤试验的结果为阳性,但在另一个试验系统中为阴性,如果没有更好的试验数据,其结果很难判断。

5.5 测试报告

试验报告应包含以下信息:

——所用细菌的种属;

——试验菌株的生长期;

——培养基的组分;

——所用制备代谢活化系统和试验所用其他方法的详细资料;

——处理方法,包括使用剂量和剂量选择的原理、阳性对照和阴性对照的选择原理;

——细胞死亡程度的判定方法;

——剂量-反应关系(如果能够提供)。

参 考 文 献

[1] Ames, B. N. et al. Methods for detecting carcinogens and mutagens with the Salmonella/mammalian-microsome mutagenicity test. Mutation Research. 1975, 31: 347-364

[2] Kada, T. et al. In vitro and host-mediated rec-assay procedures for screening chemical mutagens; and phloxine, a mutagenic red dye detected. Mutation Research. 1972, 16: 165-174

[3] Leifer, Z. et al. An evaluation of bacterial DNA repair tests for predicting genotoxicity and carcinogenicity: A report of the U. S. EPA's Gene-Tox Program. Mutation Research. 1981, 87: 211-297

[4] Slater, E. E. et al. Rapid detection of mutagens and carcinogens. Cancer Research. 1971, 31: 970-973

ICS 13.300;11.100
A 80

中华人民共和国国家标准

GB/T 27822—2011

化学品　黑腹果蝇伴性隐性致死试验方法

Chemicals—Test method of sex-linked recessive lethal in *Drosophila Melanogaster*

2011-12-30 发布　　2012-08-01 实施

中华人民共和国国家质量监督检验检疫总局
中国国家标准化管理委员会　发布

前　言

本标准按照 GB/T 1.1—2009 给出的规划起草。

本标准与经济合作与发展组织(OECD)化学品测试方法 No.477(1984 年)《黑腹果蝇伴性隐性致死试验》(英文版)技术性内容一致。

本标准作了下列结构和编辑性修改：

——增加了范围一章；

——将 OECD477 原文中的“参考物质”部分内容作为本标准的第 3 章；

——将 OECD477 原文中的“试验操作概述”部分内容作为本标准的 5.1；

——将 OECD477 原文中的“必备资料”部分内容作为本标准的 5.2；

——计量单位改成我国法定计量单位。

本标准由全国危险化学品管理标准化技术委员会(SAC/TC 251)提出并归口。

本标准起草单位：中国疾病预防控制中心职业卫生与中毒控制所、天津市疾病预防控制中心、中国化工经济技术发展中心。

本标准主要起草人：吴维皑、李朝林、王延让、王晓兵、杨德一、刘静、刘保峰、张明。

化学品　黑腹果蝇伴性隐性致死试验方法

1　范围

本标准规定了黑腹果蝇伴性隐性致死试验的术语和定义、参考物质、试验基本原则、试验方法、试验数据和报告。

本标准适用于检测化学品的黑腹果蝇伴性隐性致死试验。

2　术语和定义

下列术语和定义适用于本文件。

2.1

致死突变　lethal mutation

基因组的一种改变，当这组基因表达时引起携带者死亡。

2.2

隐性突变　recessive mutation

在纯合子或半合子条件下表达的一种基因组的改变。

2.3

伴性基因　sex-linked genes

存在于性染色体(X 或 Y)上的基因，在本方法中只指位于 X 染色体上的基因。

3　参考物质

可用作阳性对照的物质有：甲磺酸乙酯(ethyl methanesulphonate)，N-亚硝基二甲胺(N-nitrosodimethylamine)。

4　试验基本原则

伴性隐性致死试验(sex-linked recessive letha，SLRL)利用黑腹果蝇(Drosophila Melanogaster)检测在昆虫生殖细胞系中的突变发生率，包括点突变和小的缺失。本方法是一种正向突变分析方法，能够筛选在 X 染色体上 800 基因位点的突变，即所有 X 染色体基因位点的 80%。X 染色体约占整个基因组的 1/5[1]。

黑腹果蝇 X 染色体的突变在携带突变基因的雄性个体中有典型的表型表现。当半合子发生致死性突变时，可通过杂合子雌性个体正常繁殖的两类雄性子代中的一类缺失加以推断。SLRL 试验利用了染色体特殊性标记和排列的特性。

5　试验方法

5.1　试验操作概述

野生型雄性黑腹果蝇染毒后与合适的雌性黑腹果蝇交配。交配得到的雌蝇再与同代的雄性黑腹果蝇单独进行交配，在他们的下一代中记录每个单独交配后代中的野生型雄性黑腹果蝇的表型。野生型雄性黑腹果蝇表型的缺失显示 P1 雄性黑腹果蝇的生殖细胞已经发生了性伴隐性致死性突变。

5.2 必备条件

本试验应必备条件如下：

——固态、液态、蒸气或气态的受试样品；

——受试样品的化学识别号码；

——化学品的纯度(杂质)；

——溶解性；

——熔点/沸点；

——酸碱度(可测时)；

——蒸汽压(如已知)。

5.3 实验动物

5.3.1 动物种属

选用野生型雄性和 Muller-5 雌性黑腹果蝇。其他有适合标记的具有多重反向 X 染色体的雌性品系也可以使用。

5.3.2 受试物

受试物应溶解在水中。不溶于水的物质可溶解于或悬浮于合适的赋形剂中(如：乙醇和土温 60 或 80 的混合溶液中)，然后在给样前用水或盐水稀释。避免用二甲基亚砜(dimethylsulfoxide，DMSO)作为赋形剂。

5.4 试验条件

5.4.1 给药途径

可通过口服、注射或暴露于气体或蒸气染毒。经口喂饲的受试物应溶解在蔗糖水中。必要时受试物可溶解在 0.7%的 NaCl 溶液中，注射到胸腔或腹腔中。

5.4.2 剂量水平

对受试物突变进行初步评价时，测试一个最大耐受剂量或者是可能达到的最高剂量。如果为了测定剂量-反应关系时，至少需要设三个剂量组。

5.4.3 对照

试验应设置阴性对照组(赋形剂)和阳性对照组。可用于作为阳性对照的物质有：甲磺酸乙酯；N-亚硝基二甲胺。如果有适当的实验室的历史对照数据，可不设对照组。

5.5 试验步骤

为检测受试物对生殖细胞不同阶段敏感性，将雄蝇(出生 3 天龄～5 天龄)在接触受试物以后分别相隔 2 d～3 d 与 Muller-5 品系或其他有合适标记(具有多重反向 X 染色体)品系的处女蝇交配，这些雌性的后代用于评价受试物对成熟精子、中晚期精细胞、早期精细胞、精母细胞和精原细胞的致死效应。

每一指管以一只经处理过的雄蝇按上述程序处女蝇单独交配（即：每个管内放一个雌蝇）。再以所产 F1 代按雄雌 1∶1 或 1∶2 进行 F1～F2 交配，12 d～14 d 后观察 F2 代，记录子代的致死数。如果一管果蝇中出现的是亲代的 X 基因中带有致死因子的 F 代雌蝇（即未见有携带上述染色体的雄蝇），那么应对那些有相同基因型雌蝇的雌性后代进行检测，以确认这种致死性是否会在下一代中重现。

试验的设计应具有预定的敏感性与测定的能力。每组的果蝇数量应符合试验设计的需要。通过阴性对照组观察自发突变频数，当试验组的突变率接近对照组突变率时，应重复试验进行验证。

试验结果应在独立的重复实验中加以证实。

6 试验数据和报告

6.1 结果整理

试验数据应以表格的形式显示以下信息：检测的 X 染色体数目，不育雄性个体的数目以及各剂量组下、每个交配期和每个染毒的雄性个体产生的致死染色体的数目。在报告中还应该包括每个雄性不同大小的突变簇（Cluster）的数目。

在评估伴性隐性致死试验时，有多种统计方法可使用。每一雄性个体产生的隐性致死簇都应加以考虑并使用合适的统计方法进行评估。

试验数据列表：包括被试验的染色体数、无生育力的雄蝇数，每一接触浓度、每一只被处理的雄蝇和每一次交配期的致死染色体数。运用适合于试验设计的统计学检验。结果评价时应对试验结果将生物学意义和统计学意义同时予以考虑。试验组的观察结果比对照组明显增加，判为阳性，当应用多个剂量时，阳性致死呈现统计学剂量-效应关系时；或至少有一时间点的阳性致死可重复并有统计学意义上的增加，也应判为阳性。

6.2 结果评估

有多个标准可用于确定阳性反应，其中一是有统计学意义的剂量相关的伴隐性致死性突变发生频率的增加。另一个标准是至少一个测试点存在可重复的且有统计学意义的阳性反应。

在此系统中，如果一种受试物既不引起有统计学意义的剂量相关的伴隐性致死性突变发生频率的增加，也不使任何一个测试点存在可重复的且有统计学意义的阳性反应，则被认为是无致突变性的。在评价时应同时考虑生物学意义和统计学意义。

6.3 试验报告

6.3.1 品系：所用黑腹果蝇的种群或品系，天龄，受处理的雄蝇数，不育雄蝇数，F2 代培养管数量，没有子代的 F2 代培养管数量，所测的果蝇数，生殖细胞发育各阶段携带致死因子的果蝇数。所用黑腹果蝇的种群或品系，年龄，受处理的雄性个体数，不育雄性个体数，F2 代培养物的数，没有子代的 F2 代培养物的数，所测的染色体数，生殖细胞发育各阶段携带致死因子的染色体数。

6.3.2 试验条件：包括处理与采样方案的详细描述，剂量水平，毒性数据，合适的阴性（溶剂）和阳性对照。

6.3.3 致死性突变的判断标准。

6.3.4 剂量-效应关系，可能的话。

6.3.5 统计学评价。

6.4 结果解释

黑腹果蝇的伴性隐性致死试验阳性结果表明，在该试验条件下受试样品引起黑腹果蝇生殖细胞突变；阴性结果表明在该试验条件下，受试样品不引起黑腹果蝇生殖细胞的突变物。

参 考 文 献

[1] F. H. Sobels and E. Vogel，*Mutation Res.*，1976，41：95-106

[2] F. E. Würgler，H. Sobels and E. Vogel，in *Handbook of Mutagenicity Test Procedures* (edited by B. J. Kilbey，*et al.*)，Elsevier，Amsterdam，1977：335-373

ICS 13.300;11.100
A 80

中华人民共和国国家标准

GB/T 27823—2011

化学品　急性经皮毒性固定剂量试验方法

Chemicals—Test method of acute dermal toxicity—Fixed dose procedure

2011-12-30 发布　　2012-08-01 实施

中华人民共和国国家质量监督检验检疫总局
中国国家标准化管理委员会　发布

前　言

本标准按照 GB/T 1.1—2009 给出的规则起草。

本标准与经济合作与发展组织(OECD)化学品测试方法 No.434(2004)《急性经皮毒性　固定剂量法》(英文版)技术性内容一致。

本标准做了下列结构和编辑性修改：

——增加了范围一章(见第 1 章)；

——计量单位改成我国法定计量单位；

——将 OECD 434 附录 1“定义”作为本标准的第 2 章；

——将 OECD 434“试验前应考虑的问题”放入本标准的引言部分。

本标准由全国危险化学品管理标准化技术委员会(SAC/TC 251)提出并归口。

本标准起草单位：中国疾病预防控制中心职业卫生与中毒控制所、天津出入境检验检疫局、中国化工经济技术发展中心、江苏出入境检验检疫局。

本标准主要起草人：侯粉霞、王华、张园、徐斌、杨挺、赵琢、刘伟、汤礼军。

引　　言

根据科学发展和动物福利方面的要求，需要定期地对OECD化学品试验指南进行回顾考查。急性经皮毒性指南TG 402[1]是于1987年开始采用的。在修订后的急性经口毒性试验固定剂量法(FDP)(OECD 420[2])开始采用后、以及在2001年12月开始废止OECD指南401后，提出急性经皮固定剂量法(FDP)是很适当的。该方法主要是采用几个固定染毒剂量、使用单性别动物(一般使用雌性动物)来检测急性经皮毒性。

传统方法在评价急性毒性时常以动物死亡作为唯一的毒性终点。1984年，英国毒理学会提出了一项新的急性毒性试验方法，即，选择固定剂量进行受试物染毒[3]。该方法避免了以动物死亡作为观察终点，而是以在几个固定剂量中的某个剂量出现明显的中毒症状为观察终点，这一剂量也是受试物毒性分级的依据。本试验也使用上述方法。为了达到OECD导则中对观察终点的人道要求[4]，建议对试验方法进行优化以便使动物承受的痛苦最小化、尽可能地减少使用动物。FDP试验的统计学合理性已经经数学模型进行了评价[5]。

本方法可提供受试物的危害性质的信息。对于可引起急性毒性的受试物，可根据本试验的结果、按照联合国的全球化学品统一分类和标签(GHS)对受试物进行毒性分级和分类[6]。

在试验前应考虑所获得的受试物的所有信息，如，受试物的名称、化学结构、理化特性、其他任何体内或体外毒性试验结果、定量-结构活性关系(Quantitative structure-activity relationship，QSAR)资料、结构类似化学物的毒理学资料、受试物的预期用途以及人类接触受试物的可能程度。借助上述信息，选择一个合适的起始剂量进行试验。

化学品 急性经皮毒性
固定剂量试验方法

1 范围

本标准规定了化学品急性经皮毒性固定剂量试验方法的术语、定义和缩略语、试验原则、试验方法、试验数据和报告。

本标准适用于固定剂量法测试化学品的经皮毒性。

2 术语、定义和缩略语

下列术语、定义和缩略语适用于本文件。

2.1 术语和定义

2.1.1

急性经皮毒性 acute dermal toxicity

受试物在短时间内(24 h 以内)一次性经皮染毒所产生的有害作用。

2.1.2

明显毒性 evident toxicity

动物染毒后出现的明显毒性表现,如果采用更高的固定浓度染毒,大多数动物预期可出现明显痛苦、濒死状态甚至死亡。

2.1.3

剂量 dose

给予受试物的量。表示为试验动物单位体重所给予的受试物量(如,mg/kg)。

2.1.4

濒死 impending death

动物在死亡或垂死状态出现前的一种表现。啮齿动物临近死亡的表现包括抽搐、侧卧、斜卧和震颤。

2.1.5

半数致死量 LD_{50}

物质一次性经口染毒引起 50% 动物出现死亡的剂量。LD_{50} 值用试验动物单位体重的受试物量(mg/kg)表示。统计学衍生词。

2.1.6

极限剂量 limit dose

试验的上限剂量(2 000 mg/kg 或 5 000 mg/kg)。

2.1.7

濒死状态 moribund status

在即使给予治疗的情况下,动物仍然即将死亡或无法存活的状态。

2.1.8

可预见的死亡 predictable death

出现的临床表现提示动物一定将在试验结束之前的某个时间死亡,例如,失去了饮水和进食的能力。

2.2 缩略语

GHS：全球化学品统一分类和标签制度（Globally Harmonized System of Classification and Labelling of Chemicals）

注：由OECD负责人类健康和环境部分，联合国危险货物运输专家委员会负责理化性质部分和国际劳工组织（ILO）负责危险信息交流部分，联合发起，并由跨组织化学品无害管理计划（IOMC）统一协调。

3 试验原则

原则上只可应用中等毒性剂量，避免预期可致死的染毒剂量。同样，预期由于腐蚀或剧烈刺激作用而导致剧烈痛苦的剂量也应避免。濒死的动物、显示明显疼痛的、持续痛苦的动物应安乐处死，进行结果解释时，这些动物归为死亡动物。濒死和极度痛苦动物的处死标准，以及识别濒死动物的说明，可参见另一导则[4]。单一性别的各组动物以附录A和附录B中列出的适当的固定剂量以分段方式染毒。根据预试验选择起始剂量，即预期产生明显毒性表现而不引起严重毒性反应或死亡的剂量。与疼痛、痛苦和临近死亡有关的临床表现在OECD关于人道终点的导则[4]中有详细描述。根据毒性表现或死亡出现与否进一步增加或降低固定剂量。出现下列情况时终止试验：引起明显毒性或不超过一只动物死亡，或在最高剂量未观察到毒性效应，或在最低剂量出现动物死亡。

4 试验方法

4.1 动物种属选择

4.1.1 可采用成年大鼠、兔子或豚鼠。常规推荐采用雌性动物。如用雄性动物，应提供做出此种选择的充足理由。对于最合适的性别选择，通过调查传统急性经口[7]和急性吸入[8]毒性试验，发现通常情况下几乎没有性别敏感性差异，而那些有差异的情况表明雌性的敏感性稍高。经皮途径染毒尚无这些资料，但可推断性别敏感性的差异与经口和吸入途径相类似。但是，如果结构类似物的毒理学和毒代动力学资料表明雄性可能更敏感，则用雄性动物，但此时应提供做出此种选择的充足理由。

4.1.2 应选择实验室内常用的动物品系，健康，8周龄～12周龄，雌性应是未生产的和未怀孕的。体重差异应在实验动物的平均体重的±20%以内。

4.2 饲养条件

动物房的温度应保持在22 ℃±3 ℃。相对湿度最少为30%，最好不超过70%（清洁期间除外），相对湿度应在50%～60%。采用人工昼夜，12 h明、暗交替。采用常规实验室饲料喂养，自由饮水。动物按剂量分组笼养，但每笼动物的数量应不影响对每只动物的有效观察。

4.3 动物准备

4.3.1 在开始染毒前至少适应实验室条件5 d。动物随机选择，编号标记。

4.3.2 试验前约24 h，剪或剃去动物背部的毛，去毛面积至少应为体表面积的10%，确定除毛和覆盖面积时应考虑动物的体重。

4.4 经皮染毒

4.4.1 将受试物均匀涂抹于不大于体表面积10%的范围。对于高毒性受试物，涂皮面积可以小一些，但涂敷的薄层应尽可能薄、尽可能均匀地涂满整个染毒区域。在为期24 h的染毒期间内，用多孔纱布和无刺激性胶布固定，使受试物与皮肤保持接触；还应以适当的方式进一步覆盖染毒部位以防止纱布脱落并保证受试物不被动物舔食。固体受试物（有时需要研磨）染毒时用水使其充分湿润或使用适当的溶剂/赋形剂，以保证与皮肤接触良好。使用溶剂/赋形剂时，应考虑溶剂/赋形剂对皮肤渗透受试物能力的影响。液体受试物一般不需要稀释。

4.4.2 为了防止受试物被动物舔食，可使用制动器来限制动物活动，但不推荐完全制动。在染毒结束后，用水或其他合适溶剂清除残留的受试物。

4.5 程序

4.5.1 预试验

4.5.1.1 预试验的目的在于为正式试验选择合适的起始剂量。受试物按照附录A中的流程图以顺序方式每次对一只动物染毒，一旦能够确定正式试验的起始剂量（或在最低固定剂量下出现死亡），预试验即可停止。

4.5.1.2 预试验的起始剂量是从50 mg/kg，200 mg/kg，1 000 mg/kg和2 000 mg/kg这些固定剂量中选择预期产生明显毒性的剂量。如果可能的话，可根据相同化学物或结构类似物的体内、体外试验资料来选择起始剂量，若没有这些信息，则以1 000 mg/kg作为起始剂量。

4.5.1.3 一只动物染毒结束后间隔至少24 h后才进行另一只动物的染毒，所有动物的观察期至少14 d。

4.5.1.4 若受试动物在预试验中的最低固定剂量（50 mg/kg）下死亡或出现了明显的毒性表现，这时可终止试验，并将此物质定为GHS急性毒性第1类物质（以下简称“第1类”）（见附录A）。如果需要进一步证实，就以50 mg/kg对第二只动物染毒，如果此动物也死亡，则证明为GHS第1类，并立即终止试验；若第二只动物存活，则最多对另外三只动物以50 mg/kg剂量染毒，前、后动物染毒之间的时间间隔应足够长，以便确定先染毒的动物是否可能存活。如果这三只动物中的第二只动物死亡，则立即结束试验，不需要再对第三只动物染毒。附录B中列出了50 mg/kg固定剂量下的毒性分类：2只及以上动物死亡为第1类（结果A），一只死亡为GHS第2类（结果B）。

4.5.1.5 仅在少数情况下才考虑使用5 000 mg/kg的上限固定剂量（见附录C）。从动物福利考虑，不鼓励进行GHS第5类范围（2 000 mg/kg～5 000 mg/kg）的动物试验，而仅在这一试验结果很可能与保护人类或动物健康以及保护环境直接相关时才予以考虑。

4.5.2 正式试验

4.5.2.1 动物数量和染毒剂量

4.5.2.1.1 附录B指明了从起始剂量开始接下来的试验步骤。要求执行以下三个步骤之一：终止试验并指定适当的危害级别，以更高或更低的固定剂量继续试验。但是，为避免对动物造成不必要的痛苦，正式试验不再重复在预试验中引起死亡的剂量（见附录B）。经验表明，在起始剂量下，最可能出现的结果就是物质可被分类而无需进一步试验。若以剂量递减的方式进行试验，观察到2只～3只动物死亡（属于结果A的范畴），这时，考虑到动物福利，应停止试验，并将受试物按下一剂量的结果C进行分类。

4.5.2.1.2 每一待测剂量共需要五只同性别动物，其中一只来自于所选剂量的预试验。

4.5.2.1.3 不同剂量动物的染毒间隔取决于毒性指征的开始时间、持续时间和严重程度。下一剂量动物的染毒时间应推迟到能够确认前一剂量组动物确实存活为止。相邻剂量的染毒间隔为3 d或4 d以观察迟发毒性。若考虑使用5 000 mg/kg的上限固定剂量，就要按照附录C进行试验。

4.5.2.2 限量试验

4.5.2.2.1 限量试验主要有证据证明受试物很可能无毒的情况下进行（即，仅在超过规定的剂量时才有毒性)的情况下才进行。受试物毒性资料可来自于结构相似化合物及其混合物,或受试物产品的试验资料、受试物组成成分中具有毒性意义的成分的名称和比例。如果没有或只有少量的相关毒性资料,或预测受试物具有毒性时,应开展正式试验。

4.5.2.2.2 采用标准试验程序,预试验中取一只动物按 2 000 mg/kg(个别情况下用 5 000 mg/kg)的起始剂量进行试验,正式试验时另取 4 只动物在这一剂量水平进行试验,可作为本标准的限量试验。某些情况下,为满足一些管理机构的要求,需按照试验程序一直测试到 GHS 第 5 类分级才停止试验(见附录 C)。

4.5.2.3 观察

4.5.2.3.1 动物于染毒后 30 min 内至少观察一次,并在前 24 h 内定时观察,尤其需要注意前 4 h 的反应,24 h 后每天观察一次,共观察 14 d,除非动物在 14 d 内死亡。但是,观察期限并不是固定的,而是取决于毒性表现的性质、出现时间及其恢复期的长短。毒性表现出现和消失的时间具有重要意义,特别是毒性表现可能迟发[4]。所有观察结果须系统记录,且对每只动物都要做单独记录。对于濒死、明显疼痛或正在忍受严重的痛苦的动物,应及时安乐处死。尽可能准确地记录安乐处死动物的时间以及发现动物已死亡时的时间。

4.5.2.3.2 观察内容应包括皮肤、被毛、眼睛、黏膜、呼吸系统、循环系统、自主和中枢神经系统以及躯体运动和行为模式等方面的改变。特别需要注意震颤、抽搐、流涎、腹泻、呆滞、嗜睡和昏迷的发生。应注意在“人道终点指南文件”[4]中归纳的原则和标准。对濒死和表现明显痛苦的动物应予以安乐处死。还要注意(如设立接触空气的对照组)在检查毒作用的临床表现时,不要误把染毒过程导致的早期外观和呼吸的变化当做受试物的毒性反应。

4.5.2.4 体重

给药当天称重,之后至少每周称重一次。实验结束时,对存活动物称重后安乐处死。

4.5.2.5 病理

对所有动物进行大体解剖。记录每只动物的大体解剖观察结果。对于起始剂量染毒后存活 24 h 以上的动物,要对其大体解剖发现改变的器官进行组织病理学检查,以收集有用资料。

5 试验数据和报告

5.1 数据

应提供每只动物的数据,每组所用的动物数、出现毒性症状的动物数、试验中死亡或安乐处死的动物数、每只动物的死亡时间、毒性反应的描述及其时间过程、毒性反应是否可恢复,以及病理学结果。

5.2 试验报告

如有可能,检验报告应包含以下信息:

a) 受试物:
   1) 物理性状、纯度,相关理化性质(包括异构体);
   2) 鉴别资料,包括美国化学文摘服务社(Chemical Abstracts Service,CAS)号(若有)。
b) 赋形剂(若有):说明需要使用赋形剂的理由,选用的赋形剂不是水时也应说明理由。
c) 试验动物:
   1) 种属和品系;
   2) 动物的洁净程度等级(如已知);
   3) 动物数量、周龄和性别(如雄性,则需说明不选雌性的理由);

4） 来源、饲养条件、饲料、历史数据等；

5） 如有动物在试验中死亡，其死亡日期和时间。

d） 试验条件：

1） 受试物详细成分，包括染毒时所用的受试物的物理性状；

2） 给予受试物的详细信息，包括染毒体积和时间；

3） 饲料和饮用水的质量的详细信息（包括饲料的种类/来源，饮用水的来源）；

4） 选择起始染毒剂量的理由；

5） 随机动物选择的方法。

e） 结果：

1） 用表格报告每只动物的毒性表现和染毒剂量（例如，动物死亡情况、毒性表现的性质、严重程度及其持续时间）；

2） 每只动物染毒当天的体重、染毒后每周的体重、死亡及安乐处死时的体重、试验过程中死亡动物的死亡日期和时间；

3） 每只动物毒性表现的时间过程，以及是否可恢复；

4） 若有可能，每只动物的尸检和组织病理学检查结果。

5.3 结果讨论和解释。

5.4 结论。

附 录 A
（规范性附录）
预试验流程图

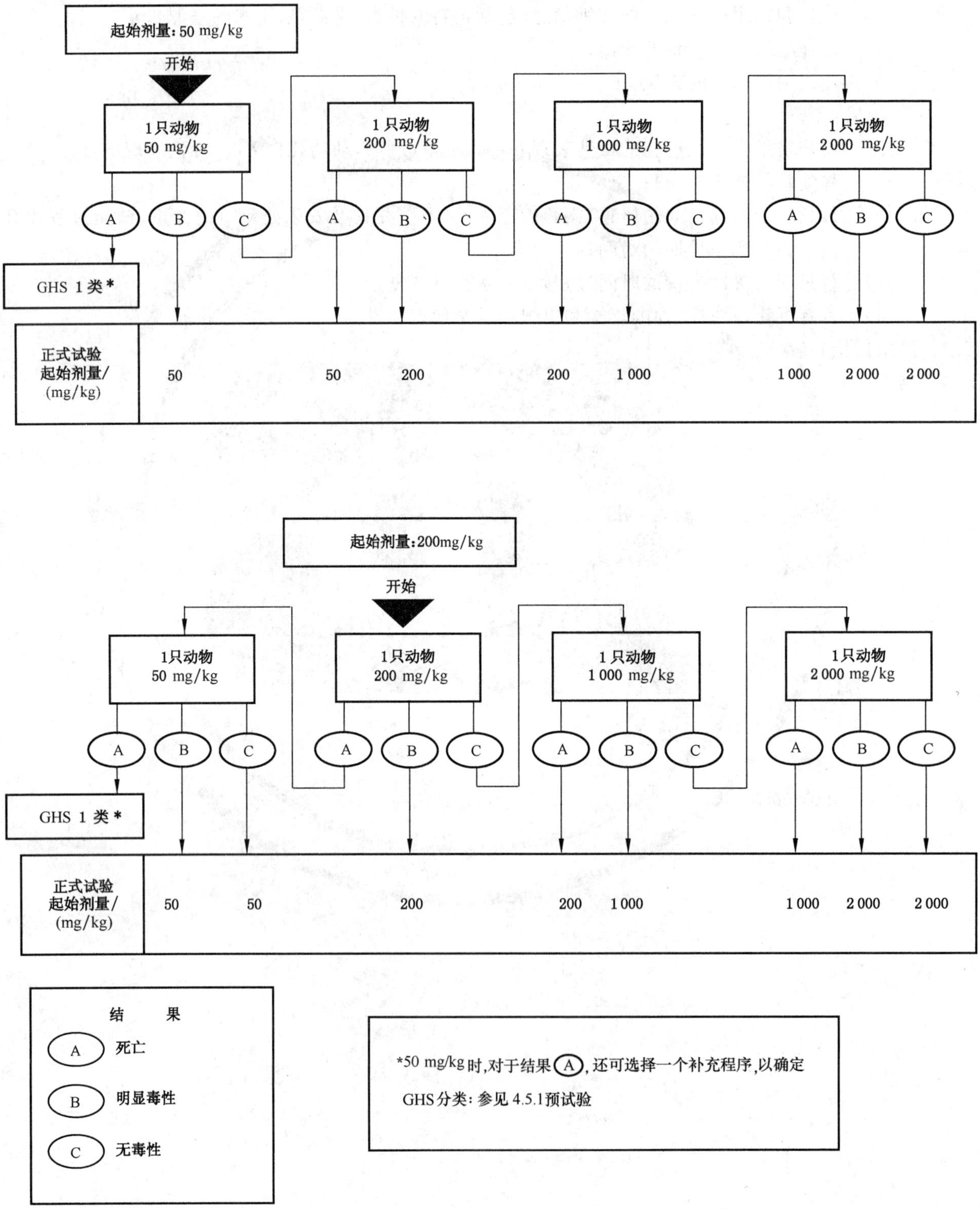

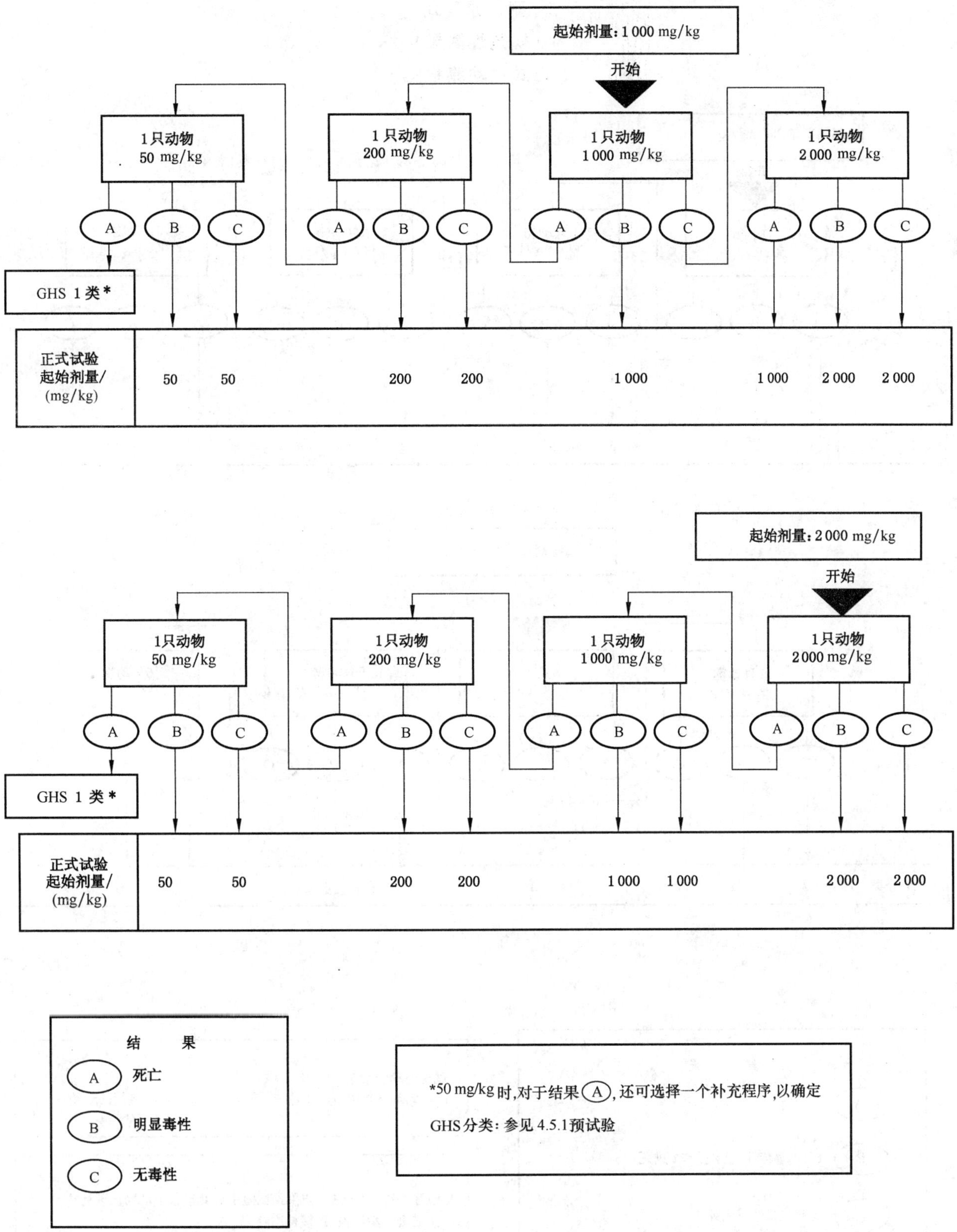
起始剂量：1 000 mg/kg
开始
1只动物
50 mg/kg
1只动物
200 mg/kg
1只动物
1 000 mg/kg
1只动物
2 000 mg/kg
A
B
C
GHS 1类*
正式试验
起始剂量/
(mg/kg)
50 50 200 200 1 000 1 000 2 000 2 000
起始剂量：2 000 mg/kg
开始
1只动物
50 mg/kg
1只动物
200 mg/kg
1只动物
1 000 mg/kg
1只动物
2 000 mg/kg
GHS 1类*
正式试验
起始剂量/
(mg/kg)
50 50 200 200 1 000 1 000 2 000 2 000
结 果
A 死亡
B 明显毒性
C 无毒性
*50 mg/kg时，对于结果A，还可选择一个补充程序，以确定
GHS分类：参见4.5.1预试验

附　录　B
（规范性附录）
正式试验流程图

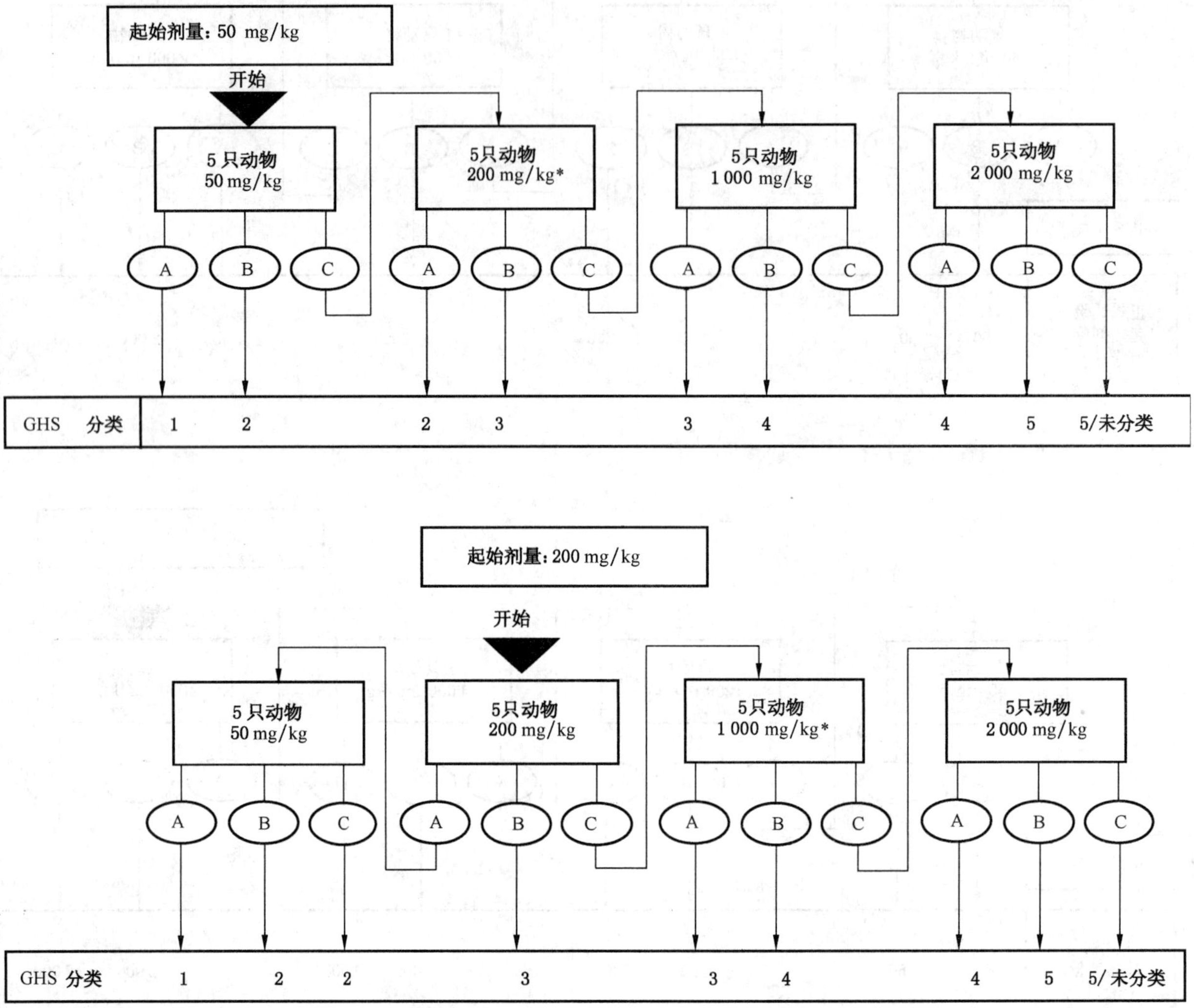

结　　果

Ⓐ 2只死亡

Ⓑ 1只明显毒性；且/或≤1只死亡

Ⓒ 无明显毒性或无死亡

试验组动物数量

正式试验中每组5只动物中，包括预试验中同一剂量的动物

* 违背动物福利保护。如果预试验中在此剂量下动物出现死亡，无需进一步试验，直接得出结果Ⓐ

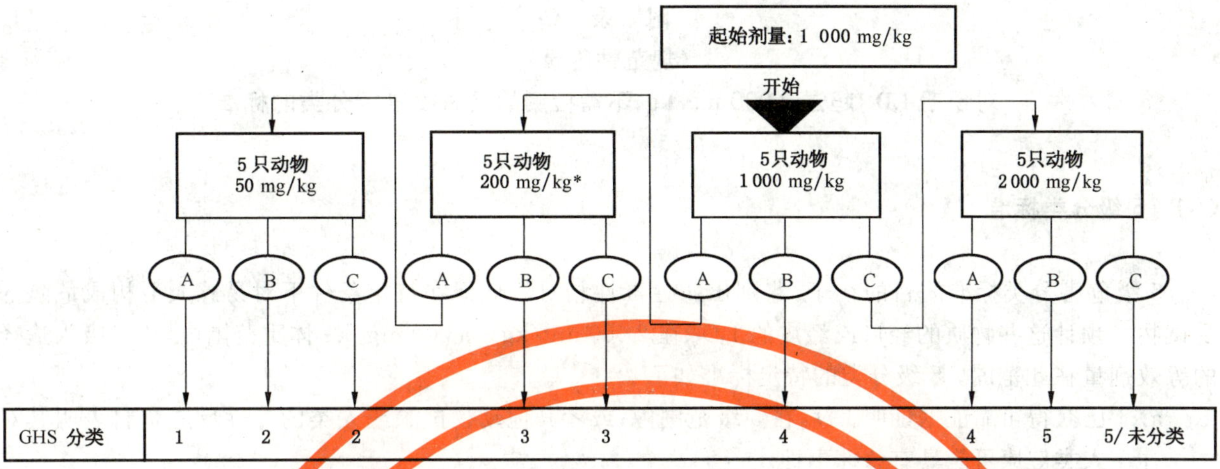

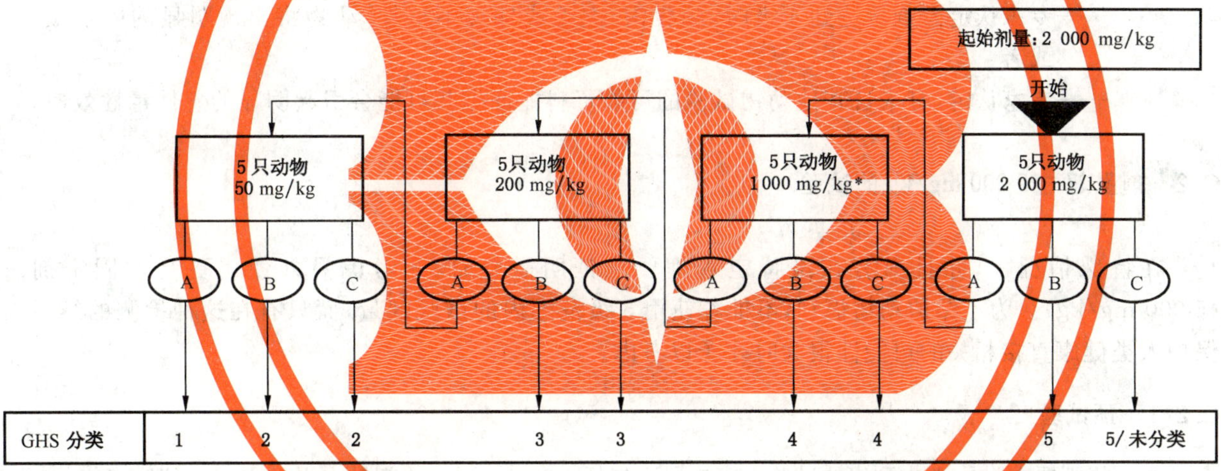

结　果

Ⓐ 2只死亡

Ⓑ 1只明显毒性；且/或≤1只死亡

Ⓒ 无明显毒性或无死亡

试验组动物数量
正式试验中每组5只动物中，包括预试验中同一剂量的动物

* 违背动物福利保护。如果预试验中在此剂量下动物出现死亡，无需进一步试验，直接得出结果Ⓐ

附　录　C
（规范性附录）
对预期 LD_{50} 超过 2 000 mg/kg、不需检测的受试物进行分类的标准

C.1　5 级分类标准

5 级危害分类标准的目的在于，鉴别出急性毒性相对较低但在特定条件下对易感人群构成危险的受试物。预计这些物质的经口或经皮的 LD_{50} 在 2 000 mg/kg～5 000 mg/kg 体重范围内，或经吸入途径的等效剂量在此范围。5 级分类的特定标准如下：

a）已获得可靠证据证明 LD_{50} 在 5 级范围内；或者其他动物试验或人类的毒性反应资料表明其对人类健康可能具有急性毒性。

b）通过对资料的推测、评价或测量，把它分类为更高的危害级别理由不充分，并且

——有可靠资料表明其对人类有明显的毒性效应，或者

——经口、吸入或经皮染毒剂量达到 4 级时观察到任何死亡率，或者

——专家认定当剂量达到 4 级时，除腹泻、立毛或外观不整外，动物将出现明显的中毒效应，或者

——专家认定，有来自其他动物试验的可靠资料能证据其可能会引起明显的急性毒性效应。

C.2　剂量超过 2 000 mg/kg 的试验

在特殊情况下，并且只有在经特定管理要求证明需要时，才考虑另外使用更高的固定剂量（5 000 mg/kg）。为了保护动物福利，不推荐使用 5 级范围内的试验剂量，而只有在这种检测的结果与保护人类健康直接相关的可能性很大时才予以考虑。

C.2.1　预试验

决策规则要求附录 A 中列出的试验程序扩展到包括 5 000 mg/kg 的剂量水平。因此，如以 5 000 mg/kg 作为预试验的起始剂量，结果为 A（死亡）时需另取一只动物进行 2 000 mg/kg 检测，结果为 B 和 C（明显毒性或无毒性）时则要求以 5 000 mg/kg 作为正式试验的起始剂量。与此类似，如果预试验的起始剂量不是 5 000 mg/kg 而是 2 000 mg/kg，则结果为 B（观察到明显毒性）或 C 时，还应再进行 5 000 mg/kg 剂量的试验，并且应将 2 000 mg/kg 作为正式试验的起始剂量；若在随后的 5 000 mg/kg 剂量得到结果 A，则正式试验的起始剂量应为 2 000 mg/kg，而得到结果 B 或 C 时则要求正式试验的起始剂量选择 5 000 mg/kg。

C.2.2　正式试验

决策规则要求附录 B 中所列试验程序扩展到 5 000 mg/kg 剂量水平。因此，如以 5 000 mg/kg 作为正式试验的起始剂量，结果为 A（≥2 只死亡）时需另取一组动物进行 2 000 mg/kg 剂量检测，而得到结果 B（明显毒性和/或≤1 只死亡）或 C（无毒性）时则表明此受试物不能据 GHS 分类（不分类）。与此类似，若不以 5 000 mg/kg 而是以 2 000 mg/kg 作为起始剂量，则结果为 C 时，还应再进行 5 000 mg/kg 剂量的试验；若此 5 000 mg/kg 剂量得出结果 A 则将受试物划为 GHS 5 级，而得到结果 B 或 C 时则将其定为未分类。

参 考 文 献

［1］ OECD (1987). OECD Guideline for Testing of Chemicals: Acute Dermal Toxicity 402. Available:
[http://www.oecd.org/document/22/0,2340,en_2649_34377_1916054_1_1_1_1,00.html]

［2］ OECD (2001). OECD Guideline for Testing of Chemicals: Acute Oral Toxicity-Fixed Dose Procedure 420. Available:
[http://www.oecd.org/document/22/0,2340,en_2649_34377_1916054_1_1_1_1,00.html]

［3］ British Toxicology Society Working Party on Toxicity (1984). Special report: a new approach to the classification of substances and preparations on the basis of their acute toxicity. Human Toxicol., Vol. 3, 85-92

［4］ OECD (2000) Guidance Document on the Recognition, Assessment and Use of Clinical Signs as Humane Endpoints for Experimental Animals Used in Safety Evaluation. Environmental Health and Safety Monograph Series on Testing and Assessment No. 19. Available:
[http://www.oecd.org/document/22/0,2340,en_2649_34377_1916054_1_1_1_1,00.html]

［5］ Stallard, N. and Whitehead, A. (2003). Statistical Modelling and Evaluation of an Acute Dermal Toxicity Test Using the Fixed Dose Procedure (*manuscript*)

［6］ UN Economic Commission for Europe (UNECE)(2003). Globally Harmonised System of Classification and Labelling of Chemicals (GHS). Available:
[http://unece.org/trans/danger/public/ghs.html]

［7］ Lipnick, R. L, Cotruvo, J. A., Hill, R. N., Bruce, R. D., Stitzel, K. A., Walker, A. P., Chu, I., Goddard M., Segal L., Springer J. A. and Myers, R. C. (1995). Comparison of the Up-and-Down, Conventional LD_{50} and Fixed Dose Acute Toxicity Procedures. Fd. Chem. Toxicol., Vol. 33, 223-231

［8］ Warbrick, E. V., Indans, I., Blackwell, M., Hardy, C. J. and Shepherd, N. (2002). The reduction and refinement of animal use in acute inhalation toxicity testing. Toxicol., Vol. 192, 92

ICS 13.300;11.100
A 80

中华人民共和国国家标准

GB/T 27824—2011

化学品 急性吸入毒性 固定浓度试验方法

Chemicals—Test method of acute inhalation toxicity—Fixed concentration procedure

2011-12-30 发布 2012-08-01 实施

中华人民共和国国家质量监督检验检疫总局
中国国家标准化管理委员会 发布

前　言

本标准按照 GB/T 1.1—2009 给出的规则起草。

本标准与经济合作与发展组织(OECD)化学品测试指南 No.433(2004)《急性吸入毒性试验　固定浓度法》(英文版)技术性内容一致。

本标准做了下列结构和编辑性修改：

——增加了范围一章；

——将 OECD No.433:2004 的"介绍"部分并入本标准的"引言"部分；

——将 OECD No.433:2004"初步考虑"部分并入本标准"4.3 试验程序"；

——将 OECD No.433:2004"附录:定义"部分作为本标准"2　术语、定义和缩略语"；

——计量单位改成我国法定计量单位。

本标准由全国危险化学品管理标准化技术委员会(SAC/TC 251)提出并归口。

本标准起草单位:中国疾病预防控制中心职业卫生与中毒控制所、宁波检验检疫科学技术研究院、江苏煤化工程研究设计院有限公司。

本标准主要起草人:侯粉霞、李朝林、马中春、郭新宇、陈小青、龙再浩、林振兴。

引　言

依据科学发展和动物福利方面的要求，需定期对OECD化学品测试指南进行修改。最初的急性吸入毒性试验指南（OECD 403）是于1981年开始采用的。经修订的急性经口毒性试验：固定剂量法（Fixed Dose Procedure，FDP）（OECD 420）自2001年12月实施后，就开始考虑应建立急性吸入毒性试验固定浓度法（Fixed Concentration Procedure，FCP）。该方法主要采用几个固定染毒浓度、使用单性别动物（一般使用雌性动物）来检测急性吸入毒性。

传统的评价急性毒性的方法是以动物死亡作为唯一的观察终点。1984年英国毒理学会（BTS）提出了一项新的急性毒性试验方法，即，选择固定剂量进行受试物染毒[1]。该方法避免了以动物死亡作为观察终点，而是以在几个固定剂量中的某个剂量出现明显的中毒症状为观察终点，这一剂量也是受试物毒性分级的依据。本试验也使用上述方法。为达到OECD指导性文件[2]中对观察终点的人道要求，建议对试验方法进行优化以使动物承受的痛苦最小化、尽可能地减少使用动物。经数学模型进行评价，FCP试验具有统计学合理性[3]。

关于FCP吸入毒性试验的试验程序及结果解释方面的规范要求见急性吸入毒性试验指导性文件[4]。

本试验可提供受试物的危害特点。对于可引起急性毒性的受试物，可根据本试验的结果、按照联合国的全球化学品分类标记协调制度（GHS）对受试物进行毒性分级和分类[5]。

化学品　急性吸入毒性　固定浓度试验方法

1　范围

本标准规定了化学品急性吸入毒性固定浓度试验方法的术语定义和缩略语、试验原则、试验方法、试验数据和报告。

本标准适用于化学品急性吸入毒性固定浓度试验。

2　术语、定义和缩略语

2.1　术语定义

下列术语和定义适用于本文件。

2.1.1

急性吸入毒性　acute inhalation toxicity

短时间内一次性不间断地吸入空气中的受试物后所产生的有害效应。

2.1.2

气溶胶　aerosol

固态颗粒或液态微滴悬浮于气体中形成的悬浮体，如液态或气态的泡沫、糊剂或粉末。

2.1.3

粉尘　dust

由物质或混合物形成的能悬浮在空气中的固体颗粒。多呈不规则形状，从小于 1 μm 到 100 μm 不等。

2.1.4

雾　mist

悬浮在空气中的大小由 2 μm～100 μm 不等的物质或混合物的微小液滴。可由超饱和蒸气冷凝，或由液体的机械剪切速率行程，如喷雾、雾化、喷洒或发泡等。

2.1.5

蒸气　vapour

在常温和常压下呈液态或固态的物质或混合物所形成的气体状态。

2.1.6

浓度　concentration

每单位体积空气中的受试物质量。蒸气和尘常以 mg/L 表示，气体则以 mL/m^3 表示，与联合国 GHS 体系中的表示方式一致。

2.1.7

明显毒性　evident toxicity

动物染毒后出现的明显毒性表现[6]，如果采用更高的固定浓度染毒，大多数动物预期可出现明显痛苦、濒死状态[7]甚至死亡。

2.1.8

濒死　impending death

在观察期尚未结束时动物出现濒死或可能死亡的状态。啮齿动物濒临死亡的症状包括抽搐、侧卧、斜卧及震颤等[7]。

2.1.9

染毒剂量限值 limit dose

染毒剂量上限值，蒸气、尘/雾、气体受试物的染毒剂量上限值分别为 20 mg/L、5 mg/L、5 000 mL/m^3。

2.1.10

濒死状态 moribund condition

即使给予治疗，也即将死亡或无法存活的一种状态[2]。

2.2 缩略语

下列缩略语适用于本文件。

GHS：全球化学品分类标记协调制度（Globally Harmonized System of Classification and Labelling of Chemicals）

注：根据化学品对物理、健康和环境产生的危害程度，按照统一的标准对化学物进行分级。然后，根据化学物的分类级别对其有害效应进行标记识别以保护人类健康和环境，可通过象形图、标识图、危害说明、预警说明及安全数据表等交流方式来传递化学物的有害效应信息。GHS 是由 OECD 负责人类健康和环境部分，联合国危险货物运输专家委员会负责理化性质部分和国际劳工组织（ILO）负责危险信息交流部分，共同倡导参与的一项活动，由跨组织化学品无害管理计划（IOMC）统一协调。

MMAD：空气动力学质量中位数直径（mass median aerodynamic diameter）

注：计算的空气动力学直径，根据颗粒的质量把气溶胶颗粒分成两半。50%颗粒的质量大于中位数直径，50%颗粒的质量小于中位数直径。中位数直径及其几何标准差（GSD）是根据颗粒质量的大小，用统计学方法来描述气溶胶（液体或固体）颗粒大小的分布状态。

3 试验原则

本方法的基本原则是仅使用可产生一定毒性的浓度，而不使用可引起死亡的浓度。如果在某种浓度下，受试物由于腐蚀性或严重的刺激性作用而引起动物明显的痛苦时，染毒时则不使用这一浓度。濒死的动物、显示明显病痛、持续痛苦的动物应安乐处死。进行结果解释时，这些动物应归为死亡动物。在何时处死濒死或非常痛苦的动物、如何识别出即将死亡的动物，相关这方面的标准和依据见 OECD 指导性文件[2]。

蒸气、尘/雾或气体受试物试验时分别应使用的固定浓度见附录 A。试验时，将单性别动物分为几组，依据附录 A 所要求的染毒浓度、按照试验程序的步骤进行受试物急性染毒。在正式试验前要先进行预试验。预试验使用的染毒浓度应可引起明显的中毒症状但不引起严重的中毒作用或动物死亡。根据预试验的结果选择正式试验的染毒起始浓度。动物忍受病痛、痛苦以及濒于死亡时的临床表现在 OECD 指导性文件[2]中有详细的描述。

根据预试验中动物是否出现中毒症状或死亡情况来选择采用更高或更低的浓度进行试验，直至出现下列情况时终止试验：出现明显毒性作用但死亡动物数不超过 1 只、最高染毒浓度未出现毒性作用、最低染毒浓度出现动物死亡。

4 试验方法

4.1 方法描述

4.1.1 动物品系的选择

首选大鼠，也可使用其他种类的啮齿动物。使用其他啮齿类动物或非啮齿类动物时应说明理由。

通常使用雌性动物，因为虽然认为不同性别动物对染毒的敏感性差异不大，但是如果有差异时，则雌性动物一般更为敏感[7]。如果与受试物结构相类似的化学物的有关毒理学知识或毒代动力学特性表明雄性动物更为敏感时则使用雄性动物。选用雄性动物进行试验时应提供适当的理由，并说明其合理性。

应使用常用品系的健康成年动物。雌性动物应是未生育过且未怀孕的。试验开始时的动物年龄为56 d～84 d，其体重不应超过实验室既往使用的该品系动物平均体重的±20%。

4.1.2 饲养条件

动物房的温度应保持在22 ℃±3 ℃。相对湿度最少为30%，最好不超过70%（清洁期间除外），以50%～60%最为合适。应采用人工照明，12 h明暗交替。实验室常规饲料喂养，自由饮水。同一浓度组的动物同笼饲养，但单笼内的动物数应不影响对每只动物的观察。

4.1.3 动物准备

开始染毒前动物饲养观察至少5 d以适应实验室环境。将动物随机分组并编号。

4.1.4 染毒方式

4.1.4.1 概述

采用头/鼻或全身染毒方式均可。头/鼻染毒方式可最大程度地减少经非吸入途径吸收受试物，且在高浓度受试物染毒时（如，限量试验所要求的浓度）不需要使用大量受试物。该染毒方式的其他优点是：受试物在染毒气流中易于均匀分散、受试物不易发生不稳定性变化（例如与尿、粪等排泄物发生反应或受潮湿环境影响而改变稳定性）、需要的气体体积少，因而受试物在染毒柜中可较快地达到均匀分布。然而，该染毒方式在整个染毒过程中需要限制动物的活动（全身染毒方式不需要限制动物的活动）。所选择的染毒方式应最大程度地减少动物可能承受的痛苦，这与本试验的目的是一致的[2]。

4.1.4.2 头/鼻染毒方式

将动物置于固定器内进行染毒。固定器应不对动物产生额外的应激（如，由于固定器发热所产生的热应激）并应确保动物无法避开吸入染毒。如果流入染毒柜的空气体积小于流出的气体体积时，应防止空气经其他途径（如，经固定器）进入染毒柜使受试物气溶胶被稀释。应将染毒柜置于通风良好的化学通风橱中。要保证通风橱内部处于负压状态以防受试物泄漏到外部环境中。吸入染毒装置应配备动态气流，其通风量至少应超过染毒装置里动物总换气量的两倍。氧含量应至少为19%并要保证每只动物有类似的染毒条件。在采集气溶胶样本时，应避免过度影响动态气流。应调整采样流量的大小以保证染毒柜内条件不变。

4.1.4.3 全身染毒方式

该吸入染毒装置配备有动态通风装置，每小时换气约12次～15次。对某些受试物也许需采用其他的换气率。但是应保证氧含量至少在19%以上且受试物气溶胶均匀分布于整个染毒柜。保证受试物气溶胶均匀分散的总体原则是：试验动物所占的总体积应不超过染毒柜体积的5%。染毒柜内应保持轻微负压状态以防止受试物泄漏到外部环境中。

4.1.5 染毒条件

4.1.5.1 染毒应至少持续4 h（不包含浓度达到稳态的时间）。也可根据具体的试验要求适当改变染毒持续时间。

4.1.5.2 为确保达到所要求的染毒浓度,应在不使用动物的情况下先进行一次染毒操作,检测一下染毒浓度并注意操作方面的关键问题。由于技术上很难保证染毒柜内的受试物浓度正好是所要求的染毒浓度,为防止进行不必要的重复试验,如染毒柜内受试物浓度均值在所要求浓度的±25%以内,则被认为是可接受的。如受试物具有潜在的爆炸性,应特别注意一些可能引起爆炸的条件。

4.1.6 受试物颗粒大小

由于很难预知呼吸道的哪个部位对受试物反应最强以及受试物粒径多大时危害最大,粉尘或气溶胶的颗粒大小应能保证其到达呼吸道的每个区域。推荐受试物气溶胶的粒径大小范围为空气动力学质量中位数直径(mass median aerodynamic diameter,MMAD)1 μm～4 μm、几何标准差(geometric standard deviation, GSD)1.5～3.0,这样可保证整个呼吸道都可接触到受试物[8]。如染毒所用气溶胶不符合上述粒径大小,则应解释其合理性。如受试物颗粒具有吸湿性,则应制备更小粒径的颗粒、保证其在吸湿胀大后的粒径仍然在1 μm～4 μm范围内。

4.1.7 受试物气溶胶的发生

必要时,可在受试物中加入适当的溶剂来帮助受试物达到所要求的浓度或制备成可吸入性颗粒。受试物在气溶胶发生过程中如使用了溶剂,应事先掌握该溶剂的急性吸入毒性。对所选用的溶剂有充分了解时,不必同时设立溶剂对照组。对固体颗粒状受试物应进行机械处理以获得粒径大小符合要求的颗粒,但在加工过程中应注意不引起受试物分解或发生改变,经化学分析后可知道受试物是否发生了分解或改变。同时还要注意不要污染受试物。

4.2 染毒条件监测

4.2.1 染毒柜内空气流量

每次染毒应连续监测通过染毒柜的空气流量并至少记录三次。

4.2.2 染毒柜内温度

每次染毒应连续监测动物呼吸带区域的温度并至少记录三次。温度应保持在22 ℃±3 ℃范围内。如果超出这一范围,则应考虑此改变对染毒结果或毒性效应可能产生的影响。

4.2.3 相对湿度

无论采用口鼻染毒方式还是全身染毒方式,可能的情况下,每次染毒都要连续监测动物呼吸带区域的相对湿度(RH),至少记录三次。RH应保持在30%～70%范围内,但有时达不到此要求(例如,受试物为水性化制剂)。有时则是由于受到受试物的干扰,无法进行相对湿度的测定。

4.2.4 受试物的浓度

4.2.4.1 无论采用口鼻染毒方式还是全身染毒方式,都应测量动物呼吸带区域受试物的确切浓度。染毒过程中,受试物的确切浓度应尽可能保持不变(见4.1.5.2)并进行连续或间歇性地监测(取决于浓度分析方法)。如果是间歇性监测,则每隔1 h左右采样1次,共采样至少5次。对于单一成分的固体粉末或挥发性极低的液体,可采用重量法进行浓度分析。对较高浓度组采样并采用重量法进行浓度分析时,应对用于测量采样体积的流量计进行校准。流量计采集的气体体积是对滤膜压力的函数(关系式:压力×体积=常数)。每个流量计都应有一个校准体积曲线。

4.2.4.2 有些液体受试物在挥发后剩余的重量恒定不变,这种情况下可采用称重法,通过称量挥发后剩余的重量来推算挥发前受试物的浓度。如在动物呼吸带区域含有受试物的组成成分与受试物制剂的原有组成成分类似时,则不必对其中的无活性成分进行测定,只需在试验报告中提供此方面的结果即可。如受试物易于沉淀、含有不同的组成成分、含有可挥发性组分或其他原因难以测定染毒柜中的受试物浓度时,则需另外进行受试物中无活性成分的分析。

4.2.4.3　在分析受试物染毒浓度时,如不宜用重量法或产生的气溶胶中含有两种以上成分时,则可通过测定受试物主要活性成分的含量并据此推算出受试物的浓度,但必须说明其合理性。

4.2.4.4　如受试物是一种制剂,其染毒浓度应是制剂的浓度而不应仅是其主要活性成分的浓度。

4.2.5　粒径大小分布情况(分散度)

在每 4 h 的染毒过程中,至少应进行 2 次气溶胶分散度的测定。所选用的采样设备应能计算出 MMAD(见 4.1.6)。如受试物的气溶胶含有多种组分时,应按照上述原则进行受试物浓度测定。实验室应能证明采样器所采集的样本可代表动物实际吸入的气溶胶。

4.2.6　计算浓度

染毒柜或染毒管内的受试物浓度可按下列方法进行计算:记录气溶胶发生时散发到染毒柜或染毒管内的受试物总量,除以此期间通过染毒柜或染毒管的总空气流量。

4.3　试验程序

实验室在进行本试验前应考虑所获得的受试物的所有信息,如,化学物的名称、化学结构、理化特性、其他任何体内或体外毒性试验结果、定量结构-活性关系(Quantitative Structure-Activity Relationship,QSAR)资料、结构类似化学物的毒理学资料、化学物的预期用途及人类接触受试物的可能程度。借助上述信息,选择一个合适的起始浓度进行试验。

4.3.1　预试验

预试验的目的是为了找到正式试验的合适起始染毒浓度。按照附录 A 中的流程图、采用一种先后有序的方式、每次取 1 只动物、吸入染毒至少 4 h。如果出现了明显的毒性作用或最低染毒浓度组有一只动物死亡,据此可确定正式试验的起始染毒浓度并随之结束预试验。

从附录 A 规定的几个固定浓度中选择一个作为预试验的起始染毒浓度。该染毒浓度预期可产生明显的毒性作用(与受试物结构相同或相似的化学物的现有毒性资料可提供这种可能的预期毒作用)。如没有这些资料作为参考,则预试验时蒸气、尘/雾、气体的起始染毒浓度应分别选择 10 mg/L、1 mg/L、2 500 mL/m^3。

1 只动物染毒结束后至少间隔 24 h 才进行另 1 只动物的染毒。所有动物一般至少连续观察 7 d。

如预试验中最低浓度引起动物死亡或出现明显毒性表现时,应结束试验并将受试物归为 GHS 急性毒性第 1 类物质(以下简称“第 1 类”)(见附录 A)。如要对该分级进行验证,则可采用以下试验程序,即在最低浓度再测试 1 只动物。如第 2 只动物也死亡,则可以确定为 GHS 第 1 类,并立即终止试验。如第 2 只动物存活,则在该浓度最多再选 3 只动物进行试验。由于动物死亡的可能性很大,出于动物福利考虑,应采用前后有序的方式对 3 只动物进行试验。前后动物染毒的时间间隔应足够长以便确定先染毒的动物是否可能存活。如 3 只动物中的第 2 只动物死亡,则应立即结束试验,不必再对第 3 只动物染毒。附录 A 给出了分类标准:如果 3 只动物中有 2 只以上的动物死亡(结果 A),则为“第 1 类”,只有 1 只动物死亡(结果 B)则为“第 2 类”。

4.3.2　正式试验

4.3.2.1　动物数和染毒浓度

由附录 A 的流程图可知,起始浓度染毒后可选择如下三种后续的试验程序:终止试验并进行适当的危害分级和分类;进行更高浓度试验或进行更低浓度试验。但在正式试验时不再使用预试验中引起动物死亡的浓度以免动物忍受不必要的痛苦(见附录 A)。经验表明,起始浓度染毒后一般就可以对受试物进行分类而不必进行进一步试验。按照浓度递减的方式进行试验时,如果 2 只~3 只动物死亡(在结果 A 范围内),出于动物福利考虑,应终止试验并根据下一浓度对受试物进行分级(结果 C)。

每个染毒浓度只能使用 5 只同性别的动物,预试验使用 1 只动物。

前后两个浓度染毒时间间隔的长短取决于前一浓度染毒后毒性表现的起始时间、持续时间及其严重程度。在确认前一个浓度染毒的动物存活时才进行下一个浓度的染毒。每个浓度染毒的时间间隔一般推荐为 3 d~4 d 以便可以观察到一些迟发性毒性。

需要时,可调整染毒的时间间隔(如,毒性反应不明确时)。

4.3.2.2 限量试验

限量试验主要是在试验者了解到受试物很可能是无毒(即在高于限定的剂量才有毒性作用)时才开展。了解与受试物成分类似的化合物或混合物的现有毒理学资料、并了解这些化合物或混合物中哪些成分及其含量是多少时产生毒作用,根据这些信息来获得受试物的相关毒性资料。如没有或只有少量的相关毒性资料,或预测受试物具有毒性时,应开展正式试验。

按照正常试验程序,正式试验时蒸气、尘/雾、气体受试物的起始染毒浓度应分别为 20 mg/L、5 mg/L、5 000 mL/m^3 作为 5 只动物染毒的起始浓度,如果试验结果可以完成对受试物进行分类,则该浓度的染毒试验就是本试验的限量试验。

如某些管理机构有要求时,需按照试验程序一直测试到 GHS 第 5 类分级才停止试验。但并不鼓励用动物一直测试到 GHS 第 5 类分级,除非第 5 类分级结果很可能与保护人类健康有关[5]。

4.3.2.3 毒作用观察

染毒过程中应经常观察动物。染毒后应在染毒当天对动物进行至少两次的临床症状观察。根据动物染毒后的毒性反应情况,也可观察多次。此后每天至少观察一次,共观察 14 d,除非动物中途死亡。观察期限并不是固定不变的,可根据中毒症状特征、起始时间及恢复期长短适当加以调整。中毒表现出现或消失的时间非常重要,尤其是中毒表现有可能较晚才出现时。应系统记录所有观察结果,对每只动物进行单独记录。对于濒死、明显疼痛或正在忍受严重痛苦的动物,应及时安乐处死。尽可能准确地记录安乐处死动物的时间及发现动物死亡的时间。

如动物中毒症状持续存在,则要进行额外观察。临床观察包括:皮肤、被毛、眼睛、黏膜、呼吸系统、循环系统、自主和中枢神经系统、躯体运动功能和行为特征等方面的改变。可能时,还可根据出现的中毒表现来区分毒性作用属于局部作用还是全身作用。应注意观察震颤、抽搐、流涎、腹泻、呆滞、嗜睡和昏迷等症状。临床观察时还应考虑参考 OECD 指导性文件[2],其中有如何进行中毒症状判断的原则和标准。为了保护动物福利,濒死、明显疼痛或正在忍受严重的痛苦的动物应安乐处死。观察中毒症状时,应注意不要把动物因刚开始染毒出现的不良表现以及短暂的呼吸改变(如,对照组动物进行空气染毒时可能会出现这些改变)看成是受试物的毒性作用。

4.3.2.4 体重

应在染毒当天未染毒前或即将染毒时称量动物体重,此后每周至少称重一次。试验结束时,存活动物称重后安乐处死。

4.3.2.5 病理学检查

所有动物(包括试验期间死亡及被安乐处死的动物)都应进行大体解剖,并记录每只动物观察到的所有病变。对于染毒后存活 24 h 以上的动物,大体解剖发现病变时应进行组织病理学检查,因为该检查结果可提供有用的毒作用信息。

5 数据和报告

5.1 数据

应给出每只动物的数据并以表格形式汇总所有的试验数据。说明每组的动物数、出现中毒症状的动物数、试验期间死亡的动物数、安乐处死的动物数、每只动物的死亡时间、毒性作用特征、毒性作用出现、持续以及恢复时间、大体解剖所见等方面的信息。

5.2 试验报告

如有可能，检验报告应包含以下信息：

a) 受试物：
   1) 物理性状、纯度以及相关的理化特性(包括异构体化)；
   2) 鉴别资料，包括美国化学文摘服务社(Chemical Abstracts Service，CAS 号)(如已知)。
b) 溶剂：说明需要使用溶剂的理由，选用非水溶剂时也应说明理由。
c) 试验动物：
   1) 种属和品系；
   2) 动物的洁净程度等级(如已知)；
   3) 试验前适应环境的时间；
   4) 动物的数量、周龄和性别(适当时，应说明使用雄性动物而不使用雌性动物的理由)；
   5) 动物来源、饲养条件、历史数据、饲料等。
d) 试验条件：
   1) 制备受试物的详细过程，包括制备更小粒径受试物颗粒的详细过程以及制备受试物溶液的详细步骤；
   2) 描述所使用的气溶胶发生装置(最好包括图表)以及动物的吸入染毒过程；
   3) 详细描述用于监测染毒柜内温度、湿度和空气流量所用的设备；
   4) 描述测定染毒柜内受试物浓度以及气溶胶粒径大小时所有的使用仪器；
   5) 用于测定受试物浓度的化学分析方法及所用方法的确认(包括滤膜或吸收液等采样介质中受试物的提取率)；
   6) 动物开始吸入染毒前染毒柜内受试物浓度达到稳态所需要的时间；
   7) 将动物随机分为染毒组和对照组的方法；
   8) 饲料和饮用水的详细质量信息(包括饲料种类/来源，饮用水来源)；
   9) 选择起始染毒浓度的理由。
e) 结果：
   1) 以表格形式报告染毒柜内的温度、湿度和空气流量；
   2) 以表格形式报告染毒柜内受试物的计算浓度和实测浓度；
   3) 以表格形式报告受试物粒径大小的相关结果，包括进行浓度分析时的采样结果、分散度以及 MMAD 和 GSD 的计算；
   4) 以表格形式报告每只动物的毒性反应情况及其染毒浓度(如，动物死亡率、中毒表现特征、毒作用严重程度及毒作用持续时间)；
   5) 每只动物在染毒当天染毒前的体重、染毒后每周的体重、死亡时的体重、安乐处死时的体重；动物死亡的日期和时间、毒性表现出现的时间、毒性表现是否可恢复；
   6) 每只动物的大体解剖以及组织病理学所见(如果有就在报告中提供)。
f) 结果讨论与解释。
g) 结论。

附　录　A
（规范性附录）
试验流程图

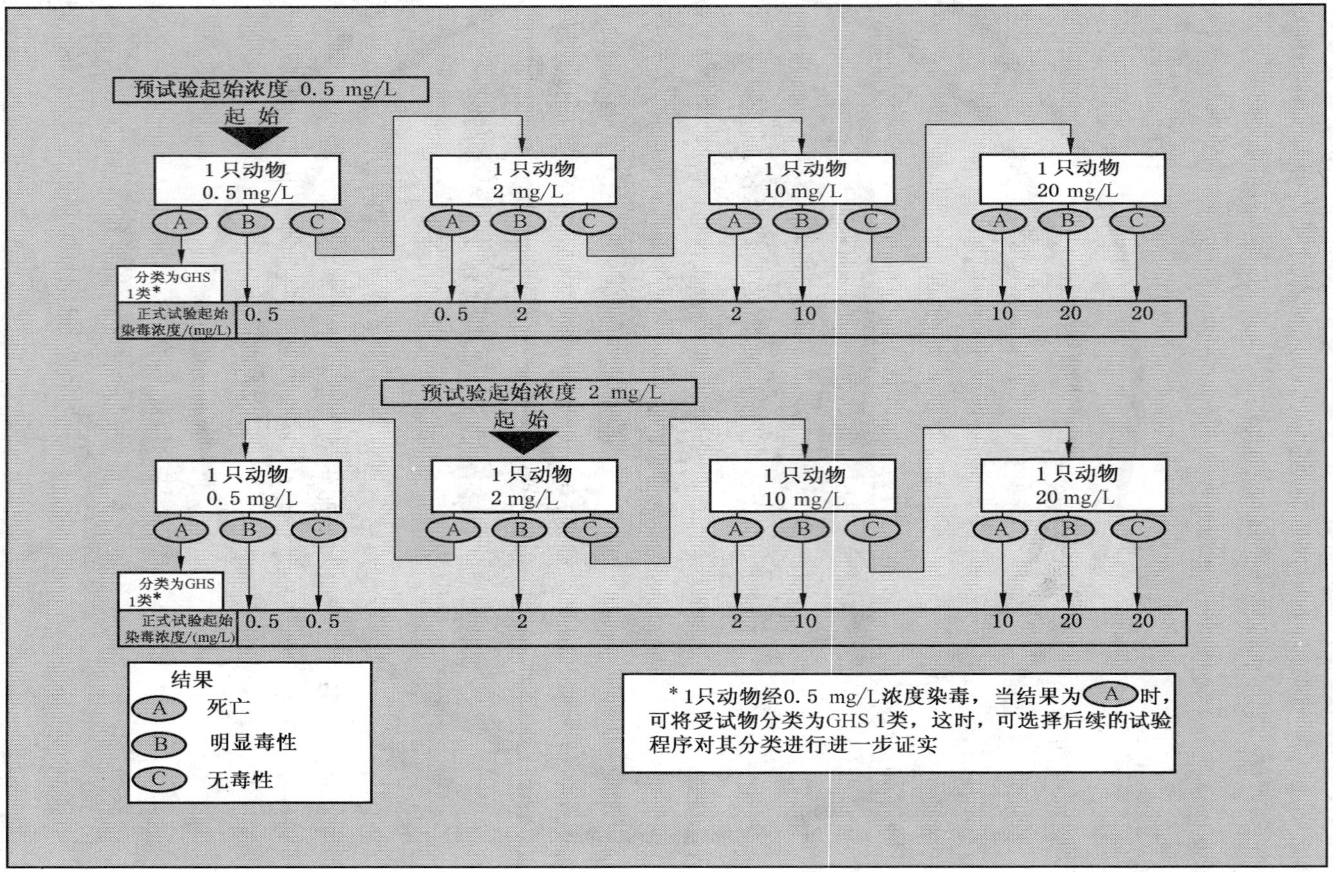

图 A.1　蒸气预试验流程图

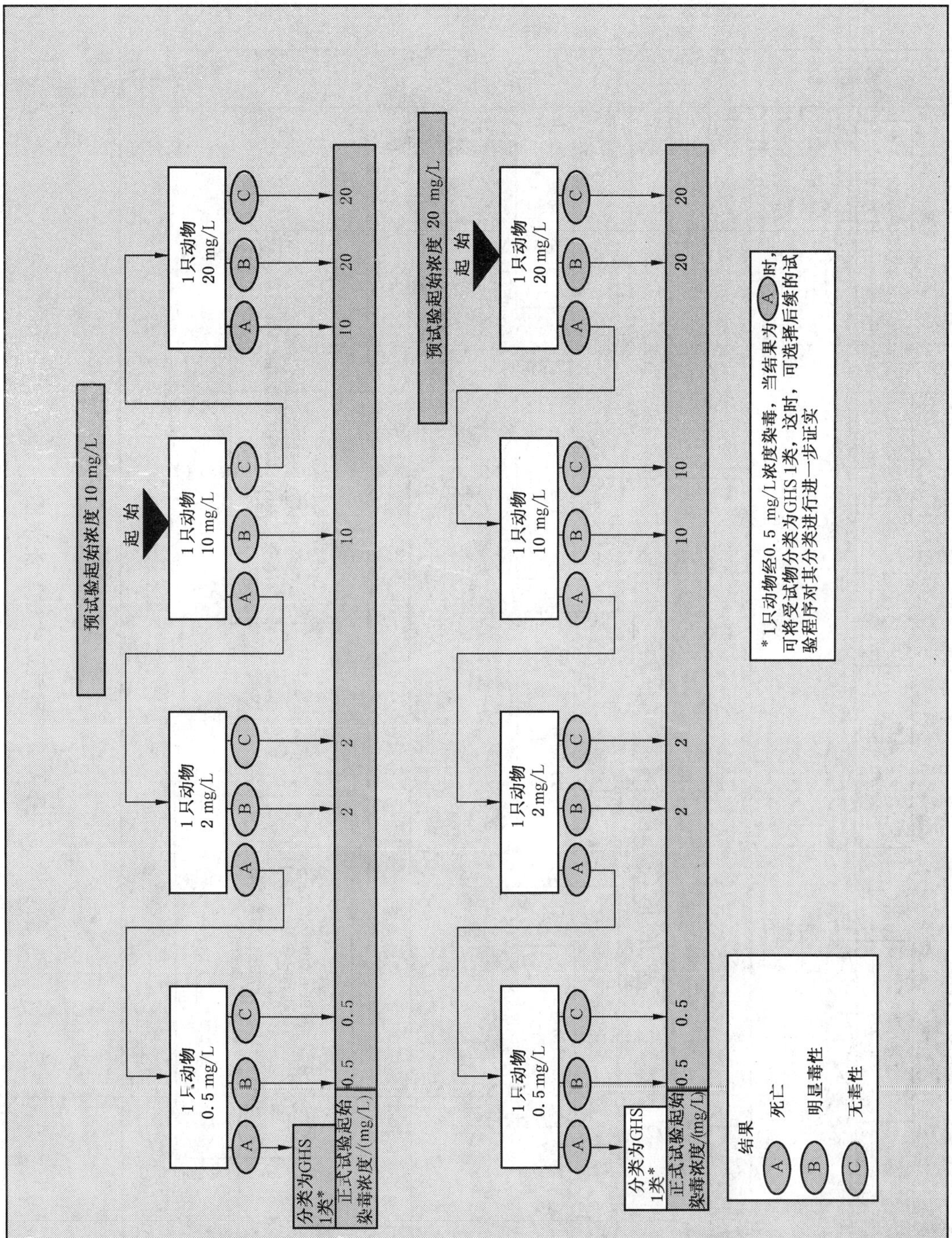
预试验起始浓度 10 mg/L
起始
1只动物 0.5 mg/L
1只动物 2 mg/L
1只动物 10 mg/L
1只动物 20 mg/L
A
B
C
分类为GHS 1类*
正式试验起始染毒浓度/(mg/L)
0.5
0.5
2
2
10
10
20
20
预试验起始浓度 20 mg/L
起始
1只动物 0.5 mg/L
1只动物 2mg/L
1只动物 10 mg/L
1只动物 20 mg/L
分类为GHS 1类*
正式试验起始染毒浓度/(mg/L)
0.5
0.5
2
2
10
10
20
20
结果
A 死亡
B 明显毒性
C 无毒性
* 1只动物经0.5 mg/L浓度染毒，当结果为 A 时，可将受试物分类为GHS 1类，这时，可选择后续的试验程序对其分类进行进一步证实

图 A.1（续）

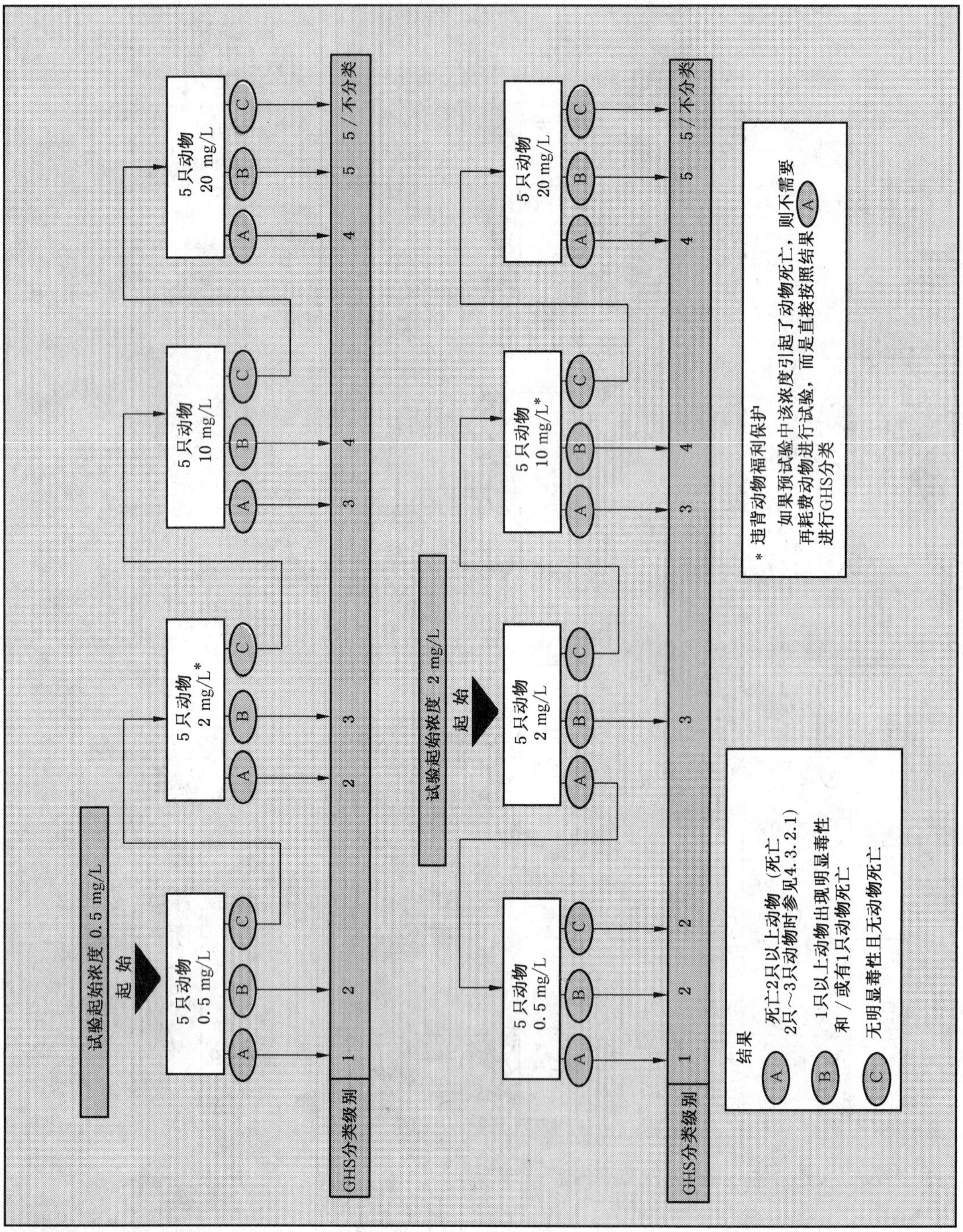

图 A.2 蒸气正式试验流程图

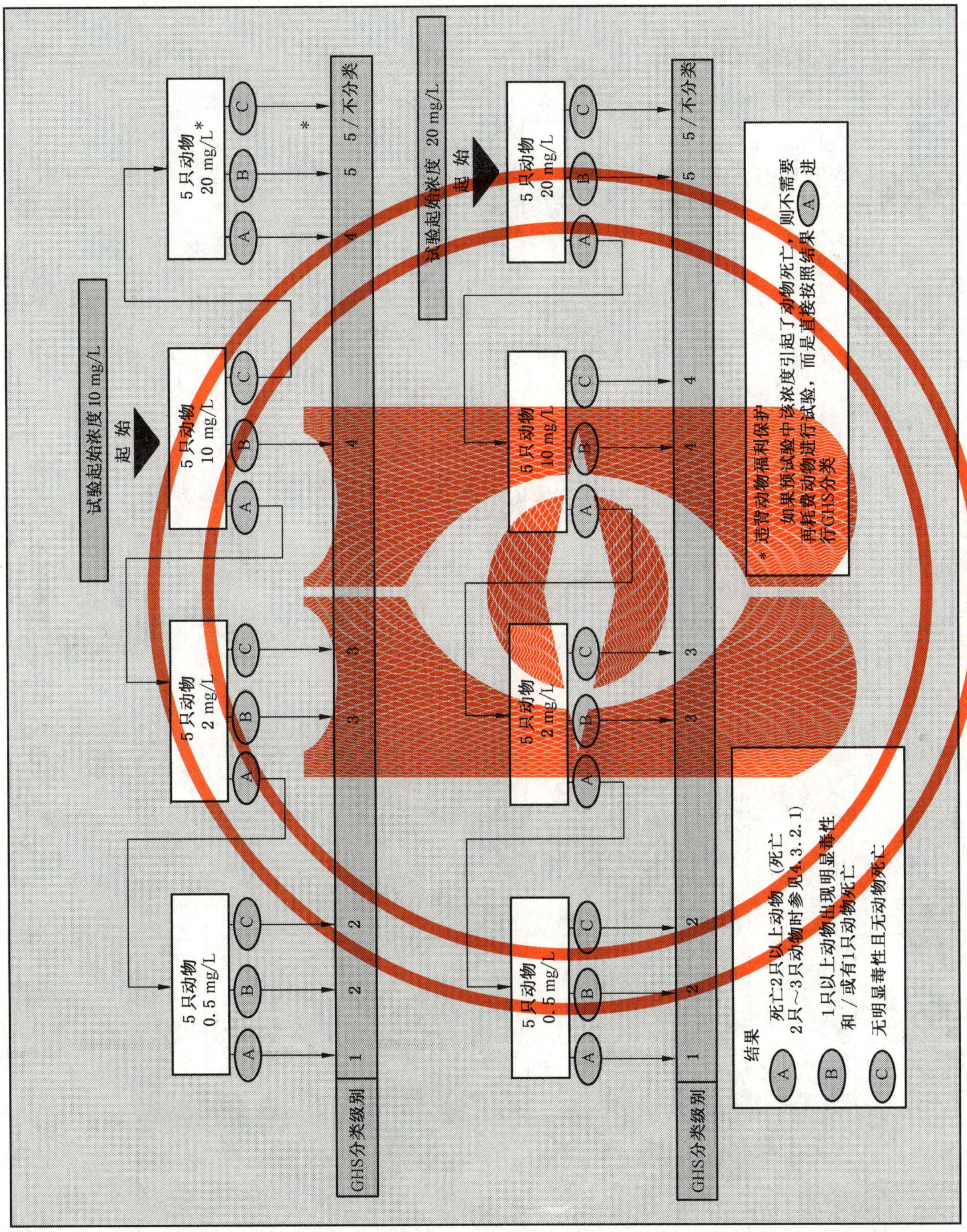
试验起始浓度 10 mg/L
起始
5只动物
0.5 mg/L
5只动物
2 mg/L
5只动物
10 mg/L
5只动物
20 mg/L *
A
B
C
GHS分类级别
1
2
2
3
3
4
4
5
5/不分类
*
试验起始浓度 20 mg/L
起始
结果
A 死亡2只以上动物（死亡2只～3只动物时参见4.3.2.1）
B 1只以上动物出现明显毒性和/或有1只动物死亡
C 无明显毒性且无动物死亡
* 违背动物福利保护
如果预试验中该浓度引起了动物死亡，则不需要再耗费动物进行试验，而是直接按照结果 A 进行GHS分类

图 A.2（续）

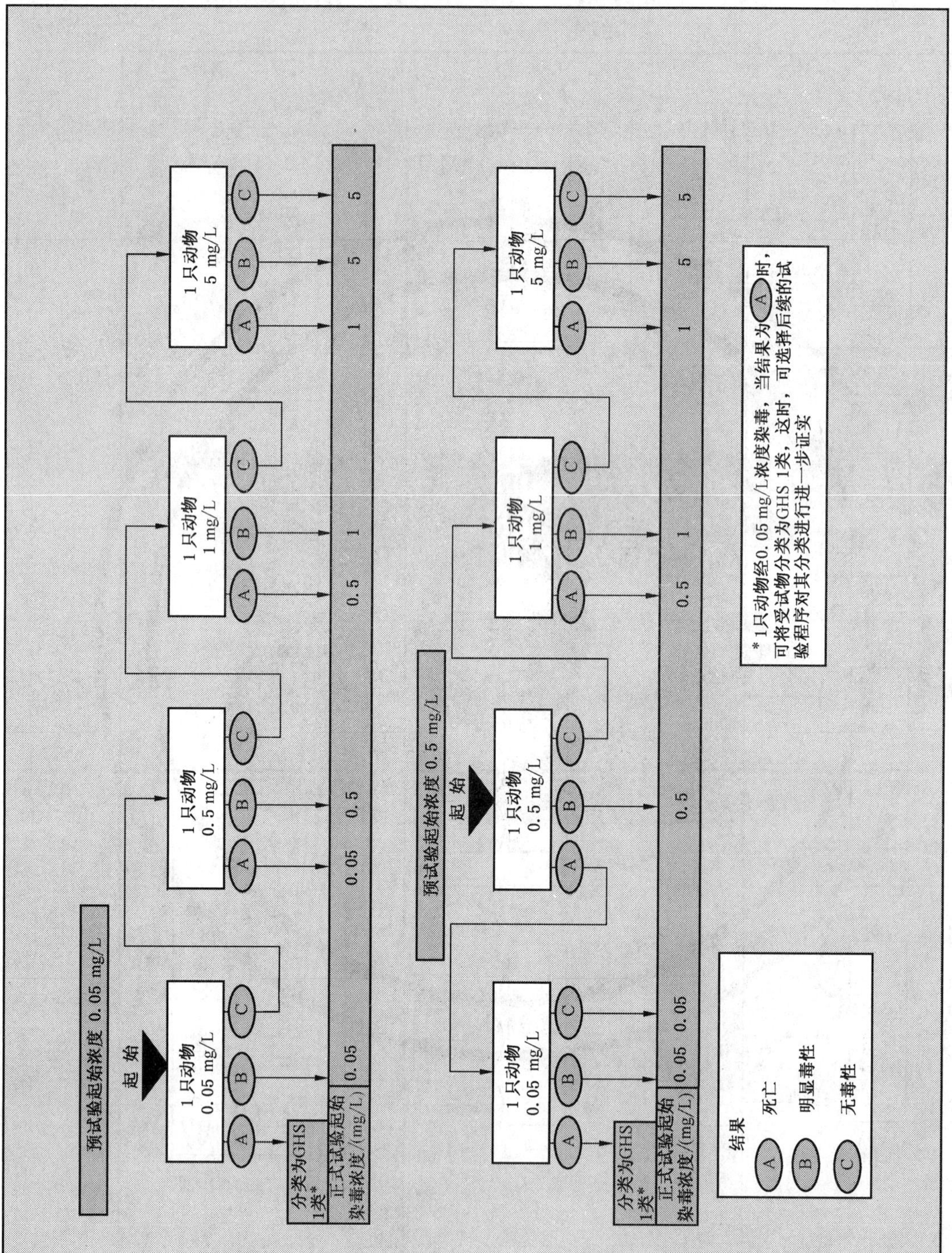

图 A.3 尘/雾预试验流程图

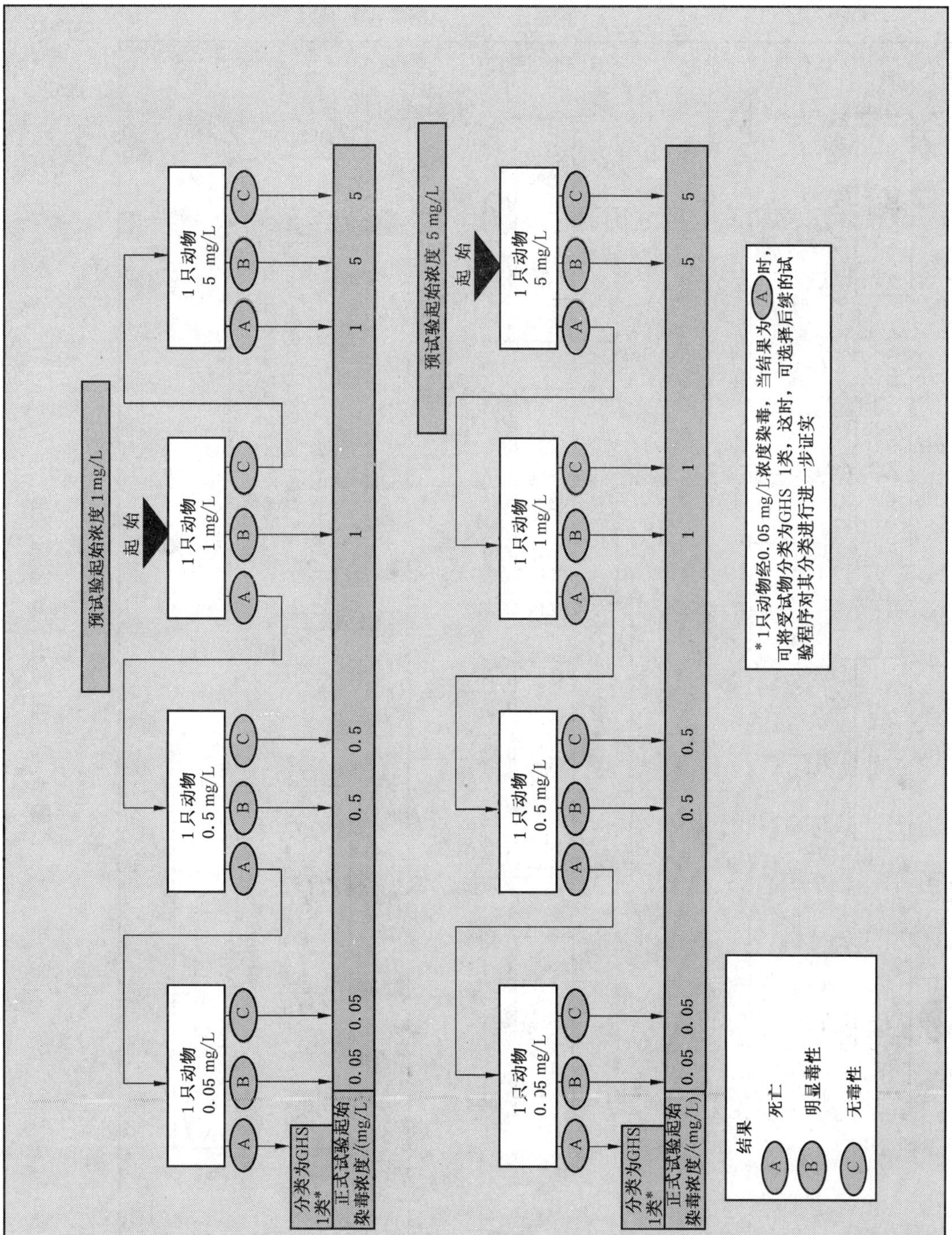
预试验起始浓度 1 mg/L
起 始
1 只动物
0.05 mg/L
1 只动物
0.5 mg/L
1 只动物
1 mg/L
1 只动物
5 mg/L
分类为GHS 1类*
正式试验起始染毒浓度/(mg/L)
0.05
0.05
0.5
0.5
1
1
1
5
5
预试验起始浓度 5 mg/L
结果
死亡
明显毒性
无毒性
*1只动物经0.05 mg/L浓度染毒，当结果为 A 时，可将受试物分类为GHS 1类，这时，可选择后续的试验程序对其分类进行进一步证实

图 A.3（续）

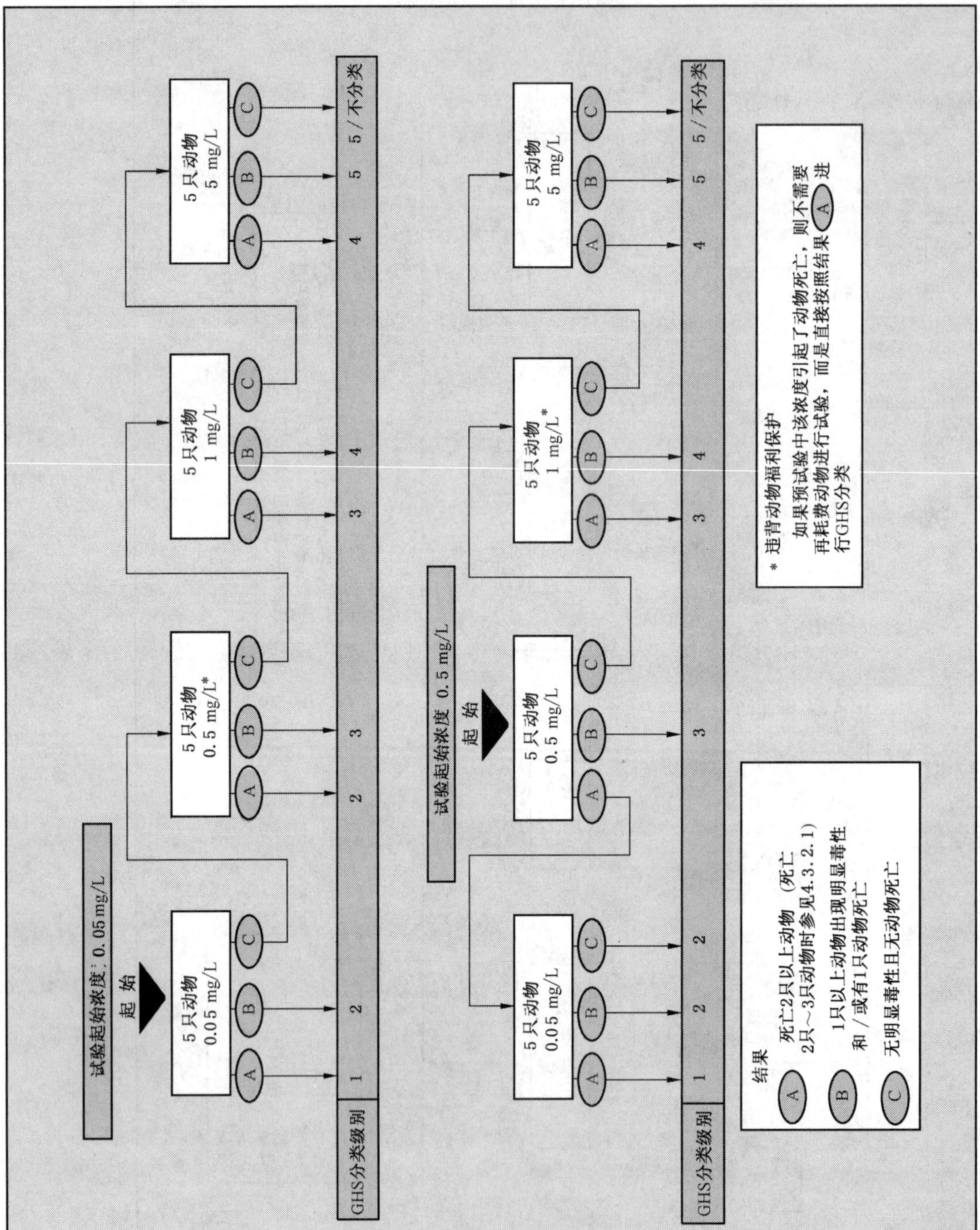

图 A.4 尘/雾正式试验流程图

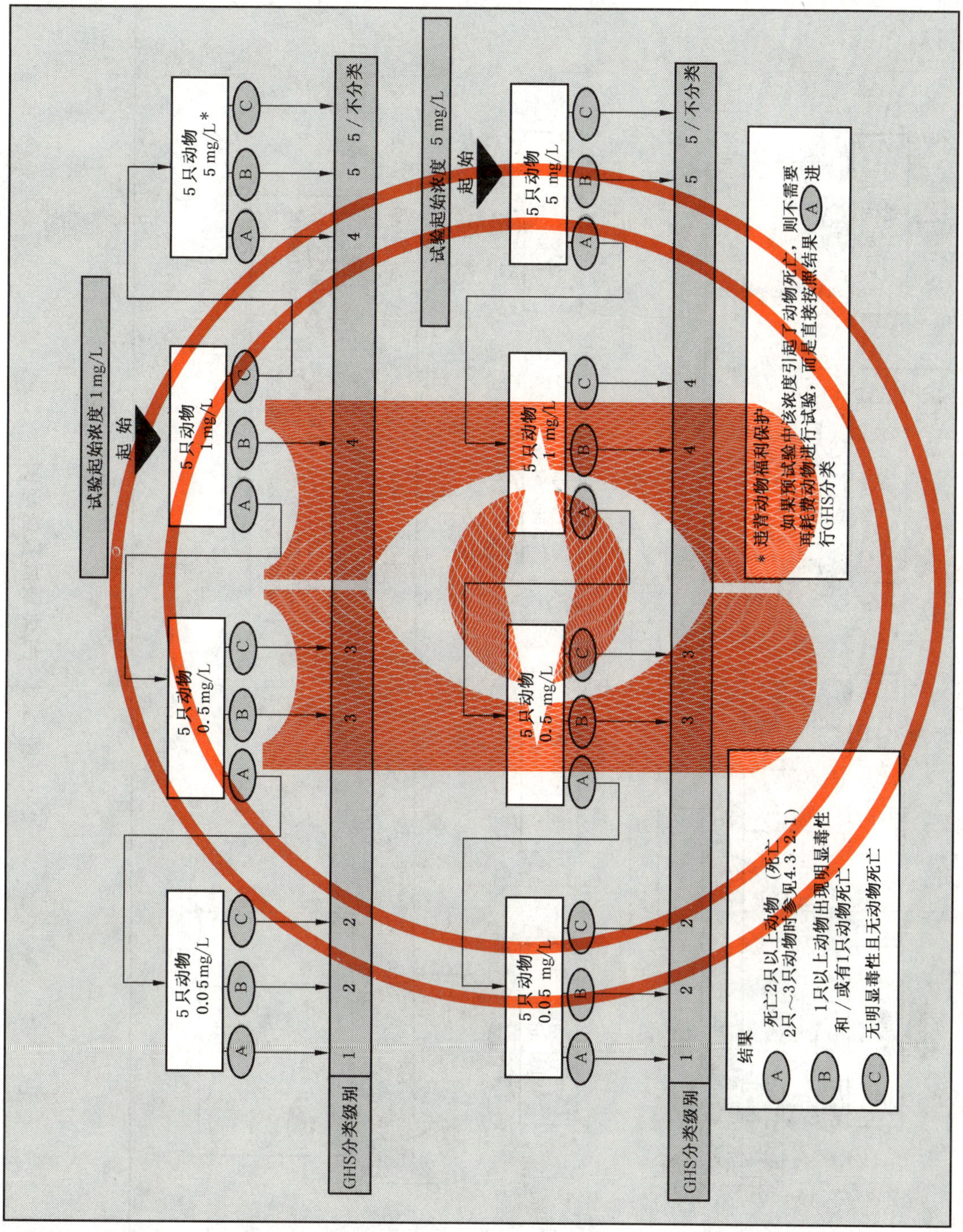
试验起始浓度 1 mg/L
起始
5只动物 0.05 mg/L
5只动物 0.5 mg/L
5只动物 1 mg/L
5只动物 5 mg/L *
A
B
C
GHS分类级别
1
2
3
4
5
5/不分类
试验起始浓度 5 mg/L
结果
死亡2只以上动物（死亡2只～3只动物时参见4.3.2.1）
1只以上动物出现明显毒性和/或有1只动物死亡
无明显毒性且无动物死亡
* 违背动物福利保护
如果预试验中该浓度引起了动物死亡，则不需要再耗费动物进行试验，而是直接按照结果 A 进行GHS分类

图 A.4（续）

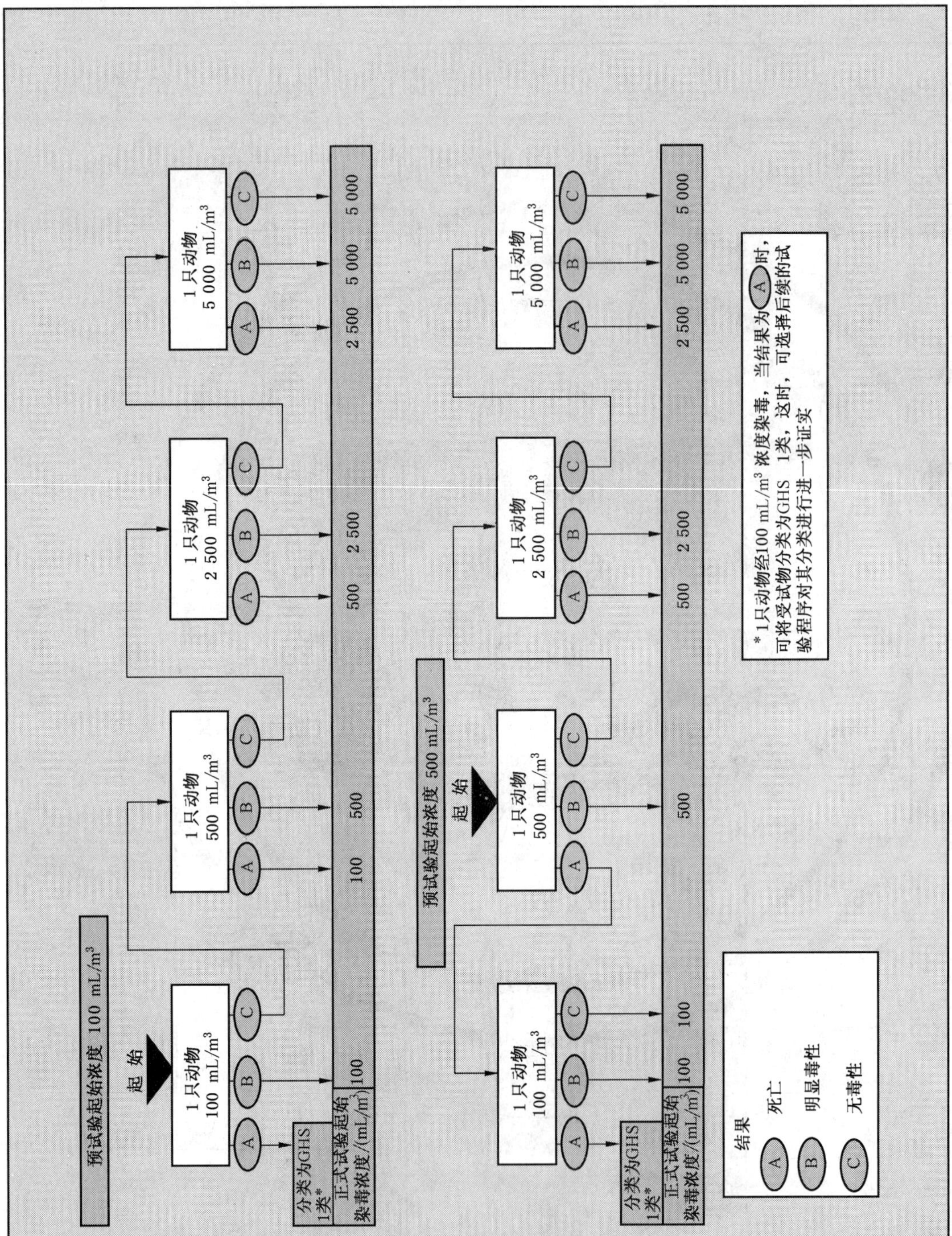

图 A.5 气体预试验流程图

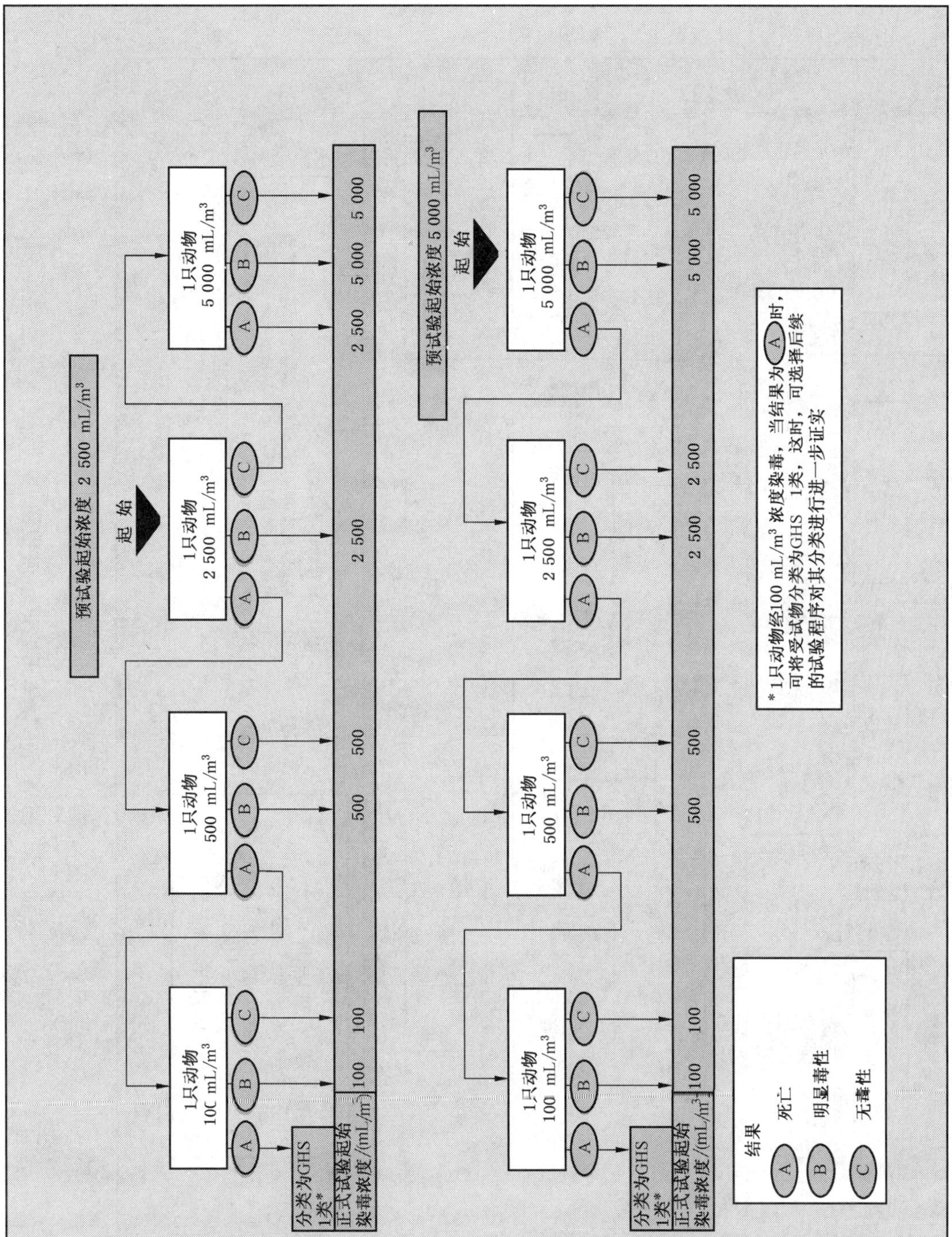
预试验起始浓度 2 500 mL/m³
起始
1只动物 100 mL/m³
1只动物 500 mL/m³
1只动物 2 500 mL/m³
1只动物 5 000 mL/m³
A
B
C
分类为GHS 1类*
正式试验起始染毒浓度/(mL/m³)
100 100 100 500 500 2 500 2 500 5 000 5 000
预试验起始浓度 5 000 mL/m³
起始
1只动物 100 mL/m³
1只动物 500 mL/m³
1只动物 2 500 mL/m³
1只动物 5 000 mL/m³
分类为GHS 1类*
正式试验起始染毒浓度/(mL/m³)
100 100 100 500 500 2 500 2 500 5 000 5 000
结果
A 死亡
B 明显毒性
C 无毒性
*1只动物经100 mL/m³浓度染毒，当结果为 A 时，可将受试物分类为GHS 1类，这时，可选择后续的试验程序对其分类进行进一步证实

图 A.5（续）

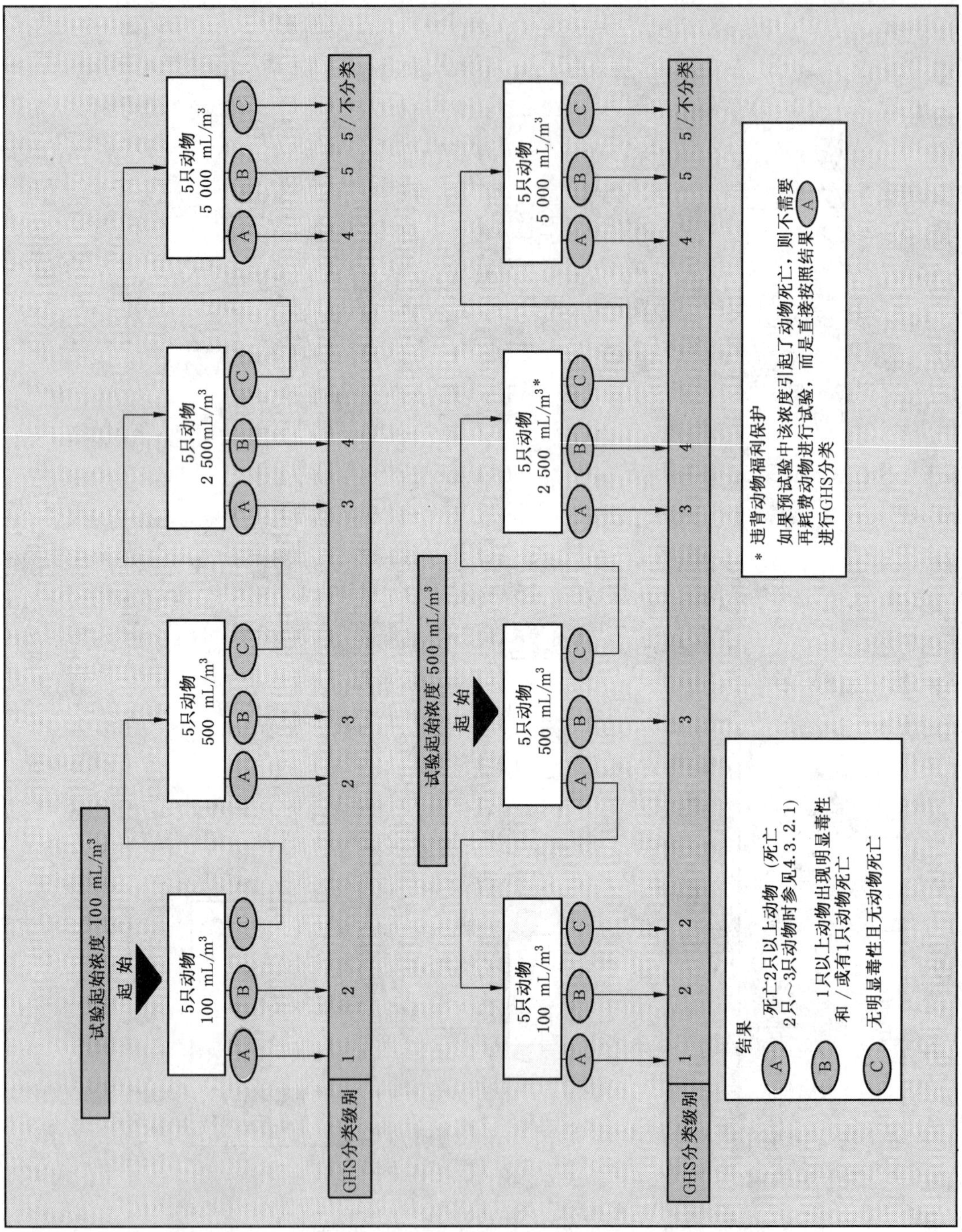

图 A.6 气体正式试验流程图

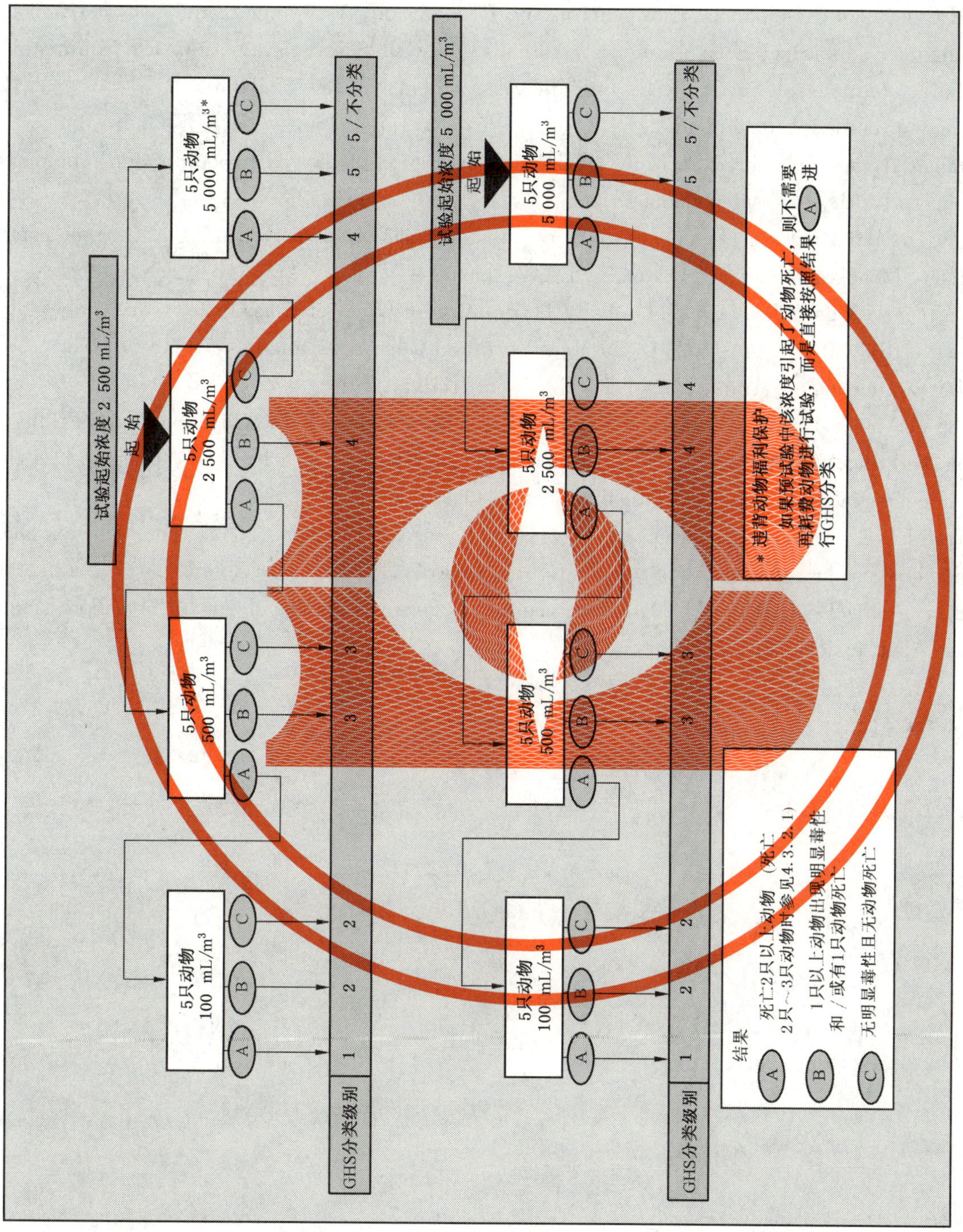

试验起始浓度 2 500 mL/m3
起始
5只动物 100 mL/m3
5只动物 500 mL/m3
5只动物 2 500 mL/m3
5只动物 5 000 mL/m3*
A
B
C
GHS分类级别
1
2
3
4
5
5/不分类
试验起始浓度 5 000 mL/m3
起始
5只动物 100 mL/m3
5只动物 500 mL/m3
5只动物 2 500 mL/m3
5只动物 5 000 mL/m3
GHS分类级别
1
2
3
4
5
5/不分类
结果
A 死亡:2只以上动物（死亡2只～3只动物时参见4.3.2.1）
B 1只以上动物出现明显毒性和/或有1只动物死亡
C 无明显毒性且无动物死亡
* 违背动物福利保护
如果预试验中该浓度引起了动物死亡，则不需要再耗费动物进行试验，而是直接按照结果 A 进行GHS分类

图 A.6（续）

参 考 文 献

[1] British Toxicology Society Working Party on Toxicity (1984). Special report: a new approach to the classification of substances and preparations on the basis of their acute toxicity. Human Toxicol. ,3,85-92

[2] OECD (2000). Guidance Document on the Recognition, Assessment and Use of Clinical Signs as Humane Endpoints for Experimental Animals Used in Safety Evaluation. Environmental Health and Safety Monograph Series on Testing and Assessment No. 19. Available:

[http://www.oecd.org/document/22/0,2340,en_2649_34377_1916054_1_1_1_1,00.html]

[3] Stallard, N. and Whitehead, A. (2002). Statistical evaluation of the fixed concentration procedure for acute inhalation toxicity assessment(manuscript)

[4] OECD. Draft Guidance Document No. 39 on "Acute Inhalation Toxicity Testing". Environmental Health and Safety Monograph Series on Testing and Assessment

[5] United Nations (UN)(2003). Globally Harmonized System of Classification and Labelling of Chemicals (GHS), ST/SG/AC. 10/30, UN New York and Geneva. Available:

[http://www.unece.org/trans/danger/publi/ghs/officialtext.html]

[6] Van den Heuvel, M. J. , Clark, D. G. , Fielder, R. J. , Koundakjian, P. P. , Oliver, G. J. A. , Pelling, D. , Tomlinson, N. J. and Walker, A. P. (1990). The international validation of a fixed-dose procedure as an alternative to the classical LD_{50} test. Fd. Chem. Toxicol. ,28,469-482

[7] Warbrick, E. V. , Indans, I. , Blackwell, M. , Hardy, C. and Shepherd, N. (2002). The reduction and refinement of animal use in acute inhalation toxicity testing. Toxicol. ,192,92

[8] SOT COMMENTARY, (1992). Recommendations for the Conduct of Acute Inhalation Limit Tests. Fundam. Appl. Toxicol. ,18,321-327

ICS 13.300;11.100
A 80

中华人民共和国国家标准

GB/T 27825—2011

化学品 皮肤吸收 体内试验方法

Chemicals—Test method for skin absorption—*In vivo*

2011-12-30 发布

2012-08-01 实施

中华人民共和国国家质量监督检验检疫总局
中国国家标准化管理委员会 发布

前　言

本标准按照 GB/T 1.1—2009 给出的规则起草。

本标准与经济合作与发展组织(OECD)化学品测试方法 No.427(2004)《皮肤吸收:体内试验方法》(英文版)技术性内容一致。

本标准作了下列结构和编辑性修改:

——增加了范围一章;

——将 OECD427 原文中的"引言"和"初始考虑"部分作为本标准的"引言";

——将 OECD427 原文中的"附录"部分作为本标准的"2　术语和定义"的内容;

——计量单位统一改为我国法定计量单位。

本标准由全国危险化学品管理标准化技术委员会(SAC/TC 251)提出并归口。

本标准起草单位:中国疾病预防控制中心职业卫生与中毒控制所、中华人民共和国湖北出入境检验检疫局、中国化工经济技术发展中心。

本标准主要起草人:刘清君、李朝林、林铮、曾宪东、杨挺、张剑峰、郭明星、陈建军、赵晖、冯汉利、王振华。

引　言

本标准技术性内容主要参照了经济合作与发展组织(OECD)化学品测试方法指南 No.427(2004),该指南提供了一套化学品皮肤吸收测试的体内试验方法。

人体接触化学品主要是经由皮肤途径,而目前多数毒理学研究采用的是实验动物经口染毒方式。该指南描述的经皮吸收体内试验方法为从经口试验外推化学品经皮暴露的安全性评估提供了必然联系。

化学物质需穿透多层皮肤细胞才可到达循环系统。对多数物质而言,死细胞构成的皮肤角质层决定了其穿透皮肤的速率。化学物质对皮肤的渗透性同时取决于化学品本身的亲脂性、表皮外层的厚度以及物质的相对分子质量、浓度等因素。一般而言,大鼠和兔子皮肤比人体皮肤的通透性更好,而豚鼠、猪和猴子的皮肤渗透性更类似于人类。

测试化学品经皮吸收的方法包括体内、体外两种。体内试验法可提供不同物种实验动物经皮吸收的良好信息。近年来,体外试验方法也取得了进展。体外试验法中化学物质主要是透过完整或部分厚度的动物或人体皮肤到达预定的液体储存空间。体外试验法 OECD 试验方法指南[1]中另有单独描述。特定情况下,OECD 皮肤吸收研究指南[2]可作为选择适当试验方法的参考,该文件提供了更多有关体内和体外试验方法适用性的细节。

该指南描述的体内试验方法可对受试物通过皮肤进入全身各部位的穿透性进行测定,该方法已广泛应用了多年[3-7]。虽然许多情况下体外经皮吸收研究均可适用,但某些情况下只有通过体内试验研究才可提供必要的数据。

体内试验方法的优点在于它采用生理和代谢完整的系统,使用多种毒性研究中普遍适用的实验动物种属,并且适当修改也可适用于其他种属。当然,该方法也存在其缺点:使用活动物,需使用同位素标记材料来获得可靠结果,难以确定皮肤吸收的早期阶段以及首选物种(大鼠)与人体皮肤渗透性存在差异。一般而言,动物皮肤透性更好,因此试验可能高估人体的经皮吸收[6,8-9]。此外,酸碱等腐蚀性物质也不宜进行活动物实验。

化学品　皮肤吸收　体内试验方法

1　范围

本标准规定了化学品皮肤吸收体内试验方法的术语和定义、试验原则、试验方法、试验数据和报告。

本标准适用于化学品经皮吸收的体内试验。

2　术语和定义

下述术语和定义适用于本文件。

2.1

未吸收剂量　unabsorbed dose

染毒后，从皮肤表面淋洗下来的以及在遮盖装置上受试物的量，包括染毒过程中从皮肤表面挥发的量。

2.2

吸收剂量(体内)　absorbed dose (*in vivo*)

去除受试部位皮肤的受试物后，包括尿液、饲养笼冲洗液、粪便、呼出气(若有测试)、血液、组织(若有收集)以及保留在尸体中受试物的量。

2.3

可吸收剂量　absorbable dose

冲洗后，留在皮肤表面或皮肤组织内受试物的量。

3　试验原则

受试物(最好用同位素标记)施用于动物的去毛皮肤，试验设定具有代表性的一个或多个适当的剂量组。在预定的染毒时间内，适当的(非闭合、半闭合或闭合的)遮盖装置覆盖下，皮肤接触受试制备物。染毒前、染毒期间及染毒后，试验动物均在单独的代谢笼中饲养，并收集动物排泄物及呼出气；染毒期结束时，去除遮盖装置并用适当的清洁剂洗净皮肤，保留遮盖装置及清洗液以便进行分析。通常，每个剂量组内设定为几个动物组：一组在染毒期结束即处死，其他组依次在预定时间间隔后处死[2]，取样结束时处死其余动物组，收集血液、取下受试部位皮肤进行分析，并分析尸体以确定未排泄的受试物的量。采集的样品以适当的方法进行分析并对受试物的经皮吸收程度进行评估[6,8-9]。

4　试验方法

4.1　动物选择

大鼠是最常用的种属，也可使用皮肤吸收速率与人类更相似的无毛系列品系[3,6-9]。一般选用实验室常用品系雄性健康的成年动物。试验开始时，动物体重差别不超过平均体重的±20%，例如，雄性大鼠的合适体重为200 g～250 g，尤其是在此范围的上半部分。

4.2 动物数量和性别

通常，由单一性别的至少四只动物构成一个试验组。试验中的每个预定时间点处死一组动物，如在染毒结束时间点（一般 6 h 或 24 h）以及随后的时间点（例如 48 h、72 h）。若已有数据表明雄性和雌性动物的经皮毒性有显著差异，则应选择更为敏感的性别，否则可任选一种性别。

4.3 饲养环境

动物实验室的室温应为 22 ℃±3 ℃，相对湿度一般为 50%～60%，至少为 30%，最好不超过 70%（清洁期间除外）。采用人工光源，12 h 光照/黑暗交替。选用常规饲料进行喂养，供应充足，自由饮水。试验中（包括试验之前的适应期），动物应在各自的代谢笼中单独饲养，尽量避免食物和水溢出容器影响试验结果。

4.4 动物准备

试验开始前，每只动物应做好标记加以区别，并在各自的笼中饲养至少 5 d 以适应实验室环境。然后，在染毒前约 24 h，将每只动物的肩和背部一定区域去毛，并用丙酮轻轻擦拭去毛皮肤表面以去除油脂。肥皂残留物有可能促进受试物的吸收，故不推荐用肥皂水洗。破损皮肤与完整皮肤的渗透性不同，应小心避免损伤皮肤。试验面积应足够大以确保能够可靠地计算每平方厘米皮肤吸收量，最好不小于 10 cm^2，此面积对体重 200 g～250 g 的大鼠是合适的。准备好的动物再放回饲养笼备用。

4.5 受试物

受试物是指被用来研究其渗透特性的物质。受试物最好作放射性标记。

4.6 受试物制备

受试制备物（包括纯品、经稀释的或直接施用于皮肤的包含受试物的制备物等）应与人体或其他潜在目标种属可能的暴露一致（或者是理想的替代物）。制备过程中产生的差异应进行合理校正。必要时，受试物可溶解或悬浮于适当的赋形剂中，对于非水赋形剂，应了解其吸收特性及其与受试物的潜在反应性。

4.7 皮肤染毒

在皮肤表面确定特定面积的受试部位，将已知量的受试制备物均匀地施用于该部位。用量一般采用人体可能的接触量，固体受试物多为 1 mg/cm^2～5 mg/cm^2，液体受试物最多可达 10 $\mu L/cm^2$。可根据预期的使用情况、研究目的或受试制备物的物理特性采用其他用量，但应有适当理由。在染毒后，受试部位应避免触碰。通常，受试部位应采用非闭合的遮盖装置覆盖（例如，通透性的尼龙纱布罩），典型装置的示例如图 1 所示。某些特定情况下，受试部位应采取闭合性保护。若半挥发性物质的挥发导致受试物的回收率超出可接受的范围（另见 4.10），应在受试装置上覆盖活性炭过滤器捕获挥发的受试物（见图 1）。任何装置均不得损伤皮肤，也不能吸收或与受试制备物反应。染毒后，动物被放回单独的代谢笼中以便收集排泄物。

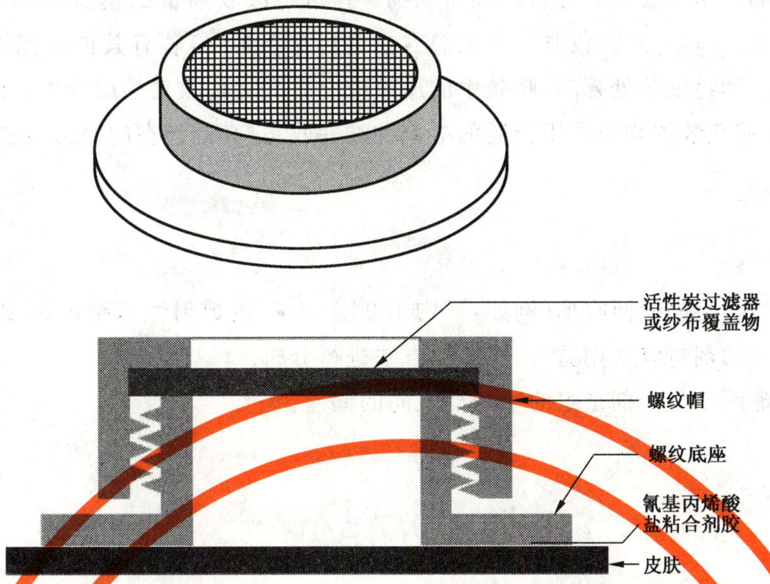

图 1　一种用于覆盖和保护受试部位皮肤的典型遮盖装置设计示例图

4.8　染毒时间和取样

染毒期是指在皮肤开始接触受试物，至清洗去除受试物之间的时间间隔，所采用的染毒时间(一般为 6 h 或 24 h)应与通常人体可能的接触时间相对应。染毒后，动物在代谢笼中保留直至预定的处死时间点。染毒结束时，对受试皮肤进行观察并记录任何可见的刺激症状。在整个研究过程中，代谢笼应可分别收集尿液和粪便，并可在^{14}C标记的二氧化碳和挥发性的^{14}C化合物(大于 5%)产生时进行收集和定量分析。尿液、粪便和捕获液(例如，^{14}C标记的二氧化碳和挥发性的^{14}C化合物)应在每个取样时间点从每组中单独收集。若有足够的信息证明很少或几乎不产生放射性代谢物，则可采用开放式笼子。整个试验期间，应定期观察动物的毒性或异常反应。

染毒期，从开始皮肤接触后至 24 h 以及随后的每天，均应收集排泄物直至试验结束。一般而言，三个排泄物收集间隔即可，但某些受试制备物的特征或者现有的动力学数据可能要求更多的收集时间点。

染毒结束时，从每只动物身上移去遮盖装置并单独保留以便试验分析。所有动物的受试部位皮肤应用拭子蘸取清洗剂清洗至少 3 次，注意避免污染其他部位，清洗剂应为肥皂水等有代表性的常用卫生清洁剂。最后，擦干皮肤，用新的干净遮盖装置覆盖受试部位皮肤，将这些动物放回单独的代谢笼，组成后面时间点的试验动物组。所有的擦洗拭子和洗液应予保留用于分析。

4.9　动物安乐处死

各试验组的每只动物均应在规定的时间点安乐处死，收集血样，移去保护性的装置或覆盖物并进行分析。剪下每只动物的受试部位皮肤以及对应的空白对照部位皮肤，分别进行分析试验。受试部位皮肤可分层，将角质层与底下的真皮层分离，可提供受试物分布的更多信息。在染毒之后的这一时段受试物分布的试验分析，将提供其在角质层中转运的某些指征。最后清洗皮肤并安乐处死动物后，应移去保护性的覆盖物，以便于皮肤分层处理。从受试大鼠身体上环状切下受试部位的皮肤并钉在板上，将黏附性胶条贴于皮肤表面，轻压，胶条将部分角质层黏附下来。继续用胶条重复粘贴，直到胶条不再粘附于皮肤表面，表明角质层已被全部去除。将同一只动物的所有胶条合并至一个单独的容器中，加入组织消化液溶解角质层。

保留每只动物的尸体以便试验分析。在对动物尸体进行吸收剂量试验前，每个可能的靶组织均可被分离单独进行试验。一般而言，仅对尸体的总含量进行分析即可，若有其他研究提示，也可将靶组织分离进行单独试验。动物安乐处死时，膀胱中的尿液应合并到之前收集的尿液中。此外，收集了代谢笼中的粪便后，笼子和捕获装置均应采用合适的溶剂冲洗并收集，其他潜在的受污染仪器也应该进行类似的处理。

4.10 分析

所有试验均应达到足够的回收率(例如，平均100%±10%的放射性)，超出回收率范围的应说明理由。每个样品所使用的剂量应采用适宜、有效的方法进行分析。

统计分析应考虑测定每个剂量组的平行样之间的偏差。

5 试验数据和报告

5.1 试验数据

应对每一只动物在每一取样时间点的受试物和(或)代谢物进行以下测定(除单个动物的数据外)以便计算吸收剂量、未吸收剂量和可吸收剂量，且不同取样时间点的数据均应按组报告其平均值：

——保护用具上的量；

——从皮肤上清除下来的量；

——在皮肤上/内、不能从皮肤上洗下的量；

——血样中的量；

——粪便和呼出气中的量(如适用)；

——保留在尸体和取下单独试验的器官上的量。

在粪便、呼气、血样和尸体中的受试物和(或)代谢物的量，用于确定每个时间点的吸收总量，从而计算出染毒后每平方厘米皮肤吸收受试物的量。

5.2 试验报告

试验报告应符合试验方案所规定的要求，包括所用试验系统合理性，具体有以下几方面：

a) 受试物：

——识别数据[例如，化学文摘服务社(Chemical Abstracts Service，CAS)编号、来源、纯度(放射化学纯度)、已知的杂质、货号]；

——物理性质，理化性质(例如，pH值、挥发性、可溶性、稳定性、分子质量和$\lg P_{ow}$)。

b) 受试物的制备：

——配方和使用的理由；

——受试物制备详细过程、使用的量、达到的浓度、赋形剂、稳定性和均一性。

c) 受试动物：

——使用的种属/系；

——动物的数量、年龄和性别；

——动物的来源、饲养环境、饲料等；

——试验开始时每只动物的体重。

d) 试验条件：

——染毒的详细过程(受试部位、分析方法、闭合/非闭合、体积、提取、检测);

——食物和水质的详细说明。

e) 试验结果:

——任何毒性症状;

——吸收数据列表(以速率、数量和百分比表示);

——试验的总体回收率;

——结果的解释,与该受试物经皮吸收的已有数据进行比较。

f) 结果的讨论。

g) 结论。

参 考 文 献

[1] OECD(2004). Test Guideline 428:Skin absorption:in vivo Method. OECD,Paris

[2] OECD(2004). Guidance Document for the Conduct of Skin Absorption Studies. OECD,Paris

[3] ECETOC(1993). Percutaneous Absorption. European Centre for Ecotoxicology and Toxicology of Chemicals,Monograph No. 20

[4] Zendzian RP(1989). Skin Penetration Method suggested for Environmental Protection Agency Requirements. J. Am. Coll. Toxicol. ,829-835

[5] Kemppainen BW,Reifenrath WG(1990). Methods for skin absorption. CRC Press Boca Raton,FL,USA

[6] EPA(1992). Dermal Exposure Assessment:Principles and Applications. Exposure Assessment Group,Office of Health and Environmental Assessment

[7] EPA(1998). Health Effects Test Guidelines,OPPTS 870-7600,Dermal Penetration. Office of Prevention,Pesticides,and Toxic Substances

[8] Bronaugh RL,Wester RC,Bucks D,Maibach HI and Sarason R(1990). In vivo percutaneous absorption of fragrance ingredients in rhesus monkeys and humans. Fd. Chem. Toxic. 28:369-373

[9] Feldman RJ and Maibach HI(1970). Absorption of some organic compounds through the skin in man. J. Invest. Dermatol. 54:399-404

ICS 13.300;11.100
A 80

中华人民共和国国家标准

GB/T 27826—2011

化学品 神经发育毒性试验方法

Chemicals—Test method of developmental neurotoxicity

2011-12-30 发布　　2012-08-01 实施

中华人民共和国国家质量监督检验检疫总局
中国国家标准化管理委员会　发布

前　言

本标准按照 GB/T 1.1—2009 给出的规则起草。

本标准与经济合作与发展组织(OECD)化学品测试指南 No.426(2007 年)《神经发育毒性试验》(英文版)技术性内容一致。

本标准做了下列结构和编辑性修改:

——增加了范围一章;

——计量单位改成我国法定计量单位;

——将 OECD 426 原文中的"介绍"和"初步考虑"部分作为本标准引言。

本标准由全国危险化学品管理标准化技术委员会(SAC/TC 251)提出并归口。

本标准起草单位:中国疾病预防控制中心职业卫生与中毒控制所、上海出入境检验检疫局、中国化工经济技术发展中心。

本标准主要起草人:刘清君、林铮、李小林、邱璐、杨挺。

引　言

1995 年 6 月，OECD 生殖和发育毒性工作组在哥本哈根召开会议，讨论对现有的 OECD 生殖和发育毒性的试验指南进行更新，但未包括对原有试验终点进行改进[1]。工作组建议，神经发育毒性的试验指南应以美国环保署试验指南为基础[2]。1996 年 6 月，工作组在哥本哈根召开第二次协商会议，大会提交了新神经发育毒性试验指南纲要，其中包括动物种属选择细则，染毒周期、试验周期、试验终点和结果评价标准等试验要点的详细资料。1998 年美国出版了神经发育毒性危险性评价指南[3]，2000 年 10 月，OECD 专家咨询会和 ILSI 风险科学研究工作组相继召开会议，并于 2005 年在东京召开专家协商会议[4-7]。这些会议讨论了当前试验指南所涉及的科学和技术问题。

本标准参考了 OECD 化学品测试指南 No. 426(2007 年)《神经发育毒性试验》(英文版)。试验指南中关于操作、解释和试验中所用术语的资料参考了试验指导文件 No. 43“生殖毒性试验和评估”[8] 和 No. 20“神经毒性试验”[9]。

许多化学品都能够引起人类和其他动物出现神经发育毒性[10-13]。单一化学品或混合物(通称受试物)潜在的神经发育毒性测试可用于受试物的毒性特征评价。神经发育毒性研究能够反映子代在子宫内和生命早期由于暴露因素而引起的神经系统的形态改变和功能异常，并提供剂量-反应关系资料。

神经发育毒性试验可单独进行，也可合并生殖毒性和/或成年动物的神经毒性研究，或出生前发育毒性研究[14-17]。如神经发育毒性合并到其他试验中，必须确保两项试验的完整性。所有试验都应遵守当地政府和研究机构的实验动物使用准则[18]。

试验开始前，应考虑分析受试物所有的资料，包括受试物的名称、化学结构、理化特性和其他体内或体外毒性试验结果；结构相关化合物的毒理学资料以及受试物的预期使用等。这些资料既有助于试验时对人类健康保护提供必要的信息，也有助于选择合适的试验初始剂量。

化学品 神经发育毒性试验方法

1 范围

本标准规定了化学品啮齿类动物神经发育毒性试验的缩略语、试验原则、试验准备、试验程序、试验数据和报告。

本标准适用于检测化学品的神经发育毒性。

2 缩略语

下列缩略语适用于本文件。

NOAEL:未观察到有害作用的剂量(no-observed-adverse eEffect)

GD:妊娠当天(gestation day)

PND:分娩当天(postnatal day)

DMPT:延迟匹配状态(delayed-matching-to-position)

CNS:中枢神经系统(central nervous system)

PNS:周围神经系统(peripheral nervous system)

GFAP:胶质纤维酸性蛋白(glial fibrillary acidic protein)

3 试验原则

3.1 对妊娠期和哺乳期的动物进行染毒,不仅能评价受试物对妊娠期和哺乳期母体的影响,还能比较亲代和子代动物所出现毒作用的不同。进行神经毒性评价的子代动物应经随机选择。神经毒性评价主要包括总体的神经行为异常评价以及出生后及成年脑重和神经病理评价,神经行为异常评价包括身体发育、个体行为、运动活力、运动和感觉功能以及学习和记忆等。

3.2 如果神经发育毒性试验独立进行,除基本的项目外,动物量还应满足特定的神经行为、神经病理及电生理检查需要,这些检查项目是对标准中基本检查项目的重要补充[16,19-21]。当评价某些依赖经验观察的、预期的、机制/作用模式表明的某一特殊类型的神经毒性时,这些检查项目尤其有用。这些检查项目获得的资料可能对评价亲代和子代动物的毒性都有用。此外,如不改变体内实验的完整性,还可进行离体试验或体外试验。

4 试验准备

4.1 动物种属的选择

试验首选大鼠,也可选用其他合适的动物。但本标准中的妊娠期和哺乳期天数均是指一般大鼠;如使用其他种属动物或特殊品系的大鼠,应当选用相对应的天数。如果选择其他种属的动物,应根据相应的毒理学、药代动力学和/或其他资料说明其合理性,包括所用动物出生后神经行为发育种属特异和神经病理评价可行性。如果以往引起关注的试验,仍应考虑使用引起关注的种属和品系的动物。由于不同品系大鼠的特性不同,应确保所用动物品系有足够的繁殖能力和敏感性。选用其他种属动物检测神经发育毒性的可靠性和敏感度应具有相应的文献依据。

4.2 动物饲养环境和条件

4.2.1 动物房温度应在22 ℃±3 ℃。相对湿度应大于30%，最好不超过70%，除了在打扫卫生外，湿度应保持在50%～60%。采用人工昼夜，12 h明暗交替。为了在黑暗期间评价(红光下)功能学和行为学的研究终点，即动物的活动是否正常，也可在交配前和试验期间改变光照循环[22]。改变光照后，应该给动物足够的时间适应新的光照循环。常规喂饲，自由饮水。报告中应列出动物饲料和饮水的类型，分析饮水和饲料中的污染物。

4.2.2 动物单笼饲养或按性别群笼饲养。交配操作应在适宜的笼中进行。动物交配成功后且妊娠第15天前，妊娠动物应转移到繁殖笼内。笼具的放置时应尽可能减少放置引起的影响。妊娠动物临近分娩时需提供合适的垫料。为防止非处理因素引起的流产，对妊娠期动物的处理应十分小心，尽可能避免外界因素干扰引起的不良情绪，如噪声的干扰。

4.3 动物准备

试验所用的动物应是健康的、已经适应实验室环境的，并且之前没进行过试验的(本项试验是合并其他试验除外)。应明确受试动物的种属、品系、来源、性别、体重和年龄。对动物进行分组，编号。所有动物的体重，年龄均在试验要求动物品系的范围内，并尽可能一致。每个剂量水平都应使用健康成年且未生育的雌性动物。试验中应避免发生近亲交配(同窝)。阴道内观察到阴栓和/或精子的时间为妊娠第0天(GD 0)。购买的妊娠动物应保证其有足够的适应时间(2 d～3 d)。交配的雌性动物随机分配到试验组和对照组，保证各组分配均匀(推荐根据动物体重采用分层随机程序分组)。由同一雄性动物受精的雌性动物应均衡的分配到各试验组中。

5 试验程序

5.1 动物的数量和性别

5.1.1 每个试验组和对照组应有足够数量的妊娠动物供染毒，确保有足够的子代动物进行神经毒性评价，建议每个剂量20窝动物。如每个剂量组都获得了足够数量的窝数，可考虑重复参差剂量(replicate and staggered-group dosing)设计，对于重复样品应选用恰当的统计模式进行分析。

5.1.2 出生后4 d之内(分娩当日为PND 0)，按照随机的原则剔除每窝多余的子代，使每窝子代数尽可能一致[23]。每窝子代的多少不能超过所用品系动物的正常平均值[8-12]。每窝子代雄性和雌性数尽可能相等。不能选择性的剔除子代，如按照体重的大小来剔除胎仔是不合适的。选择完后进行下一步试验前，应确定哪些用于断乳前的试验，哪些用于断乳后的试验，并对每只子代动物进行标记[24]。

5.2 用于功能和行为测试，脑重测量和神经病理评价的动物分配

5.2.1 对于宫内及整个哺乳期染毒的动物，允许采用多种方法进行功能和行为测试，性发育、脑重和神经病理评价[25]。只要不影响整个试验的完整性，根据具体情况可以加入其他神经行为功能(如群居行为)，神经化学及神经病理检查。

5.2.2 在分娩第4天或第4天之后，对每个剂量组选择的子代动物进行毒作用终点评价。每一个评价项目应尽可能从每窝选择两种性别的动物，各个剂量组动物构成应尽可能一致，并且能够代表各自的性别。运动活性试验应在断乳前选择同一对雄性和雌性子代进行检查。其他试验中可采用相同或不同对的雌雄子代进行行为学试验。对于认知功能试验的子代应该分为断乳期和成年期，避免年龄和前期锻炼等混杂因素对结果的影响[26-27]。在断乳期(PND 21)，不需要的子代可以实行安乐死。对子代动物处置的任何变更都应写入试验报告。对测量值的统计是以窝(动物)或每只亲代为单位，而不是以子代为单位。

子代动物断乳前和断乳后检查包括多个试验，有认知测试，病理检查等(见图1综合动物分配设计和附录A的分配举例)。断乳前和断乳后试验项目所需每个剂量组动物最少数量如表1所示。

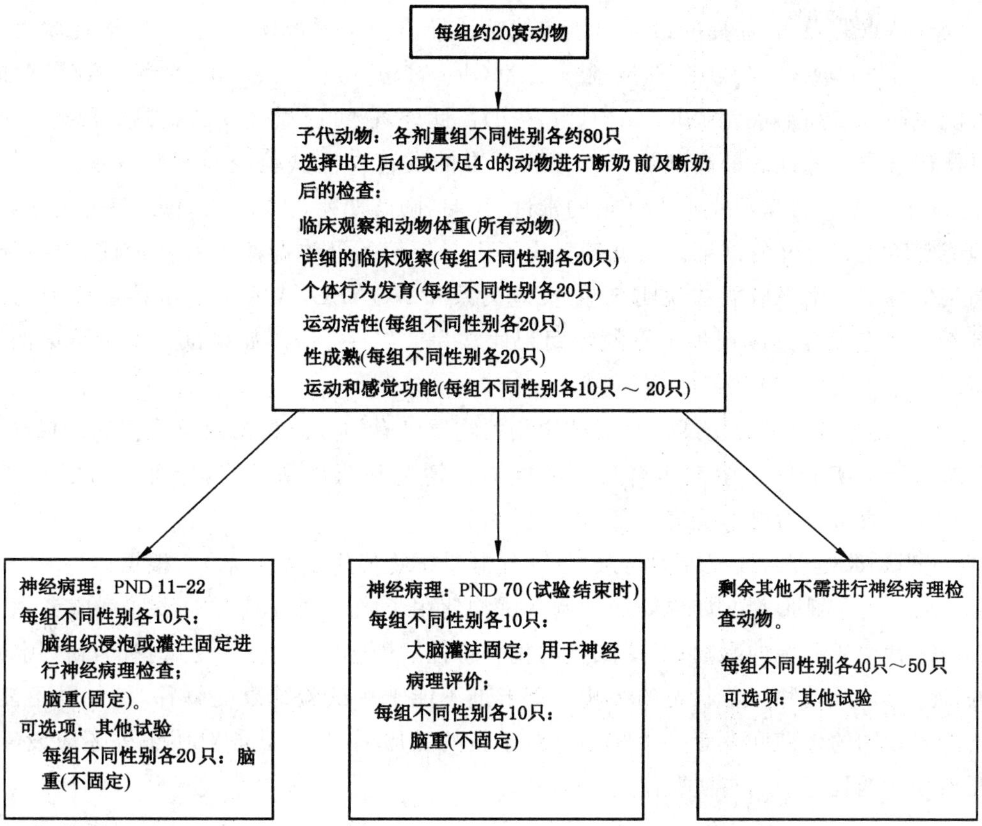

注：此图主要基于4.2的描述资料，试验动物的分配举例参见附录A。

图1　子代动物功能/行为测试、神经病理检查以及脑重的试验实验流程

表1　断乳前和断乳后试验项目所需每个剂量组动物最少数量

一般临床观察和体重	所有动物
详细的临床观察	20只/性别[1只/(性别·窝)]
脑重(固定后)PND 11-22	10只/性别(1只/窝)
脑重(未固定)～ PND 70	10只/性别(1只/窝)
神经病理学(浸泡或灌注固定)PND 11-22	10只/性别(1只/窝)
神经病理(灌注固定)～PND 70	10只/性别(1只/窝)
性成熟	20只/性别(1只/窝)
其他发育指标(可选)	所有动物
个体行为发育	20只/性别[1只/(性别·窝)]
运动活力	20只/性别[1只/(性别·窝)]
运动和感受功能	20只/性别[1只/(性别·窝)]
学习和记忆	10只/性别[a](1只/窝)

[a] 根据认知功能测试的敏感度的高低，需要考虑试验可能会需要较多的动物数，例如，最多可考虑每窝动物雌雄各一只(动物的分配见附录A)，动物样本安排的详细指南可见OECD指导性文件NO.43[8]。

5.3 剂量

5.3.1 试验至少设三个剂量组和一个平行对照组，各剂量水平应有合适的间隔。如果不受受试物的理化特性或生物学特点的限制，选择的最高剂量应能够诱导出一定的母体毒性，如临床症状，体重增长降低(不得超过10%)和/或靶器官出现剂量-限定毒性(dose-limiting toxicity)。特殊情况外(如预期人群暴露剂量可能更高)，最高剂量为1 000 mg/(kg·d)。此外，还可以通过预试验或剂量确定试验来寻找能够引起母体出现最小毒性的最高剂量。如果在标准的发育毒性试验或预试验发现受试物有发育毒性，最高剂量水平应不能引起子代出现严重的毒性、死胎、围产期死亡或胚胎畸形，确保受试物的发育神经毒性试验能够得到有意义的结果。最低剂量应不引起任何的母体毒性和发育毒性(包括神经毒性)。选择的从高到低的剂量水平应能够说明剂量-反应关系和NOAEL，或者该剂量接近检测的限值，用以确定基准剂量。设定最佳递减剂量水平的组间距通常为2倍～4倍。如果试验增设了第四个剂量组，选择的组间距通常较大(>10倍)。

5.3.2 剂量水平的选择应考虑受试物及其结构相关物质已有的毒性数据以及代谢和毒代动力学资料。这些资料还有助于证实染毒方案是否合理。根据染毒情况和药代动学资料，可以考虑对子代直接染毒[28-29]。在对子代直接染毒之前应充分考虑其优缺点[30]。

5.3.3 对照应当是未处理组或赋形剂对照组(如配制受试物使用了赋形剂)。根据体重，所有动物都给予相同体积的受试物和赋形剂。如果染毒配制受试物使用了赋形剂或其他的添加剂应考虑：其对受试物的吸收、分布、代谢或贮留的影响；对受试物的化学特性的影响(可能改变受试物的毒作用特征)；对饲料和饮水的摄入量以及动物营养状况的影响。赋形剂不能干扰试验结果的解释，例如既不能有神经行为毒性也不能对动物的生殖和发育产生影响。对于新的赋形剂，除了一般对照组外还应设置赋形剂对照组。对照组动物的处理应当与实验组完全相同。

5.4 染毒

5.4.1 依据已有试验的代谢和分布资料，受试物和赋形剂的染毒方式应尽可能与潜在的人类暴露途径一致。常用的染毒方式是经口染毒(如灌胃、掺入饲料、饮水)，根据受试物的特点以及预期或已知的人类暴露途径，也可选用其他染毒途径(如经皮、吸入)。应当提供染毒途径选择合理性的依据。每天尽可能在相同的时间染毒。

5.4.2 尽可能根据每只动物近期的体重确定染毒量(体积)。但是在妊娠期的后1/3，调整染毒量应谨慎。如果处理组妊娠动物出现过重的毒性，对这些动物应实行安乐死。

5.4.3 受试物和赋形剂染毒时间至少应该从胚胎植入(GD 6)期持续到哺乳期(PND 21)结束。如有证据表明适当调整染毒开始时动物的年龄，染毒持续时间和染毒频率与人类暴露的情况更加相关，则可以对染毒方案进行调整。如使用其他种属动物，为确保受试物的暴露在大脑整个发育早期(相当于出生前和出生后早期人类大脑的生长发育)，应对染毒时间做适当调整。虽然应考虑受试物暴露可能引起着床前丢失，但染毒可以从妊娠当日(GD 0)开始。妊娠6 d(GD 6)开始染毒虽然可以避免着床前丢失，但妊娠0 d～6 d(GD 0-6)发育阶段未能暴露受试物。对于购买的妊娠动物，不可能在妊娠当天(GD 0)开始染毒，因而应当在妊娠第6天(GD 6)开始染毒。根据受试物的毒作用相关资料、预试验、逻辑关系制定染毒方案，包括动物断乳后如何继续染毒。动物分娩当天不染毒。通常情况下，都假定子代能够通过母乳继续暴露受试物；然而，如果没有子代继续暴露的证据，可以考虑直接对子代进行染毒。可以通过药代学信息，子代毒性或生物标志物的变化等获得子代是否暴露的证据[28]。

5.5 亲代动物的观察

5.5.1 所有亲代动物至少每天观察一次，观察其健康状况，包括发病和死亡。

5.5.2 除了上面的观察外，在染毒期和观察期，应定期进行详细的临床观察(在妊娠染毒期和哺乳染毒期至少分别观察两次)，每个剂量水平至少需观察10只妊娠动物(子代)。由不参与该试验的熟练技术人员从笼取出动物进行观察，按照标准操作规程减少对动物应激负荷和观察者的偏倚，并可能增加观察的可信度。如果可能，建议整个试验过程中由同一观察人员进行观察。

5.5.3 记录出现的所有症状。记录时尽可能对所观察到症状进行量化。临床观察包括(但不限于)皮肤、毛发、眼睛、黏膜、分泌物以及自主活动(如流泪、竖毛、瞳孔大小、不正常的呼吸方式和/或张口呼吸、异常的排尿或排便)的变化。

5.5.4 记录任何与体位、活动水平(如标准活动区域的减少或增加)等有关的不正常的反应和运动协调能力的改变。记录步态(如步态不稳、共济失调)，姿势(如拖尾)，对操作、位置或其他环境刺激的反应性，以及阵挛性，抽搐，震颤，刻板动作(如过度理毛行为、异常的头部运动、转圈)，奇怪的行为(如撕咬或过度的舔舐、自残、倒退、异常叫声)，以及攻击行为等。记录毒性症状，包括症状开始的时间、天数、程度以及持续时间。

5.5.5 整个实验过程中动物至少每周称重一次；临近分娩或分娩当日，出生第21 d(断乳)时应称重。灌胃染毒时，妊娠动物每周称重两次，根据动物体重对染毒量做适当调整。至少应在妊娠期和哺乳期每周测量一次摄食量。如通过饮水染毒，至少每周测量一次饮水量。

5.6 子代动物的观察

5.6.1 所有子代动物至少每天观察一次，观察出现的毒性症状、发病和死亡。

5.6.2 在染毒期和观察期，应对子代进行详细的临床观察。由不参与该试验的熟练的技术人员对子代进行观察，至少观察1只/(性别·窝)，按照标准化操作规程进行操作。如果可能，建议整个试验过程中由同一观察人员进行观察。

5.6.3 记录子代动物所有的毒性症状，包括症状开始的时间、天数、程度以及持续时间。

5.7 子代动物身体发育指标的观察

5.7.1 断乳前的发育指标(如四肢伸开、睁眼、切牙萌出)的变化与体重呈高度相关性。体重可能是身体发育的最好指标。因此，只有在已有证据表明这些发育指标能提供额外信息时，才推荐测量这些指标。这些参数的评价时间见表2。根据预期的毒作用和早期测试的结果，可以增加额外的时间点或在其他发育阶段也进行评价[32]。

表2 生长发育指标(功能性/行为学终点评价时间表[a])

终点	年龄		
	断乳前[b]	青春期[b]	成年[b]
身体发育指标			
体重和临床观察	每周1次[c]	至少每2周1次	至少每2周1次
脑重	PND 22[d]		试验结束
神经病理	PND 22[d]		试验结束

表 2（续）

终　点	年　龄		
	断乳前[b]	青春期[b]	成年[b]
性成熟	—	适当时间	—
其他发育指标[e]	适当时间	—	—
功能/行为终点			
个体行为发育	至少 2 项		
引动反射(包括适应)	1 次～3 次[f]	—	1 次
运动和感受功能	—	1 次	1 次
学习和记忆	—	1 次	1 次

[a] 本表中给出了评价所需的最小评价次数。根据预期的毒作用和早期测试的结果，可以增加额外的时间点（如成年后）或在其他发育阶段也进行评价。

[b] 建议子代在断乳 2 d 内不进行试验。对于青春期评价项目的时间为：学习记忆＝PND 25±2，运动和感觉功能＝PND 25±2。对于成年早期评价项目的时间为 PND 60-70。

[c] 对于子代直接染毒，当动物进入体重快速增长期时，至少应每周称重 2 次，并根据体重调整染毒剂量。

[d] 脑重和神经病理评价可以在早些时候（如 PND 11）进行。

[e] 体重外的其他发育指标（如睁眼）应当记录。

[f] 见 5.9。

5.7.2　最好在性发育成熟阶段而不是出生后评价身体发育[33]。为避免断乳应激引起的混杂效应对结果影响，对于子代应在预期的断乳当天进行的试验，建议改在实际断乳之前进行。另外，断乳后子代的试验应在断乳 2 d 后进行。

5.7.3　计数存活子代，通过肉眼检查或测量肛门与生殖器之间的距来确定动物的性别[34-35]。每只子代应在出生后尽早称量体重，在哺乳期每周至少称量一次体重。每窝至少分别选择雌雄各一只检查阴道开口特征[36]、包皮分离程度用来评价性发育程度[37]，同时记录年龄和体重。

5.8　个体行为发育

在适当的年龄阶段，选择 1 只/(性别・窝)进行个体行为发育评价，在整个试验过程不同时间使用同一动物检查所有的行为发育项目。进行检查时间间隔应均匀，评价时应能够区别个体行为发育变化是正常的还是由暴露因素引起的[38]。以下三项是用于评价行为个体发育：翻正反射，负趋地性和运动活力[38-40]。

5.9　运动活力

运动活力的检测应当在断乳前和成年后进行[41-45]。对于断乳期的试验参考子代身体发育指标的检查。试验时间应足够长，确保非处理对照组有足够的时间适应。建议应用运动活力来评价个体行为发育。如运动活力作为个体行为发育测试指标，则断乳前的所有试验应使用同一动物。测试频率应保证能够评价适应的个体行为发生过程[44]，这要求在断乳前（包括断乳当天）至少评价三次（如出生后 13 d、17 d 和 21 d）。使用同一动物或同窝动物在成年期接近试验终止时还需进行评价（如出生后第 60 天～70 天），也可在增加其他时间点进行评价。运动活力应由自动活动记录仪进行监测，该仪器能够检测到活动的增加或减少，由仪器所测定出来的运动活力基线不能太低，以便能够检测到运动活力降低;也不能太高,以便能够检测出运动活力的增加。每个仪器应按照标准程序进行校验测试。试验组应尽可能使用不同的仪器进行测试,每只动物应单独进行。试验组在不同测试时间的测试应尽量交叉平衡,避免生理活动节律引起的混杂因素。努力减少试验条件的变化,降低处理因素有关的系统误差。影响行为测试(包括运动活力)指标的因素包括声音的大小、笼具的大小和形状、温度、相对湿度、照明、气味、普通家笼还是新型笼具以及其他环境因素等。

5.10 活动和感觉功能

至少应当分别在青春期和成年初期[如出生后第60天～70天(PND 60-70)]对活动和感觉功能进行一次详细的检测。在断乳期间进行的测试参考子代身体发育指标的检查。应进行足够的测试,确保有足够的感觉功能(如本体感觉、前庭)和运动功能(如力量、协调)的样本进行定量分析。伸肌延伸反应[46]、翻正反射[47-48]、听觉惊吓适应[40,49-54]和诱发电位[55]等只需少量的样本即可。

5.11 学习和记忆测试

学习和记忆功能相关的测试应分别在子代断乳后(如PND 25±2)和成年后(PND 60及以后)进行。断乳后进行的测试子代身体发育指标的检查。在发育这两个阶段可以进行相同的或单独的测试,学习和记忆试验的选择可以有适当的弹性。但是试验的选择应满足两个标准。第一,学习试验可通过评价几次重复交叉学习出现的变化,也可以通过评价与锻炼经验不相关的一次测试来进行。第二,除了最初所获得的学习外,试验应当包括一些短期或长期记忆的测量;但在无法测量从相同的试验得到的获得性记忆时,则不能报告记忆的测定结果。如学习和记忆测试结果表明受试物有作用,则需进行其他的试验,并根据感觉、动机性和/或运动性能力改变作出解释说明。除了上述两个标准外,选择学习和记忆试验类型时应以文献中已经证明了的对同类化合物具有明确灵敏度的方法。如没有相关资料,满足上述标准的试验包括:被动回避试验(passive avoidance)[43,56-57]、成年大鼠和幼鼠的延迟匹配状态(DMTP)试验[58-59]、嗅觉条件反射(olfactory conditioning)[43,60]、莫里斯水迷宫试验(Morris water maze)[61-63]、比尔或辛辛那提水迷宫试验(Biel or Cincinnati maze)[64-65]、旋臂迷宫试验(radial arm maze)[66]、T-迷宫(T-maze)[43]和获得性或固有性的程序控制行为试验(acquisition and retention of schedule-controlled behaviour)[26,67-68]等。对于断乳大鼠和成年大鼠的其他试验方法可以参考相关文献[19-20,26-27]。

5.12 动物安乐死后检查项目

5.12.1 亲代在子代断乳后可以实施安乐死。

5.12.2 子代动物的组织神经病理学评价可以在出生后22 d(PND 22)或在出生后第11天～22天之间(PND 11- 22),也可在试验结束时对动物实施安乐死后取材进行。在出生后第22天(PND 22)安乐死的子代,应评价脑组织;在试验结束时处死的动物,检查CNS和PNS。在PND 22及之前安乐死动物的神经组织可通过浸泡或灌注进行固定。试验结束时安乐死的动物都应进行灌注固定。对组织样品的所有处理,从动物灌注,组织样品的取材分类,组织处理,到切片染色都应均衡处理,使每个剂量组的每一批样品都具有代表性。神经病理检查的指导性文件见No. 20[9,103]。

5.13 组织样品处理

应特别注意在大体解剖观察到的所见异常。组织样品应能代表神经系统的各个主要部位,并且按照标准组织学操作方法进行保存和处理[69-71]。CNS和PNS组织可以采用石蜡包埋;如果需获得较高分辨率的观察结果,建议使用锇酸后固定和环氧树脂包埋技术(通常是在怀疑出现周围神经病和/或周围神经形态改变时采用)。同时收集所有剂量组的脑组织并选用恰当的介质包埋,以便进行形态学检查分析。包埋可以避免由于在固定剂中长期保存引起的组织收缩等因素影响[6]。

5.14 神经病理学检查

5.14.1 定性检查的目的是：

——确定神经系统内出现神经病理改变的部位和区域；

——确定暴露受试物引起的神经病理改变的类型；

——确定神经病理改变的严重程度范围。

5.14.2 由熟练的病理学家通过显微镜观察代表性的组织切片，寻找神经病理改变的证据。所有的病理改变应按照等级评价表明其严重程度。对出生后第22天(PND 22)及此前处死的动物脑组织切片，使用铁苏木素和伊红染色就能够满足评价的要求。对试验结束时处死动物的CNS和PNS切片，推荐采用髓磷脂染色法(如勒克勒斯固兰/甲酚紫染色)和嗜银染色法(如Bielschowsky's或Bodians染色)。根据病理学家的专业判断以及观察到的改变的类型，也可采用其他类型的染色法用于鉴定特殊类型的改变[如GFAP和植物血凝素组织化学法评价胶质细胞和小胶质细胞的变化[72]、绿色荧光标记检测坏死、银染法检测神经变性等[73-75]]。

5.14.3 形态学(定量)评价获得的资料有助于确定暴露-效应关系，并可以用于解释与暴露相关的脑重或形态学改变的差异[76-77]。神经组织的取材和制备应保证能够进行形态学评价。形态评价包括，特定脑区的线性或区域的测量[78]。应用可靠的显微标志认真选择同源切片来进行线性或区域性测量并进行分析[6]。可使用立体测量技术鉴别由受试物暴露引起的相关参数的改变，如特定神经解剖区域的体积或细胞数的改变[79-84]。

5.14.4 检查脑部，寻找任何与处理因素有关的神经病理改变的证据，所有主要区域，如嗅球，大脑皮质，海马，基底神经节，下丘脑，中脑(顶盖，被盖、大脑脚)，脑桥，延髓，小脑等都应有足够样本确保能够进行全面检查。动物的切片均应取自同一平面。成年动物在试验结束安乐死后，应对脊髓不同横断面和PNS代表性的结构进行取样，包括眼(包括视神经和视网膜)，脊髓的颈、腰膨大部，背侧和腹侧神经根，近端坐骨神经，近端胫神经(膝部)，以及胫神经在腓肠肌的分支。脊髓和周围神经的切片应包括横切面和纵切面。

5.14.5 除了检查细胞学改变(如神经性空泡、变形和坏死)和组织学改变(如神经胶质瘤、白细胞浸润、囊状形成)外，神经病理评价还应包括神经系统发育损伤的检查[6,85-89]。因而，将处理因素引起的相关作用与已知的相应的发育阶段发生的各种正常发育事件区分开来显得非常重要[90]。发育损伤所涉及的改变有以下情况(但不限于此)：

——嗅球，大脑或小脑的大体的体积和形状的改变；

——各个脑区相对大小的改变，包括由于正常细胞群或神经投射(如小脑的外胚层、胼胝体)的出现或丢失引起脑区的增大或缩小；

——增殖，迁移和分化的改变，即出现过度凋亡或坏死的神经元，神经元的聚集在和异常分布，来源不清和分化异常的神经元，大脑皮质各层结构相对大小的改变；

——髓鞘形成的改变，包括整个髓鞘轮廓的减少或髓鞘着色结构的改变；

——出现脑积水，脑室的异常增大，中脑水管的狭窄和大脑半球变薄。

5.15 神经病理学改变的剂量-反应关系分析

推荐使用以下分步程序对神经病理学检查结果进行定性和定量分析。第一，将高剂量组的病理切片与对照组进行比较。如高剂量组没有发现神经病理改变的证据，则不需对其他剂量组进行分析。如高剂量组出现病理改变的证据，则中、低剂量组动物也应进行神经病理检查分析。如高剂量组由于动物死亡或其他混杂因素终止，则高剂量组和中间剂量组都应进行神经病理改变分析。如在低剂量组出现神经病理改变，则所有剂量组都应进行神经病理分析。第二，如在定性和定量检查中发现了与处理因素相关的神经病理改变，则应当根据所有各组动物的评价结果，确定病理改变的发生率、发生频率和严重程度以及形态学测量改变的剂量依赖性。评价应当包括出现神经病理学改变的所有区域。对每种损伤类型,需确定不同严重等级的特征,并指出用于区分每一等级的差别。记录每种损伤类型发生的频率和严重程度并进行统计分析,评价剂量-反应关系的性质。推荐使用具有编号的载玻片[91]。

6 试验数据和报告

6.1 数据

以表格的形式报告每一个数据,表明每个试验组变化的类型、雌性亲代数、每种性别子代数、每个类型改变的窝数。如对出生后子代动物直接染毒,应报告染毒途径、持续时间和染毒周期。

6.2 结果评价和解释

6.2.1 神经发育毒性试验能够提供在妊娠期宫内和出生后发育早期反复暴露受试物而引起的毒作用资料。试验结果应能够区分发生在没有系统母体毒性时的神经发育毒性作用和产生母体毒性的剂量水平时的神经发育毒性作用。由于试验设计,统计分析和资料的生物意义的复杂相互关系,需专家进行判断神经发育毒性的资料的解释是否恰当[107-109]。对试验结果进行解释时需要使用证据权重法(weight-of-evidence- approach)[20,92-94]。讨论行为学或形态学发现,以及剂量-反应的证据。所有神经发育毒性评价相关的试验数据,包括人类流行病学资料和病例报告,动物试验资料(如毒物代谢资料、结构-活性资料、其他毒性研究资料)都应当用于发育毒性讨论,包括接触受试物的剂量和每种性别动物是否出现神经毒性以及毒性发生率、严重程度之间关系的讨论分析[20,95]。

6.2.2 对资料的评价包括生物学和统计学意义的讨论。统计学分析应该是对资料解释起指导作用而不是决定作用。缺乏统计学意义并不是做出与处理因素无相关作用的唯一理由,也不能把有统计学意义作为与处理因素有相关作用的唯一理由。由于难以克服证实“阴性结果”的困难,为避免可能的假阴性结果,特别是如没有发现与处理因素有相关作用时,应结合已有的阳性对照和历史对照资料进行讨论[102,106]。根据对资料总的统计评价,应对假阳性结果出现的概率进行讨论[96]。评价还应包括观察到的神经病理学改变和行为改变之间的关系。

6.2.3 所有的结果应选择适合试验设计的统计模型来进行分析[108]。根据资料(原始数据或转换过的数据)的性质和分布特征以及所选择的统计分析的相对效率等因素,选择恰当的参数统计或非参数统计方法。试验的目的和设计决定了需要的统计分析方法,应减少发生Ⅰ类(假阳性)错误和Ⅱ类(假阴性)错误[96-97,104-105]。使用一胎多产动物(每窝里有多个胎仔)进行发育研究的试验,统计模型应以窝为单位,降低Ⅰ型错误发生率[98-101]。测量的统计学单位应当是窝,而不是单只子代动物。试验设计时,每窝中的动物不是独立的观察量。个体在任何毒作用终点重复测量的结果分析应当选用非独立统计模式进行分析。

6.3 试验报告

试验报告包括以下信息:

a) 受试物:

——物理性质和相关的理化特性;

——识别资料,包括来源;

——制备的纯度,已知和/或预测的杂质。

b) 赋形剂:

——如不是使用水或生理盐水作赋形剂,应说明选择赋形剂的理由。

c) 受试动物:

——种属品系,如不是大鼠,说明其理由;

——试验动物的供应商；
——动物的数量，试验开始时的年龄，性别；
——来源，饲养环境，饲料，饮水等；
——试验开始时的每个动物的体重。

d) 试验条件：
——剂量水平选择的理由；
——染毒途径和染毒时间周期选择的理由；
——受试物的制备，包括赋形剂、受试物的体积和物理状态的详细信息；
——受试物制剂的配制/饲料的制备，受试物在制剂或饲料中的浓度，稳定性和均一性等详细资料；
——亲代和子代动物标识编码方法；
——亲代分组，子代选择、分配的随机化操作的详细描述；
——受试物染毒的详细情况；
——将饲料/饮水或吸入受试物的浓度（mg/L）转换成实际剂量[mg/(kg · d)]的方法（如有）；
——环境条件；
——饲料和水（自来水、蒸馏水）质量的详细情况；
——试验开始和结束的时间。

e) 观察和试验操作步骤：
——采用标准化观察操作程序和观察结果评分定义的详细描述；
——所有试验程序的名单，以及使用的理由；
——行为/功能，病理，神经化学或电生理等检查操作的详细资料，包括自动化仪器的信息和详细资料；
——校准和确保测量仪器一致、试验中处理组组间平衡的方法；
——对涉及到专业评价决议的简要说明。

f) 结果（单一数据以及汇总资料，包括均数和变异）：
——试验开始和结束时动物的数量；
——每项检查所用的动物数和窝数；
——每只动物的编码和其来源；
——按性别列出出生时每窝子代的多少和平均体重；
——体重和体重改变资料，包括亲代和子代动物试验结束时的体重；
——食物摄入量资料，饮水摄入量资料（如果受试物通过饮水染毒）；
——按性别和剂量水平列出动物出现毒性反应的资料，包括毒性症状、死亡率、死亡时间和原因；
——临床观察症状的性质、严重程度、持续时间、起始时间、持续时间以及发展结局的详细资料；
——观察时间点的发育指标（如体重、性发育和个体行为发育）的评分；
——按性别列出动物出现的行为、功能、神经病理、神经化学，电生理检查的详细描述；（包括与对照相比出现增加还是减少）；
——解剖结果；
——脑重；
——对神经系统症状和损伤所做出的诊断，包括自发产生的疾病或状况；
——样本特殊结果的照片；

——形态检查中评价切片同源性的低倍照片；

——吸收和代谢资料，包括各个独立的毒物代谢动力学试验获得的补充资料；

——结果的统计处理，包括用于分析资料的统计学模型及统计结果（无论统计结果是否有统计学显著性意义）；

——参加试验人员的名单，包括相关专业经历。

g) 结果讨论：

——按性别和剂量水平是否存在剂量-反应关系；

——按性别和剂量水平分析出现的其他毒性作用与受试物引起神经毒性效应结论之间的关系；

——毒物代谢动力学信息对结论的影响；

——与其他已知神经毒剂毒性的相似性；

——试验方法可靠性和灵敏度的资料（如阳性对照和历史对照的资料）；

——神经病理和神经功能作用之间的相互关系（如果有）；

——按性别和组别得到的亲代和子代的 NOAEL 或基准剂量。

h) 结论

——基于对试验结果整体解释的讨论，得出受试物是否引起神经发育毒性的结论及受试物的 NOAEL。

附 录 A
（资料性附录）
动物分配方案举例

示例 1：

一组 20 只仔鼠/(性别·剂量)(每窝不同性别各 1 只)进行断乳前个体行为发育试验。除这些动物，10 只仔鼠/性别/剂量水平(每窝不同性别各 1 只)在 PND 22 人道处死，取出脑组织，称重并进行组织病理学评价。另外，从每个剂量组剩下的雌雄各 10 只动物取脑，进行非固定脑组织重量的测定。

另一组 20 只小鼠/(性别·剂量)(每窝不同性别各 1 只)进行断乳后功能/行为试验(青春期详细的临床观察、运动活性、听觉反射、认知功能试验)，并判断性发育年龄。这些动物中 10 只/(性别·剂量)(每窝不同性别各 1 只)在试验终末时进行麻醉并灌注固定(约在 PND 70)。原位固定之后，取出脑组织，进行神经病理评价。

第三组 20 只小鼠/(性别·剂量)(如每窝不同性别各 1 只)进行成年动物认知功能试验(如 PND 60-70)。这些动物中 10 只/(性别·剂量)(如每窝一只雌性或雄性动物)在试验终止时处死，取出脑组织并称重。

剩下的 20 只/(性别·剂量)用于可能的附加试验。

表 A.1 动物分配方案示例 1

仔鼠编号[a]		试验组分配仔鼠的数量	检查/试验
m	f		
1	5	20 m+20 f 10 m+10 f 10 m+10 f	行为个体发育 PND 22 脑重量/神经病理/行为测试 PND 22 脑重量
2	6	20 m+20 f 20 m+20 f 20 m+20 f 20 m+20 f 20 m+20 f 10 m+10 f	详细的临床观察 运动活性 性成熟 运动和感受功能 学习和记忆(PND 25) 成年脑重量/神经病理/行为测试～PND 70
3	7	20 m+20 f 10 m+10 f	学习和记忆(成年) 成年脑重～PND 70
4	8	—	保留的用于实验中替换出现问题的动物或用于其他附加试验的动物

[a] 仔鼠编号：本范例为由雌雄各 4 只组成一窝，雄仔标记为 1～4；雌性动物标记为 5～8。

示例 2：

一组仔鼠 20 只/(性别·剂量)(每窝不同性别各 1 只)用于断乳前行为个体发育试验。除这些动物，10 仔鼠只/(性别·剂量)(每窝不同性别各 1 只)在 PND 11 进行安乐死。取出脑组织，称重，进行组织学检查。

另外一组 20 只仔鼠/(性别·剂量)(每窝不同性别各 1 只)用于断乳后检查(详细的临床观察，运动活性，性发育年龄判定，运动和感觉功能检查)。这些动物中，10 只仔鼠/(性别·剂量)(每窝不同性别各 1 只)在试验最后进行麻醉并灌注固定(大约 PND 70)。原位固定后，取出脑组织，称重，进行神经病理检查。

第三组 10 只仔鼠/(性别・剂量)(每窝不同性别各 1 只)进行青春期和成年动物认知功能试验。不同动物在 PND 23 和初成年期进行认知功能试验。试验最后,成年的 10 只仔鼠/(性别・剂量)动物处死后,取出脑组织,称重。

剩下的没有选择进行实验的 20 只仔鼠/(性别・剂量)动物在断乳时处死。

表 A.2 动物分配方案示例 2

仔鼠编号[a] m	仔鼠编号[a] f	试验组分配的仔鼠数量	检查/试验
1	5	20 m+20 f 10 m+10 f	行为个体发育 PND 11 脑量/神经病理/行为测试
2	6	20 m+20 f 20 m+20 f 20 m+20 f 20 m+20 f 10 m+10 f	详细的临床观察 运动活性 性成熟 运动和感受功能 成年脑重量/神经病理/行为测试~PND 70
3	7	10 m+10 f[b]	学习和记忆(PND 23)
		10 m+10 f[b]	学习和记忆(初成年) 初成年脑重量
4	8	—	在 PND 21 处死。

[a] 仔鼠编号:本范例为由雌雄各 4 只组成一窝,雄仔标记为 1~4;雌性动物标记为 5~8。

[b] 在 PND 23 和初成年动物使用不同的动物进行认知实验(从 20 只动物得单、偶数选择动物)。

示例 3:

一组 20 只仔鼠/(性别・剂量)(每窝不同性别各 1 只)在 PND 11 进行脑重和神经病理测定。除了这些动物,10 只仔鼠/(性别・剂量)(每窝不同性别各 1 只)在 PND 11 人道处死,取出脑组织,称重,进行组织病理检查。另外,从剩下的雌雄各 10 只动物测定非固定脑组织重量。

另外一组 20 只仔鼠/(性别・剂量)(每窝不同性别各 1 只)用于个体行为发育(运动活力),断乳后检查(运动活性和性成熟年龄测定)和青春期认知功能测定。

另外一组 20 只仔鼠/(性别・剂量)(每窝不同性别各 1 只)用于运动和感受功能试验(听觉反射)和详细的临床观察。这些动物中,10 只仔鼠/(性别・剂量)(如每窝一只雌性或雄性动物)在试验终止时(PND 70)麻醉,灌注固定。原位固定后,取出脑组织,称重,进行神经病理检查。

另外一组 20 只仔鼠/(性别・剂量)用于初成年期认知功能试验(每窝不同性别各 1 只)。这些动物中,10 只仔鼠/(性别・剂量)(如每窝一只雌性或雄性动物)在试验终止时处死,取出脑组织,称重。

表 A.3 动物分配方案示例 3

仔鼠编号[a]		试验组分配的仔鼠数量	检查/试验
m	f		
1	5	10 m+10 f 10 m+10 f	PND 11 脑重量/神经病理/行为测试 PND 11 脑量
2	6	20 m+20 f 20 m+20 f 20 m+20 f 20 m+20 f	个体行为发育(运动活性) 运动活性 性成熟 学习和记忆(PND 27)
3	7	20 m+20 f 20 m+20 f 10 m+10 f	听觉反射(青春期和初成年期动物) 详细的临床观察 成年期动物脑重量/神经病理/行为测试～PND 70
4	8	20 m+20 f 10 m+10 f	学习和记忆(初成年) 初成年期动物脑重

[a] 仔鼠编号:本范例为由雌雄各 4 只,雄仔标记为 1～4;雌性动物标记为 5～8。

参 考 文 献

[1] OECD (1995) Draft Report of the OECD Ad Hoc Working Group on Reproduction and Developmental Toxicity. Copenhagen, Denmark, 1995: 13-14

[2] US EPA (1998) U. S. Environmental Protection Agency Health Effects Test Guidelines. OPPTS 870. 6300. Developmental Neurotoxicity Study. US EPA 712-C-98-239

[3] US EPA (1998) Guidelines for Neurotoxicity Risk Assessment. US EPA 630/R-95/001F.

[4] Cory-Slechta, D. A., Crofton, K. M., Foran, J. A., Ross, J. F., Sheets, L. P., Weiss, B., Mileson, B. (2001) Methods to identify and characterize developmental neurotoxicity for human health risk assessment: I. Behavioral effects. Environ. Health Perspect., 109: 79-91

[5] Dorman, D. C., Allen, S. L., Byczkowski, J. Z., Claudio, L., Fisher, J. E. Jr., Fisher, J. W., Harry, G. J., Li, A. A., Makris, S. L., Padilla, S., Sultatos, L. G., Mileson, B. E. (2001) Methods to identify and characterize developmental neurotoxicity for human health risk assessment: III. Pharmacokinetic and pharmacodynamic considerations. Environ. Health Perspect., 109: 101-111

[6] Garman, R. H., Fix, A. S., Jortner, B. S., Jensen, K. F., Hardisty, J. F., Claudio, L., Ferenc, S. (2001) Methods to identify and characterize developmental neurotoxicity for human health risk assessment: II. Neuropathology. Environ. Health Perspect., 109: 93-100

[7] OECD (2003) Report of the OECD Expert Consultation Meeting on Developmental Neurotoxicity Testing. Washington D. C., US, 2000: 23-25

[8] OECD (draft) OECD Environment, Health and Safety Publications Series on Testing and Assessment No. 43. Draft Guidance Document on Mammalian Reproductive Toxicity Testing and Assessment. Environment Directorate, OECD, Paris

[9] OECD (2003) OECD Environment, Health and Safety Publications Series on Testing and Assessment No. 20. Guidance Document for Neurotoxicity Testing. Environment Directorate, OECD, Paris, September 2003

[10] Kimmel, C. A., Rees, D. C., Francis, E. Z. (1990) Qualitative and quantitative comparability of human and animal developmental neurotoxicity. Neurotoxicol. Teratol., 12: 173-292

[11] Spencer, P. S., Schaumburg, H. H., Ludolph, A. C. (2000) Experimental and Clinical Neurotoxicology, 2nd Edition, ISBN 0195084772, Oxford University Press, New York

[12] Mendola, P., Selevan, S. G., Gutter, S., Rice, D. (2002) Environmental factors associated with a spectrum of neurodevelopmental deficits. Ment. Retard. Dev. Disabil. Res. Rev. 8: 188-197

[13] Slikker, W. B., Chang, L. W. (1998) Handbook of Developmental Neurotoxicology, 1st Edition, ISBN 0126488606, Academic Press, New York

[14] OECD (1983) Test Guideline 415. OECD Guideline for Testing of Chemicals. One-generation reproduction toxicity study

[15] OECD (2001) Test Guideline 416. OECD Guideline for Testing of Chemicals. Two-generation reproduction toxicity study

[16] OECD (1997) Test Guideline 424. OECD Guideline for Testing of Chemicals. Neurotoxicity Study in Rodents

[17] OECD (2001) Test Guideline 414. OECD Guideline for Testing of Chemicals. Prenatal

developmental toxicity study

[18] ILAR (1996) Guide for the Care and Use of Laboratory Animals, Institute of Laboratory Animal Research, Commission on Life Sciences, National Research Council, ISBN 0309053773, National Academies Press, Washington DC

[19] WHO (1986) Principles and Methods for the Assessment of Neurotoxicity Associated with Exposure to Chemicals, (Environmental Health Criteria 60), Albany, New York: World Health Organization Publications Center, USA

[20] WHO (2001) Neurotoxicity Risk Assessment for Human Health: Principles and Approaches, (Environmental Health Criteria 223), World Health Organization Publications, Geneva

[21] Chang, L. W., Slikker, W. (1995) Neurotoxicology: Approaches and Methods, 1st Edition, ISBN 012168055X, Academic Press, New York

[22] De Cabo, C., Viveros, M. P. (1997) Effects of neonatal naltrexone on neurological and somatic development in rats of both genders. Neurotoxicol. Teratol., 19: 499-509

[23] Agnish, N. D., Keller, K. A. (1997) The rationale for culling of rodent litters. Fundam. Appl. Toxicol., 38: 2-6

[24] Avery, D. L., Spyker, J. M. (1977) Foot tattoo of neonatal mice. Lab. Animal Sci., 27: 110-112

[25] Wier, P. J., Guerriero, F. J., Walker, R. F. (1989) Implementation of a primary screen for developmental neurotoxicity. Fundam. Appl. Toxicol., 13: 118-136

[26] Spear, N. E., Campbell, B. A. (1979) Ontogeny of Learning and Memory. ISBN 0470268492, Erlbaum Associates, New Jersey

[27] Krasnegor, N. A., Blass, E. M., Hofer, M. A., Smotherman, W. (1987) Perinatal Development: A Psychobiological Perspective. Academic Press, Orlando

[28] Zoetis, T., Walls, I. (2003) Principles and Practices for Direct Dosing of Pre-Weaning Mammals in Toxicity Testing and Research. ILSI Press, Washington, DC

[29] Moser, V., Walls, I., Zoetis, T. (2005) Direct dosing of preweaning rodents in toxicity testing and research: Deliberations of an ILSI RSI expert working group. Int. J. Toxicol., 24: 87-94

[30] Conolly, R. B., Beck, B. D., Goodman, J. I. (1999) Stimulating research to improve the scientific basis of risk assessment. Toxicol. Sci., 49: 1-4

[31] ICH (1993) ICH Harmonised Tripartite Guideline: Detection of Toxicity to Reproduction for Medical Products (S5A). International Conference on Harmonisation of Technical Requirements for Registration of Phamaceuticals for Human Use.

[32] Lochry, E. A. (1987) Concurrent use of behavioral/functional testing in existing reproductive and developmental toxicity screens: Practical considerations. J. Am. Coll. Toxicol., 6: 433-439

[33] Tachibana, T., Narita, H., Ogawa, T., Tanimura, T. (1998) Using postnatal age to determine test dates leads to misinterpretation when treatments alter gestation length, results from a collaborative behavioral teratology study in Japan. Neurotoxicol. Teratol., 20: 449-457

[34] Gallavan, R. H. Jr., Holson, J. F., Stump, D. G., Knapp, J. F., Reynolds, V. L. (1999) Interpreting the toxicologic significance of alterations in anogenital distance: potential for confounding effects of progeny body weights. Reprod. Toxicol., 13: 383-390

[35] Gray, L. E. Jr., Ostby, J., Furr, J., Price, M., Veeramachaneni, D. N., Parks, L. (2000)

Perinatal exposure to the phthalates DEHP,BBP,and DINP,but not DEP,DMP,or DOTP,alters sexual differentiation of the male rat. Toxicol. Sci. ,58:350-365

[36] Adams,J. ,Buelke-Sam,J. ,Kimmel,C. A. ,Nelson,C. J. ,Reiter,L. W. ,Sobotka,T. J. ,Tilson,H. A. ,Nelson,B. K. (1985) Collaborative behavioral teratology study:Protocol design and testing procedure. Neurobehav. Toxicol. Teratol. ,7:579-586

[37] Korenbrot,C. C. ,Huhtaniemi,I. T. ,Weiner,R. W. (1977) Preputial separation as an external sign of pubertal development in the male rat. Biol. Reprod. ,17:298-303

[38] Spear,L. P. (1990) Neurobehavioral assessment during the early postnatal period. Neurotoxicol. Teratol. ,12:489-95

[39] Altman,J. ,Sudarshan,K. (1975) Postnatal development of locomotion in the laboratory rat. Anim. Behav. ,23:896-920

[40] Adams,J. (1986) Methods in Behavioral Teratology. In:Handbook of Behavioral Teratology. Riley,E. P. ,Vorhees,C. V. (eds.) Plenum Press,New York,pp. 67-100

[41] Reiter,L. W. ,MacPhail,R. C. (1979) Motor activity:A survey of methods with potential use in toxicity testing. Neurobehav. Toxicol. ,1:53-66

[42] Robbins,T. W. (1977) A critique of the methods available for the measurement of spontaneous motor activity,Handbook of Psychopharmacology,Vol. 7,Iverson,L. L. ,Iverson,D. S. ,Snyder,S. H. ,(eds.) Plenum Press,New York,37-82

[43] Crofton,K. M. ,Peele,D. B. ,Stanton,M. E. (1993) Developmental neurotoxicity following neonatal exposure to 3,3′-iminodipropionitrile in the rat. Neurotoxicol. Teratol. ,15:117-129

[44] Ruppert,P. H. ,Dean,K. F. ,Reiter,L. W. (1985) Development of locomotor activity of rat pups in figure-eight mazes. Dev. Psychobiol. ,18:247-260

[45] Crofton,K. M. ,Howard,J. L. ,Moser,V. C. ,Gill,M. W. ,Reiter,L. W. ,Tilson,H. A. ,MacPhail,R. C. (1991) Interlaboratory comparison of motor activity experiments:Implications for neurotoxicological assessments. Neurotoxicol. Teratol. ,13:599-609

[46] Ross,J. F. ,Handley,D. E. ,Fix,A. S. ,Lawhorn,G. T. ,Carr,G. J. (1997) Quantification of the hind-limb extensor thrust response in rats. Neurotoxicol. Teratol. ,1997,19:405-411

[47] Handley,D. E. ,Ross,J. F. ,Carr,G. J. (1998) A force plate system for measuring low-magnitude reaction forces in small laboratory animals. Physiol. Behav. ,64:661-669

[48] Edwards,P. M. ,Parker,V. H. (1977) A simple,sensitive,and objective method for early assessment of acrylamide neuropathy in rats. Toxicol. Appl. Pharmacol. ,40:589-591

[49] Davis,M. (1984) The mammalian startle response. In:Neural Mechanisms of Startle Behavior,Eaton,R. C. (ed),Plenum Press,New York,287-351

[50] Koch,M. (1999) The neurobiology of startle. Prog. Neurobiol. ,59:107-128

[51] Crofton,K. M. (1992) Reflex modification and the assessment of sensory dysfunction. In Target Organ Toxicology Series:Neurotoxicology,Tilson,H. ,Mitchell,C. (eds). Raven Press,New York,181-211

[52] Crofton,K. M. ,Sheets,L. P. (1989) Evaluation of sensory system function using reflex modification of the startle response. J. Am. Coll. Toxicol. ,8:199-211

[53] Crofton,K. M,Lassiter,T. L,Rebert,C. S. (1994) Solvent-induced ototoxicity in rats:An atypical selective mid-frequency hearing deficit. Hear. Res. ,80:25-30

[54] Ison,J. R. (1984) Reflex modification as an objective test for sensory processing following toxicant exposure. Neurobehav. Toxicol. Teratol. ,6:437-445

[55] Mattsson,J. L. ,Boyes,W. K. ,Ross,J. F. (1992) Incorporating evoked potentials into neurotoxicity test schemes. In:Target Organ Toxicology Series:Neurotoxicity,Tilson,H. ,Mitchell,C. ,(eds.),Raven Press,New York,125-145

[56] Peele,D. B. ,Allison,S. D. ,Crofton,K. M. (1990) Learning and memory deficits in rats following exposure to 3,3′-iminopropionitrile. Toxicol. Appl. Pharmacol. ,105:321-332

[57] Bammer,G. (1982) Pharmacological investigations of neurotransmitter involvement in passive avoidance responding:A review and some new results. Neurosci. Behav. Rev. ,6:247-296

[58] Bushnell,P. J. (1988) Effects of delay,intertrial interval,delay behavior and trimethyltin on spatial delayed response in rats. Neurotoxicol. Teratol. ,10:237-244

[59] Green, R. J. , Stanton, M. E. (1989) Differential ontogeny of working memory and reference memory in the rat. Behav. Neurosci. ,103:98-105

[60] Kucharski,D. ,Spear,N. E. (1984) Conditioning of aversion to an odor paired with peripheral shock in the developing rat. Develop. Psychobiol. ,17:465-479

[61] Morris,R. (1984) Developments of a water-maze procedure for studying spatial learning in the rat. J. Neurosci. Methods,11:47-60

[62] Brandeis,R. ,Brandys,Y. ,Yehuda,S. (1989) The use of the Morris water maze in the study of memory and learning. Int. J. Neurosci. ,48:29-69

[63] D'Hooge,R. ,De Deyn,P. P. (2001) Applications of the Morris water maze in the study of learning and memory. Brain Res. Rev,36:60-90

[64] Vorhees,C. V. (1987) Maze learning in rats:A comparison of performance in two water mazes in progeny prenatally exposed to different doses of phenytoin. Neurotoxicol. Teratol. ,9:235-241

[65] Vorhees,C. V. (1997) Methods for detecting long-term CNS dysfunction after prenatal exposure to neurotoxins. Drug Chem. Toxicol. ,20:387-399

[66] Akaike,M. ,Tanaka,K. ,Goto,M. ,Sakaguchi,T. (1988) Impaired Biel and Radial arm maze learning in rats with methyl-nitrosurea induced microcephaly. Neurotoxicol. Teratol. ,10:327-332

[67] Cory-Slechta,D. A. ,Weiss,B. ,Cox,C. (1983) Delayed behavioral toxicity of lead with increasing exposure concentration. Toxicol. Appl. Pharmacol. ,71:342-352

[68] Campbell,B. A. ,Haroutunian,V. (1981) Effects of age on long-term memory:Retention of fixed interval responding. J. Gerontol. ,36:338-341

[69] Fix,A. S,Garman,R. H. (2000) Practical aspects of neuropathology:A technical guide for working with the nervous system. Toxicol. Pathol. ,28:122-131

[70] Prophet,E. B. ,Mills,B. ,Arrington,J. B. ,Sobin,L. H. (1994) Laboratory Methods in Histotechnology,American Registry of Pathology,Washington,DC,84-107

[71] Bancroft,J. D. ,Gamble,M. (2002) Theory and Practice of Histological Techniques,5th edition, Churchill Livingstone,London

[72] Fix,A. S. ,Ross,J. F. ,Stitzel,S. R. ,Switzer,R. C. (1996) Integrated evaluation of central nervous system lesions:stains for neurons,astrocytes,and microglia reveal the spatial and temporal features of MK-801-induced neuronal necrosis in the rat cerebral cortex. Toxicol. Pathol. ,24:291-304

[73] Schmued,L. C. ,Hopkins,K. J. (2000) Fluoro-Jade B:A high affinity tracer for the locali-

zation of neuronal degeneration. Brain Res. ,874:123-130

[74] Krinke,G. J. , Classen, W. , Vidotto, N. , Suter, E. , Wurmlin, C. H. (2001) Detecting necrotic neurons with fluoro-jade stain. Exp. Toxic. Pathol. ,53:365-372

[75] De Olmos,I. S. ,Beltramino,C. A. ,and de Olmos de Lorenzo,S. (1994) Use of an amino-cupric-silver technique for the detection of early and semiacute neuronal degeneration caused by neurotoxicants,hypoxia and physical trauma. Neurotoxicol. Teratol. ,16:545-561

[76] De Groot,D. M. G. ,Bos-Kuijpers,M. H. M. ,Kaufmann,W. S. H. ,Lammers,J. H. C. M. , O'Callaghan,J. P. ,Pakkenberg,B. ,Pelgrim,M. T. M. ,Waalkens-Berendsen,I. D. H. ,Waanders,M. M. ,Gundersen,H. J. (2005a) Regulatory developmental neurotoxicity testing:A model study focusing on conventional neuropathology endpoints and other perspectives. Environ. Toxicol. Pharmacol. ,19: 745-755

[77] De Groot,D. M. G. ,Hartgring,S. ,van de Horst,L. ,Moerkens,M. ,Otto,M. ,Bos-Kuijpers,M. H. M. , Kaufmann, W. S. H. , Lammers, J. H. C. M. , O' Callaghan, J. P. , Waalkens-Berendsen, I. D. H. , Pakkenberg, B. , Gundersen, H. J. (2005b) 2D and 3D assessment of neuropathology in rat brain after prenatal exposure to methylazoxymethanol, a model for developmental neurotoxicity. Reprod. Toxicol. ,20:417-432

[78] Rodier,P. M. ,Gramann,W. J. (1979) Morphologic effects of interference with cell proliferation in the early fetal period. Neurobehav. Toxicol. ,1:129-135

[79] Howard,C. V. ,Reed,M. G. (1998) Unbiased Stereology:Three-Dimensional Measurement in Microscopy,Springer-Verlag,New York

[80] Hyman,B. T. ,Gomez-Isla,T. ,Irizarry,M. C. (1998) Stereology:A practical primer for neuropathology. J. Neuropathol. Exp. Neurol. ,57:305-310

[81] Korbo,L. ,Andersen,B. B. ,Ladefoged,O. ,Møller,A. (1993) Total numbers of various cell types in rat cerebellar cortex estimated using an unbiased stereological method. Brain Res. ,609: 262-268

[82] Schmitz,C. (1997) Towards more readily comprehensible procedures in disector stereology. J. Neurocytol. ,26:707-710

[83] West,M. J. (1999) Stereological methods for estimating the total number of neurons and synapses:Issues of precision and bias. Trends Neurosci. ,22:51-61

[84] Schmitz,C. ,Hof,P. R. (2005) Design-based stereology in neuroscience. Neuroscience,130: 813-831

[85] Gavin,C. E. ,Kates,B. ,Gerken,L. A. ,Rodier,P. M. (1994) Patterns of growth deficiency in rats exposed in utero to undernutrition, ethanol, or the neuroteratogen methylazoxymethanol (MAM). Teratology,49:113-121

[86] Ohno,M. ,Aotani,H. ,Shimada,M. (1995) Glial responses to hypoxic/ischemic encephalopathy in neonatal rat cerebrum. Develop. Brain Res. ,84:294-298

[87] Jensen KF,Catalano SM. (1998) Brain morphogenesis and developmental neurotoxicology. In:Handbook of Developmental Neurotoxicology,Slikker,Jr. W. ,Chang,L. W. (eds) Academic Press, New York,3-41

[88] Ikonomidou,C. ,Bosch,F. ,Miksa,M. ,Bittigau,P. ,Vöckler,J. ,Dikranian,K. ,Tenkova, T. I. ,Stefovska,V. ,Turski,L. ,Olney,J. W. (1999) Blockade of NMDA receptors and apoptotic neurodegeneration in the developing brain. Science,283:70-74

[89] Ikonomidou, C., Bittigau, P., Ishimaru, M. J., Wozniak, D. F., Koch, C., Genz, K., Price, M. T., Sefovska, V., Hörster, F., Tenkova, T., Dikranian, K., Olney, J. W. (2000) Ethanol-induced apoptotic degeneration and fetal alcohol syndrome. Science, 287: 1056-1060

[90] Friede, R. L. (1989) Developmental Neuropathology. Second edition. Springer-Verlag, Berlin

[91] House, D. E., Berman, E., Seeley, J. C., Simmons, J. E. (1992) Comparison of open and blind histopathologic evaluation of hepatic lesions. Toxicol. Let., 63: 127-133

[92] Tilson, H. A., MacPhail, R. C., Crofton, K. M. (1996) Setting exposure standards: a decision process. Environ. Health Perspect., 104: 401-405

[93] US EPA (2005) Guidelines for Carcinogen Risk Assessment. US EPA NCEA-F-0644A

[94] US EPA (1996) Guidelines for Reproductive Toxicity Risk Assessment, Federal Register 61(212): 56274-56322

[95] Danish Environmental Protection Agency (1995) Neurotoxicology. Review of Definitions, Methodology, and Criteria. Miljøprojekt nr. 282. Ladefoged, O., Lam, H. R., Østergaard, G., Nielsen, E., Arlien-Søborg, P

[96] Muller, K. E., Barton, C. N., Benignus, V. A. (1984). Recommendations for appropriate statistical practice in toxicologic experiments. Neurotoxicology, 5: 113-126

[97] Gad, S. C. (1989) Principles of screening in toxicology with special emphasis on applications to Neurotoxicology. J. Am. Coll. Toxicol., 8: 21-27

[98] Abby, H., Howard, E. (1973) Statistical procedures in developmental studies on a species with multiple offspring. Dev. Psychobiol., 6: 329-335

[99] Haseman, J. K., Hogan, M. D. (1975) Selection of the experimental unit in teratology studies. Teratology, 12: 165-172

[100] Holson, R. R., Pearce, B. (1992) Principles and pitfalls in the analysis of prenatal treatment effects in multiparous species. Neurotoxicol. Teratol., 14: 221-228

[101] Nelson, C. J., Felton, R. P., Kimmel, C. A., Buelke-Sam, J., Adams, J. (1985) Collaborative Behavioral Teratology Study: Statistical approach. Neurobehav. Toxicol. Teratol., 7: 587-90

[102] Crofton, K. M., Makris, S. L., Sette, W. F., Mendez, E., Raffaele, K. C. (2004) A qualitative retrospective analysis of positive control data in developmental neurotoxicity studies. Neurotoxicol. Teratol., 26: 345-352

[103] Bolon, B., Garman, R., Jensen, K., Krinke, G., Stuart, B., and an ad hoc working group of the STP Scientific and Regulatory Policy Committee. (2006) A 'best practices' approach to neuropathological assessment in developmental neurotoxicity testing-for today. Toxicol. Pathol. 34: 296-313

[104] Tamura, R. N., Buelke-Sam, J. (1992) The use of repeated measures analysis in developmental toxicology studies. Neurotoxicol. Teratol., 14(3): 205-210

[105] Tukey, J. W., Ciminera, J. L., Heyse, J. F. (1985) Testing the statistical certainty of a response to increasing doses of a drug. Biometrics, 41: 295-301

[106] Crofton, K. M., Foss, J. A., Haas, U., Jensen, K., Levin, E. D., and Parker, S. P. (2007) Undertaking positive control studies as part of developmental neurotoxicity testing. Neurotoxicology and Teratology, 30(4): 266-287

[107] Raffaele, K. C., Fisher, E., Hancock, S., Hazelden, K., and Sobrian, S. K. (2008) Deter-

mining normal variability in a developmental neurotoxicity test. Neurotoxicology and Teratology, 30 (4):288-325

[108] Holson, R. R., Freshwater, L., Maurissen, J. P. J., Moser, V. C., and Phang, W. (2008) Statistical issues and techniques appropriate for developmental neurotoxicity testing. Neurotoxicology and Teratology, 30(4):326-48

[109] Tyl, R. W., Crofton, K. M., Moretto, A., Moser, V. C., Sheets, L. P., and Sobotka, T. J. (2007) Identification and interpretation of treatment-related effects in developmental neurotoxicity testing. Neurotoxicology and Teratology, 30(4):349-381

ICS 13.300;11.100
A 80

中华人民共和国国家标准

GB/T 27827—2011

化学品　体内姊妹染色单体交换试验方法

Chemicals—Test method of *in vivo* sister chromatid exchange

2011-12-30 发布　　2012-08-01 实施

中华人民共和国国家质量监督检验检疫总局
中国国家标准化管理委员会　发布

前 言

本标准按照GB/T 1.1—2009给出的规则起草。

本标准与美国环境保护局(United States Environmental Protection Agency,USEPA)预防、农药及有毒物质办公室(the Office of Prevention, Pesticides and Toxic Substances,OPPTS)的OPPTS 870.5915:1998《体内姊妹染色单体交换试验》(英文版)技术性内容一致。

本标准做了下列结构和编辑性修改:

——增加了范围一章;

——将原文中的“简介”部分作为本标准中的“引言”;

——将原文“定义”中的部分内容作为本标准“2 术语和定义”;

——计量单位统一改为我国法定计量单位。

本标准由全国危险化学品管理标准化技术委员会(SAC/TC 251)提出并归口。

本标准起草单位:中国疾病预防控制中心职业卫生与中毒控制所、辽宁省职业病防治院、中国化工经济技术发展中心、中国检验检疫科学研究院。

本标准主要起草人:曲波、林铮、李雪飞、白羽、王晓兵、陈会明。

引　言

本标准参考了 USEPA OPPTS 870.5915:1998 体内姊妹染色单体交换试验(英文版),技术内容与其相一致。该试验指南是美国环境保护局(EPA)预防、农药及有毒物质预防办公室(the Office of Prevention, Pesticides and Toxic Substances,OPPTS)发布的系列试验指南之一,受检对象为农药和有毒物质;所获得的毒理学资料提交后供 EPA 根据有关法规进行审查。OPPTS 发布的该试验指南是通过合并和权衡多个试验指南[包括污染预防和有毒物质办公室(the Office of Pollution Prevention and Toxics,OPPT)发布的指南、美国规范大全中标题 40 下的第 I 章第 R 亚章中所述指南(Title 40, Chapter I,Subchapter R of the Code of Federal Regulations, CFR)、农药规划办公室(the Office of Pesticide Programs,OPP)、经济合作与发展组织(the Organization for Economic Cooperation and Development, OECD)]后最终形成的一个协调一致的指南。

融合多个试验指南来形成单一一套 OPPTS 试验指南的目的是为了达到美国环境保护局对试验数据的要求,使试验方法的差异减小到最小。

适用性:为满足联邦杀虫剂、杀真菌剂和灭鼠剂法案(FIFRA)和毒性物质控制法案(TSCA)的要求,特制定本指南。

背景资料:制定本同步的 OPPTS 试验指南所参考的资料包括:OPPT40 CFR 798.5915 体内姐妹染色单体交换试验和 OPP84-2 致突变试验(杀虫剂评估指南,危害评价的 F 部分;人和家畜)美国环保署报告 540/09-82-025,1982。

姊妹染色单体交换试验检测化学物对增加复制期染色体的两个姊妹染色单体 DNA 交换的能力。可利用培养的哺乳动物细胞进行体外试验,也可利用非哺乳动物或哺乳动物组织进行体内试验。最常采用哺乳动物(如小鼠、大鼠、仓鼠)的骨髓细胞和淋巴细胞,也可使用人淋巴细胞。

化学品　体内姊妹染色单体交换试验方法

1　范围

本标准规定了化学品体内姊妹染色单体交换试验方法的术语和定义、试验原理、试验方法、试验数据和报告。

本标准适用于化学品体内姊妹染色单体交换试验。

2　术语和定义

下列术语和定义适用于本文件。

2.1

姊妹染色单体交换　sister chromatid exchange，SCE

细胞分裂复制期单个染色体内的两个染色单体的相互交换。在细胞周期的中期相可观察到这种交换，它可能需要 DNA 双螺旋的酶切、转移和连接。

3　试验原理

通过适当的途径给予动物受试物染毒，随后给予溴代脱氧尿嘧啶(bromodeoxyuridine，BrdU)。动物处死前，用纺锤体抑制剂(秋水仙碱或秋水仙素)处理，将细胞分裂阻断在分裂中期。动物安乐处死后取出受检组织，制备受检组织标本，染色后在显微镜下进行 SCE 计数、分析。

4　试验方法

4.1　动物选择

4.1.1　种系

任何合适的哺乳动物种系均可使用。常用的啮齿类动物有小鼠、大鼠和仓鼠。

4.1.2　年龄

应使用健康、刚成年的动物。

4.1.3　性别和数量

每个染毒组及对照组至少 10 只动物，雌雄各 5 只。如使用单一性别或不同数量动物应提供恰当理由。

4.1.4　分组

应将实验动物随机分入染毒组和对照组。

4.2 对照组

4.2.1 对照

应同时设阳性对照和阴性(溶剂)对照。

4.2.2 阳性对照

应使用已知能够在体内试验中致SCE阳性的化学物作为阳性对照。

4.3 受试物

4.3.1 溶剂

受试物应尽可能溶解于等渗溶液或蒸馏水中。难溶的受试物应溶于或悬浮于合适的溶剂中。溶剂既不能干扰受试物,也不能产生毒性效应。受试物应在使用前新鲜配制。

4.3.2 剂量水平

预试验剂量应为最大耐受剂量或引起动物出现中毒反应(包括死亡)或靶细胞毒性的剂量。LD_{50}是较为合适的指标。也可以使用其他的剂量水平。确定剂量-反应关系,应至少使用3个剂量水平。

4.3.3 染毒途径

一般使用腹腔注射或经口灌胃方式染毒。也可采用其他恰当的染毒途径。

4.3.4 染毒次数

一般染毒一次。也可根据毒性资料进行重复染毒。

4.4 操作方法

4.4.1 染毒

根据试验目的或受试样品的性质选择染毒途径,建议采用经腹腔注射或经口灌胃方式。

4.4.2 给予5-溴脱氧尿嘧啶

动物染毒后,可通过多次腹腔注射、尾静脉持续滴注、皮下包埋等途径给予5-溴脱氧尿嘧啶(5-BrdU)。

4.4.3 纺锤体抑制剂处理

动物处死前2 h,腹腔注射秋水仙素(4 mg/kg)。

4.4.4 骨髓细胞染色体标本制备

动物处死后取出骨髓,制备骨髓细胞悬液,通过低渗、预固定、固定、制片等过程,常规制备骨髓细胞染色体标本。

4.4.5 染色方法

可根据试验方案确定染色方法。推荐使用荧光吉姆萨染色法。

4.4.6 计数细胞数量

应根据所使用的动物数、阴性对照SCE频率、灵敏度和选择的统计检验水平确定每只动物计数的细胞数。每张玻片在镜检前均应编号。

5 试验数据和报告

5.1 数据处理

应以表格形式表述结果。列出每个中期相细胞SCE数及每个中期相细胞每条染色体SCE数。在染毒组和对照组进行比较之前,应考虑到各组组内动物间差异。

5.2 统计分析

应采用恰当的统计学方法统计分析。

5.3 结果的评价

5.3.1 阳性结果的判断标准为:有统计学意义的呈现剂量效应关系的SCE数增加,或在至少一个测试点有可重复的、有统计学意义的SCE增加。

5.3.2 既没有统计学意义的呈现剂量效应关系的SCE数增加,也不能在至少一个测试点出现可重复的、有统计学意义的SCE增加的受试物,可认为在本试验条件下,不能诱发DNA片段重组。

5.3.3 评价应同时考虑生物学意义和统计学意义。

5.3.4 阳性结果表明在本试验条件下,受试物能够诱发受试动物骨髓细胞姊妹染色单体交换;阴性结果表明在本试验条件下,受试物不能诱发受试动物骨髓细胞姊妹染色单体交换。

5.4 试验报告

试验报告应包括下列内容:

——动物品系、年龄、体重、数量、性别;
——受试物溶剂、剂量水平、剂量选择依据、毒性资料、阳性和阴性对照;
——给予受试物染毒和5-BrdU的途径和时间;
——纺锤体阻断剂名称、浓度及作用时间;
——给予5-BrdU后动物处死时间;
——玻片制备的详细资料;
——SCE计数的标准;
——剂量-反应关系(如可能)。

参 考 文 献

[1] Allen, J. W. et al. Bromodeoxyuridine tablet methodology for invivo studies of DNA synthesis. *Somatic Cell Genetics*, 1978, 4:393-405

[2] Allen, J. W. et al. Simplified technique for in vivo analysis of sister chromatid exchanges using 5-bromodeoxyuridine tablets. *Cytogenetics Cell Genetics*, 1977, 18:231-237

[3] Latt, S. A. et al. Sister chromatid exchanges: A report of the U. S. EPA Gene-Tox rogram. *Mutation Research*, 1981, 87:17-62

ICS 13.300;11.100
A 80

中华人民共和国国家标准

GB/T 27828—2011

化学品　体外皮肤腐蚀经皮电阻试验方法

Chemicals—Test method of *in vitro* skin corrosion—Transcutaneous electrical resistance test(TER)

2011-12-30 发布　　2012-08-01 实施

中华人民共和国国家质量监督检验检疫总局
中国国家标准化管理委员会　发布

前 言

本标准按照GB/T 1.1—2009给出的规则起草。

本标准与经济合作与发展组织OECD化学品测试指南No.430(2004)《体外皮肤腐蚀:经皮电阻试验法》(英文版)技术性内容一致。

本标准做了下列结构和编辑性修改:

——增加了范围一章;

——将OECD No.430:2004"介绍"部分并入了"引言"部分;

——删除了OECD No.430:2004"介绍"部分中的"本指南中的定义见附录";

——将OECD No.430:2004"初始考虑"部分并入了"引言"部分;

——将OECD No.430:2004"附录:定义"章并入了"术语和定义"部分;

——计量单位改成为我国法定计量单位。

本标准由全国危险化学品管理标准化技术委员会(SAC/TC 251)提出并归口。

本标准起草单位:中国疾病预防控制中心职业卫生与中毒控制所、宁波检验检疫科学技术研究院、中国检验检疫科学研究院、中国化工经济发展中心。

本标准主要起草人:侯粉霞、马中春、慈颖、林铮、杨挺、陈小青、龙再浩、林振兴。

引　言

皮肤腐蚀作用是指皮肤接触受试物后所产生的不可逆的皮肤组织损伤[见全球化学品统一分类和标签制度(Globally Harmonized System of Classification and Labelling of Chemicals,GHS)中的定义][1]。本标准则提供了一项不使用活体动物就可进行皮肤腐蚀性评价的试验方法。

皮肤腐蚀试验通常需要使用实验动物[2]。在OECD化学品测试指南404的2002年修订版及其增补中考虑到了该试验方法可能会对实验动物造成痛苦和伤害。因此,考虑变更为体外皮肤腐蚀试验方法以避免给实验动物造成的痛苦和伤害。

完全取代动物体内皮肤腐蚀试验(OECD 404)的主要困难在于还没有正式的、独立的、经确认的体外腐蚀试验方法。建立皮肤腐蚀替代试验方法的第一步应该是开展方法确认前的预验证试验[3],然后才能进行正式的体外皮肤腐蚀试验[4-5]的方法确认研究[6-8]。根据上述有关试验的结果以及其他相关的文献资料,认为人体皮肤模型试验(OECD 431)和经皮电阻试验方法(即本标准)可用于评价体内皮肤腐蚀性[9-11]。

有关确认试验的研究结果以及其他已发表的研究资料表明大鼠经皮电阻试验方法(TER试验)[12-13]能可靠地识别已知的皮肤腐蚀性和非皮肤腐蚀性[5,9]。

本试验可用于鉴定化学物及其混合物的腐蚀性。另外,依据已有的信息(如pH值、结构-活性关系、人和/或动物资料)并通过证据权衡分析,本标准也可用于鉴定化学物及其混合物的非腐蚀性[1-2,11,14]。本标准通常不能提供受试物皮肤刺激方面的信息,也不能对腐蚀性物质按照GHS规则进一步加以分类[1]。

为全面评价单次经皮染毒后受试物对皮肤的局部作用,建议采用一种有前后顺序的测试策略(见OECD 404[2]和GHS[1])。该测试策略包括先进行体外皮肤腐蚀试验和体外皮肤刺激试验,然后再考虑使用活体动物进行试验。

化学品　体外皮肤腐蚀经皮电阻试验方法

1　范围

本标准规定了化学品体外皮肤腐蚀经皮电阻试验方法的术语和定义、试验原理、试验方法、试验数据和报告。

本标准适用于经皮电阻体外皮肤腐蚀试验。

2　术语和定义

下列术语和定义适用于本文件。

2.1

体内皮肤腐蚀　skin corrosion *in vivo*

皮肤接触受试物 4 h 后产生的不可逆损伤，即从表皮到真皮出现了可见性坏死。腐蚀性作用的特征有：溃疡、出血、血性结痂，14 d 后表现为皮肤萎缩褪色、局部斑秃和结痂等改变。对于可疑的皮肤损伤要进行组织病理学检查。

2.2

经皮电阻　transcutaneous electrical resistance，TER

皮肤的电阻抗性，用电阻值(kΩ)来表示。采用惠斯登电桥来记录皮肤对离子的通透性，是一种简单稳定的评价皮肤屏障功能的方法。

3　试验原理

将受试物涂敷到置于两层测试系统中的表皮表面，保持 24 h。在该测试系统中，层与层之间的试验用皮肤可作为一个独立的功能层。试验用皮肤来自于经安乐处死的 28 日龄～30 日龄的大鼠。根据皮肤角质层缺失的程度及皮肤屏障功能的减低(TER 低于阈值)情况来鉴定受试物是否具有腐蚀性[12]。大量化学物的大鼠 TER 测试结果表明，大多数 TER 值远远高于 5 kΩ(常大于 10 kΩ)或低于 5 kΩ(常小于 3 kΩ)，故将判定大鼠皮肤腐蚀与否的 TER 临界值定为 5 kΩ[12]。

通常，对活体动物皮肤无腐蚀性的物质，无论是否具有刺激性，测定的 TER 值一般不低于 5 kΩ。此外，使用不同的皮肤或不同的试验装置时，TER 临界值可能发生改变，此时，需要进一步验证。

本试验程序中加入了染色方法，以确认阳性结果(包括 TER 值接近 5 kΩ 时)。如果角质层遭到了破坏，则会增加离子的通透性，从而可用染色方法进行验证。已有证据证明，采用大鼠皮肤进行的 TER 试验可预测家兔体内腐蚀性试验(OECD 404[2])结果。需要指出的是，采用家兔体内试验进行皮肤腐蚀性和皮肤刺激性的检测结果与人体皮肤斑贴试验的结果具有高度的一致性[15]。

4　试验方法

4.1　实验动物

已有研究证明大鼠皮肤对化学物更敏感，故选用大鼠皮肤进行试验[10]。所用大鼠的鼠龄和品系很重要，以确保用于试验的大鼠皮肤处于毛发尚未开始生长前的毛囊休眠阶段。

选用约22日龄的Wistar大鼠(或其他相近品种)，雌雄皆可。用小剪刀仔细剪掉大鼠背部和侧腹部毛发。然后小心擦拭动物。同时把染毒部位涂抹抗生素溶液(如含有效浓度的链霉素、青霉素、氯霉素和两性霉素溶液，以抑制细菌生长)，3 d～4 d后用抗生素溶液再清洗动物一遍。如剪毛后角质层已经恢复正常，在第二次清洗后3 d内，动物可用于试验。

4.2 试验用皮肤的制备

在大鼠为28日龄～30日龄(该年龄非常关键)时将其处以安乐死。取下每只动物的背侧部皮肤并小心去除多余的皮下脂肪，制成直径大约为20 mm的试验用皮肤。试验用皮肤可采用适当方法贮存备用，因为大量试验结果证明，贮存之后试验用皮肤的阳性对照和阴性对照的数据与新鲜皮肤获得的数据相同。

将试验用皮肤置于聚四氟乙烯(PTFE)管的一端，并使皮肤的表皮面朝向PTFE管并与其接触。再用"O"形橡胶环将试验用皮肤压紧并固定在PTFE管的底部，剪去多余的皮肤。PTFE管和"O"形橡胶环的规格(见附录A中A.1)。用凡士林将"O"形橡胶环与PTFE管端密封。用弹簧线夹将PTFE管固定在一个装有硫酸镁溶液(154 mmol/L)的接收管中(见附录B中B.1)，并使PTFE管下端的试验用皮肤完全浸入硫酸镁溶液中。每只大鼠的皮肤可制备10块～15块试验用皮肤。

试验开始前，分别从每只动物制备的试验用皮肤中取两片进行电阻测定以进行质量控制。这两块试验用皮肤的电阻均须大于10 kΩ时才可使用剩余的试验用皮肤进行试验。如果低于10 kΩ，则由该只动物的皮肤制成的试验用皮肤都不能用于试验。

4.3 受试物和对照物的染毒

每次试验应同时设立阳性对照和阴性对照以确保试验系统处于正常状态。应使用来自同一只动物的试验用皮肤。建议阳性对照使用10 mol/L的盐酸、阴性对照使用蒸馏水。

试验时，将150 μL液态受试物均匀地涂敷于PTFE管内的试验用皮肤表面。如果受试物是固体，则应加入足够量的受试物均匀地铺到试验用皮肤上以保证整个外皮的表面都被覆盖，再向固体受试物表面加150 μL去离子水并轻轻摇动管子，混匀。为使固体受试物与皮肤达到最有效的接触，应将受试物加热至30 ℃使其熔解或软化，或将受试物研磨成细粉状。

试验时每个试验组和对照组要使用3个试验用皮肤。受试物应在20 ℃～23 ℃条件下染毒皮肤24 h后，用30 ℃水将试验用皮肤上的受试物冲洗干净。

4.4 TER测定

采用低电压交流惠斯登电桥(Wheatstone bridge)测定皮肤阻抗即TER(经皮电阻)[13]。通常惠斯登电桥的工作电压是1 V～3 V，正弦波或三角波惠斯登电桥的交流电频率为50 Hz～1 000 Hz，测量范围至少为0.1 kΩ～30 kΩ。在验证试验中使用的电桥在频率100 Hz或1 000 Hz(可以串联也可以并联)时，其电感系数、电容、电阻的应能分别达到2 000 H、2 000 μF和2 MΩ的上限。进行TER腐蚀性测定时，测量结果以频率为100 Hz、串联条件下的电阻值来表示。

测量电阻前，应在试验用皮肤上涂敷足够量的70%酒精以降低皮肤的表面张力。几秒钟后去除酒精并加入154 mmol/L硫酸镁溶液3 mL使皮肤组织水化。将电桥的电极放置于试验用皮肤的两侧、测量电阻值(kΩ/试验用皮肤)(见附录B中B.1)。电极的直径和位于鳄鱼嘴夹夹距以下部分的电极长度见图A.1。电阻测量过程中，要将夹持内电极的鳄鱼嘴夹置于PTFE管顶端以确保浸泡在硫酸镁溶液中的电极长度保持不变。将外电极插入到接收管底部。PTFE管上的弹性回形针和底部的距离应保持不变(见附录A中A.1)，因为这个距离会影响电阻的测量值。因此，内电极与试验用皮肤之间的距离也应保持不变并且要尽量短(1 mm～2 mm)。

如果测量所得的电阻值大于 20 kΩ 时，可能是由于试验用皮肤上残留有受试物所致，应进一步除去这些残留的受试物，例如可用戴手套的拇指堵住 PTFE 管，摇晃约 10 s，弃去管内的硫酸镁溶液并加入新鲜的硫酸镁溶液后再次测量电阻。

试验装置的性能、大小以及所使用的试验程序可影响 TER 值。判断腐蚀性的 5kΩ 临界值仅适用于在本方法要求的试验装置和试验程序条件下测量的 TER 值判定。如果改变试验条件或使用不同的试验装置，则可以选择不同的阈值。因此，有必要从用于验证试验的化学物质[4-5]中或从与受试物类似的物质中选择一系列的参照物质进行试验，借以对试验方法和电阻阈值进行矫正。一些推荐的合适化学物质参见附录 C。

4.5 染色方法

某些非腐蚀性物质可使 TER 值降低至 5 kΩ 临界值以下，因为这些物质可让离子通过角质层从而降低电阻[5]。例如，中性有机物和具有表面活性的化学物质(包括去污剂、乳化剂和其他表面活性剂)能去除皮肤上的脂质从而增加皮肤的离子通透性。因此，如果受试物的 TER 值低于或接近 5 kΩ 但没有肉眼可见的皮肤损伤时，则对照组和染毒组都应进行染料渗透试验以确定 TER 值的降低是由于皮肤渗透性增高引起还是由于皮肤腐蚀引起[3,5]。由于后者常常会导致皮肤角质层损伤，当在皮肤表面加入硫酸若丹明 B 染料后，染料会迅速渗透皮肤角质层并使下面的皮肤组织染色。这种染料对很多种化学物质稳定，且不受后续的萃取试验影响。

4.6 硫酸若丹明 B 染料的应用与清除

4.6.1 测定 TER 后，去除硫酸镁溶液，并仔细检查皮肤有无明显损伤。如没有观察到明显损伤，则要在试验用皮肤上加入 10%(质量/体积)的硫酸若丹明 B(酸红 52；C. I. 45100；CAS 号 3520-42-1)水溶液 150 μL，作用 2 h 后，用温度至少为室温的自来水冲洗表皮约 10 s 以去除多余或未结合的染料。

4.6.2 小心地从 PTFE 管上取下试验用皮肤并放入装有 8 mL 去离子水的瓶中(例如 20 mL 的玻璃闪烁瓶)，轻轻震摇 5 min 以去除多余或未结合的染料。重复上述清洗步骤后，将试验用皮肤移入装有 5 mL 30%(质量/体积)的十二烷基硫酸钠(SDS)蒸馏水溶液的瓶中，60 ℃孵育过夜。

4.6.3 孵育后，取出试验用皮肤并将其丢弃。将剩余溶液在 21 ℃离心 8 min(相对离心力为 175g)。吸取 1 mL 上清液并用 30% SDS 溶液稀释到原体积的 5 倍，测量溶液在 565 nm 的光密度(D)。

4.7 计算染料含量

可通过 D 值来计算每块试验用皮肤中硫酸若丹明 B 染料的含量[5](硫酸若丹明 B 染料在 565 nm 处的摩尔消光系数是 8.7×10^4；相对分子质量为 580)。用合适的标准曲线得出每块试验用皮肤的染料含量，并根据重复测定值(平行测定值)来计算每块试验用皮肤染料的平均含量。

4.8 结果解释

4.8.1 如果阳性对照和阴性对照的 TER 测定值在表 1 要求的范围内，则可认为试验的结果是可信的。

表 1 电阻抗范围

对照组	物质	电阻范围/kΩ
阳性	10 mol/L 盐酸	0.5～1.0
阴性	蒸馏水	10～25

4.8.2 如果阳性对照和阴性对照的染料与试验用皮肤的结合量在表2要求的范围内，则可认为试验的结果是可信的。

表2 染料量范围

对照组	物质	染料含量范围/(μg/试验用皮肤)
阳性	10 mol/L 盐酸	40～100
阴性	蒸馏水	15～35

4.8.3 符合下列情况可认为受试物对皮肤不具有腐蚀性：

a) 受试物的 TER 平均值大于 5 kΩ；或者

b) TER 平均值低于或等于 5 kΩ，并且

——试验用皮肤未见明显的损伤；而且

——试验用皮肤的染料含量均值低于 10 mol/L 盐酸阳性对照的染料含量均值(见 4.8.2 中的可接受范围)。

4.8.4 符合下列情况则可认为受试物对皮肤具有腐蚀性：

a) 受试物的 TER 均值低于或等于 5 kΩ 并且皮肤有明显的损伤；或者

b) TER 均值低于或等于 5 kΩ，并且

——试验用皮肤没有明显的损伤；但是

——试验用皮肤的染料含量均值高于或等于 10 mol/L 盐酸阳性对照的染料含量均值(见 4.8.2 中的阳性对照值)。

5 试验数据和报告

5.1 数据

以表格的形式列出受试物组、阳性对照组和阴性对照组的电阻值(kΩ)和试验用皮肤染料含量均值(μg/试验用皮肤)(单个试验数据和平行组的均值)，还应列出重复测定的每个测定值和均值。

5.2 试验报告

试验报告应包括以下信息：

a) 受试物和对照物：

1) 化学名(如 IUPAC 或 CAS 名称)及 CAS 号；

2) 化学物质或其制剂组分的含量(质量分数)、纯度和物理性质；

3) 理化特性(如物理状态、pH 值、稳定性、水溶性)；

4) 试验前对受试物和对照物的处理(例如加热、研磨等)；

5) 稳定性(如已知就在报告中提供)。

b) 实验动物：

1) 动物品系和性别；

2) 动物的年龄；

3) 动物的来源、饲养条件及饲料等；

4) 皮肤制备的细节。

c) 试验条件：

1) 试验系统的标准曲线；

2) 染料含量测定标准曲线；

3) TER 测量的详细试验步骤；

4) 染料含量测定的详细试验步骤(需要时)；

5) 对试验程序做任何修改的描述；

6) 腐蚀性作用判断标准。

d) 结果：

1) 以表格形式报告每只动物及每块试验用皮肤的 TER 值和染料结合量的数据表格；

2) 观察到的任何症状。

e) 讨论。

f) 结论。

附　录　A
（规范性附录）
聚四氟乙烯(PTFE)管尺寸示意图

A.1 聚四氟乙烯(PTFE)管的尺寸(见图 A.1)。

单位为毫米

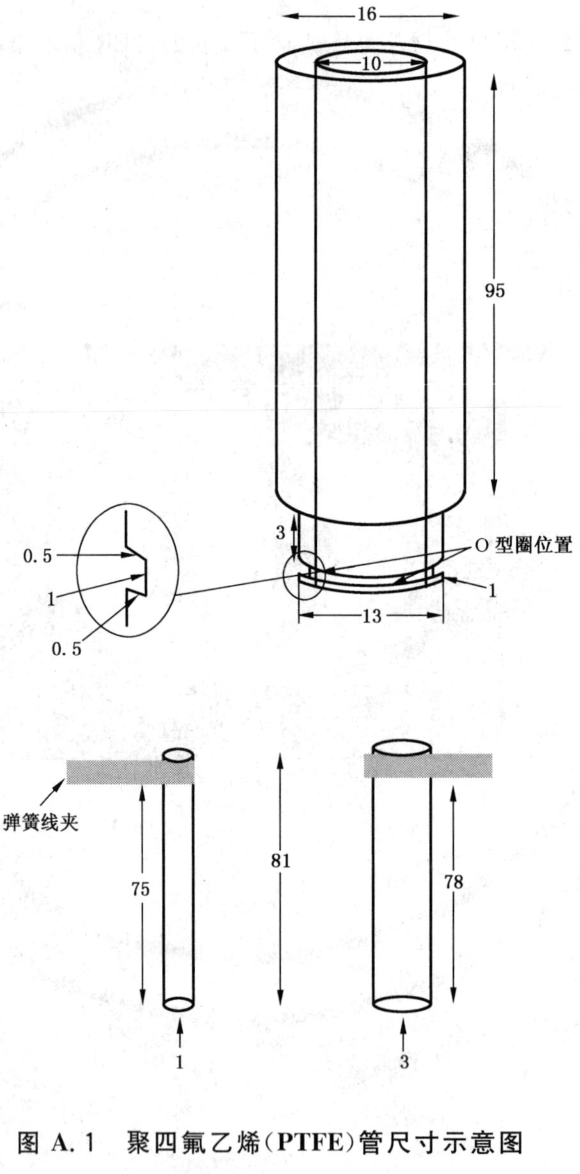

图 A.1　聚四氟乙烯(PTFE)管尺寸示意图

附　录　B
（规范性附录）
鼠皮肤 TER 测试器具示意图

B.1　鼠皮肤 TER 测试器具的示意图(见图 B.1)。

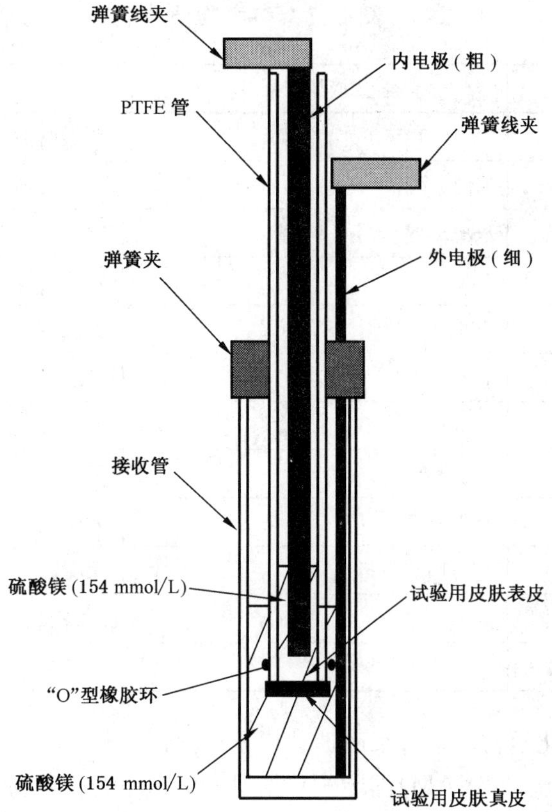

图 B.1　鼠皮肤 TER 测试器具示意图

附　录　C
（资料性附录）
参　考　物　质

C.1　表C.1给出了相应的参考物质。

表 C.1　参考物质

化学品名	化学文摘服务社编号	腐蚀程度
1,2-二氨基丙烷	78-90-0	严重腐蚀
丙烯酸	79-10-7	严重腐蚀
2-叔丁基苯酚	88-18-6	腐蚀
氢氧化钾(10%)	1310-58-3	腐蚀
硫酸(10%)	7664-93-9	腐蚀
辛酸(正辛酸)	124-07-02	腐蚀
4-氨基-1,2,4-三唑	584-13-4	无腐蚀
丁香酚	97-53-0	无腐蚀
溴乙基苯	103-63-9	无腐蚀
四氯乙烯	127-18-4	无腐蚀
异硬脂酸	30399-84-9	无腐蚀
4-甲基硫代苯甲醛	3446-89-7	无腐蚀

C.2　表C.1所列的大部分化学物均来自于欧洲替代方法验证中心(the European Centre for the Validation of Alternative Methods,ECVAM)国际一致性研究所选用的化学物列表。选择上述物质的标准如下：

a)　相同数量的腐蚀性和非腐蚀性物质；
b)　涵盖大多数化学品种类,并且可通过商业途径获取的化学物质；
c)　包含了严重腐蚀性和轻微腐蚀性的化学物,以保证对腐蚀能力加以区别；
d)　所选择的化学物除了具有腐蚀性外,可以在实验室里正常使用,没有其他严重的危害。

参 考 文 献

［1］ OECD(2001)Harmonised Integrated Classification System for Human Health and Environmental Hazards of Chemical Substances and Mixtures. OECD Series on Testing and Assessment Number 33. ENV/JM/MONO(2001)6，Paris

http://www.olis.oecd.org/olis/2001doc.nsf/LinkTo/env-jm-mono(2001)6

［2］ OECD(2002). OECD Guideline for Testing of Chemicals. No. 404：Acute Dermal Irritation, Corrosion, revised version, as adopted on 24 April 2002, 7 pp plus Annex and Supplement

［3］ Botham, P. A., Chamberlain, M., Barratt, M. D., Curren, R. D., Esdaile, D. J., Gardner, J. R., Gordon, V. C., Hildebrand, B., Lewis, R. W., Liebsch, M., Logemann, P., Osborne, R., Ponec, M., Regnier, J. F., Steiling, W., Walker, A. P., and Balls, M. (1995). A prevalidation study on *in vitro* skin corrosivity testing. The report and recommendations of ECVAM Workshop 6. ATLA 23, 219-255

［4］ Barratt, M. D., Brantom, P. G., Fentem, J. H., Gerner, I., Walker, A. P., and Worth, A. P. (1998). The ECVAM international validation study on *in vitro* tests for skin corrosivity. 1. Selection and distribution of the test chemicals. Toxic. in Vitro 12, 471-482

［5］ Fentem, J. H., Archer, G. E. B., Balls, M., Botham, P. A., Curren, R. D., Earl, L. K., Esdaile, D. J., Holzhütter, H.-G., and Liebsch, M. (1998). The ECVAM international validation study on *in vitro* tests for skin corrosivity. 2. Results and evaluation by the Management Team. Toxic. in Vitro 12, 483-524

［6］ OECD(1996). Final Report of the OECD Workshop on Harmonization of Validation and Acceptance Criteria for Alternative Toxicological Test Methods, 62pp

［7］ Balls, M., Blaauboer, B. J., Fentem. J. H., Bruner, L., Combes, R. D., Ekwall, B., Fielder. R. J., Guillouzo, A., Lewis, R. W., Lovell, D. P., Reinhardt, C. A., Repetto, G., Sladowski, D., Spielmann, H., and Zucco, F. (1995). Practical aspects of the validation of toxicity test procedures. The report and recommendations of ECVAM workshops. ATLA 23, 129-147

［8］ ICCVAM(Interagency Coordinating Committee on the Validation of Alternative Methods). (1997). Validation and Regulatory Acceptance of Toxicological Test Methods. NIH Publication No. 97-3981. National Institute of Environmental Health Sciences, Research Triangle Park, NC, USA.

http://iccvam.niehs.nih.gov/docs/guidelines/validate.pdf

［9］ ECVAM(1998). ECVAM News & Views. ATLA 26, 275-280

［10］ ICCVAM (Interagency Coordinating Committee on the Validation of Alternative Methods). (2002). ICCVAM evaluation of EpiDerm™, EPISKIN™(EPI-200), and the Rat Skin Transcutaneous Electrical Resistance (TER) assay: In Vitro test methods for assessing dermal corrosivity potential of chemicals. NIH Publication No. 02-4502. National Toxicology Program Interagency Center for the Evaluation of Alternative Toxicological Methods, National Institute of Environmental Health Sciences, Research Triangle Park, NC, USA.

http://iccvam.niehs.nih.gov/methods/epiddocs/epis_brd.pdf

［11］ OECD(2002)Extended Expert Consultation Meeting on The In Vitro Skin Corrosion Test Guideline Proposal, Berlin, 1st-2nd November 2001, Secretariat's Final Summary Report, 27th March 2002, OECD ENV/EHS, available upon request from the Secretariat

［12］ Oliver, G. J. A., Pemberton, M. A., and Rhodes, C. (1986). An *in vitro* skin corrosivity test-modifications and validation. Fd. Chem. Toxicol. 24, 507-512

[13] Botham, P. A., Hall, T. J., Dennett, R., McCall, J. C., Basketter, D. A., Whittle, E., Cheeseman, M., Esdaile, D. J., and Gardner, J. (1992). The skin corrosivity test *in vitro*: results of an interlaboratory trial. Toxic. in Vitro 6, 191-194

[14] Worth AP, Fentem JH, Balls M, Botham PA, Curren RD, Earl LK, Esdaile DJ, Liebsch M (1998). An Evaluation of the Proposed OECD Testing Strategy for Skin Corrosion. ATLA 26: 709-720

[15] Basketter, D. A., Chamberlain, M., Griffiths, H. A., Rowson, M., Whittle, E., York, M. (1997). The classification of skin irritants by human patch test. Fd. Chem. Toxicol. 35, 845-852

[16] Oliver G. J. A, Pemberton M. A and Rhodes C. (1988). An In Vitro model for identifying skin-corrosive chemicals. I. Initial Validation. Toxic. in Vitro. 2, 7-17

ICS 13.300;11.100
A 80

中华人民共和国国家标准

GB/T 27829—2011

化学品　体外皮肤腐蚀膜屏障试验方法

Chemicals—In vitro test of skin corrosion—Membrane barrier method

2011-12-30 发布　　2012-08-01 实施

中华人民共和国国家质量监督检验检疫总局
中国国家标准化管理委员会　发布

前　言

本标准按照 GB/T 1.1—2009 给出的规则起草。

本标准与经济合作与发展组织(OECD)化学品测试指南 No.435(2006)《皮肤腐蚀性　体外膜屏障试验方法》(英文版)技术性内容一致。

本标准做了下列结构和编辑性修改：

——增加了范围一章；

——将 OECD435 原文中的"介绍"部分放入本标准引言部分；

——将 OECD435 原文中"附件：定义"中的部分内容作为本标准"2　术语、定义和缩略语"；

——计量单位改成我国法定计量单位。

本标准由全国危险化学品管理标准化技术委员会(SAC/TC 251)提出并归口。

本标准起草单位：中国疾病预防控制中心职业卫生与中毒控制所、上海出入境检验检疫局、中国化工经济技术发展中心。

本标准主要起草人：刘清君、邱璐、王晓兵、李小林、杨挺、蒋静。

引　言

皮肤腐蚀性指受试物作用后,皮肤出现不可逆损伤,表现为由表皮到真皮的明显坏死[联合国(UN)全球化学品统一分类和标签制度(GHS)[1]]。本试验方法为不使用活体动物的体外方法。

原有的试验方法为选用兔子的皮肤进行的体内试验方法(OECD TG 404)[2]。OECD提出了很多体外试验方法用于腐蚀性物质检测,作为原有体内试验的替代方法。体外膜屏障法所使用的人工膜对腐蚀性物质的反应与动物暴露部位的皮肤对腐蚀性物质的反应类似。

传统的皮肤腐蚀性试验方法是把受试物涂抹到活体动物的皮肤上,经过一定时间后,通过评价组织的损伤程度来评价受试物的皮肤腐蚀性[2-3]。联合国GHS系统对皮肤腐蚀性的分级测试和评价策略允许使用验证过并被接受的体外试验方法[1]。在此分级测试和评价策略中,体外试验结果为阳性的受试物可以判定为腐蚀性物质,不需要进行动物试验,这样就减少和优化了试验中动物的使用。依据此策略,对于体外试验结果为阴性的受试物,还需进行其他的试验[1]。因此,使用体外试验方法检测受试物的腐蚀性避免了动物试验引起的痛苦和伤害。

Corrositex®是已经通过验证并且商品化的体外膜屏障试验方法[4-6]。鉴于其公认的合理有效性,此试验方法已被推荐为评估化学品皮肤腐蚀性危害分级测试策略的一部分[5]。新建的体外膜屏障试验方法用于皮肤腐蚀性检测前应确定该方法的可靠性、相关性(准确度)及其局限,以确保该方法与其他验证过的参考方法具有可比性[7-10]。

该方法的局限性在于[5]:基于最初的相容性试验结果,很多非腐蚀性的化学品或混合物,以及某些腐蚀性化学品或混合物无法使用该方法进行检测。虽然85%的pH值在4.5～8.5的化学品水溶液的动物试验结果都是无腐蚀性的[5],但在上述pH范围内的化学品水溶液通常不适用于体外膜屏障法进行检测。体外膜屏障试验方法可以用于检测固体(包括能溶于水和不溶于水)、液体(包括水溶液和非水溶液)和乳剂。然而,在相容性试验中,很多受试化学品或混合物不出现可检测到的变化[即在参考方法中化学检测系统(CDS)出现颜色的改变],因此不适用于膜屏障方法,而应选择其他试验方法。受试物可以是纯品、稀释液、制剂或废弃物。样品无需前处理。

OECD共提供了三种检测皮肤腐蚀性的体外试验方法,除本标准外,其他两种分别为基于人重组皮肤模型(OECD TG 431)[11]和分离大鼠皮肤模型(OECD TG 430)[12]的试验方法。化学品皮肤腐蚀性体外膜屏障试验方法可用于GHS系统腐蚀性物质进一步的分类(子类别)和联合国危险货物运输包装分类(Transport Packing Groups)中腐蚀性危害的分类。

本方法适用于腐蚀性化学品或混合物的鉴别,以及对GHS系统中腐蚀性物质分类进行进一步细化(见正文表1)。另外,此方法也可用来判断一些特定种类的化学品是按照腐蚀性物质还是非腐蚀性物质来运输,如某些有机和无机酸、酸的衍生物、碱。本试验程序与验证过的参考实验方法类似。

化学品　体外皮肤腐蚀膜屏障试验方法

1　范围

本标准规定了化学品体外皮肤腐蚀性膜屏障试验方法的术语定义和缩略语、试验原理、试验方法、试验数据和报告。

本标准适用于检测化学品皮肤腐蚀性。

2　术语、定义和缩略语

2.1　术语和定义

下列术语和定义适用于本文件。

2.1.1

皮肤腐蚀性　skin corrosion

受试物作用于皮肤后产生不可逆损伤，表现为从表皮到真皮的明显的坏死。

2.1.2

准确度　accuracy

测试方法的结果与可接受的参考值之间的一致程度，是对试验操作方法的一个衡量，也是相关性的一个方面。“准确度”常可与“一致性”互换，均指一个试验方法得出的结果与真实结果的符合比例[7-8,10]。

2.1.3

假阴性率　false negative rate

所有实际是阳性(活性)，而根据试验判断为阴性结果的比例。假阴性率是一个试验操作的指标。

2.1.4

假阳性率　false positive rate

所有实际是阴性(非-活性)，而根据试验判断为阳性结果的比例。假阳性率是一个试验操作的指标。

2.1.5

实验室之间试验的再现性　Inter-laboratory reproducibility

评价不同实验室之间使用同样的方法对同样的受试物进行同样的试验，得到质量和数量上类似结果的程度。在验证前和验证阶段确定实验室间的重复性，该重复性表明试验在两个实验室之间能够成功互认的程度，即指两个实验室间实验的重复性。

2.1.6

参考标准　performance standards

为一种立足于验证后参考方法的标准。对于在功能和机制上类似的建议方法，此标准可提供评估其“可比性”的基础。

注：内容包括：(1)必要试验方法的元件；(2)从用于证明参考方法为可接受操作的化学品清单中选择最少数量参考物；和(3)准确度和可信度相应的水平，应该立足于与那些验证后参考方法的比较，建议方法的确立应通过使用最少数量参考物质试验来评估。

2.1.7

参考物质　reference chemicals

用于验证的物质。

注：参考物质在体内、体外的参考试验系统及目标种属上的反应是已知的。在试验方法有效性验证过程中用到的参考物质在化学品分类中应具有代表性，对于选用的参考物质，应当能够代表从强到弱，再到阴性的所有程度的腐蚀性反应。不同阶段的验证过程，不同的试验方法，不同的试验目的，需要选用不同系列的参考物质。

2.1.8

相关性　relevance

描述试验测试的目标效应对特定的试验目标是否有意义和是否有效的指标，即试验正确测量或预测目标生物效应的程度。相关性表现为试验方法的准确度（一致性）[7-9]。

2.1.9

可靠性　reliability

描述不同时间，两个试验室或多个试验室使用相同的试验方法，试验结果重现性程度的指标。通过计算实验室内和实验室间结果的重复性来评价可靠性[7-9]。

2.1.10

灵敏度　sensitivity

试验判定的阳性（活性）物质与真正的阳性（活性）物质的比率。它是评价分类所用试验方法准确度的指标。灵敏度是评估试验方法相关性的重要因素。

2.1.11

特异性　specificity

通过试验确定的阴性物质占正确分级的阴性物质的比率。它是评价产生腐蚀性分类结果试验方法准确性的标准，在评估试验方法的相关性时，特异性也是需要考虑的重要因素[1]。

2.2　缩略语

CDS：化学检测系统（chemical detection system）

注：配有指示剂溶液，溶液在受试物出现时能够发生反应的，且反应能够通过肉眼观察或电子设备检测的系统。这些反应包括在受试物出现或发生某种化学或电化学反应时引起的一种或多种 pH 指示剂颜色的改变。

GHS：全球化学品统一分类和标签制度（Globally Harmonized System of Classification and Labelling of Chemicals）

注：根据标准的分类方法和对个人、公众及环境危害的水平，并考虑信息交流的方便（象形图、信号词、危害说明、防范说明和安全数据单），将化学品（单一化学品和混合物）进行分类，以便能够传达化学品所有的危害信息，保护相关人群（包括雇主、工人、运输人员、消费者和应急反应人员）和环境的制度[1]。

3　试验原理

试验体系由人造大分子生物膜和 CDS 两部分组成。本试验方法假定生物膜上与活体皮肤上的腐蚀作用的机制相仿，将受试物作用于人工膜屏障的表面[5]，检测由腐蚀性受试物引起的膜屏障损伤。

可以通过多种方法检测膜屏障的渗透性，包括 pH 指示剂颜色的改变和指示剂溶液其他特性的改变。试验前应当首先确定膜屏障是有效的，即与试验目的是相关和可靠的。这包括确保所用膜屏障特性的一致性，如对非腐蚀性物质保持屏障功能的能力、对各类腐蚀性物质的分类能力。分类是依据受试物渗透通过膜屏障进入指示剂溶液的时间确定的。

4　试验方法

4.1　试验程序

以下的试验组成及步骤[7,15]，膜屏障及其兼容性试剂/指示剂、腐蚀性分类试剂可以自己制备，也可以购买商品化产品，如 Corrositex®。验证后的参考方法可以通过　http://iccvam.niehs.nih.gov 查询。试验操作在环境温度 17 ℃～25 ℃ 中进行。

4.1.1 受试物相容性试验

在进行膜屏障试验前，先进行相容性试验以判断 CDS 能否检测到受试物。如果 CDS 无法检测到受试物，该膜屏障试验方法不适于评价该受试物的腐蚀性，需要使用其他不同的试验方法。相容性试验使用的 CDS 以及暴露条件应该能够反映后面的膜屏障试验的暴露情况。

4.1.2 受试物时间尺度分类试验

如果试验方法恰当，并且通过了相容性试验，则应确定受试物分类的时间尺度，即酸碱性强弱的筛选试验。例如，在验证了的参考试验方法中，分类所需时间尺度试验根据是否检测到显著的酸碱储留，确定使用哪一个时间尺度。鉴定化学品的腐蚀性以及进行 GHS 皮肤腐蚀性分类时，要根据该化学品酸碱性的储留情况，选用两个不同的时间尺度。

4.1.3 膜屏障试验

膜屏障试验主要的试验组件包括膜屏障和化学检测系统(CDS)。

4.1.3.1 膜屏障

膜屏障由两部分组成：蛋白大分子水凝胶和渗透支持膜。液体和固体不能通过蛋白水凝胶，但发生腐蚀作用后能够透过。构建完成的膜屏障应储存在一定的条件下，防止其变性，如干燥、微生物污染、移位、开裂等，从而影响使用。确定膜屏障的有效期，超过有效期，膜屏障不能使用。

在蛋白水凝胶制备和受试物试验期间，渗透支持膜对蛋白水凝胶起机械支撑作用。渗透支持膜要能够防止胶的下陷和移位，并对所有的受试物都具有较好的渗透性。

蛋白胶基质由角蛋白、胶原或蛋白质混合物构成，是受试物作用的靶。先将蛋白胶铺于支持膜的表面，形成胶体面，然后将膜屏障置于指示剂溶液上。蛋白水凝胶的厚度和密度要均匀，不能有气泡或其他影响整体功能的缺陷。

4.1.3.2 化学检测系统

指示剂溶液应当与相容性试验所用的相同，应当在受试物存在时发生反应。当受试物出现或发生某些类型的化学或电化学反应时，一种 pH 指示剂或指示剂组合，如酚红和甲基橙，出现颜色的改变，在试验中可以使用这样的指示剂或指示剂组合。这种变化可以通过肉眼观察或电子设备检测。

研发的检测系统除了应当能够检测出受试物是否通过了膜屏障，还应当能够评价其精确度和可靠性，说明其适用范围和检测限。

4.2 试验操作

4.2.1 试验部件的组装

膜屏障放置在一个装有指示剂溶液的小瓶(管)中，确保支持膜与指示剂溶液完全接触而且膜与液面之间没有气泡。小心操作，以确保膜的完整性。

4.2.2 受试物

使用适量受试物，如 500 μL 液体或 500 mg 研细粉末[5]，小心地平铺在膜屏障表面并使之均匀分布。每个受试物及相应对照均需要一定数量的平行样，如四个平行样[5]。记录受试物作用膜屏障的时间。平行样品的作用时间要相互错开，以确保能够精确记录较短的腐蚀时间。

4.2.3 膜屏障渗透性的测定

合理监控每个平行试验，记录指示液颜色改变的时间，即膜通透性改变的时间。计算受试物开始作用于膜屏障的时间和膜屏障通透性改变时间的差值。

4.2.4 对照

试验中如果需要使用赋形剂或溶剂来溶解或分散受试物，那么赋形剂和溶剂要与膜屏障系统相容，即不能改变膜屏障系统的完整性，也不能改变受试物的腐蚀性。为了证明溶剂(或赋形剂)与膜屏障系统具有相容性，溶剂(或赋形剂)的对照试验要与受试物试验同时进行。用具有中等腐蚀性的化学品作为阳性(腐蚀性)对照物，如氢氧化钠(GHS 腐蚀性分类为 1B)[7]，阳性对照物应与受试物同时进行试验，以检测系统是否工作正常。第二种阳性对照物应当与受试物具有相同的分级，可用于评估腐蚀性物质的相对腐蚀活性。为了能够检测在相对于参考值，渗透性改变时间过长或过短时，试验系统是否工作正常，应当选择具有中等腐蚀性的阳性对照物(如腐蚀性分类为 1B 的物质)。因此，强腐蚀性物质(GHS 腐蚀性分类为 1A 的物质)和非腐蚀性物质要少用。GHS 腐蚀性分类 1B 的物质可用于检测穿透时间过快或过慢的受试物。可以选用弱腐蚀性物质(GHS 腐蚀性分类为 1C 的物质)作为阳性对照物，用来检测试验方法区分弱腐蚀性和无腐蚀性的物质的能力。除此之外，还应当参考渗透时间历史数据的变化，确定阳性对照值的范围(用平均值±2－3 标准差表示)。在每一个试验中，应根据阳性对照的结果来精确判定渗透时间，剔除超出可接受范围的数值。阴性(非腐蚀性)对照物，如 10%柠檬酸、6%丙酸[7]，应与受试物同时试验，作为另一个质控措施证明膜屏障功能的完整性。

4.2.5 可接受的标准

本标准中试验方法适用于腐蚀性化学品或混合物的鉴别，以及对 GHS 系统中腐蚀性物质分类到子类别(见表 1)[1]。另外，此方法也可用来判断一些特定种类的化学品是按照腐蚀性物质还是非腐蚀性物质来运输，如某些有机和无机酸、酸的衍生物、碱[5,13-14]。本标准描述的试验程序与验证过的参考实验方法类似[5]。

表 1　联合国 GHS 皮肤腐蚀性类型及分类

腐蚀性类型 (类型 1) (适用于不使用亚类的权威机构)	腐蚀性分类 (仅适用于某些权威机构)	3 只动物中至少 1 只表现出皮肤腐蚀性	
		暴露	观察
腐蚀性	腐蚀性 1A	≤3 min	≤1 h
	腐蚀性 1B	＞3 min/≤1 h	≤14 d
	腐蚀性 1C	＞1 h～≤4 h	≤14 d

根据 GHS 腐蚀性分类规定的时间尺度，计算受试物开始作用于膜屏障到膜屏障渗透性改变的时间(以 min 计)，用来预测受试物的腐蚀性。对于一个可接受的试验，与受试物同时进行的阳性对照应出现预期的渗透反应时间，同时进行的阴性对照不应表现出腐蚀性，如果有同时进行的溶剂对照，则溶剂对照不应出现腐蚀性也不应改变受试物的腐蚀性。依据本指南，在试验室使用某一试验方法进行常规检测之前，实验室可以用表 2 中推荐的 12 种化学品进行测试，证明其技术水平。如果新建的与参考方法结构和功能类似的新的试验方法[16]，则在新方法应用于物质检测之前，应按本标准附录 A 中描述的执行标准进行可靠性和精确度检验。

表 2　已知腐蚀性分类的化学品

化学物	美国化学文摘服务社登记号	化学物分类	联合国 GHS 子类[a]
硝酸	7697-37-2	无机酸	1A
五氯化磷	10026-13-8	无机酸前体	1A
硒酸	7783-08-6	无机酸	1A
戊酰氯	638-29-9	酸性氯化物	1B
氢氧化钠	1310-73-2	无机碱	1B
1-(2-氨乙基)哌嗪	140-31-8	脂肪胺	1B
氯化苯磺酰	98-09-9	酸性氯化物	1C
硫酸羟胺	10039-54-0	有机铵盐	1C
四亚乙基戊胺	112-57-2	脂肪族胺	1C
丁香酚	97-53-0	酚类	NC[b]
壬基丙烯酸酯	2664-55-3	丙烯酸酯类/异丁烯酸酯类	NC[b]
碳酸氢钠	144-55-8	无机盐	NC[b]

注：表中所列的 12 种物质涵盖三种腐蚀性物质 GHS 分类中的每一子类，并包含三种非腐蚀性物质。为了证明结构和功能与参考方法类似的试验方法的准确度和可靠性，需要选择参考物质进行测试。表中的 12 种物质选自最小参考物质表中的 40 种物质(附录 A)。这些化学品易于获得，其联合国 GHS 分类是基于高质量的体内试验的结果。

[a] 相应的包装分类Ⅰ，Ⅱ，Ⅲ分别对应于联合国 GHS 分类 1A，1B，1C。

[b] 非腐蚀性物质。

4.2.6　结果解释和受试物腐蚀性分类

受试物开始作用于膜屏障到膜屏障渗透改变之间经过的时间(以 min 计)作为受试物腐蚀性分类[1]和联合国危险货物运输包装分类(如果适用)的依据[17]。对每一个试验方法，都有三种腐蚀性分类的时间尺度。根据时间对受试物腐蚀性的判定应当使腐蚀性危害最小化，即减少假阴性结果的出现。

5　试验数据和报告

5.1　数据

以表格形式将受试物和阳性对照每一次试验的渗透时间(以 min 计)逐一列出，同时给出均数和标准差。

5.2　试验报告应包括以下信息

5.2.1　受试物和对照物：

——识别及鉴定信息，美国化学文摘服务社登记号(Chemical Abstracts Service，CAS)(如已知)；

——物理性质和纯度(主要的杂质)；

——与试验相关的物化特性；

——试验前受试物/对照物质的处理(如适用)，如加热、碾磨等；

——稳定性(如已知)。

5.2.2 说明体外膜屏障模型和使用方法的合理性，给出方法的精确度和可靠性。

5.2.3 试验条件：

——试验组件和制备方法的描述；

——使用的体外膜屏障的来源和组成；

——指示剂溶液的组分和性质；

——测试方法；

——受试物和对照物的使用量；

——平行样品的数量；

——受试物时间尺度分类试验的描述和判断；

——受试物的使用方法；

——观察的时间。

5.2.4 结果：

——包含受试物和对照每一次试验原始数据的表格；

——观察到的其他效应；

——评价和分类标准。

5.2.5 结果讨论。

5.2.6 结论。

附　录　A
(资料性附录)
建议的皮肤腐蚀性体外膜屏障试验特征的实施评估

A.1　介绍

新建的试验方法在正式使用之前，应通过测定已知的腐蚀性和非腐蚀性物质来评价其可靠性和准确度。当使用表 A.1 中推荐的参考化学物进行评估时，新建的试验方法应当具有与参考方法[18](见表 A.2)相当的可靠性和准确度，才达到要求。试验时同时选择腐蚀性物质和非腐蚀性物质，腐蚀性物质应当包括腐蚀性从强到弱的各类代表性物质，以便比较新建试验方法与验证了的参考方法的可靠性和准确度，包括灵敏度、特异性、假阴性率、假阳性率的比较[18-19]。为便于化学品运输危害分级，腐蚀性物质名单也涵盖了联合国包装分类/GHS 皮肤腐蚀性物质中各亚类的物质，测试结果所得的受试物的渗透时间也适用于联合国包装分类/GHS 皮肤腐蚀性分类[20-21]。每种受试物的渗透时间以及与之相关的包装分类/GHS 皮肤腐蚀性物质分类取决于试验屏障的组成、指示剂、分类系统和使用的特定的试验方法。在进行新物质检测之前，应首先测试试验方法的可靠性，了解试验结果是高于还是低于物质实际的腐蚀性。如果可能，应确定那些测试结果总是高于或低于实际腐蚀性的物质。

A.2　执行标准

使用参考物质检测新建体外膜屏障试验方法的可靠性和准确度与验证的参考方法是否具有可比性[19]。表 A.1 中列出的 40 种参考物质代表了不同腐蚀性级别，可以产生不同程度的腐蚀性反应，即非腐蚀性、联合国包装分类腐蚀性Ⅰ(GHS 1A)，腐蚀性Ⅱ(GHS 1B)和腐蚀性Ⅲ(GHS 1C)。这些腐蚀性分级由体内参考试验获得。根据腐蚀性和联合国包装分类/GHS 皮肤腐蚀性分类而列出的参考化学物列表包含 12 种非腐蚀性物质和 28 种腐蚀性物质。在 28 种腐蚀性化学物中，属于标准分类腐蚀性Ⅰ(GHS 1A)和腐蚀性Ⅱ(GHS 1B)的各有 9 种，属于腐蚀性Ⅲ(GHS 1C)的物质有 10 种。这 28 种参考物质构成评估体外膜屏障皮肤腐蚀性试验准确度和可靠性的最少数量列表。如果列表中的化学物无法获得，也可以选用其他易获得的并有充分的体内试验参考数据的物质。易于获得的其他级别的物质，如果有充分的体内参考数据，也可增加到体外试验最小数量参考物质列表中，用于评估新建试验方法的准确度和可靠性。

新建试验方法的可靠性应当与验证的参考方法相当。但是，如果新建的试验方法仅在一个实验室使用，则没有必要进行实验室之间的重复性测评。对于腐蚀性与非腐蚀性物质鉴别、联合国包装分类/GHS 皮肤腐蚀性分类测试，实验室之间的重复性至少应达到 93%[18]。在不同实验室进行的测试试验得到的膜渗透时间中位数的变异系数(CV)不应超过 30%，平行样品间结果偏差不应超过 5%[18]。

表 A.1　体外膜屏障腐蚀性试验准确性和可靠性测试的参考物质

化学物[a]	CASRN	化学物分级[b]	浓度/%[b]	UN 体内 PG[c]	验证了的方法 PG	pH[b]
氟磺酸	7789-21-1	无机酸	纯品	Ⅰ	Ⅰ	0
硝酸	7697-37-2	无机酸	90	Ⅰ	Ⅰ	0
五氯化磷	10026-13-8	无机酸前体	98	Ⅰ	Ⅰ	0

表 A.1（续）

化学物[a]	CASRN	化学物分级[b]	浓度/%[b]	UN 体内 PG[c]	验证了的方法 PG	pH[b]
硒酸	7783-08-6	无机酸	95	Ⅰ	Ⅰ	0
二水合三氟化硼	13319-75-0	无机酸	96	Ⅰ	Ⅰ	0.4
三溴化磷	7789-60-8	无机酸前体	97	Ⅰ	Ⅰ	1.0
硫酸,10%	7664-93-9	无机酸	10	Ⅰ	Ⅰ	1.2
氯甲酸苄酯	501-53-1	无机酸	95	Ⅰ	NC	2.5
1,2 氨基丙烷	78-90-0	脂肪族胺	NA	Ⅰ	Ⅱ	8.3
磷酸	7664-38-2	无机酸	85	Ⅱ	Ⅱ	0.4
戊酰氯	638-29-9	酰基氯	98	Ⅱ	Ⅱ	0.5
醋酸	64-19-7	有机酸	99+	Ⅱ	Ⅱ	1.9
辛酸	124-07-2	有机酸	95	Ⅱ	NC	2.7
癸酸：辛酸(45：55)	68937-75-7	有机酸	95	Ⅱ	NC	3.0
氟化氢铵	1341-49-7	有机铵盐	98	Ⅱ	Ⅱ	5.2
1-(2-氨乙基哌嗪)	140-31-8	脂肪族胺	99	Ⅱ	Ⅱ	11.8
乙醇氨	141-43-5	脂肪族胺	99+	Ⅱ	Ⅱ	11.8
氢氧化钠	1310-73-2	无机碱	100	Ⅱ	Ⅱ	13.8
氰尿酰氯	108-77-0	替代的三嗪	99	Ⅲ	Ⅲ	1.7
苯磺酰氯	98-09-0	酰基氯	纯品	Ⅲ	Ⅲ	1.8
巴豆酸	107-93-7	有机酸	99+	Ⅲ	Ⅲ	2.3
丁酸酐	106-31-0	酸酐	99	Ⅲ	Ⅲ	3.1
硫酸羟胺	10039-54-0	有机铵盐	97+	Ⅲ	Ⅲ	3.6
2-甲基丁酸	600-07-7	有机酸	NA	Ⅲ	Ⅲ	3.6
二环己胺	101-83-7	脂肪族胺	99	Ⅲ	Ⅲ	9.6
N,N-二甲基苄胺	103-83-3	苯胺	99	Ⅲ	Ⅲ	10.7
四亚乙基五胺	112-57-2	脂肪族胺	纯品	Ⅲ	Ⅲ	11.9
2-乙基己胺	104-75-6	脂肪族胺	98	Ⅲ	Ⅲ	12.0
顺丁烯二酸	110-16-7	有机酸	99	NC	Ⅱ	1.3
氯化铜	7447-39-4	无机盐	97	NC	Ⅱ	3.0
丁香酚	97-53-0	酚类	NA	NC	NC	3.7
氟化铬(Ⅲ)	7788-97-8	无机盐	97	NC	NC	3.9
肉桂醛	14371-10-9	醛	100	NC	NC	3.9
乙基丙烯三甘油酯	39670-09-2	丙烯酸酯/异丁烯酸酯	纯品	NC	NC	4.5
壬基丙烯酸酯	2664-55-3	丙烯酸酯/异丁烯酸酯	纯品	NC	NC	6.9
苯扎氯铵	2664-55-3	有机铵盐	100	NC	NC	7.6

表 A.1（续）

化学物[a]	CASRN	化学物分级[b]	浓度/%[b]	UN 体内 PG[c]	验证了的方法 PG	pH[b]
碳酸氢钠	144-55-8	无机盐	100	NC	NC	8.3
十一碳烯酸钠	3398-33-2	阴离子表面活性剂	33	NC	NC	8.3
50%水碳酸钠	497-19-8	无机盐	100	NC	Ⅱ	11.7
碳酸钙	471-34-1	无机盐	纯品	NC	NC	12.6

注：CASRN＝化学文摘登记号；NA＝不适用；NC＝无腐蚀性；PG＝包装分类；UN＝联合国。

[a] 这 40 个代表性参考物质的列表选自于最初用于验证新建试验方法的 163 种参考物质(Corrositex®)。

[b] 化学物的分类、浓度测试、pH 值来自参考文献。pH 值保留小数点后一位。

[c] 在 GHS 系统分类与 PG 分类对应如下：PGⅠ＝1A，PGⅡ＝1B，PGⅢ＝1C。这些分级来自高质量的体内试验结果。

A.3 新建试验方法的准确度

新建方法的准确度(灵敏度、特异性、假阴性率、假阳性率、联合国包装分组/GHS 皮肤腐蚀性分类能力)应至少与参考方法结果相当[18-19](见表 A.2)。

表 A.2 验证的参考方法进行皮肤腐蚀性试验的准确度

来源	化学物数量	灵敏度[a]	特异度[a]	假阴性率[a]	假阳性率[a]	包装分类准确度[b]
参考物质[c]	40	89% (25/28)	75% (9/12)	11% (3/28)	25% (3/12)	96% (24/25)

注：表中的数据是使用验证了的参考方法对 40 种参考物质(表 A.1)进行皮肤腐蚀性试验的结果。

[a] 在试验中，一种受试物首先根据一个实验室主要的试验结果(如果重复试验时)确定其是否有腐蚀性(有平行样品)。随后，根据多个实验室主要的试验结果(如果有多个实验室都进行试验)确定其是否有腐蚀性。

[b] 包装分类准确度反映的是针对某一化合物，验证过的体外参考试验方法获得的分类结果与体内家兔皮肤腐蚀性试验方法获得的联合国包装分类(或 GHS 皮肤腐蚀性分类)结果的一致性。测试物质为根据家兔皮肤腐蚀性体内试验结果的 UN 包装分类(或 GHS 皮肤腐蚀性分类)物质。计算仅限于 Corrositex® 正确鉴别为腐蚀性的物质。

[c] 见表 A.1。

参 考 文 献

[1] United Nations(UN)(2005). Globally Harmonized System of Classification and Labelling of Chemicals(GHS),First revised edition,UN New York and Geneva,2005

[2] OECD(2002). Test Guideline 404. OECD Guideline for Testing of Chemicals. Acute Dermal Irritation/Corrosion. Updated Guideline,adopted April 24,2002

[3] U. S. EPA 1998. Health Effects Test Guidelines: Acute Dermal Irritation. OPPTS 870. 2500. Washington,DC. U. S. Environmental Protection Agency

[4] Fentem,J. H. ,Archer,G. E. B. ,Balls,M. ,Botham,P. A. ,Curren,R. D. ,Earl,L. K. ,Esdaile,D. J. ,Holzhutter,H.-G. and Liebsch,M. (1998). The ECVAM international validation study on in vitro tests for skin corrosivity. 2. Results and evaluation by the management team. Toxicology In Vitro 12,483-524

[5] ICCVAM (1999). Corrositex®. An In Vitro Test Method for Assessing Dermal Corrosivity Potential of Chemicals. The Results of an Independent Peer Review Evaluation Coordinated by ICCVAM,NTP and NICEATM. NIEHS,NIH Publication No. 99-4495

[6] Gordon, V. C. , Harvell, J. D. and Maibach, H. I. (1994). Dermal Corrosion, the Corrositex® System:A DOT Accepted Method to Predict Corrosivity Potential of Test Materials. In vitro Skin Toxicology-Irritation,Phototoxicity,Sensitization. Alternative Methods in Toxicology 10,37-45

[7] ICCVAM(1997). Validation and Regulatory Acceptance of Toxicological Test Methods. A Report of the ad hoc Interagency Coordinating Committee on the Validation of Alternative Methods. NIEHS,NIH Publication No. 97-3981

[8] OECD(1996). Report of the OECD Workshop on"Harmonisation of Validation and Acceptance Criteria for Alternative Toxicological Test Methods". Paris,1996,(Solna Report)[ENV/MC/CHEM(96)9]

[9] OECD(2002). Report of the Stockholm Conference on"Validation and Regulatory Acceptance of New and Updated Methods in Hazard Assessment". Paris,2002[ENV/JM/TG/M(2002)2]

[10] Balls,M. and Karcher,W. (1995). Comment:The Validation of Alternative Test Methods. ATLA 23:884-886

[11] OECD(2004). Test Guideline 431. OECD Guideline for Testing of Chemicals. *In Vitro* SkinCorrosion:Human Skin Model Test

[12] OECD(2004). Test Guideline 430. OECD Guideline for Testing of Chemicals. In Vitro Skin Corrosion:Transcutaneous Electrical Resistance Test(TER)

[13] ECVAM(2001). Statement on the Application of the CORROSITEX→Assay for SkinCorrosivity Testing. 15th Meeting of ECVAM Scientific Advisory Committee(ESAC),Ispra,Italy. ATLA 29(2),96-97

[14] U. S. DOT(2002). Exemption DOT-E-10904(Fifth Revision). September 20,2002. Washington, D. C. ,U. S. DOT

[15] U. S. EPA(1996). Method 1120,Dermal Corrosion

[16] ICCVAM(2004). ICCVAM Recommended Performance Standards for *In Vitro* Test Methods for Skin Corrosion. NIEHS,NIH Publication No. 04-4510

[17] United Nations(UN)(2003). Recommendations of the Transport of Dangerous Goods,Model Regulations,13rd revised edition,ST/SG/AC. 10/1/Rev. 13(Vol. I),UN New York and Geneva,2003

[18] ICCVAM(1999). Corrositex®. An *In Vitro* Test Method for Assessing Dermal Corrosivity Potential of Chemicals. The Results of an Independent Peer Review Evaluation Coordinated by ICCVAM,NTP and NICEATM. NIEHS,NIH Publication No. 99-4495

[19] ICCVAM(2004). ICCVAM Recommended Performance Standards for *In Vitro* Test Methods for Skin Corrosion. NIEHS, NIH Publication No. 04-4509

[20] United Nations(UN)(2003). Recommendations of the Transport of Dangerous Goods, Model Regulations, 13th revised edition, ST/SG/AC. 10/1/Rev. 13(Vol. I), UN New York and Geneva, 2003

[21] United Nations(UN)(2005). Globally Harmonized System of Classification and Labelling of Chemicals(GHS), First revised edition, UN New York and Geneva, 2005

ICS 13.300;11.100
A 80

中华人民共和国国家标准

GB/T 27830—2011

化学品　体外皮肤腐蚀 人体皮肤模型试验方法

Chemicals—Test method of *in vitro* skin corrosion—Human skin model test

2011-12-30 发布　　2012-08-01 实施

中华人民共和国国家质量监督检验检疫总局
中国国家标准化管理委员会　发布

前　　言

本标准按照 GB/T 1.1—2009 给出的规则起草。

本标准与经济合作与发展组织 OECD 化学品测试指南 No.431(2004 年)《体外皮肤腐蚀:人体皮肤模型试验》(英文版)技术性内容一致。

本标准作了下列结构和编辑性修改:

——增加了范围一章;

——将 OECD431 原文中的“介绍”和“初步考虑”的内容作为本标准的引言;

——将 OECD431 原文附录中的“定义”作为本标准的“2　术语和定义”;

——将 OECD431 原文中的表 2 作为本标准的“附录 A(资料性附录)”;

——计量单位改成我国法定计量单位。

本标准由全国危险化学品管理标准化技术委员会(SAC/TC 251)提出并归口。

本标准起草单位:中国疾病预防控制中心职业卫生与中毒控制所、广东出入境检验检疫局、中国检验检疫科学研究院、中国化工经济技术发展中心。

本标准主要起草人:刘清君、王晓兵、慈颖、程树军、杨挺、许崇辉、焦红。

引　言

皮肤腐蚀性是指皮肤接触受试物后导致的不可逆的组织损伤(根据GHS定义[1],本标准提供了一种无需活体动物或动物组织进行皮肤腐蚀性评价的方法。

皮肤腐蚀性评价通常需要使用实验动物[2]。考虑到实验中动物遭受的痛苦和伤害,2002年,OECD试验指南《化学品　急性皮肤刺激性和腐蚀性》(TG404)的修订版和附件中提出允许使用体外替代方法测试皮肤腐蚀性,以避免动物遭受痛苦和伤害。我国GB/T 21604—2008等同采用了该方法。

完全代替指南404(或GB/T 21604—2008)体内皮肤腐蚀性试验的主要困难是缺少正式的、独立的和经过验证的体外试验方法。某项替代方法能够按照法规的目的用于皮肤腐蚀替代试验,第一步需要进行前验证研究[3],接下来是进行评价体外皮肤腐蚀试验方法[4-5]的正式验证研究[6-8]。根据这些研究的结果和其他出版的文献[9],推荐使用以下试验来进行体内皮肤腐蚀性的评估:人体皮肤模型试验(见本标准)和经皮电阻试验(见TG 430)[10-13]。

验证研究表明使用人体皮肤模型试验能很好地区分已知的皮肤腐蚀物和非皮肤腐蚀物[3-5,9]。还可为区分严重和次严重皮肤腐蚀性提供信息。

本标准描述的试验方法能鉴定腐蚀性化学物质和混合物。结合其他已有的信息(如pH、结构活性关系、人体和/或动物资料)[1-2,13-14],通过证据权重分析,本标准还可以进一步鉴定非腐蚀性物质和混合物。本标准通常不能提供受试物皮肤刺激性的足够信息,也不能按照GHS系统对腐蚀性物质进行进一步分类[1-2,13-14]。

为了全面评价单次皮肤暴露后的局部皮肤反应,建议按照GB/T 21604—2008[2]和GHS提供的序列试验策略方案[1]进行实验。序列试验策略包括在考虑进行活体动物试验前,先进行体外皮肤腐蚀(如本标准)和皮肤刺激试验。

化学品 体外皮肤腐蚀 人体皮肤模型试验方法

1 范围

本标准规定了化学品体外皮肤腐蚀人体皮肤模型试验方法的术语和定义、试验原理、试验方法和数据与报告。

本标准适用于化学品皮肤腐蚀的筛选和检测，可作为化学品皮肤腐蚀动物试验的替代方法之一。还可作为毒性试验的一部分，结合其他试验用于化学物质毒性的整体评价。

2 术语和定义

下列术语和定义适用于本文件。

2.1

体内皮肤腐蚀 skin corrosion *in vivo*

皮肤接触受试物 4 h 后产生的不可逆损伤，即从表皮到真皮出现了可见性坏死。腐蚀性作用的特征有：溃疡、出血、血性结痂，14 d 后表现为皮肤萎缩褪色、局部斑秃和结痂等改变。对于可疑的皮肤损伤要进行组织病理学检查。

2.2

细胞活性 cell viability

测定细胞群总体活力的指标[如细胞线粒体脱氢酶还原活性染料噻唑蓝(3-(4,5-二甲基噻唑-2)-2,5-二苯基四氮唑溴盐，MTT)(CAS No. 298-93-1)的能力]，指标的测定取决于试验终点和所用的设计方案，并与细胞总数和/或活性细胞数量相关。

3 试验原理

受试物局部作用于一个三维人体皮肤模型，所用模型至少是一个包含功能性角质层的重建表皮。根据在特定作用时间内，受试物使细胞活性(如 MTT 还原法测定)[15]降低到设定的阈值水平来识别腐蚀性物质。人体皮肤模型试验的原理是建立在腐蚀性化学物质暴露皮肤后通过扩散作用或腐蚀作用穿透角质层，对其下面的细胞层产生细胞毒性作用的这一假设基础上。

4 试验方法

4.1 人体皮肤模型

人体皮肤模型可以自己构建或通过商业途径获得[16-19]或由实验室开发制备[20-21]。人体皮肤的使用应满足本国和国际伦理道德的要求。任何新的皮肤模型都应经过验证(至少达到 4.3 的要求)。本试验所用的人体皮肤模型应满足 4.2 和 4.3 所列的条件。

4.2 皮肤模型的一般条件

4.2.1 应使用人体角质形成细胞构建皮肤模型的上皮，功能性的角质层下面应含有多层有活性上皮细胞。皮肤模型可以具有一个基质层。角质层应是含有必需脂质成分的多层结构，以形成功能性屏障抵抗细胞毒性物质的快速渗透。

4.2.2 模型的封闭特性应可以阻止角质层周围的物质进入到活性组织内部。理想的皮肤模型其角质层周围应不存在受试物进入活性组织的通道，否则无法模拟皮肤暴露的实际情况。

4.2.3 皮肤模型应避免被细菌(包括支原体)和真菌污染。

4.3 皮肤模型的功能性条件

4.3.1 细胞活性范围可用 MTT 或其他代谢转换有关的活体染料进行定量测定。试验中，从阴性对照的皮肤组织提取或溶解的染料的光密度(D)值至少应是单独使用溶剂提取的 D 值的 20 倍[22]。阴性对照的皮肤组织应能在测试期间保持稳定培养(组织活性保持稳定)。

4.3.2 角质层应能充分阻止某些细胞毒性化学物(如 1% Triton X-100)的快速渗透。该性能可以通过使细胞活性降低 50%(ET_{50})的暴露时间来评估。

4.3.3 皮肤模型组织最好在不同实验室间、长时间内显示出良好的重复性。而且，根据所选的试验方案，该皮肤组织可预测附录 A 的表 A.1 所列参考化学品的腐蚀性。

4.4 受试物处理

4.4.1 每个处理组(包括对照组)使用两个相同的皮肤组织，对于液体受试物，液体用量应足以完全覆盖皮肤表面，最小用量为 25 $\mu L/cm^2$。对于固体受试物，用量应足以均匀覆盖皮肤表面，可用去离子水或蒸馏水溶解以保证与皮肤良好暴露。条件允许的情况下，固体受试物应研磨成粉末后使用。处理的方式应适合于该受试物。处理结束后，使用适当的缓冲液或 0.9%NaCl 溶液小心地洗去皮肤表面的受试物。

4.4.2 每次试验均需同时设阳性和阴性对照试验，以确保试验模型的正常运行。推荐使用冰醋酸或 8 mol/L 氢氧化钾(KOH)作为阳性对照物。阴性对照物为 0.9%NaCl 溶液或水。

4.5 细胞活性检测

4.5.1 只有定量有效的检测方法才能被用于测定细胞活性，而且，细胞活性的检测方法应与三维组织构建时的检测方法一致。非特异性染料的结合不能干扰细胞活性的检测。能与蛋白结合的染料和那些不能被代谢转化的染料(如中性红)不适用于本试验。最常用的方法是 MTT 还原法。MTT 还原法结果精确并具有可重现性，也可选用其他方法。

4.5.2 将皮肤样品置于适当浓度(如 0.3 mg/mL～1 mg/mL)的 MTT 溶液中，在适当温度下温育 3 h，然后用溶剂(异丙醇)提取蓝色甲瓒还原产物，通过在波长 540 nm～595 nm 范围内测定 D 值来确定甲瓒的浓度。

4.5.3 如果受试样品通过清洗没有完全从皮肤表面除去时，受试物与活性染料发生化学作用可能会模拟细胞代谢的情形，进而导致对细胞活性的错误判断。如果受试物直接作用于活体染料，则应另设对照组来检测和校正受试物对细胞活性测定结果的干扰。

4.6 结果解释

4.6.1 阴性对照组的细胞相对活性设定为 100%，每一个试验样品得到一个 OD 值，用该值与阴性对照相比得出的百分比表示细胞相对活性。应明确记录用于区别腐蚀物与非腐蚀物(或区别不同程度的腐蚀物)的细胞活性的临界百分率，或用于评价结果及鉴别腐蚀物的统计程序，并且其合理性需得到确认。通常，这些临界值是在试验方法优化期间建立，前验证阶段测试和正式验证研究中得到确认。

4.6.2 如采用了相关商业化模型，其进行腐蚀性预测的结果解释参照该商业化模型的使用说明书。

5 数据与报告

5.1 数据

每个组织的所有数据结果都应以表格形式记录，如：D 值和计算得到的受试物、阳性对照和阴性对照的细胞活性百分率，包括重复试验的数据、平均值和单个数值。

5.2 试验报告

试验报告内容应包括：

a) 受试物和对照组：
——化学名称，如国际纯粹与应用化学联合会(IUPAC)命名或化学文摘(CAS)名称和 CAS 索引号(如已知)；
——化学物质或制剂的纯度和组成(质量分数)；
——理化性质，如与本研究内容相关的物理状态、pH 值、稳定性、水溶性；
——试验开始之前对受试物/对照物的适当处理(如加热、研磨)；
——稳定性(如已知)。

b) 说明所用皮肤模型和实验方法的理由。

c) 测试条件：
——所用的细胞系统；
——测定细胞活性所用仪器(如分光光度计)的校准信息；
——包括验证在内的试验所用皮肤模型的全部支持信息；
——试验操作步骤的细节；
——受试物使用剂量；
——对试验步骤所做的任何修改的说明；
——皮肤模型的历史参考资料；
——评价标准的描述。

d) 结果：
——每个受试样品的数据表格；
——其他观察结果的说明。

e) 结果讨论。

f) 结论。

附 录 A
（资料性附录）
参考化学物质

A.1 推荐的参考化学物质见表A.1。

表A.1 参考化学物质

化学物	美国化学文摘服务社登记号	腐蚀性
1,2二氨基丙烷	CAS-No.78-90-0	强腐蚀性
丙烯酸	CAS-No.79-10-7	强腐蚀性
2-叔丁基苯酚	CAS-No.88-18-6	腐蚀性
氢氧化钾(10%)	CAS-No.1310-58-3	腐蚀性
硫酸(10%)	CAS-No.7664-93-9	腐蚀性
正辛酸	CAS-No.124-07-02	腐蚀性
4-氨基-1,2,4-三唑	CAS-No.584-13-4	无腐蚀性
丁子香酚	CAS-No.97-53-0	无腐蚀性
苯乙基溴	CAS-No.103-63-9	无腐蚀性
四氯乙烯	CAS-No.127-18-4	无腐蚀性
异十八(烷)酸(硬脂酸)	CAS-No.30399-84-9	无腐蚀性
4-(甲硫基)-苯甲醛	CAS-No.3446-89-7	无腐蚀性

注：表中所列大部分化学物质来自欧洲替代方法验证中心(ECVAM)为国际验证研究选择的化学品目录[4]。化学物质的选择基于以下标准：

a) 腐蚀性物质和无腐蚀性物质数量相等。
b) 涵盖大多数化学品种类，并且可经商业途径获得。
c) 包括严重腐蚀性和弱腐蚀性两类物质以区分腐蚀强度。
d) 所选化学品应易于实验室管理，除具腐蚀性外无其他严重危害。

参 考 文 献

［1］ OECD(2001) Harmonised Integrated Classification System for Human Health and Environmental Hazards of Chemical Substances and Mixtures. OECD Series on Testing and Assessment Number 33. ENV/JM/MONO(2001)6, Paris http://www. olis. oecd. org/olis/2001doc. nsf/LinkTo/env-jm-mono, 2001, 6

［2］ OECD(2002). OECD Guideline for Testing of Chemicals. No. 404: Acute Dermal Irritation, Corrosion, _revised Test Guideline as adopted 24 April 2002, 7 pp plus Annexes

［3］ Botham, P. A., Chamberlain, M., Barratt, M. D., Curren, R. D., Esdaile, D. J., Gardner, J. R., Gordon, V. C., Hildebrand, B., Lewis, R. W., Liebsch, M., Logemann, P., Osborne, R., Ponec, M., Regnier, J. F., Steiling, W., Walker, A. P., and Balls, M. (1995). A prevalidation study on *in vitro* skin corrosivity testing. The report and recommendations of ECVAM Workshop 6. ATLA_23: 219-255

［4］ Barratt, M. D., Brantom, P. G., Fentem, J. H., Gerner, I., Walker, A. P., and Worth, A. P. (1998). The ECVAM international validation study on *in vitro* tests for skin corrosivity. 1. Selection and distribution of the test chemicals. Toxic. in Vitro 12: 471-482

［5］ Fentem, J. H., Archer, G. E. B., Balls, M., Botham, P. A., Curren, R. D., Earl, L. K., Esdaile, D. J., Holzhutter, H. -G., and Liebsch, M. (1998). The ECVAM international validation study on *in vitro* tests for skin corrosivity. 2. Results and evaluation by the Management Team. Toxic. in Vitro 12: 483-524

［6］ OECD(1996). Final Report of the OECD Workshop on Harmonization of Validation and Acceptance Criteria for Alternative Toxicological Test Methods, _62pp

［7］ Balls, M., Blaauboer, B. J., Fentem, J. H., Bruner, L., Combes, R. D., Ekwall, B., Fielder. R. J., Guillouzo, A., Lewis, R. W., Lovell, D. P., Reinhardt, C. A., Repetto, G., Sladowski. D., Spielmann, H., and Zucco, F. (1995). Practical aspects of the validation of toxicity test procedures. The report and recommendations of ECVAM workshops. ATLA 23: 129-147

［8］ ICCVAM(Interagency Coordinating Committee on the Validation of Alternative Methods). (1997). Validation and Regulatory Acceptance of Toxicological Test Methods. NIH Publication No. 97-3981. National Institute of Environmental Health Sciences, Research Triangle Park, NC, USA. http://iccvam. niehs. nih. gov/docs/guidelines/validate. pdf

［9］ Liebsch, M., Traue, D., Barrabas, C., Spielmann, H., Uphill, P., Wilkins, S., McPherson, J. P., Wiemann, C., Kaufmann, T., Remmele, M. and Holzhütter, H. -G. (2000). The ECVAM prevalidation study on the use of EpiDerm for skin corrosivity testing. ATLA 28: 371-401

［10］ ECVAM(1998). ECVAM News & Views. ATLA 26: 275-280

［11］ ECVAM(2000). ECVAM News & Views. ATLA 28: 365-67

［12］ ICCVAM (Interagency Coordinating Committee on the Validation of Alternative Methods). (2002). ICCVAM evaluation of EpiDermTM, EPISKIN$_{TM}$ (EPI-200), and the Rat Skin Transcutaneous Electrical Resistance (TER) assay: In Vitro test methods for assessing dermal corrosivity potential of chemicals. NIH Publication No. 02-4502. National Toxicology Program Interagency Center for the Evaluation of Alternative Toxicological Methods, National Institute of Environmental Health Sciences, Research Triangle Park, NC, USA. http://iccvam. niehs. nih. gov/methods/epiddocs/epis_brd. pdf

［13］ OECD(2002)Extended Expert Consultation Meeting on The In Vitro Skin Corrosion Test

Guideline Proposal, Berlin, 1st-2nd November 2001, Secretariat's Final Summary Report, 27th March 2002, OECD ENV/EHS, available upon request from the Secretariat

[14] Worth AP, Fentem JH, Balls M, Botham PA, Curren RD, Earl LK, Esdaile DJ, Liebsch M (1998). An Evaluation of the Proposed OECD Testing Strategy for Skin Corrosion. ATLA 26: 709-720

[15] Mosmann, T. (1983). Rapid colorimetric assay for cellular growth and survival: application to proliferation and cytotoxicity assays. J. Immunol. Meth. 65: 55-63

[16] Cannon, C. L., Neal, P. J., Southee, J. A., Kubilus, J., and Klausner, M., 1994. New epidermal model for dermal irritancy testing. Toxic. in Vitro 8: 889-891

[17] Ponec, M., Boelsma, E., Weerheim, A., Mulder, A., Bouwstra, J., and Mommaas, M., 2000. Lipid and ultrastructural characterization of reconstructed skin models. International Journal of Pharmaceutics. 203: 211-225

[18] Tinois E, Gaetani Q, Gayraud B, Dupont D, Rougier A, Pouradier DX(1994). The Episkin model: Successful reconstruction of human epidermis in vitro. In In vitro Skin Toxicology. Edited by A Rougier, AM Goldberg and HI Maibach: 133-140

[19] Tinois E, Tiollier J, Gaucherand M, Dumas H, Tardy M, Thivolet J(1991). In vitro and post-transplantation differentiation of human keratinocytes grown on the human type Ⅳ collagen film of a bilayered dermal substitute. Experimental Cell Research 193: 310-319

[20] Parenteau, N. L., Bilbo, P., Molte, C. J., Mason, V. S., and Rosenberg, H. (1992). The organotypic culture of human skin keratinocytes and fibroblasts to achieve form and function. Cytotechnology 9: 163-171

[21] Wilkins, L. M., Watson, S. R., Prosky, S. J., Meunier, S. F., Parenteau, N. L. (1994). Development of a bilayered living skin construct for clinical applications. Biotechnology and Bioengineering 43/8: 747-756

[22] Marshall, N. J., Goodwin, C. J., Holt, S. J. (1995). A critical assessment of the use of microculture tetrazolium assays to measure cell growth and function. Growth Regulation 5: 69-84

[23] Fentem, J. H., Briggs, D., Chesné, C., Elliot, G. R., Harbell, J. W., Heylings, J. R., Portes, P., Rouget, R., and van de Sandt, J. J. M., and Botham, P. A. (2001). A prevalidation study on in vitro tests for acute skin irritation: results and evaluation by the Management Team. Toxic. in Vitro_15: 57-93

ICS 13.300;11.100
A 80

中华人民共和国国家标准

GB/T 27831—2011

化学品　遗传毒性
酿酒酵母菌基因突变试验方法

Chemicals—Genetic toxicology—
Test method of *Saccharomyces cerevisiae* gene mutation

2011-12-30 发布　　　　2012-08-01 实施

中华人民共和国国家质量监督检验检疫总局
中国国家标准化管理委员会　发布

前言

本标准按照 GB/T 1.1—2009 给出的规则起草。

本标准与经济与发展组织(OECD)化学品测试指南 480(1986)《遗传毒性　酿酒酵母菌基因突变试验》(英文版)技术性内容一致。

本标准做了下列结构和编辑性修改:

——增加了范围一章;

——将 OECD 480 原文中的"必备资料"部分内容作为本标准的 4.1.1.1;

——计量单位改成我国法定计量单位。

本标准由全国危险化学品管理标准化技术委员会(SAC/TC 251)提出并归口。

本标准起草单位:中国疾病预防控制中心职业卫生与中毒控制所、广西壮族自治区职业病防治研究院、中国化工经济技术发展中心。

本标准主要起草人:陈晓琴、李朝林、王晓兵、吴维皑、林铮。

化学品　遗传毒性 酿酒酵母菌基因突变试验方法

1　范围

本标准规定了化学品遗传毒性酿酒酵母菌基因突变试验方法的术语和定义、试验原理、试验方法、试验数据和报告。

本标准适用于检测化学品遗传毒性的酿酒酵母菌基因突变、真核微生物酿酒酵母菌正向或回复突变(碱基置换和移码)。

2　术语和定义

下列术语和定义适用于本文件。

2.1

碱基置换突变剂　base substitution mutagens

可引起脱氧核糖核酸(Deoxyribonucleic Acid,DNA)碱基改变的化学品,在回复突变试验中,这种碱基改变可能发生在基因组原发突变位点或第二个突变位点。

2.2

移码突变剂　frameshift mutagens

在DNA分子中引起单个或多个碱基对增加或丢失的化学品。

3　试验原理

酿酒酵母菌中许多单倍体和二倍体菌株可用于检测由化学因子引起的基因突变产物。

在单倍体菌株正向突变系统中,菌落为红色的腺嘌呤依赖的突变株(ade-1,ade-2)经受试物的诱导,突变为依赖两个腺嘌呤的白色突变株。在选择系统中可采用刀豆氨酸和环己酰亚胺进行抗药性的诱导。

最广泛应用并得到证实的回复突变系统包括单倍体菌株XV185-14C,该菌株携带ochre无义突变基因ade2-1、arg4-17、lys-1和trp5-48,就是通过碱基置换诱导特异位点突变或ochre抑制基因突变而产生回复突变。XV185-14C也携带his1-7标记物,是错义突变基因,主要是通过第二位点突变所致的回复突变。而hom3-10标记物则是移码突变剂引起的回复突变。

唯一广泛运用的二倍体菌株是D7,它是纯合子ilv 1-92。

4　试验方法

4.1　试验准备

4.1.1　受试物

4.1.1.1　基本信息:

a)　固态、液态、蒸汽或气体受试物;

b） 受试物化学特性；

c） 受试物纯度（杂质）；

d） 溶解度特性；

e） 熔点/沸点；

f） pH 值（如适用）；

g） 蒸气压数据（如有）。

4.1.1.2 溶解状态的受试物和阳性对照物在使用前应新鲜配制，必要时使用合适的溶剂。溶剂的最终浓度不应对细胞活性和生长特性产生明显影响。

4.1.2 试验菌株

单倍体菌株 XV185-14C 和二倍体菌株 D7 是最广泛运用于基因突变研究的菌株。其他菌株也可适用。

4.1.3 培养基

选用合适的培养基测定细胞存活和突变体数。

4.1.4 代谢活化

细胞在加入或不加入外源性哺乳动物代谢活化系统条件下染毒。

最常用的代谢活化系统是经酶诱导剂预处理的啮齿动物而获得的肝匀浆微粒体酶系。其他物种、组织、微粒体酶系或方法具有代谢活化功能的也适用。

4.2 试验条件

4.2.1 染毒浓度

至少应设 5 个间隔适当的浓度组，在确定染毒浓度时应考虑细胞毒性和受试物溶解度。最低浓度应不影响细胞活性。有毒化学物的最高试验浓度应不使细胞存活率低于 5%～10%。难溶性受试物应使用适当的方法增加其溶解度。易溶于水、无毒物质，最高浓度应视具体情况而定。

4.2.2 自发突变率

传代培养的自发突变率应在公认的正常范围之内。

4.2.3 平行数

每个试验染毒浓度至少使用 3 个平行平皿来检测基因突变和细胞活力。在使用如 hom 3-10 为标记物的低突变率菌株试验时，应增加平皿数量以满足统计学分析的要求。

4.2.4 对照

每一个试验应分别设置加入和不加入代谢活化系统的阳性对照，并设溶剂对照。可作为阳性对照物的如下：

a） 甲基亚硝基脲，乙基亚硝基脲，4-硝基喹啉-N-氧（直接作用物）；

b） N-亚硝基二甲胺，环磷酰胺（间接作用物）；

c） 吖啶诱变剂（Acridine Mutagen，ICR-170）（直接作用移码诱变剂）。

4.3 试验操作

酵母菌的处理通常在液体中进行，使用稳定期或生长期的细胞。最初的试验使用生长期细胞，

1×10^{7}个/mL～5×10^{7}个/mL细胞在28 ℃～37 ℃温度下连续接触受试物18 h,震荡培养。对于需要代谢活化的试验,试验过程中要加入足量的代谢活化物。试验结束时,离心细胞、洗脱并接种在合适的培养基中。28 ℃～30 ℃避光培养4 d～7 d后,计算平皿细胞存活数及基因突变诱导数。

如果第一次试验为阴性,使用稳定期细胞重复一次。如果第一次试验为阳性,用一个恰当的单独实验进行验证。

5 试验数据和报告

5.1 结果处理

以表格形式列出试验数据,包括菌落数、突变菌落数、突变存活率。

数据应用适当的统计学方法进行处理。

5.2 结果评价

阳性结果的评价标准:

a) 染毒浓度与突变体数和突变率的增加都有剂量相关关系,并有统计学意义。

b) 受试物至少有一个浓度点检出致突变性,且重现性好、有统计学意义。

c) 如果一种受试物引起的突变率既不具有统计学意义的剂量相关关系,在任何一个浓度点也未检测出重现性好并有统计学意义的阳性反应,该受试物将被认为在此试验体系中无致突变活性。

在评定中应结合生物学及统计学意义进行综合考虑。

5.3 试验报告

应包括以下内容:

a) 使用的菌株;

b) 试验条件:

——稳定期或生长期的细胞;

——培养基的成分;

——培养温度和持续时间;

——代谢活化系统。

c) 处理条件:

——染毒浓度;

——染毒操作和持续时间;

——染毒温度;

——阳性和阴性对照。

d) 菌落数、突变菌落数:

——存活率和突变率;

——剂量-反应关系(如果有);

——数据的统计学评价;

e) 结果讨论;

f) 结果解释。

参 考 文 献

[1] D. J. Brusick, *J. Bacteriol.*, 1972, 109:1134-1138

[2] R. D. Mehta and R. C. von Borstel, in *Evaluation of Short-Term Tests for Carcinogens* (edited by F. J. de Serres and J. Ashby), Elsevier/North Holland, New York, 1981:414-423

[3] K. K. Mortimer and T. R. Manney, in *Chemical Mutagens, Principles and Methods for their Detection* (edited by A. Hollaender), Plenum Press, New York, 1971, 1:289-310

[4] E. M. Parry and J. M. Parry, The Assay of Genotoxicity of Chemicals Using the Budding Yeast *Saccharomyces cerevisiae*, in *Mutagenicity testing, a practical approach* (edited by S. Venitt and J. M. Parry), IRL Press, Oxford, 1985:119-148

[5] J. Parry, T. Brooks, I. Mitchell and P. Wilcox, in *Report of the UK EMS Subcommittee on Guidelines for Mutagenicity Testing*, Part Ⅱ (edited by B. J. Dean), UKEMS, Swansea, 1984:27-61

[6] A. M. Srb, C. R. Trav. Lab. Carlsberg Ser. Physiol., 1956, 26:363-380

[7] F. K. Zimmermann, in *Handbook of Mutagenicity Test Procedures* (edited by B. J. Kilbey, M. Legator, W. Nichols and C. Ramel), Elsevier Scientific, Amsterdam, 1977:119-134

[8] F. K. Zimmermann, V. M. Mayer and J. M. Parry, *J. Appl. Toxicol.* 1982, 2:1-10

[9] F. K. Zimmermann, R. C. von Borstel, E. S. von Halle, J. M. Parry, D. Siebert, G. Zetterberg, R. Barale and N. Loprieno, Testing of chemicals for genetic activity with *Saccharomyces cerevisiae*, in Report to the US Environmental Protection Agency Gene-Tox Program, *Mutation Res.*, 1984, 133:199-244

ICS 13.300;11.100
A 80

中华人民共和国国家标准

GB/T 27832—2011

化学品　遗传毒性　酿酒酵母菌有丝分裂重组试验方法

Chemicals—Genetic toxicology—Test method of *Saccharomyces cerevisiae* mitotic recombination

2011-12-30 发布　　2012-08-01 实施

中华人民共和国国家质量监督检验检疫总局
中国国家标准化管理委员会　发布

前　言

本标准按照 GB/T 1.1—2009 给出的规则起草。

本标准与经济合作与发展组织(OECD)化学品测试方法 No.481(1986)《遗传毒性　酿酒酵母有丝分裂重组试验》(英文版)技术性内容一致。

本标准作了以下编辑性修改：

——增加了范围一章；

——将 OECD481 原文"定义"中的内容作为本标准的"2　术语和定义"；

——将 OECD481 原文"必备资料"内容作为本标准"4.1.1　基本信息"；

——计量单位统一改为我国法定计量单位。

本标准由全国危险化学品管理标准化技术委员会(SAC/TC 251)提出并归口。

本标准起草单位：中国疾病预防控制中心职业卫生与中毒控制所、中国化工经济技术发展中心、湖北出入境检验检疫局。

本标准主要起草人：李朝林、王晓兵、吴维皑、郭坚。

化学品　遗传毒性　酿酒酵母菌有丝分裂重组试验方法

1　范围

本标准规定了化学品遗传毒性酿酒酵母菌有丝分裂重组试验方法的术语和定义、试验原理、试验方法、试验数据和报告。

本标准适用于检测化学品遗传毒性的非特异性脱氧核糖核酸(Deoxyribonucleic Acid,DNA)损伤检测。

2　术语和定义

下述术语和定义适用于本文件。

2.1

有丝分裂交换　mitotic crossing-over

通常发生在基因之间,而更常见的是发生在基因和它的着丝粒之间的可产生交互产物的DNA片段交换。

2.2

有丝分裂基因转换　mitotic gene conversion

在一个基因内序列信息的单向转移,通常产生非交互产物。

3　试验原理

在酿酒酵母菌中可检测到有丝分裂交换和有丝分裂基因转换。

有丝分裂的交换是通过杂合菌株中产生隐性纯合子的菌落或有部分纯分化隐性基因菌落进行测试的;而有丝分裂基因转换是通过在同样的基因上携有两个不同的缺陷型等位基因的营养缺陷型杂合子菌株中产生原养型恢复体而测定的。检测有丝分裂基因转换最常用的菌株有 D_4(等位基因在 ade_2 和 trp_5),BZ_{34}(等位基因在 arg_4),D_7(等位基因在 trp_5)和 JD_1(等位基因在 his_4 和 trp_5)。

用于测定纯合子 ilv 1-92 有丝分裂基因转换与回复突变的 D_5 和 D_7 可以检测到可产生红色或粉色纯合子片段的有丝分裂,上述两种菌株都有 ade_2 的异源互补等位基因。

4　试验方法

4.1　受试物

4.1.1　基本信息:

——固态、液态、蒸汽或气体受试物;

——受试物的化学特性;

——受试物纯度(杂质);

——溶解度特性;

——熔点/沸点；
——pH 值(如适用)；
——蒸气压数据(如有)。

4.1.2 溶解状态的受试物和阳性对照物在使用前应新鲜配制，必要时使用合适的溶剂。溶剂的最终浓度不应对细胞活性和生长特性产生明显影响。

4.2 试验菌株选择

最常用的双倍体菌株包括 D_4、D_5、D_7 和 JD_1。其他菌株如果合适，也可以使用。

4.3 培养基

选用合适的培养基测定细胞存活率及有丝分裂突变率。

4.4 代谢活化系统

细胞在加入或不加入外源性哺乳动物代谢活化系统条件下染毒。最常用的代谢活化系统是经酶诱导剂预处理的啮齿动物而获得的肝匀浆微粒体酶系。其他物种、组织、微粒体酶系或方法具有代谢活化功能的也可适用。

4.5 染毒浓度

至少应设 5 个浓度间隔足够大的浓度组。在确定染毒浓度时应考虑细胞毒性和受试物溶解度。最低浓度应不影响细胞活性。对于易溶、无毒化合物，最高浓度应根据具体试验情况而定。有毒化学物的最高浓度应不使细胞存活率低于 5%～10%。难溶性受试物应使用适当的方法增加其溶解度。

4.6 自发有丝分裂重组频率

所用的传代的培养菌株的自发有丝分裂突变率应在可接受的正常范围内。

4.7 平板重复数

对于有丝分裂基因转换产生原养型试验和存活率试验，每个浓度水平应至少用 3 个重复平板；对于有丝分裂交换产生隐性纯合子试验，应增加重复的平板数以得到足够的菌落数。

4.8 对照

每一个试验应分别设置加入和不加入代谢活化系统的阳性对照，并设溶剂对照。可作为阳性对照物的如下：
——甲基亚硝基脲，乙基亚硝基脲，4-硝基喹啉-N-氧(直接作用物)；
——环磷酰胺(间接作用物)。

4.9 操作步骤

通常用液体试验法处理稳定期或生长期酿酒酵母菌细胞，首次试验应该在生长期细胞中进行。用受试物对 1×10^7 个细胞/mL～5×10^7 个细胞/mL 在 28 ℃～37 ℃震荡下染毒 18 h。在需要代谢活化的试验中应加入足量的哺乳动物代谢活化系统。染毒结束后，细胞经离心、洗涤并接种于适当的培养基中。

于 28 ℃～30 ℃避光培养 4 d～7 d 后，对平板中细胞存活率和有丝分裂重组诱导率进行计算。对于有丝分裂交换检测，产生红色和粉红色纯合子菌落的平板应在计数前于 4 ℃再存放 1 d～2 d，以产生适当的含色素菌落。如果第一次试验结果为阴性，应该用稳定期细胞进行第 2 次试验，如果第一次试验结果为阳性，应进行独立的重复试验进行验证。

5 试验数据和报告

5.1 结果处理

以表格形式记录菌落数、突变体数、存活率和重组率。

用恰当的统计学方法对试验数据进行评价。

5.2 结果评价

阳性结果的判断标准之一为突变体数和突变率的增加存在具有统计学显著性的剂量-反应关系，另一标准为至少一个受试物剂量组能够检测到可重复的具有统计学意义的阳性反应。

如果测试物的检测结果没有统计学显著性剂量-反应关系，所有的剂量组也没有检测到可重复的具有统计学意义的阳性反应，则认为该物质在该试验系统中没有产生 DNA 重组。

在结果评价时，应同时考虑生物学和统计学意义。

5.3 报告

应包括以下内容：

——试验使用的菌株种类；

——测试条件：稳定期或生长期酿酒酵母细胞，培养基组成，培养温度和培养时间，代谢活化系统；

——染毒条件：染毒浓度，染毒程序和时间，处理温度，阳性和阴性对照的设置；

——菌落数，突变菌落数，存活率和重组率，剂量-反应关系（如果有），数据的统计学评价。

5.4 结果评价

——结果讨论；

——结果解释。

参 考 文 献

［1］ P. J. Davies，W. J. Evans and J. M. Parry，Mutation Res. ，1975，29：301-314

［2］ R. Fahrig，Mutation Res. ，1975，31：381-394

［3］ G. R. Fink and R. Lowenstein，J. B acteriol. ，1969，100：1126-1127

［4］ D. Kelly and J. M. Parry，Mutation Res. ，1983，108：147-159

［5］ B. A. Kunz，B. J. Barcley and R. H. Haynes，Mutation Res. ，1980，73：215-20

［6］ K. K. Mortimer and T. R. Manney，in Chemical M utagens. Principles and Methods for their Detection，Vol.

［7］ 1(edited by A. Hollaender)，Plenum Press，New York，1971：289-310

［8］ M. S. S. Murthy，Mutation Res. ，1979，64：1-17

［9］ E. M. Parry and J. M. Parry，The assay of genotoxicity of chemicals using the budding yeast S accharomyces cerevisiae，in Mutagenicity testing，a practical approach(edited by S. Venitt and J. M. Parry)，IRL Press，Oxford，1985：119-148

［10］ D. C. Sharp and J. M Parry，in Evaluation of Short-Term Tests for Carcinogens(edited by F. J. de Serres and J. Ashby)，Elsevier/North Holland，New York，1981：502-626

［11］ F. K. Zimmermann，R. Kern and H. Rosenberger，Mutation Res. ，1975，28，381-388

［12］ F. K. Zimmermann，in Handbook of Mutagenicity Test Procedures，2nd edition(edited by B. J. Kilbey，M. Legator，W. Nichols，and C. Ramel)，Elsevier Scientific，Amsterdam，1984：215-238

［13］ F. K. Zimmermann and I. Scheel，in Evaluation of Short-Term Tests for Carcinogens(edited by F. J. de Serres and J. Ashby)，Elsevier/North Holland，New York，1981：481-490

［14］ F. K. Zimmermann，V. M. Mayer and J. M. Parry，J. Appl. T oxicol. ，1982，2：1-10

［15］ F. K. Zimmermann，R. C. von Borstel，E. S. von Halle，J. M Parry，D. Siebert，G. Zetterberg，R. Barale and N. Loprieno，Testing of chemicals for genetic activity with S accharomyces cerevisiae：a report of the US Environmental Protection Agency Gene-Tox Program，Mutation Res. ，1984，133：199-244

ICS 13.300
A 80

中华人民共和国国家标准

GB 27833—2011

危险化学品有机过氧化物包装规范

Safety code for packaging of hazardous chemicals of organic peroxides

2011-12-30 发布　　2012-08-01 实施

中华人民共和国国家质量监督检验检疫总局
中国国家标准化管理委员会　发布

前 言

本标准第4章、第5章和第6章为强制性的，其余为推荐性的。

本标准按照GB/T 1.1—2009给出的规则起草。

本标准与联合国《关于危险货物运输的建议书　规章范本》(第十六修订版)第二、四、五、六章对于5.2项有机过氧化物包装要求的技术内容一致。

本标准由全国危险化学品管理标准化技术委员会(SAC/TC 251)提出并归口。

本标准起草单位：湖南出入境检验检疫局技术中心、天津出入境检验检疫局、江南大学。

本标准主要起草人：王利兵、吕刚、于艳军、韩伟、胥传来、赵好力宝。

危险化学品有机过氧化物包装规范

1 范围

本标准规定了危险化学品有机过氧化物包装的分类、要求、标记和标签。

本标准适用于危险化学品有机过氧化物包装的检验。

2 规范性引用文件

下列文件对于本文件的应用是必不可少的。凡是注日期的引用文件,仅注日期的版本适用于本文件。凡是不注日期的引用文件,其最新版本(包括所有的修改单)适用于本文件。

GB 19432 危险货物大包装检验安全规范

GB 19433 空运危险货物包装检验安全规范

GB 19521.12 有机过氧化物危险货物危险特性检验安全规范

GB 21178 自反应物质和有机过氧化物分类程序

联合国《关于危险货物运输的建议书·规章范本》(第十六修订版)

联合国《全球化学品统一分类和标签制度(GHS)》(第三修订版)

3 术语和定义

联合国《关于危险货物运输的建议书 规章范本》(以下简称《规章范本》)界定的以及下列术语和定义适用于本文件。

3.1

有机过氧化物 organic peroxides

一种有机物质,它含有两价的-O-O-结构,可看作是过氧化氢的衍生物,即其中一个或两个氢原子被有机原子团所取代。有机过氧化物是热不稳定物质,可能发生放热的自加速分解。此外,这类物质还可能具有下列性质中的一种或数种:

——可能发生爆炸性分解;

——迅速燃烧;

——对碰撞或摩擦敏感;

——与其他物质起危险反应;

——损害眼睛。

3.2

自加速分解温度 self-accelerating decomposition temperature (SADT)

包装好的物质可发生自加速分解的最低环境温度。

4 分类

4.1 有机过氧化物分类

有机过氧化物按其危险性程度分为 A 型~G 型七种类型,详见 GB 19521.12。有机过氧化物的包装只适用于其中 B～F 型有机过氧化物。

a) A 型有机过氧化物,任何有机过氧化物配制品,如在运输包装容器内能起爆或迅速爆燃,具体依据 GB 21178 进行判定,判定为 A。应禁止装入本标准规定的容器运输。

b) B 型有机过氧化物,任何具有爆炸性质的有机过氧化物配制品,如在运输包装容器内既不起爆也不迅速爆燃,但在该包装容器中可能发生热爆炸,应贴有"爆炸品"次要危险标签。这种有机过氧化物装在容器中的数量最高可达 25 kg,但为了排除在包装容器中起爆或迅速爆燃而需要把最高数量限制在较低数量者除外,具体依据 GB 21178 进行判定,判定为 B。

c) C 型有机过氧化物,任何具有爆炸性质的有机过氧化物配制品,如在运输包装容器(最多 50 kg)内不可能起爆或迅速爆燃或发生热爆炸,运输时可不贴"爆炸品"次要危险标签,具体依据 GB 21178 进行判定,判定为 C。

d) D 型有机过氧化物,任何有机过氧化物配制品,如果在实验室试验中:

   1) 部分地起爆,不迅速爆燃,在封闭条件下加热时不显示任何剧烈效应;

   2) 根本不起爆,缓慢爆燃,在封闭条件下加热时不显示任何剧烈效应;

   3) 根本不起爆或爆燃,在封闭条件下加热时显示中等效应;

   可以接受装在净重不超过 50 kg 的包装容器中运输,具体依据 GB 21178 进行判定,判定为 D。

e) E 型有机过氧化物,任何有机过氧化物配制品,如在实验室试验中,既根本不起爆也根本不爆燃,在封闭条件下加热时只显示微弱效应或无效应,可以接受装在不超过 400 kg/450 L 的包装容器中运输,具体依据 GB 21178 进行判定,判定为 E。

f) F 型有机过氧化物,任何有机过氧化物配制品,如在实验室试验中,既绝不在空化状态下起爆也绝不爆燃,在封闭条件下加热时只显示微弱效应或无效应,并且爆炸力很弱或没有,可考虑用中型散货箱或罐体运输可考虑用中型散货箱或罐体运输,具体依据 GB 21178 进行判定,判定为 F。

g) G 型有机过氧化物,任何有机过氧化物配制品,如在实验室试验中,既绝不在空化状态下起爆也绝不爆燃,在封闭条件下加热时显示无效应以及没有任何爆炸力,应免予划入 5.2 项,条件是该配制品是热稳定的(50 kg 包装容器的自加速分解温度为 60 ℃或更高),液体配制品则使用 A 型稀释剂退敏。如果配制品不是热稳定的,或者用 A 型稀释剂以外的稀释剂退敏,具体依据 GB 21178 进行判定,判定为 G。

4.2 有机过氧化物包装方法分类

有机过氧化物的包装根据每个容器和包装件的最大装载量分为 OP1～OP8 八类,具体详见表 1。允许使用下列容器:符合 GB 19432 和 GB 19433 要求的包装,同时满足本标准第 5 章要求的包装。《规章范本》已列明的 5.2 项有机过氧化物品名及包装规范示例详见附录 A。允许使用《规章范本》规定的下列容器:

——外容器包括箱(4A、4B、4C1、4C2、4D、4F、4G、4H1 和 4H2)、桶(1A2、1B2、1G、1H2 和 1D)和罐(3A2、3B2 和 3H2)的组合容器;

——包括桶(1A2、1A2、1B1、1G、1H1 和 1D)和罐(3A1、3A2、3B1、3B2、3H1 和 3H2)的单容器;

——带塑料内容器的复合容器(6HA1、6HA2、6HB1、6HB2、6HC、6HD1、6HD2、6HG1、6HG2、6HH1 和 6HH2)。

表 1　有机过氧化物包装方法及最大装载量

包装方法及对应最大装载量	OP1	OP2[a]	OP3	OP4[a]	OP5	OP6	OP7	OP8
装固体和组合容器(装液体和固体)的最大质量/kg	0.5	0.5/10	5	5/25	25	50	50	400[b]
装液体的最大体积/L[c]	0.5	—	5	—	30	60	60	225[d]

注：金属容器，包括组合容器的内容器和组合容器或复合容器的外容器，只能用于包装方法 OP7 和 OP8。在组合容器中，玻璃贮器只能作为内容器使用，装载固体最大容器 0.5 kg，液体 0.5 L。组合容器中使用的衬垫材料应不是易燃物。

需要贴“爆炸品”次要危险性标签的有机过氧化物容器也应符合爆炸品包装的有关规定。

[a] 如果有两个数值，第一个数值适用与每个内容器的最大净重，第二个数值适用于整个包装件的最大净重。

[b] 罐为 60 kg 箱 200 kg，在带有外容器的组合容器中。固体为 400 kg，组合容器由箱(4C1、4C2、4D、4F、4G、4H1 和 4H2)和塑料或纤维制内容器组成，最大净重 25 kg。

[c] 黏性液体如不符合：在 50 ℃时蒸气压不大于 300 kPa、在 20 ℃和 101.3 kPa 压力下不完全是气态、在 101.3 kPa 压力下熔点或起始熔点等于或低于 20 ℃，应作为固体处理。

[d] 罐为 60 L。

5　要求

5.1　一般要求

5.1.1　对于有机过氧化物，所有贮器应“有效地封闭”。如果包装容器内可能因释放气体而产生较大的内压，可以配备排气孔，但排放的气体不得造成危险，否则装载度应加以限制。任何排气装置的结构应使液体在包装容器直立时不会漏出，并且应能够防止杂质进入。如果有外容器，其设计应使它不会干扰排气装置的作用。

5.1.2　有机过氧化物的包装应符合《规章范本》6.1 章的要求，并符合 GB 19432 和 GB 19433 规定的Ⅱ类包装性能水平的要求。

5.1.3　对已划定的有机过氧化物的包装方法应符合附录 A 中 5.2 项有机过氧化物包装规范的要求。

5.1.4　对于新的有机过氧化物或现已划定的有机过氧化物的新配制品，应按照 GB 19521.12 进行分类确定后再选择适当的包装。

5.2　特殊要求

5.2.1　B 型有机过氧化物

5.2.1.1　应使用包装方法 OP5。

5.2.1.2　任何具有爆炸性质的有机过氧化物配制品，如装在供运输的容器中时既不起爆也不迅速爆燃，但在该容器中可能发生热爆炸，应贴有“爆炸品”次要危险性标签。这种有机过氧化物装在容器中的数量最高可达 25 kg，但为了排除在包装容器中起爆或迅速爆燃而需要把最高数量限制在较低数量者除外。

5.2.2　C 型有机过氧化物

5.2.2.1　应使用包装方法 OP6。

5.2.2.2　任何具有爆炸性质的有机过氧化物配制品，如装在供运输的容器中时既不起爆也不迅速爆燃，但在该容器中可能发生热爆炸，应贴有“爆炸品”次要危险性标签。这种有机过氧化物装在容器中的数量最高可达 25 kg。

5.2.2.3 若只有装在比包装方法 OP6 允许的容器更小的容器里才能满足这些标准，那么应使用 OP 数目较小的相应包装方法。

5.2.3 D 型有机过氧化物

应使用包装方法 OP7。

5.2.4 E 型有机过氧化物

应使用包装方法 OP8。

5.2.5 F 型有机过氧化物

应使用包装方法 OP8。

5.3 使用中型散装容器包装的要求

5.3.1 对于《规章范本》在包装规范 IBC 520 中具体列出的目前划定的有机过氧化物，可根据标准用中型散装容器运输，中型散装容器应符合第 6.5 章的要求，并达到Ⅱ类包装的试验要求。

5.3.2 其他 F 型有机过氧化物可按产地国家政府主管当局确定的条件装在中型散装容器运输，如该主管当局根据适当试验的结果确信这种运输可以安全地进行。进行的试验应包括下列事项所需的试验：

——证明有机过氧化物符合 F 型有机过氧化物；

——证明在运输期间通常与物质接触的所有材料都具有相容性；

——从自加速分解温度推算（如果适用）产品装在有关中型散装容器内运输时的控制温度和危急温度；

——设计（如果适用）安全降压装置和紧急降压装置；

——确定安全运输物质所需的任何特别要求。

5.3.3 有机过氧化物应按照《规章范本》2.5.3.4.1 进行温度控制。温度控制规定载于《规章范本》7.1.5.3.1。

5.3.4 为防止具有完整金属壳体的便携式罐体爆炸破裂，紧急降压装置的设计应能将自加速分解期间或按式(1)计算的被火焰完全吞没不少于 1 h 内产生的所有分解物和蒸汽排放掉：

$$q = 70\,961 F A^{0.82} \qquad \cdots\cdots (1)$$

式中：

q ——吸热率，单位为瓦(W)；

A ——沾湿面积，单位为平方米(m^2)；

F ——隔热系数。

非隔热型罐体，$F=1$，隔热型罐体，F 按式(2)计算：

$$F = \frac{U(923 - T)}{47\,032} \qquad \cdots\cdots (2)$$

式中：

K ——隔热层导热率，单位为瓦特每米开($W \cdot m^{-1} \cdot K^{-1}$)；

L ——隔热层厚度，单位为米(m)；

U ——隔热层热传导系数，$U=K/L$，单位为瓦特每平方米开($W \cdot m^{-2} \cdot K^{-1}$)；

T ——物质在降压释放条件下的温度，单位为开(K)。

5.4 使用便携式罐体包装的要求

5.4.1 对每种物质都应进行试验，并将报告提交产地国主管当局核准。应向目的地国主管当局寄送关于该物质的通知书。通知书应包含有关的运输资料并附上载有试验结果的报告。安全运输该物质所需的任何附加规定，应清楚地写在报告里。进行的试验应包括能达到下述目的的必要试验：

——证明在运输期间通常与该物质接触的所有材料都具有相容性；

——提供设计安全降压和紧急降压装置所需的数据，同时考虑到便携式罐体的设计特征。

5.4.2 便携式罐体承装有机过氧化物应符合《规章范本》4.2.1.13 的规定。

6 标记及标签

6.1 标记

6.1.1 包装代码及标记

包装代码参见 GB 19432 和 GB 19433。中性散装容器和便携式罐体包装标记代码参见《规章范本》。

6.1.2 有机过氧化物标记

6.1.2.1 危险货物正式运输名称及前加字母“UN”的联合国编号，应展示在每个包装容器上。如果是无包装物品，标记应展示在物品上、在其托架上或在其装卸、储存或发射装置上。

6.1.2.2 除非是有机过氧化物在危险货物一览表列出的名称中已经含有“稳定的”一词，则应加入“稳定的”一词作为如下情况的物质正式运输名称的一部分，否则不予运输。

6.1.2.3 要求的所有包装容器标记：

——应明显可见而且易读；

——应能够经受日晒雨淋而不显著减少其效果；

——应展示在包装容器外表面的反衬底色上；

——不应与可能大大降低其效果的其他包装容器标记放在一起。

6.1.2.4 容量超过 450 L 的中型散货集装箱和大型容器，应在相对的两面作标记。

6.2 标签

6.2.1 有机过氧化物(5.2 项)标签为白色或黑色火焰符号，底色为上半部红色，下半部黄色，数字 5.2 写在底角，见图 1。

6.2.2 装有 B、C、D、E 或 F 型有机过氧化物的包装容器应贴 5.2 项标签。这个标签也意味着产品可能易燃，因此不需要贴“易燃液体”次要危险性标签。

6.2.3 B 型有机过氧化物应贴有“爆炸品”次要危险性标签(见图 2)，除非试验数据已证明有机过氧化物在此种容器中不显示爆炸性能，主管当局准许具体容器免贴此种标签。

6.2.4 当符合第 8 类物质Ⅰ类或Ⅱ类包装标准时，需要贴“腐蚀性”次要危险性标签(见图 3)。

6.2.5 依据《规章范本》和《全球化学品统一分类和标签制度》(GHS)(第三修订版)(以下简称 GHS)有机过氧化物分类和标签要素的配置要求见表 2。

图 1 5.2 项标签

图 2　爆炸品标签

图 3　腐蚀性物质标签

表 2　有机过氧化物分类和标签要素的配置表

危规	A 型	B 型	C 和 D 型	E 和 F 型	G 型
GHS	 危险 加热可引起爆炸	 危险 加热可引起燃烧或爆炸	 危险 加热可引起爆炸	 警告 加热可引起爆炸	在这一危险类型中无标签
《规章范本》	与爆炸物相同（遵照同样符号选择过程）	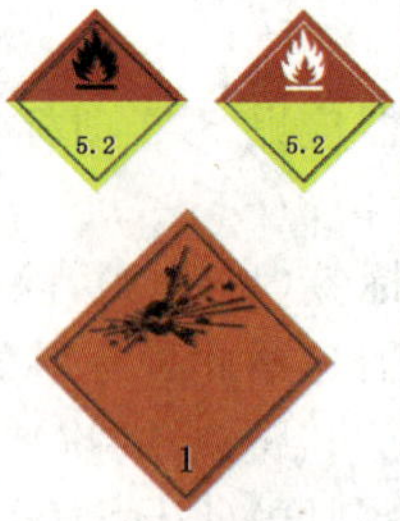			《规章范本》中不要求
	注 1：对 B 型，在《规章范本》中可以应用 181 条款。 注 2：《规章范本》象形图的颜色可参见对氧化性液体和爆炸物的表。				

附　录　A
（规范性附录）
《规章范本》已列明的5.2项有机过氧化物品名及包装规范示例

表A.1给出了《规章范本》已列明的5.2项有机过氧化物品名及包装规范示例。

表A.1　《规章范本》已列明的5.2项有机过氧化物品名及包装规范示例

序号	有机过氧化物	浓度 w/%	A型稀释剂/%	B型稀释剂[a]/%	惰性固体/%	水/%	包装方法	控制温度/℃	危急温度/℃	编号（类属条目）
1	过氧化乙酰丙酮[b]	$w \leqslant 42$	≥48			≥8	OP7			3105
2	过氧化乙酰丙酮[t]	$w \leqslant 32$ 糊状					OP7			3106
3	乙酰过氧化磺酰环己烷[c]	$w \leqslant 82$				≥12	OP4	−10	0	3112
4	乙酰过氧化磺酰环己烷	$w \leqslant 32$		≥68			OP7	−10	0	3115
5	叔戊基过氧化氢	$w \leqslant 88$	≥6			≥6	OP8			3107
6	过乙酸叔戊酯	$w \leqslant 62$	≥38				OP7			3105
7	叔戊基过氧苯甲酸酯	$w \leqslant 100$					OP5			3103
8	叔戊基过氧-2-乙基己酸酯	$w \leqslant 100$					OP7	+20	+25	3115
9	碳酸过氧-2-乙基己·叔戊酯	$w \leqslant 100$					OP7			3105
10	过氧化叔戊基碳酸异丙酯	$w \leqslant 77$	≥23				OP5			3103
11	叔戊基过氧新癸酸酯	$w \leqslant 77$		≥23			OP7	0	+10	3115
12	叔戊基过氧新癸酸酯	$w \leqslant 47$	≥53				OP8	0	+10	3119
13	叔戊基过氧戊酸酯	$w \leqslant 77$		≥23			OP5	+10	+15	3113
14	叔戊基过氧-3,5,5-三甲基己酸酯[c]	≤100					OP7			3105
15	叔丁基过氧化异丙基	$42 < w \leqslant 100$					OP8			3107
16	叔丁基过氧化异丙基	$w \leqslant 52$			≥48		OP8			3108

表 A.1(续)

序号	有机过氧化物	浓度 w/%	A型稀释剂/%	B型稀释剂[a]/%	惰性固体/%	水/%	包装方法	控制温度/℃	危急温度/℃	编号(类属条目)
17	4,4-二叔丁过氧基戊酸正丁酯	$52<w\leqslant100$					OP5			3103
18	4,4-二叔丁过氧基戊酸正丁酯	$\leqslant52$			$\geqslant48$		OP8			3108
19	叔丁基过氧化氢[m]	$79<w\leqslant90$				$\geqslant10$	OP5			3103
20	叔丁基过氧化氢[d,m]	$w\leqslant80$	$\geqslant20$				OP7			3105
21	叔丁基过氧化氢[m,w]	$w\leqslant79$				>14	OP8			3107
22	叔丁基过氧化氢[m]	$w\leqslant72$				$\geqslant28$	OP8			3109
23	叔丁基过氧化氢+二叔丁基过氧化物[m]	$w1<82+w2>9$				$\geqslant7$	OP5			3103
24	单过氧马来酸叔丁酯[c]	$52<w\leqslant100$					OP5			3102
25	单过氧马来酸叔丁酯	$\leqslant52$	$\geqslant48$				OP6			3103
26	单过氧马来酸叔丁酯	$\leqslant52$			$\geqslant48$		OP8			3108
27	单过氧马来酸叔丁酯	$\leqslant52$ 糊状					OP8			3108
28	过乙酸叔丁酯[c]	$52<w\leqslant77$	$\geqslant23$				OP5			3101
29	过乙酸叔丁酯	$32<w\leqslant52$	$\geqslant48$				OP6			3103
30	过乙酸叔丁酯	$w\leqslant32$		$\geqslant68$			OP8			3109
31	过氧苯甲酸叔丁酯	$77<w\leqslant100$					OP5			3103
32	过氧苯甲酸叔丁酯	$52<w\leqslant77$	$\geqslant23$				OP7			3105
33	过氧苯甲酸叔丁酯	$w\leqslant52$			$\geqslant48$		OP7			3106
34	叔丁基过氧丁基延胡索酸酯	$w\leqslant52$	$\geqslant48$				OP7			3105
35	过氧丁烯酸叔丁酯	$w\leqslant77$	$\geqslant23$				OP7			3105
36	叔丁基过氧二乙基乙酸酯	$w\leqslant100$					OP5	+20	+25	3113
37	叔丁基过氧-2-乙基己酸酯	$52<w\leqslant100$					OP6	+20	+25	3113

表 A.1（续）

序号	有机过氧化物	浓度 w/%	A 型稀释剂/%	B 型稀释剂[a]/%	惰性固体/%	水/%	包装方法	控制温度/℃	危急温度/℃	编号（类属条目）
38	叔丁基过氧	$32<w\leqslant52$		$\geqslant48$			OP8	+30	+35	3117
39	叔丁基过氧	$w\leqslant52$			$\geqslant48$		OP8	+20	+25	3118
40	叔丁基过氧	$w\leqslant32$		$\geqslant68$			OP8	+40	+45	3119
41	叔丁基过氧-2-乙基己酸酯+2,2-二-叔丁基过氧丁烷	$w1\leqslant12+w2\leqslant14$	$\geqslant14$		$\geqslant60$		OP7			3106
42	叔丁基过氧-2-乙基己酸酯+2,2-二-叔丁基过氧丁烷	$w1\leqslant31+w2\leqslant36$		$\geqslant33$			OP7	+35	+40	3115
43	叔丁基过氧-2-乙基己碳酸酯	$w\leqslant100$					OP7			3105
44	叔丁基过氧异丁酸酯	$52<w\leqslant77$		$\geqslant23$			OP5	+15	+20	3111
45	叔丁基过氧异丁酸酯	$w\leqslant52$		$\geqslant48$			OP7	+15	+20	3115
46	过氧异丙基碳酸叔丁酯	$w\leqslant77$	$\geqslant23$				OP5			3103
47	1-(2-叔丁基过氧异丙基)-3-异丙烯基苯	$w\leqslant77$	$\geqslant23$				OP7			3105
48	1-(2-叔丁基过氧异丙基)-3-异丙烯基苯	$w\leqslant42$			$\geqslant58$		OP8			3108
49	叔丁基过氧-2-甲基苯甲酸酯	$w\leqslant100$					OP5			3103
50	叔丁基过氧新癸酸酯	$77<w\leqslant100$					OP7	−5	+5	3115
51	叔丁基过氧新癸酸酯	$w\leqslant77$		$\geqslant23$			OP7	0	+10	3115
52	叔丁基过氧新癸酸酯	$w\leqslant52$ 在水中稳定弥散					OP8	0	+10	3119
53	叔丁基过氧新癸酸酯	$w\leqslant42$ 在水（冷冻）中稳定弥散					OP8	0	+10	3118
54	叔丁基过氧新癸酸酯	$w\leqslant32$	$\geqslant68$				OP8	0	+10	3119
55	过氧化新庚酸叔丁酯	$w\leqslant77$	$\geqslant23$				OP7	0	+10	3115
56	过氧化新庚酸叔丁酯	$w\leqslant42$ 在水中稳定弥散					OP8	0	+10	3117

表 A.1（续）

序号	有机过氧化物	浓度 w/%	A型稀释剂/%	B型稀释剂[a]/%	惰性固体/%	水/%	包装方法	控制温度/℃	危急温度/℃	编号（类属条目）
57	叔丁基过氧新戊酸酯	$67<w\leqslant77$	≥23				OP5	0	+10	3113
58	叔丁基过氧新戊酸酯	$27<w\leqslant67$		≥33			OP7	0	+10	3115
59	叔丁基过氧新戊酸酯	$w\leqslant27$		≥73			OP8	+30	+35	3119
60	叔丁基过氧硬酯酰碳酸酯	$w\leqslant100$					OP7			3106
61	过氧-3,5,5-三甲基己酸叔丁酯	$32<w\leqslant100$					OP7			3105
62	过氧-3,5,5-三甲基己酸叔丁酯	$w\leqslant42$			≥58		OP7			3106
63	过氧-3,5,5-三甲基己酸叔丁酯	$w\leqslant32$		≥68			OP8			3109
64	3-氯苯过氧甲酸[c]	$57<w\leqslant86$			≥14		OP1			3102
65	3-氯苯过氧甲酸	$w\leqslant57$			≤3	≥40	OP7			3106
66	3-氯苯过氧甲酸	$w\leqslant77$			≥6	≥17	OP7			3106
67	枯基过氧氢（氢过氧化枯烯）[m]	$90<w\leqslant98$	≤10				OP8			3107
68	枯基过氧氢（氢过氧化枯烯）[m,r]	$w\leqslant90$	≥10				OP8			3109
69	过氧新癸酸枯酯	$w\leqslant87$	≥13				OP7	−10	0	3115
70	过氧新癸酸枯酯	$w\leqslant77$		≥23			OP7	−10	0	3115
71	过氧新癸酸枯酯	$w\leqslant52$ 在水中稳定弥散					OP8	−10	0	3119
72	过新庚酸枯酯	$w\leqslant77$	≥23				OP7	−10	0	3115
73	过氧新戊酸枯酯	$w\leqslant77$		≥23			OP7	−5	+5	3115
74	过氧化环己酮[m]	$w\leqslant91$				≥9	OP6			3104
75	过氧化环己酮[e]	$w\leqslant72$	≥28				OP7			3105
76	过氧化环己酮[e,t]	$w\leqslant72$ 糊状					OP7			3106

表 A.1（续）

序号	有机过氧化物	浓度 w/%	A 型稀释剂/%	B 型稀释剂[a]/%	惰性固体/%	水/%	包装方法	控制温度/℃	危急温度/℃	编号（类属条目）
77	过氧化环己酮[t]	w≤32			≥68					豁免
78	过氧化双丙酮醇[f]	w≤57		≥26		≥8	OP7	+40	+45	3115
79	过氧化二乙酰[g,m]	w≤27		≥73			OP7	+20	+25	3115
80	二-叔戊基过氧化物	w≤100					OP8			3107
81	2,2-二-(叔戊基过氧)丁烷	w≤57	≥43				OP7			3105
82	1,1-二叔戊过氧基环己烷	w≤82	≥18				OP6			3103
83	过氧化二苯甲酰[c]	51<w≤100			≤48		OP2			3102
84	过氧化二苯甲酰[c]	77<w≤94				≥6	OP4			3102
85	过氧化二苯甲酰	w≤77				≥23	OP6			3104
86	过氧化二苯甲酰	W≤62			≥28	≥10	OP7			3106
87	过氧化二苯甲酰[t]	52<w≤62 糊状					OP7			3106
88	过氧化二苯甲酰	35<w≤52			≥48		OP7			3106
89	过氧化二苯甲酰	36<w≤42	≥18			≤40	OP8			3107
90	过氧化二苯甲酰	w≤56.5 糊状				≥15	OP8			3108
91	过氧化二苯甲酰[t]	w≤52 糊状					OP8			3108
92	过氧化二苯甲酰	w≤42 在水中稳定弥散					OP8			3109
93	过氧化二苯甲酰[C1]	w≤35			≥65					豁免
94	二(4-叔丁基环己基)过氧重碳酸酯	w≤100					OP6	+30	+35	3114
95	二(4-叔丁基环己基)过氧重碳酸酯	w≤42 在水中稳定弥散					OP8	+30	+35	3119

表 A.1（续）

序号	有机过氧化物	浓度 w/%	A 型稀释剂/%	B 型稀释剂[a]/%	惰性固体/%	水/%	包装方法	控制温度/℃	危急温度/℃	编号（类属条目）
96	二叔丁基过氧化物	$52<w\leqslant 100$					OP8			3107
97	二叔丁基过氧化物[y]	$w\leqslant 52$		≥48			OP8			3109
98	二叔丁基过氧壬二酸酯	$w\leqslant 52$	≥48				OP7			3105
99	2,2-二-(叔丁基过氧)丁烷	$w\leqslant 52$	≥48				OP6			3103
100	1,6-二-(过氧化叔丁基-羰基氧)己烷	$w\leqslant 72$	≥28				OP5			3103
101	1,1-二-(叔丁基过氧)环己烷[c]	$80<w\leqslant 100$					OP5			3101
102	1,1-二-(叔丁基过氧)环己烷[d1]	$w\leqslant 72$		≥28			OP5			3103
103	1,1-二-(叔丁基过氧)环己烷	$52<w\leqslant 80$	≥20				OP5			3103
104	1,1-二-(叔丁基过氧)环己烷	$42<w\leqslant 52$	≥48				OP7			3105
105	1,1-二-(叔丁基过氧)环己烷	$w\leqslant 42$	≥13		≥45		OP7			3106
106	1,1-二-(叔丁基过氧)环己烷	$w\leqslant 42$	≥58				OP8			3109
107	1,1-二-(叔丁基过氧)环己烷[u]	$w\leqslant 27$	≥25				OP8			3107
108	1,1-二-(叔丁基过氧)环己烷	$w\leqslant 13$	≥13	≥74			OP8			3109
109	1,1-二-(叔丁基过氧)环己烷＋1,1-二-(叔丁基过氧)环己烷	$w1\leqslant 43+w2\leqslant 16$	≥41				OP7			3105
110	二-正丁基过氧重碳酸酯	$27<w\leqslant 52$		≥48			OP7	−15	−5	3115
111	二-正丁基过氧重碳酸酯	$w\leqslant 42$ 在水（冷冻）中稳定弥散					OP8	−15	−5	3118
112	二-正丁基过氧重碳酸酯	$w\leqslant 27$		≥73			OP8	−10	0	3117
113	过氧重碳酸二仲丁酯	$52<w\leqslant 100$					OP4	−20	−10	3113
114	过氧重碳酸二仲丁酯	$w\leqslant 52$		≥48			OP7	−15	−5	3115
115	二-(2-叔丁基过氧)异丙基苯	$42<w\leqslant 100$			≤57		OP7			3106

表 A.1（续）

序号	有机过氧化物	浓度 w/%	A型稀释剂/%	B型稀释剂[a]/%	惰性固体/%	水/%	包装方法	控制温度/℃	危急温度/℃	编号（类属条目）
116	二-(2-叔丁基过氧)异丙基苯[cl]	w≤42			≥58					豁免
117	二-(叔丁基过氧)邻苯二甲酸酯	42＜w≤52	≥48				OP7			3105
118	二-(叔丁基过氧)邻苯二甲酸酯[f]	w≤52 糊状					OP7			3106
119	二-(叔丁基过氧)邻苯二甲酸酯	w≤42	≥58				OP8			3107
120	2,2-二-(叔丁基过氧)丙烷	w≤52	≥48				OP7			3105
121	2,2-二-(叔丁基过氧)丙烷	w≤42	≥13		≥45		OP7			3106
122	1,1-二-(叔丁基过氧)-3,3,5-三甲基环己烷[c]	90＜w≤100					OP5			3101
123	1,1-二-(叔丁基过氧)-3,3,5-三甲基环己烷[dl]	w≤90		≥10			OP5			3103
124	1,1-二-(叔丁基过氧)-3,3,5-三甲基环己烷	57＜w≤90	≥10				OP5			3103
125	1,1-二-(叔丁基过氧)-3,3,5-三甲基环己烷	w≤77		≥23			OP5			3103
126	1,1-二-(叔丁基过氧)-3,3,5-三甲基环己烷	w≤57			≥43		OP8			3110
127	1,1-二-(叔丁基过氧)-3,3,5-三甲基环己烷	w≤57	≥43				OP8			3107
128	1,1-二-(叔丁基过氧)-3,3,5-三甲基环己烷	w≤32	≥26	≥42			OP8			3107
129	联十六烷基过氧重碳酸酯	w≤100					OP7	+30	+35	3116
130	联十六烷基过氧重碳酸酯	w≤42 在水中稳定弥散					OP8	+30	+35	3119
131	过氧化二-4-氯苯甲酰[c]	w≤77				≥23	OP5			3102
132	过氧化二-4-氯苯甲酰[f]	w≤52 糊状					OP7			3106
133	过氧化二-4-氯苯甲酰[cl]	w≤32			≥68					豁免
134	二枯基过氧化物[l]	52＜w≤100					OP8			3110
135	二枯基过氧化物[cl]	w≤52			≥48					豁免

表 A.1（续）

序号	有机过氧化物	浓度 w/%	A 型稀释剂/%	B 型稀释剂[a]/%	惰性固体/%	水/%	包装方法	控制温度/℃	危急温度/℃	编号（类属条目）
136	过氧重碳酸二环己酯[c]	$91<w\leqslant100$					OP3	+10	+15	3112
137	过氧重碳酸二环己酯	$w\leqslant91$				≥9	OP5	+10	+15	3114
138	过氧重碳酸二环己酯	$w\leqslant42$ 在水中稳定弥散					OP8	+15	+20	3119
139	过氧化二癸酰	$w\leqslant100$					OP6	+30	+35	3114
140	2,2-二-(4,4 二(叔丁基过氧环己基)丙烷	$w\leqslant42$			≥58		OP7			3106
141	2,2-二-(4,4 二(叔丁基过氧环己基)丙烷	$w\leqslant22$		≥78			OP8			3107
142	过氧化二-2,4-二氯苯甲酰[c]	$w\leqslant77$				≥23	OP5			3102
143	过氧化二-2,4-二氯苯甲酰	$w\leqslant52$ 糊状					OP8	+20	+25	3118
144	过氧化二-2,4-二氯苯甲酰	$w\leqslant52$ 含硅油糊状					OP7			3106
145	过二碳酸二(2-乙氧乙)酯	≤52		≥48			OP7	−10	0	3115
146	过二碳酸二-(2-乙基己)酯	$77<w\leqslant-100$					OP5	−20	−10	3113
147	过二碳酸二-(2-乙基己)酯	$w\leqslant77$		≥23			OP7	−15	−5	3115
148	过二碳酸二-(2-乙基己)酯	$w\leqslant62$ 在水中稳定弥散					OP8	−15	−5	3119
149	过二碳酸二-(2-乙基己)酯	$w\leqslant52$ 在水(冷冻)中稳定弥散					OP8	−15	−5	3120
150	2,2-二氢过氧丙烷[c]	$w\leqslant27$			≥73		OP5			3102
151	二-(1-羟基环己基)过氧化物	$w\leqslant100$					OP7			3106
152	过氧化二异丁酰[c]	$32<w\leqslant52$		≥48			OP5	−20	−10	3111
153	过氧化二异丁酰	$w\leqslant32$		≥68			OP7	−20	−10	3115

表 A.1（续）

序号	有机过氧化物	浓度 w/%	A型稀释剂/%	B型稀释剂[a]/%	惰性固体/%	水/%	包装方法	控制温度/℃	危急温度/℃	编号（类属条目）
154	二-异丙苯过氧化二氢[x]	$w \leqslant 82$	≥5			≥5	OP7			3106
155	过氧重碳酸二异丙酯[c]	$52 < w \leqslant 100$					OP2	−15	−5	3112
156	过氧重碳酸二异丙酯	$w \leqslant 52$		≥48			OP7	−20	−10	3115
157	过氧重碳酸二异丙酯	$w \leqslant 28$	≥72				OP7	−15	−5	3115
158	过氧化二月桂酰	$w \leqslant 100$					OP7			3106
159	过氧化二月桂酰	$w \leqslant 42$ 在水中稳定弥散					OP8			3109
160	过二碳酸二(3-甲氧丁)酯	$w \leqslant 52$		≥48			OP7	−5	+5	3115
161	二-(2-甲基苯甲酰)过氧化物[c]	$w \leqslant 87$				≥13	OP5	+30	+35	3112
162	过氧化二(3-甲基苯甲酰)＋过氧化苯甲酰(3-甲基苯甲酰)＋过氧化二苯甲酰	$w1 \leqslant 20 + w2 \leqslant 18 + w3 \leqslant 4$		≥58			OP7	+35	+40	3115
163	二-(4-甲基苯甲酰)过氧化物	$w \leqslant 52$ 含硅油糊状					OP7			3106
164	2,5-二甲基-2,5-双(苯甲酰过氧)己烷	$82 < w \leqslant 100$					OP5			3102
165	2,5-二甲基-2,5-双(苯甲酰过氧)己烷[c]	$w \leqslant 82$			≥18		OP7			3106
166	2,5-二甲基-2,5-双(苯甲酰过氧)己烷	$w \leqslant 82$				≥18	OP5			3104
167	2,5-二甲基-2,5-二(叔丁基过氧)己烷	$90 < w \leqslant 100$					OP5			3103
168	2,5-二甲基-2,5-二(叔丁基过氧)己烷	$52 < w \leqslant 100$					OP7			3105
169	2,5-二甲基-2,5-二(叔丁基过氧)己烷	$w \leqslant 77$			≥23		OP8			3108
170	2,5-二甲基-2,5-二(叔丁基过氧)己烷	$w \leqslant 52$	≥48				OP8			3109
171	2,5-二甲基-2,5-二(叔丁基过氧)己烷	$w \leqslant 47$ 糊状					OP8			3108

表 A.1（续）

序号	有机过氧化物	浓度 w/%	A型稀释剂/%	B型稀释剂[a]/%	惰性固体/%	水/%	包装方法	控制温度/℃	危急温度/℃	编号（类属条目）
172	2,5-二甲基-2,5-二(叔丁基过氧)3-己烷[c]	86＜w≤100					OP5			3101
173	2,5-二甲基-2,5-二(叔丁基过氧)3-己烷[z]	52＜w≤86	≥14				OP5			3103
174	2,5-二甲基-2,5-二(叔丁基过氧)3-己烷	w≤52			≥48		OP7			3106
175	2,5-二甲基-2,5-二(2-乙基己酰过氧)己烷	w≤100					OP5	+20	+25	3113
176	2,5-二甲基-2,5-二氢过氧化己烷	w≤82				≥18	OP6			3104
177	2,5-二甲基-2,5-二-(3,5,5-三甲基己酰过氧)己烷	w≤77	≥23				OP7			3105
178	过新庚酸-1,1-二甲基-3-羟丁酯	w≤52	≥48				OP8	0	+10	3117
179	二肉豆蔻基过氧重碳酸酯	w≤100					OP7	+20	+25	3116
180	二肉豆蔻基过氧重碳酸酯	w≤42 在水中稳定弥散					OP8	+20	+25	3119
181	二-(2-新癸酰过氧异丙基)苯	w≤52	≥48				OP7	−10	0	3115
182	过氧化二正壬酰	w≤100					OP7	0	+10	3116
183	过氧化二正辛酰	w≤100					OP5	+10	+15	3114
184	二-(2-苯氧乙基)过氧重碳酸酯[c]	85＜w≤100					OP5			3102
185	二-(2-苯氧乙基)过氧重碳酸酯	w≤85				≥15	OP7			3106
186	过氧化二丙酰基(过氧化丙酰)	w≤27		≥73			OP8	+15	+20	3117
187	二正丙基过氧重碳酸酯	w≤100					OP3	−25	−15	3113
188	二正丙基过氧重碳酸酯	w≤77		≥23			OP5	−20	−10	3113
189	过氧化二琥珀酸[c,q]	72＜w≤100					OP4			3102
190	过氧化二琥珀酸	w≤72				≥28	OP7	+10	+15	3116
191	二-(3,5,5-三甲基己酰)过氧化物	38＜w≤82	≥18				OP7	0	+10	3115
192	二-(3,5,5-三甲基己酰)过氧化物	w≤52 在水中稳定弥散					OP8	+10	+15	3119

表 A.1(续)

序号	有机过氧化物	浓度 w/%	A 型稀释剂/%	B 型稀释剂[a]/%	惰性固体/%	水/%	包装方法	控制温度/℃	危急温度/℃	编号(类属条目)
193	二-(3,5,5-三甲基己酰)过氧化物	$w \leqslant 38$	≥62				OP8	+20	+25	3119
194	3,3-二-(叔戊基过氧)丁酸乙酯	$w \leqslant 67$	≥33				OP7			3105
195	3,3-二-(叔丁基过氧)丁酸乙酯	$77 < w \leqslant 100$					OP5			3103
196	3,3-二-(叔丁基过氧)丁酸乙酯	$w \leqslant 77$	≥23				OP7			3105
197	3,3-二-(叔丁基过氧)丁酸乙酯	$w \leqslant 52$			≥48		OP7			3106
198	1-(2-过氧化乙基己醇-1,3-二甲基丁基过氧化新戊酸酯	$w \leqslant 52$	≥45	≥10			OP7	−20	−10	3115
199	过新癸酸叔己酯	$w \leqslant 71$	≥29				OP7	0	+10	3115
200	过新戊酸叔己酯	$w \leqslant 72$		≥28			OP7	+10	+15	3115
201	3-羟基-1,1-二甲基丁基过氧新癸酸	$w \leqslant 77$	≥23				OP7	−5	+5	3115
202	3-羟基-1,1-二甲基丁基过氧新癸酸	$w \leqslant 52$	≥48				OP8	−5	+5	3117
203	3-羟基-1,1-二甲基丁基过氧新癸酸	$w \leqslant 52$ 在水中稳定弥散					OP8	−5	+5	3119
204	过二碳酸异丙・仲丁酯+过二碳酸二仲丁酯+过二碳酸二异丙酯	$w1 \leqslant 32 + w2 \leqslant 15 \sim 18 + w3 \leqslant 12 \sim 15$	≥38				OP7	−20	−10	3115
205	过二碳酸异丙・仲丁酯+过二碳酸二仲丁酯+过二碳酸二异丙酯[c]	$w1 \leqslant 52 + w2 \leqslant 28 + w3 \leqslant 22$					OP5	−20	−10	3111
206	异丙基异丙苯基氢过氧化物[m]	$w \leqslant 72$	≥28				OP8			3109
207	过氧化氢(对)孟烷[m]	$72 < w \leqslant 100$					OP7			3105
208	过氧化氢(对)孟烷[al]	$w \leqslant 72$	≥28				OP8			3109
209	过氧化甲基环己酮	$w \leqslant 67$		≤33			OP7	+35	+40	3115
210	过氧化甲基乙基酮[c,h,m]		≥48				OP5			3101

表 A.1（续）

序号	有机过氧化物	浓度 w/%	A 型稀释剂/%	B 型稀释剂[a]/%	惰性固体/%	水/%	包装方法	控制温度/℃	危急温度/℃	编号（类属条目）
211	过氧化甲基乙基酮[i]		≥55				OP7			3105
212	过氧化甲基乙基酮[j]		≥60				OP8			3107
213	过氧化甲基・异丁基酮[v]	w≤62	≥19				OP7			3105
214	过氧化甲基异丙酮[el]		≥70				OP8			3109
215	液态有机过氧化物，样品[k]						OP2			3103
216	液态有机过氧化物，样品，控制温度的[k]						OP2			3113
217	固态有机过氧化物，样品[k]						OP2			3104
218	固态有机过氧化物，样品，控制温度的[k]						OP2			3114
219	3,3,5,7,7-五甲基-1,2,4-TRIOXEPANE	w≤100					OP8			3107
220	D 型过乙酸，稳定的[m,n,s]	w≤43					OP7			3105
221	E 型过乙酸，稳定的[m,o,s]	w≤43					OP8			3107
222	F 型过乙酸，稳定的[m,p,s]	w≤43					OP8			3109
223	过氧化月桂酸	w≤100					OP8	+35	+40	3118
224	蒎烷基过氧氢（氢过氧化蒎烷）[m]	56<w≤100					OP7			3105
225	蒎烷基过氧氢（氢过氧化蒎烷）	w≤56	≥44				OP8			3109
226	聚醚聚过氧叔丁基碳酸酯	w≤52		≥48			OP8			3107
227	1,1,3,3-四甲基丁基氢过氧化物	w≤100					OP7			3105
228	1,1,3,3-四甲基丁基过氧-2-乙基己酸酯	w≤100					OP7	+15	+20	3115
229	1,1,3,3-四甲基丁基过氧新癸酸酯	w≤72		≥28			OP7	−5	+5	3115
230	1,1,3,3-四甲基丁基过氧新癸酸酯	w≤52 在水中稳定弥散					OP8	−5	+5	3119
231	1,1,3,3-过氧新戊酸四甲叔丁酯	w≤77	≥23				OP7	0	+10	3115
232	3,6,9-三乙基-3,6,9-三甲基-1,4,7-三过氧壬烷[bl]	w≤42	≥58				OP7			3105

表 A.1（续）

序号	有机过氧化物	浓度 w/%	A 型稀释剂/%	B 型稀释剂[a]/%	惰性固体/%	水/%	包装方法	控制温度/℃	危急温度/℃	编号（类属条目）

[a] A 型稀释剂总可替代 B 型稀释剂。B 型稀释剂的沸点应至少比有机过氧化物的自加速分解温度高出 60 ℃。
[b] 有效氧不大于 4.7%。
[c] 需要贴"爆炸品"次要危险标签。
[d] 二-叔丁基过氧化物可替代稀释剂。
[e] 有效氧不大于 9%。
[f] 过氧化氢含量不大于 9%；有效氧不大于 10%。
[g] 只允许使用非金属容器。
[h] 有效氧大于 10%而不大于 10.7%，含水或不含水。
[i] 有效氧不大于 10%，含水或不含水。
[j] 有效氧不大于 8.2%，含水或不含水。
[k] 新的有机有氧化物在符合 GB 19521.12 标准中 C 型有机过氧化物要求时，可划入 C 型，但应同时满足有试验数据表明不会比 B 型有机过氧化物更危险，控制温度（如果有的话）够低足以防止任何危险的分解，够高足以防止任何危险的相分离。同时按照本标准的 OP2 包装规范进行包装，所载数量不大于 10 kg。
[l] 根据大规模实验的结果，允许 F 型有机过氧化物的每个贮器最多装载 2 000 kg。
[m] 需要贴"腐蚀性"次要危险标签。
[n] 符合 GB 19521.12D 型有机过氧化物标准的过乙酸配制品。
[o] 符合 GB 19521.12E 型有机过氧化物标准的过乙酸配制品。
[p] 符合 GB 19521.12F 型有机过氧化物标准的过乙酸配制品。
[q] 给这种过氧化物加水会降低其热稳定性。
[r] 浓度低于 80%时不需要贴"腐蚀性"次要危险标签。
[s] 过氧化氢、水和酸的混合物。
[t] 加 A 型稀释剂，含水或不含水。
[u] 含 A 型稀释剂按质量不大于 25%，外加乙苯。
[v] 含稀释剂 A 按质量不大于 19%，外加甲基·异丁基酮。
[w] 含二叔丁基过氧化物小于 6%。
[x] 含 1-异丙基过氧化氢-4-异丙基羟基苯不大于 8%。
[y] 沸点大于 110 ℃的 B 型稀释剂。
[z] 含氢过氧化物小于 0.5%。
[a1] 浓度大于 56%时，需要贴"腐蚀性"次要危险标签。
[b1] 有效活性氧不大于 7.6%，在 A 型稀释剂中，95%汽化点为 200 ℃～260 ℃。
[c1] 不受本标准对 5.2 项要求的限制。
[d1] 沸点大于 130 ℃的 B 型稀释剂。
[e1] 活性氧不大于 6.7%。

ICS 13.300
A 80

GB

中华人民共和国国家标准

GB 27834—2011

危险化学品自反应物质包装规范

Safety code for packaging of hazardous chemicals of self-reactive substances

2011-12-30 发布　　　　2012-08-01 实施

中华人民共和国国家质量监督检验检疫总局
中国国家标准化管理委员会　发布

前　言

本标准第 4 章、第 5 章和第 6 章为强制性的，其余为推荐性的。

本标准按照 GB/T 1.1—2009 给出的规则起草。

本标准与联合国《关于危险货物运输的建议书　规章范本》(第十六修订版)第二、四、五、六章对于 4.1 项自反应物质包装要求的技术内容一致。

本标准由全国危险化学品管理标准化技术委员会(SAC/TC 251)提出并归口。

本标准起草单位：湖南出入境检验检疫局技术中心、天津出入境检验检疫局、江南大学。

本标准主要起草人：王利兵、冯智劼、赵黎华、熊中强、王华、赵好力宝。

危险化学品自反应物质包装规范

1 范围

本标准规定了危险化学品自反应物质包装的分类、要求、标记和标签。

本标准适用于危险化学品自反应物质包装的检验。

2 规范性引用文件

下列文件对于本文件的应用是必不可少的。凡是注日期的引用文件，仅注日期的版本适用于本文件。凡是不注日期的引用文件，其最新版本（包括所有的修改单）适用于本文件。

GB 19432 危险货物大包装检验安全规范

GB 19433 空运危险货物包装检验安全规范

GB 21178 自反应物质和有机过氧化物分类程序

联合国《关于危险货物运输的建议书 规章范本》(第十六修订版)

联合国《全球化学品统一分类和标签制度》(GHS)(第三修订版)

3 术语和定义

联合国《关于危险货物运输的建议书·规章范本》(以下简称《规章范本》)界定的以及下列术语和定义适用于本文件。

3.1

自反应物质 self-reactive substances

即使没有氧(空气)也容易发生激烈放热分解的热不稳定物质，在《规章范本》中危险类别为4.1项自反应物质。以下物质应不被视为4.1项自反应物质：

——根据第1类的标准它们是爆炸品；

——根据5.1项的分类程序，它们是氧化性物质，但氧化性物质的混合物，如所含可燃有机物质达到5.0%或更多的，则应经过GB 21178界定的分类程序；

——根据5.2项的标准它们是有机过氧化物；

——其分解热小于300 kJ/kg；

——其50 kg包装件的自加速分解温度大于75 ℃。

3.2

自加速分解温度 self-accelerating decomposition temperature(SADT)

包装好的物质可发生自加速分解的最低环境温度。

4 分类

4.1 自反应物质分类

自反应物质按其危险性程度分为A型到G型七种类型，详见GB 21178。自反应物质的包装只适用于其中 B-F 型自反应物质。

a) A 型自反应物质，任何物质，如在运输包装件中能起爆或迅速爆燃。具体依据 GB 21178 进行判定，判定为 A，应禁止装在该容器中按本标准的规定运输。

b) B 型自反应物质，具有爆炸性质的任何物质，如在运输包装件中既不起爆也不迅速爆燃，但在该包装件中可能发生热爆炸，则也应贴有“爆炸品”次要危险标签。这类物质装在容器中的数量最高可达 25 kg，但为了排除在包装件中起爆或迅速爆燃而应把最高数量限制在较低者除外。具体依据 GB 21178 进行判定，判定为 B。

c) C 型自反应物质，具有爆炸性质的任何物质，如在运输包装件(最多 50 kg)中不可能起爆或迅速爆燃或发生热爆炸，运输时可不贴“爆炸品”次要危险标签。具体依据 GB 21178 进行判定，判定为 C。

d) D 型自反应物质，任何物质，如在实验室试验中：

1) 部分地起爆，不迅速爆燃，在封闭条件下加热时不呈现任何剧烈效应；或

2) 根本不起爆，缓慢爆燃，在封闭条件下加热时不呈现任何剧烈效应；或

3) 根本不起爆或爆燃，在封闭条件下加热时呈现中等效应；

可接受装在净重不超过 50 kg 的包装件中运输。具体依据 GB 21178 进行判定，判定为 D。

e) E 型自反应物质，任何物质，如在实验室试验中，既绝不起爆也绝不爆燃，在封闭条件下加热时呈现微弱或无效应，可接受装在不超过 400 kg/450 L 的包装件中运输，具体依据 GB 21178 进行判定，判定为 E。

f) F 型自反应物质，任何物质，如在实验室试验中，既绝不在空化状态下起爆也绝不爆燃，在封闭条件下加热时只显示微弱效应或无效应，而且爆炸力弱或无爆炸力，可考虑用中型散货箱或罐体运输，具体依据 GB 21178 进行判定，判定为 F；可采用便携式罐体和中性散装容器进行运输。

g) G 型自反应物质，任何物质，如在实验室试验中，既绝不在空化状态下起爆也绝不爆燃，在封闭条件下加热时显示无效应，而且无任何爆炸力，应免予被划为 4.1 项自反应物质，但配制品应是热稳定的(50 kg 包装件的自加速分解温度 60 ℃～75 ℃)，任何稀释剂应符合《规章范本》的要求，如果配制品不是热稳定的，或用沸点小于 150 ℃的相容稀释剂退敏，配制品应定为 F 型自反应液体/固体。具体依据 GB 21178 进行判定，判定为 G。

4.2 自反应物质包装方法分类

自反应物质的包装根据每个容器和包装件的最大装载量分为 OP1～OP8 八类，见表 1。允许使用下列容器：符合 GB 19432 和 GB 19433 要求的包装，同时满足第 5 章要求的包装。《规章范本》现已规定的自反应物质的包装方法详见附录 A。允许使用《规章范本》规定的下列容器：

——外容器包括箱(4A、4B、4C1、4C2、4D、4F、4G、4H1 和 4H2)，桶(1A2、1B2、1G、1H2 和 1D)和罐(3A2、3B2 和 3H2)的组合容器；

——包括桶(1A1、1A2、1B1、1G、1H1 和 1D)和罐(3A1、3A2、3B1、3B2、3H1 和 3H2)的单容器；

——带塑料内容器的复合容器(6HA1、6HA2、6HB1、6HB2、6HC、6HD1、6HD2、6HG1、6HG2、6HH1 和 6HH2)。

表 1 自反应物质包装方法及最大装载量

包装方法及对应最大装载量	OP1	OP2[a]	OP3	OP4[a]	OP5	OP6	OP7	OP8
装固体和组合容器（装液体和固体）的最大质量/kg	0.5	0.5/10	5	5/25	25	50	50	400[b]
装液体的最大容量[c]/L	0.5	—	5	—	30	60	60	225[d]

注：金属容器，包括组合容器的内容器和组合容器或复合容器的外容器，只能用于包装方法 OP7 和 OP8。在组合容器中，玻璃贮器只能作为内容器使用，装载固体最大容器 0.5 kg，液体 0.5 L。组合容器中使用的衬垫材料应不是易燃物。需要贴"爆炸品"次要危险性标签的自反应物质也应符合《规章范本》爆炸品所载的规定。对于某些 B 型或 C 型自反应物质，UN3221、UN3222、UN3223、UN3224、UN3231、UN3232、UN3233 和 UN3234，应使用比包装方法 OP5 或 OP6 分别允许的更小的容器。UN 3241，2-溴-2-硝基丙烷-1，3-二醇，应按照包装方法 OP6 包装。

[a] 如果有两个数值，第一个数值适用与每个内容器的最大净重，第二个数值适用于整个包装件的最大净重。

[b] 罐为 60 kg，箱 200 kg，在带有外容器的组合容器中，固体为 400 kg，组合容器由箱（4C1、4C2、4D、4F、4G、4H1 和 4H2）和塑料或纤维制内容器组成，最大净重 25 kg。

[c] 黏性液体如不符合：在 50 ℃时蒸气压不大于 300 kPa、在 20 ℃和 101.3 kPa 压力下不完全是气态、在 101.3 kPa 压力下熔点或起始熔点等于或低于 20 ℃，应作为固体处理。

[d] 罐为 60 L。

5 要求

5.1 一般要求

5.1.1 自反应物质的包装应符合《规章范本》6.1 的要求，并符合 GB 19432 和 GB 19433 规定的Ⅱ类包装性能水平的要求。

5.1.2 自反应物质的包装方法应符合表 1 自反应物质包装方法及最大装载量的要求。对已划定的自反应物质的包装方法应符合附录 A 的要求。

5.1.3 允许用中型散装容器运输的自反应物质包装应符合《规章范本》IBC 520 的要求，允许用便携式罐体运输的自反应物质包装《规章范本》T23 的要求。

5.1.4 对于新的自反应物质或现已划定的自反应物质的新配制品，应按照 GB 21178 进行分类确定后再选择适当的包装。

5.2 特殊要求

5.2.1 B 型自反应物质

5.2.1.1 包装方法见表 1 的 OP5。

5.2.1.2 任何具有爆炸性质的自反应物质配制品，如装在供运输的容器中时既不起爆也不迅速爆燃，但在该容器中可能发生热爆炸，应贴有"爆炸品"次要危险性标签。这种自反应物质装在容器中的数量最高为 25 kg，但为了排除在包装件中起爆或迅速爆燃而需要把最高数量限制在较低数量者除外。

5.2.2 **C 型自反应物质**

5.2.2.1 包装方法见表 1 的 OP6。

5.2.2.2 任何具有爆炸性质的自反应物质配制品，如装在供运输的容器中时既不起爆也不迅速爆燃，但在该容器中可能发生热爆炸，应贴有“爆炸品”次要危险性标签。这种自反应物质装在容器中的数量最高可达 25 kg。

5.2.2.3 若只有装在比包装方法 OP6 允许的容器更小的容器里才能满足这些标准，应使用 OP 数目较小的相应包装方法，如 OP5。

5.2.3 **D 型自反应物质**

包装方法见表 1 的 OP7。

5.2.4 **E 型自反应物质**

包装方法见表 1 的 OP8。

5.2.5 **F 型自反应物质**

包装方法见表 1 的 OP8。

5.3 **使用中型散装容器包装的要求**

5.3.1 对于《规章范本》在包装规范 IBC 520 中具体列出的目前划定的自反应物质，可根据标准用中型散装容器运输，中型散装容器应符合 6.5 的要求，并达到Ⅱ类包装的试验要求。

5.3.2 其他 F 型自反应物质可按产地国家主管当局确定的条件装在中型散装容器运输，如该主管当局根据适当试验的结果确信这种运输可以安全地进行。进行的试验应包括下列事项所需的试验：

——证明自反应物质符合 F 型自反应物质；

——证明在运输期间通常与物质接触的所有材料都具有相容性；

——从自加速分解温度推算（如果适用）产品装在有关中型散装容器内运输时的控制温度和危急温度；

——设计（如果适用）安全降压装置和紧急降压装置；

——确定安全运输物质所需的任何特别要求。

5.3.3 自加速分解温度不大于 45 ℃的 F 型自反应物质在运输中应进行温度控制。

5.3.4 应考虑的紧急情况是自加速分解和被火焰吞没。为防止具有完整金属壳体的便携式罐体爆炸破裂，紧急降压装置的设计应能将自加速分解期间或按式(1)计算的被火焰完全吞没不少于 1 h 内产生的所有分解物和蒸气排放掉：

$$q = 70\ 961\ FA^{0.82} \qquad \cdots\cdots(1)$$

式中：

q ——吸热率，单位为瓦(W)；

A ——沾湿面积，单位为平方米(m^2)；

F ——隔热系数。

非隔热型罐体，$F=1$，隔热型罐体，F 按式(2)计算：

$$F = \frac{U(923 - T)}{47\ 032} \qquad \cdots\cdots(2)$$

式中：

K ——隔热层导热率，单位为瓦特每米开($W \cdot m^{-1} \cdot K^{-1}$)；

L ——隔热层厚度，单位为米(m)；

U ——隔热层热传导系数，$U=K/L$，单位为瓦特每平方米开($W \cdot m^{-2} \cdot K^{-1}$)；

T ——物质在降压释放条件下的温度，单位为开(K)。

5.4 使用便携式罐体包装的要求

5.4.1 对每种物质都应进行试验，并将报告提交产地国主管当局核准。应向目的地国主管当局寄送关于该物质的通知书。通知书应包含有关的运输资料并附上载有试验结果的报告。安全运输该物质所需的任何附加规定，应清楚地写在报告里。进行的试验应包括能达到下述目的的必要试验：

——证明在运输期间通常与该物质接触的所有材料都具有相容性；

——提供设计安全降压和紧急降压装置所需的数据，同时考虑到便携式罐体的设计特征。

5.4.2 便携式罐体承装自反应物质应符合《规章范本》4.2.1.13的规定。

6 标记及标签

6.1 标记

6.1.1 包装代码及标记

包装代码参见GB 19432和GB 19433。中性散装容器和便携式罐体包装标记代码参见《规章范本》。

6.1.2 自反应物质标记

6.1.2.1 危险货物正式运输名称及前加字母“UN”的相应联合国编号，应展示在每个包装件上。如果是无包装物品，标记应展示在物品上、在其托架上或在其装卸、储存或发射装置上。

6.1.2.2 除非是自反应物质在危险货物一览表列出的名称中已经含有“稳定的”一词，则应加入“稳定的”一词作为如下情况的物质正式运输名称的一部分，否则不予运输。

6.1.2.3 所有包装件标记的要求：

——应明显可见而且易读；

——应能够经受日晒雨淋而不显著减少其效果；

——应展示在包装件外表面的反衬底色上；

——不应与可能大大降低其效果的其他包装件标记放在一起。

6.1.2.4 容量超过450 L的中型散货集装箱和大型容器，应在相对的两面作标记。

6.2 标签

6.2.1 自反应物质(4.1项)标签为黑色火焰符号，底色为白色，带有七条垂直红色条纹，数字4写在底角，见图1。

6.2.2 B型自反应物质应贴有“爆炸品”次要危险性标签(见图2)，除非试验数据已证明自反应物质在此种容器中不显示爆炸性能，主管当局准许具体容器免贴此种标签。

6.2.3 依据《规章范本》和《全球化学品统一分类和标签制度》(GHS)(第三版)(以下简称GHS)自反应物质分类和标签要素的配置要求见表2。

图 1　自反应物质(4.1 项)

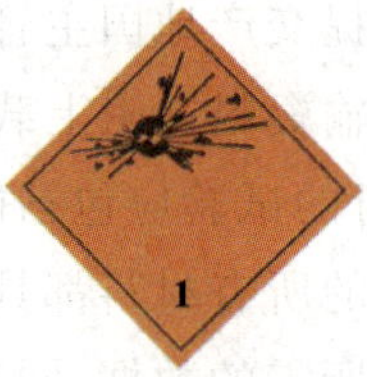

图 2　爆炸品标签

表 2　自反应物质分类和标签要素的配置表

危规	A 型	B 型	C 和 D 型	E 和 F 型	G 型
GHS	 危险 加热 可引起爆炸	  危险 加热可引起 燃烧或爆炸	 危险 加热 可引起燃烧	 警告 加热 可引起燃烧	这一类别无 标签要求
《规章范本》	与爆炸物相同 (遵照同样的符号 选择程序)	 			《规章范本》中 不要求
	注 1：对 B 型，在《规章范本》中，可以应用 181 条款(国家主管当局批准时可免除爆炸标签，见《规章范本》的 3.3 以获更多细节)。 注 2：在《规章范本》中，象形图的颜色可参见对易燃固体和爆炸物的说明。				

附　录　A
（规范性附录）
《规章范本》已列明的4.1项自反应物质品名及包装规范

表A.1给出了《规章范本》已列明的4.1项自反应物质品名及包装规范。

表A.1　《规章范本》已列明的4.1项自反应物质品名及包装规范

序号	自反应物质	浓度/%	包装方法	控制温度/℃	危急温度/℃	UN编号
1	丙酮—连苯三酚共聚物 2-重氮-1-萘酚-5-磺酸盐	100	OP8			3228
2	B型偶氮甲酰胺配制品，控制温度的[a,b]	<100	OP5			3232
3	C型偶氮甲酰胺配制品[c]	<100	OP6			3224
4	C型偶氮甲酰胺配制品，控制温度的[d]	<100	OP6			3234
5	D型偶氮甲酰胺配制品[e]	<100	OP7			3226
6	D型偶氮甲酰胺配制品，控制温度的[f]	<100	OP7			3236
7	2,2′-偶氮二(2,4-二甲基-4-甲氧基戊腈)	100	OP7	−5	+5	3236
8	2,2′-偶氮二(2,4-二甲基戊腈)	100	OP7	+10	+15	3236
9	2,2′-偶氮二(2-甲基丙酸乙酯)	100	OP7	+20	+25	3235
10	1,1′-偶氮二(环己基甲腈)	100	OP7			3226
11	2,2′-偶氮二异丁腈	100	OP6	+40	+45	3234
12	2,2′-偶氮二异丁腈，水基糊状	≤50	OP6			3224
13	2,2′-偶氮二(2-甲基丁腈)	100	OP7	+35	+40	3236
14	苯-1,3-二磺酰肼，糊状	52	OP7			3226
15	苯磺酰肼	100	OP7			3226
16	氯化锌-4-苄(乙)氨基-3-乙氧基重氮苯	100	OP7			3226
17	氯化锌-4-苄(甲)氨基-3-乙氧基重氮苯	100	OP7	+40	+45	3236
18	氯化锌-3-氯-4-二乙氨基重氮苯	100	OP7			3226
19	2-重氮-1-萘酚-4-磺酰氯[b]	100	OP5			3222
20	2-重氮-1-萘酚-5-磺酰氯[b]	100	OP5			3222
21	D型2-重氮-1-萘酚磺酸酯混合物[i]	<100	OP7			3226
22	(2∶1)四氯锌酸-2,5-二丁氧基-4-(4-吗啉基)-重氮苯	100	OP8			3228
23	氯化锌-2,5-二乙氧基-4-吗啉代重氮苯	67-100	OP7	+35	+40	3236
24	氯化锌-2,5-二乙氧基-4-吗啉代重氮苯	66	OP7	+40	+45	3236
25	四氟硼酸-2,5-二乙氧基-4-吗啉代重氮苯	100	OP7	+30	+35	3236
26	硫酸-2,5-二乙氧基-4-(4-吗啉基)-重氮苯	100	OP7			3226

表 A.1（续）

序号	自反应物质	浓度/%	包装方法	控制温度/℃	危急温度/℃	UN编号
27	氯化锌-2,5-二乙氧基-4-苯璜酰重氮苯	67	OP7	+40	+45	3236
28	二甘醇双(碳酸烯丙酯)+过二碳酸二异丙酯	≥88+≤12	OP8	−10	0	3237
29	氯化锌-2,5-二乙氧基-4-(4-甲苯磺酰)重氮苯	79	OP7	+40	+45	3236
30	1-三氯锌酸-4-二甲氨基重氮苯	100	OP8			3228
31	氯化锌-4-二甲氧基-6(2-二甲氨乙氧基)-2-重氮甲苯	100	OP7	+40	+45	3236
32	N，N′-二亚硝基-N，N′-二甲基对苯二甲酰胺，糊状	72	OP6			3224
33	N，N′-二亚硝基五甲撑四胺[g]	82	OP6			3224
34	二苯醚-4,4′-二磺酰肼	100	OP7			3226
35	氯化锌-4-二丙氨基重氮苯	100	OP7			3226
36	氯化锌-2-(N-氧羰基苯氨基)-3-甲氧基-4-(N-甲基环己氨基)重氮苯	63-92	OP7	+40	+45	3236
37	氯化锌-2-(N-氧羰基苯氨基)-3-甲氧基-4-(N-甲基环己氨基)重氮苯	62	OP7	+35	+40	3236
38	N-甲酰-2-硝甲基-1,3-全氢化噻嗪	100	OP7	+45	+50	3236
39	氯化锌-2-(2-羟乙氧基)-1(吡咯烷-1-基)重氮苯	100	OP7	+45	+50	3236
40	氯化锌-3-(2-羟乙氧基)-4(吡咯烷-1-基)重氮苯	100	OP7	+40	+45	3236
41	硫酸氢-2-(N-乙羰基甲胺基)-4-(3,4-二甲基苯磺酰)重氮苯	96	OP7	+45	+50	3236
42	4-甲苯磺酰肼	100	OP7			3226
43	氟硼酸-3-甲基-4-(吡咯烷-1-基)重氮苯	95	OP6	+45	+50	3234
44	4-亚硝基苯酚	100	OP7	+35	+40	3236
45	自反应液体试样[h]		OP2			3223
46	自反应液体试样，温度控制的[h]		OP2			3233
47	自反应固体试样[h]		OP2			3224
48	自反应固体试样，温度控制的[h]		OP2			3234
49	2-重氮-1-萘酚-4-磺酸钠	100	OP7			3226

表 A.1（续）

序号	自反应物质	浓度/%	包装方法	控制温度/℃	危急温度/℃	UN编号
50	2-重氮-1-萘酚-5-磺酸钠	100	OP7			3226
51	硝酸(二份)钯四氨合物	100	OP6	+30	+35	3234

[a] B类自反应物质，偶氮甲酰胺配制品。控制温度和危急温度按 GB 21178 所载的程序确定。

[b] 需要"爆炸品"次要危险标签。

[c] C类自反应物质，偶氮甲酰胺配制品。

[d] C类自反应物质，偶氮甲酰胺配制品。控制温度和危急温度按 GB 21178 所载的程序确定。

[e] D类自反应物质，偶氮甲酰胺配制品。

[f] D类自反应物质，偶氮甲酰胺配制品。控制温度和危急温度按 GB 21178 所载的程序确定。

[g] 加沸点不低于 150 ℃的相容稀释剂。

[h] 未列入附录 A 的包装规范 IBC 520 或便携式罐体规范 T23 的自反应物质，分类和划定类属，应由原产地国家主管当局根据试验报告作出。对这些物质进行分类所适用的原则及适用的分类程序、试验方法见 GB 21178。试验报告的内容应包括分类和有关的运输条件。

[i] D类自反应物质，2-重氮-1-萘酚-4-磺酸酯和 2-重氮-1-萘酚-5-磺酸酯的混合物。

ICS 13.300
A 80

中华人民共和国国家标准

GB/T 27835—2011

化学品危险性分类试验方法 12 m 跌落试验

Test method for hazard classification of chemicals—12 m drop test

2011-12-30 发布 2012-08-01 实施

中华人民共和国国家质量监督检验检疫总局
中国国家标准化管理委员会 发布

前　言

本标准按照 GB/T 1.1—2009 给出的规则起草。

本标准参考了联合国《关于危险货物运输的建议书　规章范本》(第十六修订版)和联合国《关于危险货物运输的建议书　试验和标准手册》(第五修订版)。

本标准由全国危险化学品管理标准技术委员会(SAC/TC 251)提出并归口。

本标准起草单位:湖南出入境检验检疫局检验检疫技术中心、天津出入境检验检疫局、江南大学。

本标准主要起草人:王利兵、冯智劼、熊中强、吕刚、韩伟、赵琢。

化学品危险性分类试验方法 12 m跌落试验

1 范围

本标准规定了化学品危险性分类试验中12 m跌落试验所需试验方法的术语和定义、设备和材料、试验步骤、试验报告及结果实例。

本标准适用于确定一个试验单元(物品、包装物品或除均质液体外的包装物质)能否经得住自由下落的撞击而不发生明显的燃烧或爆炸危险。

本标准不适用于评估包件是否经得住撞击的试验。

2 规范性引用文件

下列文件对于本文件的应用是必不可少的。凡是注日期的引用文件,仅注日期的版本适用于本文件。凡是不注日期的引用文件,其最新版本(包括所有的修改单)适用于本文件。

GB 14371 危险货物运输 爆炸品认可、分项程序及配装要求

GB/T 14659 民用爆破器材术语

联合国《关于危险货物运输的建议书 规章范本》(第十六修订版)

联合国《关于危险货物运输的建议书 试验和标准手册》(第五修订版)

3 术语和定义

联合国《关于危险货物运输的建议书 规章范本》、《关于危险货物运输的建议书 试验和标准手册》、GB 14371和GB/T 14659界定的以及下列术语和定义适用于本文件。

3.1

爆炸 explosion

在极短时间内,产生高温并放出大量气体因而在周围介质中造成高压的化学反应或状态变化。

3.2

爆燃 deflagrating

一种迅速的燃烧,有时伴有火焰、火花或燃烧颗粒飞溅的现象。其反应区向未反应物质中推进的速度小于未反应物质中的声速。

3.3

整体爆炸 mass explosion

瞬间响到几乎全部载荷的爆炸。

3.4

爆炸性物质 explosive substances

自身能够通过化学反应产生气体,其温度、压力和速度高到能对周围造成破坏的物质。烟火物质即使不放出气体也包括在内。

3.5

爆炸性物品　explosive articles

含有一种或多种爆炸性物质的物品。

3.6

试验单元　test unit

物品、包装物品或除均质液体外的包装物质。

4　设备和材料

4.1　跌落架

最大有效跌落高度不小于 12 m，带有自由脱落装置及不阻碍撞击后回弹的撞击姿态导向装置。

4.2　跌落面

由厚度至少为 600 mm 的混凝土底座支撑的，厚度不小于 75 mm、布氏硬度不小于 200、长和宽至少为试验单元尺寸 1.5 倍的钢板。

4.3　记录设备

500 格/s 或达到同等规格的高速摄像机。

5　试验步骤

警告：本试验具有潜在爆炸危险性，试验场地应满足相关爆炸性物品试验要求，试验人员应具备必要的安全知识及其安全防护，为了检测人员的安全，在尝试处理较大数量的样品之前应进行小规模的初步试验。

在某些情况下，可用惰性物品代替试验单元中的一些爆炸性物品。这些惰性物品应与所代替的爆炸性物品的质量和体积相同。爆炸性物品应放在撞击时它们最可能起作用的位置。如果进行试验的是包装物质，则不得用惰性物质取代其中任何物质。

5.1　将试验单元置于跌落架上，其最低点距跌落面 12 m。

5.2　试验单元自由跌落，观察和记录撞击姿态。

5.3　跌落后应遵守相应的安全等候期，即使撞击时没有发生看得见的爆炸、爆燃等现象，察看、记录包件的损坏情况。

5.4　记录引发点火的时间、以及用整体爆炸或爆燃来表示的结果严重程度。

5.5　试验共进行 3 次，每个试验单元只允许跌落 1 次，除非发生燃烧或爆炸即可停止试验。

5.6　如果撞击引起着火或爆炸，试验结果即为“+”，亦即化学品试验单元太危险不能运输；如果在 3 次跌落中都没有发生着火或爆炸，结果即为“-”。

6　试验报告

试验报告包括：

——试验样品名称、数量、规格；

——生产企业名称；

——试验设备；

——包件说明和观察结果；

——试验结果的记录，以及在试验中观察到的任何有助于解释试验结果的现象，包括试验单元的撞击姿态；

——试验日期、试验人签字、试验单位盖章。

7 结果实例

化学品危险性分类试验方法 12 m 跌落试验结果实例见表 1。

表 1 结果实例

物质或物品	跌落次数	观察结果	结果
电缆切割器炸药包，装两个装置的金属箱	3	无反应	—
铸装起爆器(27.2 kg)	3	无反应	—
CBI 固态推进剂，直径 7.11 mm(36.3 kg)	3	无反应	—
包含雷管、起爆器和引信组合体的(射弹)部件	1	点燃	+
胶质硝铵炸药(22.7 kg)	3	无反应	—
40%强度硝铵炸药(22.7 kg)	3	无反应	—
60%强度纯硝甘炸药(22.7 kg)	3	无反应	—
50%强度纯“挖沟”硝甘炸药(22.7 kg)	3	无反应	—
推进剂气体发生器，净重 61.7 kg，装在铝容器中	3	无反应	—
爆破点火装置，木箱中装有 20 个单独包装的装置	3	无反应	—

ICS 13.300
A 80

中华人民共和国国家标准

GB/T 27836—2011

化学品危险性分类试验方法 外部火烧（篝火）试验

Test method for hazard classification of chemicals—External fire (bonfire) test

2011-12-30 发布

2012-08-01 实施

中华人民共和国国家质量监督检验检疫总局
中国国家标准化管理委员会
发布

前　言

本标准按照 GB/T 1.1—2009 给出的规则起草。

本标准参考了联合国《关于危险货物运输的建议书　规章范本》(第十六修订版)和联合国《关于危险货物运输的建议书　试验和标准手册》(第五修订版)。

本标准由全国危险化学品管理标准技术委员会(SAC/TC 251)提出并归口。

本标准起草单位:湖南出入境检验检疫局检验检疫技术中心、天津出入境检验检疫局、江南大学。

本标准主要起草人:王利兵、李宁涛、韩伟、胥传来、于艳军、吕刚。

化学品危险性分类试验方法 外部火烧(篝火)试验

1 范围

本标准规定了化学品中爆炸性物质、爆炸性物品包装件或无包装爆炸性物品的外部火烧(篝火)试验的术语和定义、设备和材料、试验步骤和结果判定。

本标准适用于化学品中爆炸性物质、爆炸性物品包装件或无包装爆炸性物品的外部火烧(篝火)试验,以确定在火中是否发生爆炸或者有危险的迸射、辐射热、猛烈燃烧或其他有害的危险效应。

2 规范性引用文件

下列文件对于本文件的应用是必不可少的。凡是注日期的引用文件,仅注日期的版本适用于本文件。凡是不注日期的引用文件,其最新版本(包括所有的修改单)适用于本文件。

联合国《关于危险货物运输的建议书 规章范本》(第十六修订版)

联合国《关于危险货物运输的建议书 试验和标准手册》(第五修订版)

3 术语和定义

联合国《关于危险货物运输的建议书 规章范本》、《关于危险货物运输的建议书 试验和标准手册》界定的以及下列术语和定义适用于本文件。

3.1

爆炸 explosion

在极短时间内,产生高温并放出大量气体因而在周围介质中造成高压的化学反应或状态变化。

3.2

爆炸性物质 explosive substances

自身能够通过化学反应产生气体,其温度、压力和速度高到能对周围造成破坏的物质。烟火物质即使不放出气体也包括在内。

3.3

爆炸性物品 explosive articles

含有一种或多种爆炸性物质的物品。

3.4

整体爆炸 mass explosion

瞬间响到几乎全部载荷的爆炸。

3.5

1.1项 division 1.1 article

有整体爆炸危险的物质、混合物和物品(整体爆炸是指几乎瞬间影响到几乎全部载荷的爆炸)。

3.6

1.2项 division 1.2 article

有迸射危险但无爆炸危险的物质、混合物和物品。

3.7

1.3 项　division 1.3 article

有燃烧危险和轻微爆炸危险或轻微迸射危险或同时兼有这两种危险，但没有整体爆炸危险的物质、混合物和物品：

——这些物质、混合物和物品的燃烧产生相当大的辐射热；或

——它们相继燃烧，产生轻微爆炸或迸射效应或两种效应兼而有之。

3.8

1.4 项　division 1.4 article

不呈现重大危险的物质、混合物和物品：在点燃或引爆时仅产生小危险的物质、混合物和物品。其影响范围主要限于包装，射出的碎片预计不大，射程也不远。外部火烧不会引起包件内几乎全部物品的瞬间爆炸。

3.9

S 配装组　compatibility group S

如下包装或设计：除了包件被火烧损的情况外，能使意外起爆引起的任何危险效应不波及到包件之外，在包件被火烧损的情况下，所有爆炸和迸射效应也有限，不致于妨碍或阻止在包件紧邻处救火或采取其他应急措施。

4　设备和材料

4.1　支架

带有可放置包装件的金属格栅，格栅距离地面为 1.0 m。

4.2　燃料

用煤油浸透的木材。

4.3　验证板

铝板，2 000 mm×2 000 mm×2 mm(布氏硬度 23，抗张强度 90 MPa)。

4.4　点火系统

能够从两边同时点燃燃料(4.2)的点火器或装置。

4.5　具有高速和常速功能的彩色摄像机。

4.6　冲击波测量仪。

4.7　辐射计。

5　试验步骤

警告：本试验具有潜在爆炸危险性，试验场地应满足相关爆炸性物品试验要求，试验人员应具备必要的安全知识及其安全防护，为了检测人员的安全，在尝试处理较大数量的试样之前应进行小规模的初步试验。

5.1　将不少于 3 个且总体积不小于 0.15 m^3 的包装件或无包装制品堆放在支架上，并捆在一起。

注：如一个包装件或无包装物品的体积大于 0.15 m^3，则可免除对三个包装件或无包装物品进行试验的要求。

5.2　在支架的格栅下至少堆放超出格栅边缘 1 m 的燃料(4.2)，堆成间距 100 mm 网格状，使燃烧至少保持 30 min，堆放方式应使燃料燃烧时空气畅通减少冒烟。其加热速率尽量与运输事故中可能出现的情况相同，温度至少 800 ℃。

5.3　用木桩将验证板(4.3)竖立在试样堆的 3 面，距试样外表面 4 m，下风面不放置验证板。在适当位置装好测试和记录仪器。

5.4 把点火系统(4.4)放在适当位置后,从两边同时点燃放在格栅下面的燃料(4.2),其中一边是顶风面,使火包围试样。试验应在风速不超过 6 m/s 的条件下进行。在火熄灭后,应等待一段安全时间。

5.5 观察并记录下列情况:

5.5.1 试样发生爆炸的迹象;

5.5.2 危险的抛射物;

5.5.3 热效应。

5.6 试验通常只进行一次,但是如果用于燃烧的燃料全部烧完后,在残余物中或在火烧区附近仍留有相当数量的爆炸性物质未烧毁,那么应当用更多的燃料或增加火烧的强度和/或持续时间,再进行一次试验。如果试验结果不能够使危险项别得以确定,应该再进行一次试验。

6 结果判定

6.1 在试验中发生整体爆炸,试样划入联合国《关于危险货物运输的建议书 规章范本》(第十六修订版)1.1 项。

6.2 如没有发生整体爆炸,但出现下列任一情况,试样划入联合国《关于危险货物运输的建议书 规章范本》(第十六修订版)1.2 项:

6.2.1 验证板有穿孔。

6.2.2 有质量超过 25 g 的金属抛射物被抛射出试样边界 83.6 m 以外处或有质量超过 150 g 的金属抛射物被抛射出试样边界 25.6 m 以外处。

6.3 如没有出现 6.1、6.2 所述现象,但出现下列情况之一的,则判定该式样为联合国《关于危险货物运输的建议书 规章范本》(第十六修订版)1.3 项:

6.3.1 火球或火舌延伸到任何一块验证板之外。

6.3.2 从试样中抛射出的燃烧物抛出边界 15 m 以外。

6.3.3 测定的试样燃烧时间小于 35 s/100 kg 净爆炸品质量或在距离试样边界 15 m 处喷射火焰比燃料火焰的辐照度超过 4 kW/m^2(记录到的最大辐射输出时间应超过 5 s)。

6.4 如没有出现 6.1～6.3 所述现象,但出现下列情况之一的,则判定该试样属于联合国《关于危险货物运输的建议书 规章范本》(第十六修订版)1.4 项(不属于 S 配装组):

6.4.1 1 个火球或火舌伸到火烧火焰 1 m 之外;

6.4.2 从试样抛射出的燃烧物被抛射到距离试样 5 m 以外;

6.4.3 任何一验证板(4.3)出现大于 4 mm 深的凹痕;

6.4.4 有质量超过 25 g 的金属抛射物被抛射出试样边界 46.8 m 以外处或有质量超过 150 g 的金属抛射物被抛射出试样边界 11.4 m 以外处;

6.4.5 测定的试样燃烧时间小于 330 s/100 kg 净爆炸品质量。

6.5 如没有出现 6.1～6.4 所述现象,虽产生一定的抛射物、热效应或爆炸波效应,但不严重影响到在包装件附近采取灭火或其他应急措施,则判定试样属于联合国《关于危险货物运输的建议书 规章范本》(第十六修订版)1.4 项 S 配装组。

6.6 如没有出现 6.1～6.5 所述现象,则有以下可能:

6.6.1 如试样是一种为了产生实际的爆炸和烟火效应而生产的制品(装置),而在制品(装置)本身以外有某些效应(抛射物、火焰、烟、热或大的声响)产生,则该制品(装置)属于联合国《关于危险货物运输的建议书 规章范本》(第十六修订版)1.4 项 S 配装组;但如果在制品(装置)本身以外没有上述任何效应,则该制品(装置)不属于爆炸品;

6.6.2 如试样不是为了产生实际的爆炸和烟火效应而生产的制品(装置),则该制品(装置)不属于爆炸品。

ICS 13.300
A 80

中华人民共和国国家标准

GB/T 27837—2011

甲酸及其混合物危险特性分类方法

Test method for hazard classification of formic acid and formic acid mixtures

2011-12-30 发布 2012-08-01 实施

中华人民共和国国家质量监督检验检疫总局
中国国家标准化管理委员会 发布

前　言

本标准按照 GB/T 1.1—2009 给出的规则起草。

本标准参考了联合国《关于危险货物运输的建议书　规章范本》(第十六修订版)和联合国《关于危险货物运输的建议书　试验和标准手册》(第五修订版)。

本标准由全国危险化学品管理标准技术委员会(SAC/TC 251)提出并归口。

本标准起草单位:湖南出入境检验检疫局检验检疫技术中心、天津出入境检验检疫局、江南大学。

本标准主要起草人:王利兵、李宁涛、于艳军、赵黎华、冯智劼、吕刚。

甲酸及其混合物危险特性分类方法

1 范围

本标准规定了甲酸及其混合物类物质危险特性分类试验的术语和定义、原理、试剂、仪器、甲酸含量分析和分类方法。

本标准适用于甲酸及其混合物类物质危险特性分类试验。

2 规范性引用文件

下列文件对于本文件的应用是必不可少的。凡是注日期的引用文件,仅注日期的版本适用于本文件。凡是不注日期的引用文件,其最新版本(包括所有的修改单)适用于本文件。

GB/T 601 化学试剂 标准滴定溶液的制备

GB/T 2093 工业甲酸

GB/T 6682 分析实验室用水规格和试验方法

联合国《关于危险货物运输的建议书 规章范本》(第十六修订版)

联合国《关于危险货物运输的建议书 试验和标准手册》(第五修订版)

3 术语和定义

联合国《关于危险货物运输的建议书 规章范本》、《关于危险货物运输的建议书 试验和标准手册》界定的以及下列术语和定义适用于本文件。

3.1

腐蚀性物质 corrosive substances

在接触生物组织时会造成严重损伤、或在渗漏时会严重损害甚至毁坏其他货物或运输工具的物质。

3.2

易燃液体 flammable liquids

通常称为闪点的温度(闭杯试验不高于 60 ℃,或开杯试验不高于 65.6 ℃)时放出易燃蒸气的液体或液体混合物,或者是在溶液、悬浮液中含有固体的液体(例如油漆、清漆、喷漆等等,但不包括由于它们的危险特性而划入其他类别的物质)。

3.3

甲酸类物质 formic acids

分子式以 HCOOH 为特征的化学品。

4 原理

以酚酞为指示剂,用氢氧化钠标准滴定溶液滴定以测得甲酸的含量,并按照联合国《关于危险货物运输的建议书 规章范本》进行分类定级。

5 试剂

除非另有说明，所用试剂均为分析纯，水为 GB/T 6682 规定的二级水。

5.1 蒸馏水：无二氧化碳蒸馏水。

5.2 无水乙醇：分析纯。

5.3 氢氧化钠溶液：称取 110 g 氢氧化钠，溶于 100 mL 蒸馏水(5.1)，摇匀，置于聚乙烯容器中，密闭放置至溶液澄清透明。

5.4 氢氧化钠标准滴定溶液(0.5 mol/L)：量取氢氧化钠溶液(5.3)上层清液 27 mL，用蒸馏水(5.1)稀释定容至 1 000 mL，摇匀。依据 GB/T 601 中规定的步骤操作，并计算得到标准滴定溶液的浓度。

5.5 酚酞指示液：10 g/L 乙醇溶液。

6 仪器

6.1 精密天平：准确至 0.000 1 g。

7 甲酸含量分析

7.1 稀释

样品中甲酸含量超过本方法的最高浓度时，稀释后再进行测定，稀释因子 d。

7.2 测定

依据 GB/T 2093 规定，称取 0.8 g～1.0 g 试样，精确至 0.000 1 g，放入盛有 20 mL 蒸馏水(5.1)的磨口三角瓶中，加 2 滴～3 滴酚酞指示液(5.5)，用氢氧化钠标准滴定溶液(5.4)滴定至呈浅粉色，30 s 不褪色即为终点。

7.3 结果计算

甲酸含量(质量分数)w 按式(1)计算：

$$w=\frac{c\times V_1\times d\times 0.046\,03\times 100}{m} \qquad \cdots\cdots(1)$$

式中：

w ——甲酸的质量分数，%；

c ——氢氧化钠标准滴定溶液的实际浓度，单位为摩尔每升(mol/L)；

V_1 ——滴定试样消耗氢氧化钠标准滴定溶液的体积，单位为毫升(mL)；

m ——甲酸试样的质量，单位为克(g)；

0.046 03——与 1.0 mL 氢氧化钠标准滴定溶液(1.000 mol/L)相当的甲酸克分子质量；

d ——稀释因子。

取两次平行测定结果的算术平均值为结果。

7.4 精密度

两次平行测定结果差值不大于 0.3%。

8 分类方法

甲酸及其混合物类物质腐蚀性、易燃液体物质危险特性的分类应符合表1规定。

表1 分类方法

UN编号	类别或项别	次要危险性	包装类别	指 标
				甲酸含量
1779	8	3	Ⅱ	>85%
3412	8	—	Ⅱ	10%～85%
3412	8	—	Ⅲ	5%～10%

ICS 13.300
A 80

中华人民共和国国家标准

GB/T 27838—2011

烷基磺酸和芳基磺酸类物质危险特性分类方法

Test method for hazard classification of alkylsulphonic acids and arylsulphonic acid mixtures

2011-12-30 发布　　2012-08-01 实施

中华人民共和国国家质量监督检验检疫总局
中国国家标准化管理委员会　发布

前　言

本标准按照 GB/T 1.1—2009 给出的规则起草。

本标准参考了联合国《关于危险货物运输的建议书　规章范本》(第十六修订版)和联合国《关于危险货物运输的建议书　试验和标准手册》(第五修订版)。

本标准由全国危险化学品管理标准技术委员会(SAC/TC 251)提出并归口。

本标准起草单位:湖南出入境检验检疫局检验检疫技术中心、天津出入境检验检疫局、江南大学。

本标准主要起草人:王利兵、于艳军、冯智劼、赵青、韩伟、熊中强。

烷基磺酸和芳基磺酸类物质危险特性分类方法

1 范围

本标准规定了烷基磺酸和芳基磺酸类物质危险特性分类试验的术语和定义、原理、试剂、仪器、游离硫酸含量测定及分类方法。

本标准适用于烷基磺酸和芳基磺酸类物质危险特性分类试验。

2 规范性引用文件

下列文件对于本文件的应用是必不可少的。凡是注日期的引用文件,仅注日期的版本适用于本文件。凡是不注日期的引用文件,其最新版本(包括所有的修改单)适用于本文件。

GB/T 601　化学试剂　标准滴定溶液的制备

GB/T 6682　分析实验室用水规格和试验方法

GB/T 8447　工业直链烷基苯磺酸

联合国《关于危险货物运输的建议书　规章范本》(第十六修订版)

联合国《关于危险货物运输的建议书　试验和标准手册》(第五修订版)

3 术语和定义

联合国《关于危险货物运输的建议书　规章范本》、《关于危险货物运输的建议书　试验和标准手册》界定的以及下列术语和定义适用于本文件。

3.1

腐蚀性物质　corrosive substances

在接触生物组织时会造成严重损伤、或在渗漏时会严重损害甚至毁坏其他货物或运输工具的物质。

3.2

烷基磺酸　alkylsulphonic acids

分子式以 R SO_3H(R 为烷基)为特征的化学品。

3.3

芳基磺酸　arylsulphonic acids

分子式以 R-C_6H_4—SO_3H(R 为烷基)为特征的化学品。

4 原理

依据 GB/T 8447 以双硫腙作指示剂,用硝酸铅标准溶液滴定缓冲的试样丙酮溶液,测定烷基磺酸和芳基磺酸类物质中的游离硫酸的含量,并按照联合国《关于危险货物运输的建议书　规章范本》进行分类定级。

5 试剂

除非另有说明，所用试剂均为分析纯，水为 GB/T 6682 规定的二级水。

5.1 蒸馏水：无二氧化碳蒸馏水。

5.2 丙酮：分析纯。

5.3 浓硝酸：65%（质量分数），ρ=1.4 g/mL。

5.4 硝酸溶液（1.0 mol/L）：

取浓硝酸（5.3）69.2 mL 置于盛有蒸馏水（5.1）的烧杯中，并在 1 000 mL 容量瓶中定容。

5.5 氢氧化钠：分析纯。

5.6 氢氧化钠溶液（1 mol/L）：

取 8.0 g 氢氧化钠（5.5）溶于蒸馏水（5.1）中，转入 200mL 容量瓶中，以蒸馏水（5.1）定容。

5.7 氨水：18%（质量分数）。

5.8 硝酸铅：分析纯。

5.9 硝酸铅标准滴定溶液（0.01 mol/L）：

取 3.5 g 硝酸铅（5.8），溶于蒸馏水（5.1）中，转入 1 000 mL 容量瓶中，蒸馏水（5.1）定容。然后依照 GB/T 601 进行标定。

5.10 二氯乙酸铵缓冲溶液：

将 67 mL 二氯乙酸加至约 250 mL 蒸馏水（5.1）中，在酸度计的指示下，小心地用氨水（5.7）中和至 pH=7。待冷却后再加入 33 mL 的二氯乙酸，并稀释至 600 mL。

5.11 0.5 g/L 1,5-二苯基硫巴腙（双硫腙）丙酮溶液，棕色瓶中保存，保存期 1 周。

6 仪器

普通实验室器具和：

6.1 酸度计。

6.2 精密天平：准确至 0.001 g。

7 游离硫酸含量测定

7.1 试样制备

依据预计的游离硫酸含量，按照表 1 称取一定量的试样（精确至 0.001 g）。

表 1 测试用试样质量

样品中预计的游离硫酸含量/ %	试验质量/ g
<0.5	7～10
0.5～6.0	3～4
>6.0	<3[a]

[a] 硫酸含量大于 6% 的产品，称取的试验份中应含 0.1 g～0.2 g 硫酸。

7.2 测定步骤

7.2.1 用 50 mL 蒸馏水(5.1)溶解样品(7.1),定容至 100 mL。

7.2.2 按照表 2,移取相应体积的试样液(7.2.1)至锥形瓶中,并加蒸馏水(5.1)至 200 mL,加入 1 mL 双硫腙溶液(5.11)。然后加入氢氧化钠溶液(5.6)至溶液微红,再逐滴加入硝酸溶液(5.4),至出现绿色,然后加入 2 mL 二氯乙酸铵溶液(5.10)和 80 mL 丙酮(5.2),立即用硝酸铅标准滴定溶液(5.9)滴定,至得到稳定的砖红色。

表 2 测定用试液体积

预计游离硫酸含量/ %	移取试样体积/ mL
<0.5	20.0
0.5~1.5	15.0
1~3	10.0
>3	5.0

7.3 结果计算

按式(1)进行烷基磺酸或芳基磺酸中硫酸含量 X 的计算:

$$X=\frac{0.098\times V\times C\times 10^4}{m_0\times V_0} \qquad \cdots\cdots(1)$$

式中:

m_0 ——试样的质量,单位为克(g);

V_0 ——测定时移取的试样体积,单位为毫升(mL);

V ——滴定消耗的硝酸铅标准滴定溶液的体积,单位为毫升(mL);

C ——硝酸铅标准滴定溶液的浓度,单位为摩尔每升(mol/L);

0.098——硫酸的毫摩尔质量,单位为克每毫摩尔(g/mmol)。

7.4 精密度

两平行样测定所得结果相对误差不超过平均值的 4%。

8 分类方法

烷基磺酸和芳基磺酸类腐蚀性物质危险特性的分类应符合表 3 规定。

表 3 分类方法

UN 编号	类别或项别	包装类别	指标	
			游离硫酸含量	20 ℃物理状态
2583	8	Ⅱ	>5%	固态
2584	8	Ⅱ		液态
2585	8	Ⅲ	≤5%	固态
2586	8	Ⅲ		液态

ICS 13.300
A 80

中华人民共和国国家标准

GB/T 27839—2011

肼水溶液类物质危险特性分类方法

Test method for hazard classification of hydrazine aqueous solution

2011-12-30 发布

2012-08-01 实施

中华人民共和国国家质量监督检验检疫总局
中国国家标准化管理委员会 发布

前　言

本标准按照 GB/T 1.1—2009 给出的规则起草。

本标准参考了联合国《关于危险货物运输的建议书　规章范本》(第十六修订版)和联合国《关于危险货物运输的建议书　试验和标准手册》(第五修订版)。

本标准由全国危险化学品管理标准技术委员会(SAC/TC 251)提出并归口。

本标准起草单位:湖南出入境检验检疫局检验检疫技术中心、天津出入境检验检疫局、江南大学。

本标准主要起草人:王利兵、韩伟、于艳军、李学洋、赵黎华、熊中强。

肼水溶液类物质危险特性分类方法

1 范围

本标准规定了肼水溶液类物质危险特性分类试验的术语和定义、原理、试剂、仪器、分析步骤、结果计算及分类方法。

本标准适用于肼水溶液类物质危险特性分类试验。

2 规范性引用文件

下列文件对于本文件的应用是必不可少的。凡是注日期的引用文件,仅注日期的版本适用于本文件。凡是不注日期的引用文件,其最新版本(包括所有的修改单)适用于本文件。

GB/T 6682 分析实验室用水规格和试验方法

GB/T 15507 水质 肼的测定 对二甲氨基苯甲醛分光光度法

联合国《关于危险货物运输的建议书 规章范本》(第十六修订版)

联合国《关于危险货物运输的建议书 试验和标准手册》(第五修订版)

3 术语和定义

联合国《关于危险货物运输的建议书 规章范本》和《关于危险货物运输的建议书 试验和标准手册》界定的以及下列术语和定义适用于本文件。

3.1

腐蚀性物质 corrosive substances

在接触生物组织时会造成严重损伤、或在渗漏时会严重损害甚至毁坏其他货物或运输工具的物质。

3.2

毒性物质 toxic substances

经吞食、吸入或与皮肤接触后可能造成死亡或严重受伤或损害人类健康的物质。

3.3

易燃液体 flammable liquids

通常称为闪点的温度(闭杯试验不高于 60 ℃,或开杯试验不高于 65.6 ℃)时放出易燃蒸气的液体或液体混合物,或着是在溶液、悬浮液中含有固体的液体(例如油漆、清漆、喷漆等,但不包括由于它们的危险特性而划入其他类别的物质)。

3.4

肼 hydrazine

分子式以 N_2H_4 为特征的化学品。

4 原理

依据 GB/T 15507,在酸性溶液条件下,肼与对二甲氨基本甲醛作用,生成对二甲氨基苄连氮黄色化合物,在波长 458 nm 处进行分光光度测定样品中肼的含量,并按联合国《关于危险货物运输的建议

书　规章范本》进行分类定级。

5　试剂

除非另有说明，所用实际均为分析纯，水为 GB/T 6682 规定的二级水。

5.1　盐酸：ρ=1.19 g/mL。

5.2　盐酸溶液(1.0 mol/L)：

取盐酸(5.1)90 mL 溶于蒸馏水中，并在 1 000 mL 容量瓶中定容。

5.3　95%乙醇。

5.4　对二甲氨基苯甲醛溶液：

称取 4.000 0 g 对二甲氨基苯甲醛溶于 200 mL 95%乙醇(5.3)和 20 mL 盐酸(5.1)中。

5.5　叠氮钠溶液(155 g/L)：

称取不含肼或精制去除肼的叠氮钠(NaN_3)15.5 g 溶于水中，稀释至 100 mL。

警告：叠氮钠剧毒。

5.6　肼标准储备溶液(100 mg/L)：

称取 0.328 0 g 盐酸肼($N_2H_4 \cdot HCl$)或 0.406 0 g 硫酸肼($N_2H_4 \cdot H_2SO_4$)，用盐酸溶液(5.2)溶解并定容至 1 000 mL。

5.7　肼标准溶液(1.00 μg/mL)：

吸取肼标准储备溶液(5.6)10 mL，以盐酸溶液(5.2)定容至 1 000 mL。

6　仪器

普通实验室器具和：

6.1　紫外-可见分光光度计。

6.2　酸度计。

6.3　精密天平：准确至 0.000 1 g。

7　分析步骤

7.1　样品处理

7.1.1　固定

肼水溶液用盐酸固定，调 pH 值至小于 2，保存 24 h。

7.1.2　稀释

样品中肼含量超过标准曲线最高浓度的样品，稀释后再进行测定，稀释因子 d。

7.2　标准曲线

分别将肼标准溶液(5.7)0 mL，0.50 mL，1.00 mL，2.00 mL，4.00 mL，6.00 mL，8.00 mL，10.00 mL，加入到 8 支 25 mL 具塞比色管中，加入蒸馏水至 10 mL，再加入 10 mL 对二甲氨基苯甲醛溶液(5.4)，加蒸馏水稀释至 25 mL，混匀、静置 20 min，用 10 mm 光程的比色皿于 458 nm 波长处测定吸光度，以肼含量为横坐标，吸光度为纵坐标，绘制标准曲线。

7.3 样品测定

称取 10 g±0.000 1 g 待测样品(7.1)于 25 mL 具塞比色管中，以稀盐酸或氢氧化钠溶液调节 pH 值至中性，加入 10 mL 对二甲氨基苯甲醛溶液(5.4)，加蒸馏水稀释至 25 mL，混匀、静置 20 min，用 10 mm 光程比色皿于 458 nm 波长处测定吸光度，从标准曲线(7.2)中查出肼含量。以蒸馏水作试剂空白。

8 结果计算

8.1 肼含量

试样中肼含量(质量分数)w 按式(1)计算：

$$w=\frac{m_1 \times d \times 10^{-6}}{m_0}100\% \quad \cdots\cdots(1)$$

式中：

w ——肼的质量分数；

m_1——从标准曲线中查得的试样中肼含量，单位为微克(μg)；

m_0——测定用样品质量，单位为克(g)；

d ——稀释因子。

8.2 精密度

两次平行测定结果差值不大于 0.3%。

9 分类方法

肼水溶液类物质危险特性分类应符合表 1 规定。

表 1 分类方法

UN 编号	类别或项别	次要危险性	包装类别	指标
				肼含量
2 029	8	3/6.1	Ⅰ	无水肼
2 030	8	6.1	Ⅰ/Ⅱ/Ⅲ	>37%
3 293	6.1	—	Ⅲ	≤37
3 484	8	3/6.1	Ⅰ	>37%

ICS 43.020
T 40

中华人民共和国国家标准

GB/T 27840—2011

重型商用车辆燃料消耗量测量方法

Fuel consumption test methods for heavy-duty commercial vehicles

2011-12-30 发布　　2012-01-01 实施

中华人民共和国国家质量监督检验检疫总局
中 国 国 家 标 准 化 管 理 委 员 会　发布

前 言

本标准按照 GB/T 1.1—2009 给出的规则起草。

本标准由工业和信息化部提出。

本标准由全国汽车标准化技术委员会(SAC/TC 114)归口。

本标准负责起草单位:中国汽车技术研究中心。

本标准参加起草单位:中国第一汽车集团公司、北汽福田汽车股份有限公司、中国重汽集团济南动力有限公司、安徽江淮汽车股份有限公司、广西玉柴机器股份有限公司、东风汽车有限公司商用车技术中心、郑州宇通客车股份有限公司、上汽依维柯红岩商用车有限公司、陕西重型汽车有限公司、潍柴动力股份有限公司、汉阳专用汽车研究所。

本标准起草人:金约夫、王兆、高海洋、郑天雷、任帅飞、张富兴、陶臣军、高铁石、郭平、丁惟云、崔华标、谢万能、阎备战、田勇、韩永明、刘建、颜克亮、张波、张俊峰、党建国、侯敬超、王建平、吴跃玲。

重型商用车辆燃料消耗量测量方法

1 范围

本标准规定了重型商用车辆燃料消耗量的测量方法。

本标准适用于最大设计总质量大于 3 500 kg 的燃用汽油和柴油的商用车辆。

2 规范性引用文件

下列文件对于本文件的应用是必不可少的。凡是注日期的引用文件，仅注日期的版本适用于本文件。凡是不注日期的引用文件，其最新版本(包括所有的修改单)适用于本文件。

GB/T 1413 系列 1 集装箱 分类、尺寸和额定质量

GB/T 1884 原油和液体石油产品密度测定法(密度计法)

GB/T 3730.1 汽车和挂车类型的术语和定义

GB/T 12534—1990 汽车道路试验方法通则

GB/T 15089 机动车辆及挂车分类

GB/T 18297—2001 汽车发动机性能试验方法

GB 18352.3—2005 轻型汽车污染物排放限值及测量方法(中国Ⅲ、Ⅳ阶段)

3 术语和定义

GB/T 3730.1 及 GB/T 15089 界定的以及下列术语和定义适用于本文件。

3.1

基本型车辆 basic vehicle type

由车辆生产企业作为基本型申请的车辆。

3.2

变型车辆 variant of a vehicle type

在已批准基本型基础上修改设计或变更结构配置形成的新车型。

3.3

C-WTVC 循环 adapted world transient vehicle cycle

以世界重型商用车辆瞬态循环(WTVC，World Transient Vehicle Cycle)为基础，调整加速度和减速度形成的驾驶循环。

3.4

燃料消耗量模拟计算方法 fuel consumption simulation method

以发动机试验为基础，通过计算机模拟车辆在 C-WTVC 循环下的运行来确定车辆燃料消耗量。

3.5

当量惯量 equivalent inertia

车辆行驶过程中移动部分和转动部分所对应的惯性质量。

4 总体要求

4.1 基本型车辆应采用底盘测功机法确定燃料消耗量，并在附录A规定的试验报告中注明为基本型。

4.2 变型车辆可由车辆生产企业选择采用底盘测功机法或模拟计算法确定燃料消耗量，在附录A或附录B规定的相应试验报告中注明其基本型并提交基本型车辆的燃料消耗量试验报告。

5 底盘测功机试验

5.1 车辆准备

5.1.1 磨合

试验车辆应经过至少2 500 km、不超过10 000 km的磨合。

5.1.2 轮胎

试验轮胎应为该车型厂定原装轮胎；如果该车型可选装几种不同规格的轮胎，则从中选择滚动阻力最大的一种进行试验。试验开始前，对照轮胎最大试验载荷和最高试验车速按车辆生产企业的建议对轮胎进行充气。

轮胎花纹深度应为初始花纹深度的90%～50%，也可采用与车辆同时磨合过的新轮胎。

5.2 行驶阻力测定

按附录C测定车辆等速行驶阻力。按附录D的规定记录试验用车辆参数和试验数据。

5.3 底盘测功机法

5.3.1 底盘测功机及相关试验装置

5.3.1.1 底盘测功机应能准确模拟车辆的道路行驶阻力、加减速工况和试验车辆最大设计总质量状态下的当量惯量。底盘测功机技术特性应符合附录E的规定。

注：对于半挂牵引车，本标准中最大设计总质量指汽车列车最大质量。

5.3.1.2 测量系统应能分别测量C-WTVC循环市区、公路和高速部分的燃料消耗量。C-WTVC循环数据见附录F。

5.3.1.3 根据燃料消耗量计量方法的不同，相关的计量设备应满足下述精度要求：

a) 采用流量计(质量法或容积法)测定燃料消耗量时，测量精度不低于0.5%；

b) 采用质量法测定燃料消耗量时，应通过满足下列要求的装置向发动机供应燃料：

   1) 测量精度不低于0.5%；

   2) 车辆燃料记录装置不能对发动机正常工作造成影响；

   3) 对燃料温度的影响不超过±5 ℃。

为方便试验操作，可设置燃油管路切换系统，通过专门的阀门使燃油从正常的供油管路迅速流入测量管路。改变燃油方向的操作应在0.2 s内完成。

c) 采用碳平衡法计算燃料消耗量时，排放物测量要求应符合GB 18352.3—2005附录C的规定。

5.3.2 实验室环境条件

5.3.2.1 环境温度应在5 ℃～35 ℃之间，推荐环境温度为20 ℃～30 ℃；实际环境温度应在试验报告中注明。

5.3.2.2 相对湿度应小于95%。

5.3.2.3 大气压力应处于91 kPa～104 kPa之间。

5.3.3 试验燃料

5.3.3.1 试验用燃料应符合车辆生产企业规定,并满足相应国家标准的要求。

5.3.3.2 按GB/T 1884测定燃料密度。

5.3.3.3 采用碳平衡法计算燃料消耗量时,假定汽油和柴油的氢-碳比分别为1.85和1.86。

5.4 试验规程

5.4.1 按C.2.2.1放置车辆并连接燃料流量计、排气取样系统等测试设备,确认燃油管路无泄漏并充分排气。

5.4.2 按C.2.2或C.3.2调整底盘测功机。

5.4.3 试验时,车辆载荷状态应确保车辆在试验过程中不打滑。对牵引车,应在鞍座位置垂直加载。如试验部门能证明不会出现明显影响测量结果的打滑现象,经车辆生产企业同意后可不加载。

5.4.4 将底盘测功机设置为道路阻力模拟模式,并连接好数据采集系统和司机辅助驾驶系统。

5.4.5 试验时,同步运行道路模拟冷却风机、车速和时间记录仪等相关设备。正式试验前,宜进行1～2个完整的C-WTVC循环或采用其他方法对试验车辆和底盘测功机进行充分预热。

5.4.6 试验时,应根据车辆特点选择相应挡位;换挡策略由车辆生产企业和检测机构共同确定。当车辆在某一较高挡位下不能达到C-WTVC规定车速且速度偏差超过5.5.1规定值时,可降低一挡继续试验,并在车辆重新进入能使用较高挡位行驶的匀速状态时再次换入较高挡位进行试验。试验中,换挡过程应迅速平稳。

5.4.7 减速行驶时,应完全放开加速踏板,继续保持离合器接合状态,直至试验车速降至该挡位最低稳定车速时再分离离合器、降挡或停车。必要时,可使用车辆的制动器及辅助制动装置进行减速。

5.4.8 车辆试验应运行三个完整的C-WTVC循环,并在每个完整的C-WTVC循环结束后分别记录试验结果。如其中某一部分的特征里程分配加权系数为零,可直接跳过该部分进入下一部分。

5.4.9 在相邻的两个完整C-WTVC试验循环之间,车辆及相关设备应继续运行或采用其他方法以保持热机状态。

5.5 试验偏差

5.5.1 试验过程中,车辆实际运行状态应尽量与C-WTVC循环一致,其速度偏差不应超过±3 km/h,每次超过速度偏差的时间不应超过2 s,累计不应超过10 s。

5.5.2 当试验车辆不能达到C-WTVC循环要求的加速度或试验车速时,应将加速踏板完全踩到底;当试验车辆不能达到C-WTVC循环规定的减速度时,应完全作用制动踏板直至车辆运行状态再次回到C-WTVC循环规定的偏差范围内。任何超过运转循环偏差的状况都应在试验报告中注明。

5.6 数据处理与试验结果

5.6.1 数据采集与处理

5.6.1.1 数据记录可通过自动采集系统或以手工方式进行。如采用自动采集系统,应能以不小于1 Hz的采集频率实时连续记录燃料消耗量、燃料温度和燃料压力。

5.6.1.2 每个完整的C-WTVC循环结束时,应存储车速等运行结果,并按5.6.2所述的方法计算市区、公路、高速部分的燃料消耗量以及C-WTVC循环燃料消耗量。

5.6.2 燃料消耗量的计算

5.6.2.1 采用碳平衡法确定燃料消耗量 Q

按下列公式计算燃料消耗量，单位为升每 100 千米(L/100 km)：

a) 对于装备汽油机的车辆：

$$Q=\frac{0.1154}{\rho_g}[(0.866\times HC)+(0.429\times CO)+(0.273\times CO_2)] \quad \cdots\cdots(1)$$

b) 对于装备柴油机的车辆：

$$Q=\frac{0.1155}{\rho_g}[(0.866\times HC)+(0.429\times CO)+(0.273\times CO_2)] \quad \cdots\cdots(2)$$

式中：

Q ——燃料消耗量，单位为升每 100 千米(L/100 km)；

HC——测得的碳氢化合物排放量，单位为克每千米(g/km)；

CO ——测得的一氧化碳排放量，单位为克每千米(g/km)；

CO_2——测得的二氧化碳排放量，单位为克每千米(g/km)；

ρ_g ——15 ℃下的燃料密度，单位为千克每升(kg/L)。

5.6.2.2 采用质量法确定燃料消耗量 Q

$$Q=\frac{M_{FC}}{D\times\rho_g}\times 100\ (L/100\ km) \quad \cdots\cdots(3)$$

式中：

Q ——燃料消耗量，单位为升每 100 千米(L/100 km)；

M_{FC}——燃料消耗量测量值，单位为千克(kg)；

D ——试验期间的实际行驶距离，单位为千米(km)；

ρ_g ——基准温度 20 ℃下的燃料密度，单位为千克每升(kg/L)。

5.6.2.3 采用容积法确定燃料消耗量 Q

$$Q=\frac{V_L\times[1+\alpha\times(T_0-T_F)]}{D}\times 100\ (L/100\ km) \quad \cdots\cdots(4)$$

式中：

Q ——燃料消耗量，单位为升每 100 千米(L/100 km)；

V_L ——燃料消耗量(体积)测量值，单位为升(L)；

α ——燃料容积膨胀系数，10^{-3}/℃；

T_0 ——基准温度，20 ℃；

T_F ——燃料平均温度，单位为摄氏度(℃)：采用手工记录时，应为每次试验开始和结束时在容积测量装置上读取的燃料温度的算术平均值，采用自动采集系统记录时，应为记录结果的算术平均值；

D ——试验期间的实际行驶距离，单位为千米(km)。

5.6.3 综合燃料消耗量的确定

5.6.3.1 按公式(5)计算 3 次试验结果的第 95 百分位分布的标准差 σ，并将 3 次测量结果中最大燃料消耗量与最小燃料消耗量之差(ΔQ_{max})与 σ 值进行比较：

a) 如 ΔQ_{max} 不大于 σ，则视为通过重复性检验；

b) 如 ΔQ_{max} 大于 σ，则视为没有通过重复性检验。

$$\sigma = 0.063\overline{Q} \quad \cdots\cdots(5)$$

式中：

σ ——第 95 百分位分布的标准差，单位为升每 100 千米（L/100 km）；

$\overline{Q}$ ——3 次试验所测得燃料消耗量的算术平均值，单位为升每 100 千米（L/100 km）。

5.6.3.2 按 5.6.3.1 对三个完整的 C-WTVC 循环的燃料消耗量进行重复性检验：如能通过重复性检验，则分别计算市区、公路、高速等各适用部分的平均燃料消耗量，并按 5.6.3.3 确定该车型的燃料消耗量；如没有通过重复性检验，则应采用燃料消耗量较高的两个完整的 C-WTVC 循环试验结果，分别计算各适用部分的平均燃料消耗量，并按 5.6.3.3 确定该车型的燃料消耗量。

5.6.3.3 对照表 1 确定该车型市区、公路和高速部分的特征里程分配比例，按公式(6)加权计算该车型的综合燃料消耗量。

$$FC_{综合} = FC_{市区} \times D_{市区} + FC_{公路} \times D_{公路} + FC_{高速} \times D_{高速} \quad \cdots\cdots(6)$$

式中：

$FC_{综合}$ ——一个完整的 C-WTVC 循环的综合燃料消耗量，单位为升每 100 千米（L/100 km）；

$FC_{市区}$ ——市区部分平均燃料消耗量，单位为升每 100 千米（L/100 km）；

$FC_{公路}$ ——公路部分平均燃料消耗量，单位为升每 100 千米（L/100 km）；

$FC_{高速}$ ——高速部分平均公路燃料消耗量，单位为升每 100 千米（L/100 km）；

$D_{市区}$ ——市区里程分配比例系数（简称市区比例），%；

$D_{公路}$ ——公路里程分配比例系数（简称公路比例），%；

$D_{高速}$ ——高速公路里程分配比例系数（简称高速比例），%。

表 1 特征里程分配比例

车辆类型	最大设计总质量 GCW/GVW/kg	市区比例 $D_{市区}$	公路比例 $D_{公路}$	高速比例 $D_{高速}$
半挂牵引车	9 000＜GCW≤27 000	0	40%	60%
	GCW＞27 000	0	10%	90%
自卸汽车	GVW＞3 500	0	100%	0
货车（不含自卸汽车）	3 500＜GVW≤5 500	40%	40%	20%
	5 500＜GVW≤12 500	10%	60%	30%
	12 500＜GVW≤25 000	10%	40%	50%
	GVW＞25 000	10%	30%	60%
城市客车	GVW＞3 500	100%	0	0
客车（不含城市客车）	3 500＜GVW≤5 500	50%	25%	25%
	5 500＜GVW≤12 500	20%	30%	50%
	GVW＞12 500	10%	20%	70%

6 模拟计算法

6.1 算法

模拟计算法以汽车发动机万有特性试验数据为基础，将整车、变速器、轮胎等关键参数输入计算机程序，通过计算机程序模拟试验车辆在C-WTVC循环下的运行状态，计算试验车辆的燃料消耗量。模拟计算法的流程图参见附录G。

6.2 输入参数

6.2.1 需要输入的整车参数包括：

a) 车辆类型；

b) 整车整备质量；

c) 最大设计总质量；

d) 最大设计载质量；

e) 最大设计牵引质量(仅适用于半挂牵引车)；

f) 额定载客人数(含驾驶员)；

g) 驱动型式；

h) 轴数(对于半挂牵引车指汽车列车轴数)；

6.2.2 需要输入的发动机参数包括：

a) 发动机万有特性，应按GB/T 18297—2001中8.5进行测定。试验时，应在发动机正常转速范围内、从不超过最大扭矩的10%开始至最大扭矩之间尽可能均匀地选取至少81个数据点测定燃料消耗量；额定转速、怠速转速及怠速转速以上200 r/min为必取转速，各转速下不超过最大扭矩的10%和最大扭矩是必取点。

b) 发动机反拖扭矩，应按GB/T 18297—2001中8.5进行试验准备、按8.7进行测定。试验时，应在发动机怠速转速至最高转速之间尽可能均匀地选取至少9个数据点测量反拖扭矩；怠速转速和最高转速是必取点。在测量反拖扭矩时，对没有安装调速器的发动机，最高转速应为最大功率转速的1.05倍或超过最大功率转速且扭距下降3%时的转速；取二者中的较小值。对装有调速器的发动机，最高转速为带负荷最高转速。

注：反拖扭矩指车辆行驶过程中出现的车辆拖动发动机曲轴旋转的工况下，发动机给车辆的阻力矩。

c) 发动机外特性扭矩，应按GB/T 18297—2001中8.3的规定，在发动机正常转速范围内尽可能均匀地选取至少9个数据点进行测定；额定转速是必取点。

d) 发动机怠速转速及怠速燃料消耗量。

e) 发动机额定转速。

f) 发动机最高转速。

6.2.3 需要输入的传动系参数包括变速器的类型(AT、MT、AMT)、主(副)变速器挡位数及变速比、主减速比等。

6.2.4 除上述参数外，还需要输入轮胎规格；如采用滑行能量变化法确定行驶阻力，还应按H.1.2的格式提交相应的试验数据。

6.3 行驶阻力的确定

6.3.1 滑行能量变化法

按附录C进行滑行试验确定行驶阻力。数次滑行速度对应的时间平均值序列格式如H.1.2所示，作为模拟程序的读入文件。

6.3.2 行驶阻力计算

6.3.2.1 滚动阻力计算

滚动阻力F_f等于滚动阻力系数与试验车辆重量的乘积，按公式(7)计算：

$$F_f = M \times g \times f \qquad \cdots\cdots(7)$$

式中：

F_f——试验车辆的滚动阻力，单位为牛顿(N)；

M——最大设计总质量，单位为千克(kg)；

g——重力加速度，9.8 m/s^2；

f——滚动阻力系数，按表2确定：

表2 滚动阻力系数

分类		滚动阻力系数
最大设计总质量<14 000 kg	斜交胎	f=0.007 6+0.000 056V
	子午胎	
最大设计总质量≥14 000 kg	斜交胎	f=0.006 6+0.000 028 6V
	子午胎	f=0.004 1+0.000 025 6V
注：V——试验车速，单位为千米每小时(km/h)。		

6.3.2.2 空气阻力计算

空气阻力计算如公式(8)：

$$F_w = \frac{C_D \times A \times V^2}{21.15} \qquad \cdots\cdots(8)$$

式中：

F_w——试验车辆的空气阻力，单位为牛顿(N)；

C_D——空气阻力系数；如车辆生产企业提供了具体数值并附相关试验报告证明数据的合理性，则采用车辆生产企业的数据，否则将对半挂牵引车、自卸汽车、货车(不含自卸汽车)、城市客车和客车(不含城市客车)分别取固定值0.8、0.8、0.8、0.65和0.65；

A——迎风面积，单位为平方米(m^2)：通过车高减去离地间隙(取300 mm)乘以车宽简化计算得出；

V——试验车速，单位为千米每小时(km/h)。

6.3.2.3 总行驶阻力

按公式(9)计算汽车行驶过程中总的阻力：

$$R = F_f + F_i + F_w + (1 + 0.03 + 0.03 \times i_m^2) \times M \times \frac{V_{(t)} - V_{(t-1)}}{3.6} \qquad \cdots\cdots(9)$$

式中：

R——总行驶阻力，单位为牛顿(N)；

F_f——滚动阻力，单位为牛顿(N)；

F_i——坡道阻力，取零；

F_w——空气阻力，单位为牛顿(N)；

M——最大设计总质量，单位为千克(kg)；

V——车速，单位为千米每小时(km/h)；

t——时刻，单位为秒(s)；

i_m——变速器传动比。

6.4 轮胎滚动半径计算

按公式(10)计算滚动半径：

$$r=\frac{F\times d}{2\pi} \quad \cdots\cdots(10)$$

式中：

r——轮胎滚动半径，单位为米(m)；

d——轮胎设计总直径，单位为米(m)；

F——系数，数值见表3。

表3 *F* 值选择表

轮胎类别	F
5°轮辋	3.03
15°轮辋(45、50、55、60及65系列)	3.03
其他轮胎	3.05
多用途货车宽底轮胎(子午胎)	3.00
多用途货车宽底轮胎(斜交胎)	2.94

6.5 发动机转速及扭矩计算

6.5.1 按公式(11)计算发动机转速：

$$N_e(t)=\frac{1\ 000}{120\pi}\times\frac{i_m\times i_f}{r}\times V(t) \quad \cdots\cdots(11)$$

式中：

$N_e(t)$——发动机转速，单位为转每分钟(r/min)；

i_m——变速器传动比；

i_f——主减速比；

r——轮胎滚动半径，单位为米(m)；

$V(t)$——车速，单位为千米每小时(km/h)。

6.5.2 按公式(12)、(13)计算发动机扭矩：

a) 当阻力 R 大于0时：

$$T_e(t)=\frac{r}{\eta_m\times\eta_f\times i_m\times i_f}\times R \quad \cdots\cdots(12)$$

b) 当阻力 R 小于0时：

$$T_e(t)=\frac{r\times\eta_m\times\eta_f}{i_m\times i_f}\times R \quad \cdots\cdots(13)$$

式中：

$T_e(t)$——发动机扭矩，单位为牛顿米(N·m)；

r——轮胎滚动半径，单位为米(m)；

i_m——变速器传动比；

i_f——主减速比；

η_m——变速器传动效率；

η_f——主减速器传动效率。

6.6 换挡策略

6.6.1 采用二挡起步。

6.6.2 计算换挡瞬间的实时扭矩，按公式(14)计算扭矩富裕率；如升挡后的扭矩富裕率大于表4规定的估测值，则进行升挡。

$$T_M = \frac{T_{emax}}{T_e} \quad \cdots\cdots(14)$$

式中：

T_M ——扭矩富裕率；

T_{emax}——相应转速下的最大扭矩，单位为牛顿米(N·m)；

T_e ——实时扭矩，单位为牛顿米(N·m)。

6.6.3 减速时不换挡。

表4 扭矩富裕率估测值

挡　位	最大设计总质量≥14 t	最大设计总质量<14 t
2挡	1.7	2.1
3挡	1.4	1.4
4挡及以上挡位	1.0	1.1

6.7 市区、公路和高速工况燃料消耗量计算

6.7.1 按6.5计算C-WTVC循环下每一秒对应的发动机转速和扭矩。

6.7.2 根据发动机万有特性数据，查询或插值确定每一秒的燃料消耗量。

6.7.3 对6.7.2确定的每一秒的燃料消耗量进行累加即分别得到市区、公路和高速工况的燃料消耗总量。

6.7.4 用各部分燃料消耗总量除以对应的行驶里程，计算得出市区、公路和高速工况燃料消耗量。

6.8 综合燃料消耗量计算

依据5.6.3.3计算综合燃料消耗量。

6.9 输出

6.9.1 在每个C-WTVC循环结束时显示对应的瞬态车速、瞬态燃料消耗量曲线、平均车速和百公里燃料消耗量并自动保存。

6.9.2 按附录B格式输出模拟测量结果报告。

附 录 A
（规范性附录）
试验报告（底盘测功机法）
［最大尺寸：A4（210 mm×297 mm）］

A.1 整车参数

A.1.1 车辆型号：……………………………………

注：本车辆型号为基本型；[1]

本车辆型号的基本型为……………………………………

A.1.2 车辆名称：……………………………………

A.1.3 商标及生产单位：……………………………………

A.1.4 底盘型号及生产企业[2]：……………………………………

A.1.5 生产日期：……………………………………

A.1.6 车辆类型：……………………………………

A.1.7 车辆识别代号（VIN）：……………………………………

A.1.8 里程表读数（km）：……………………………………

A.1.9 最高设计车速（km/h）：……………………………………

A.1.10 整备质量及轴荷（kg）：……………………………………

A.1.11 最大总质量及轴荷（kg）：……………………………………

A.1.12 列车最大总质量（kg）[3]：……………………………………

A.1.13 外廓尺寸：长×宽×高（mm×mm×mm）[3]：……………………………………

A.1.14 迎风面积（m^2）[2),3)]：……………………………………

A.1.15 空气阻力系数[2),3)]：……………………………………

A.1.16 变速箱型号、型式及生产企业：……………………………………

A.1.17 挡位数及各挡速比：……………………………………

A.1.18 主减速比：……………………………………

A.1.19 轮胎型号、个数及生产企业：……………………………………

A.1.20 轮胎气压（前/后）（kPa）：……………………………………

A.1.21 驱动型式：……………………………………

A.1.22 半挂车轮胎型号、个数及生产企业[3]：……………………………………

A.1.23 半挂车轮胎气压（前/后）（kPa）[3]：……………………………………

A.1.24 燃料类型及标号：……………………………………

A.1.25 燃料箱容积（L）：……………………………………

A.2 发动机参数

A.2.1 型号及生产企业：……………………………………

1） 删除不适用者。

2） 无参数的可以不填。

3） 半挂牵引车试验时，填写与之配合的列车参数。

A.2.2 型式：……

A.2.3 编号：……

A.2.4 进气方式：……

A.2.5 供油方式：……

A.2.6 排量(L)：……

A.2.7 净功率/转速[kW/(r/min)]：……

A.2.8 最大扭矩/转速[N·m/(r/min)]：……

A.2.9 怠速转速(r/min)：……

A.3 行驶阻力

A.3.1 行驶阻力的确定方法：……

A.3.2 行驶阻力测试相关报告(有/无)：……

A.4 试验结果

A.4.1 市区燃料消耗量(L/100 km)：……

A.4.2 公路燃料消耗量(L/100 km)：……

A.4.3 高速燃料消耗量(L/100 km)：……

A.4.4 综合燃料消耗量(L/100 km)：……

A.4.5 特征里程分配比例

A.4.5.1 市区比例(%)：……

A.4.5.2 公路比例(%)：……

A.4.5.3 高速比例(%)：……

A.5 负责进行试验的检验机构：……

A.6 试验地点：……

A.7 试验日期：……

A.8 试验报告日期：……

A.9 试验报告编号：……

A.10 签名：……

附 录 B
（规范性附录）
试验报告（模拟试验法）
［最大尺寸：A4（210 mm×297 mm）］

B.1 企业信息

B.1.1 企业名称：……

B.1.2 通讯地址：……

B.1.3 注册地址：……

B.1.4 生产地址：……

B.1.5 企业法人及联系方式：……

B.1.6 联系人及联系方式：……

B.2 车型参数

B.2.1 整车及性能参数

B.2.1.1 车辆型号：……

注：本车辆型号为基本型；[1]

本车辆型号的基本型为……

B.2.1.2 车辆品牌：……

B.2.1.3 车辆名称：……

B.2.1.4 整车整备质量（kg）：……

B.2.1.5 最大设计装载质量（kg）[4]：……

B.2.1.6 最大设计牵引质量（kg）[4]：……

B.2.1.7 最大设计总质量（kg）：……

B.2.1.8 半挂牵引车鞍座最大设计承载质量（kg）[4]：……

B.2.1.9 载质量利用系数[4]：……

B.2.1.10 额定载客（含驾驶员）：……

B.2.1.11 驾驶室准乘人数：……

B.2.1.12 货箱内部尺寸［长×宽×高（mm×mm×mm）］[4]：……

B.2.1.13 外廓尺寸［长×宽×高（mm×mm×mm）］：……

B.2.1.14 前轮距（mm）：……

B.2.1.15 轴距（mm）：……

B.2.1.16 前悬/后悬（mm）：……

B.2.1.17 后轮距（mm）：……

B.2.1.18 接近角/离去角（°）：……

B.2.1.19 钢板弹簧片数[4]：……

B.2.1.20 最高设计车速（km/h）：……

4） 不适用者可以不填。

B.2.2 发动机参数

B.2.2.1 发动机型号：

B.2.2.2 发动机生产企业：

B.2.2.3 排量(mL)：

B.2.2.4 净功率(kW)：

B.2.3 底盘参数[2)]

B.2.3.1 底盘型号：

B.2.3.2 底盘类别：

B.2.3.3 底盘生产企业：

B.2.4 其他参数

B.2.4.1 燃料种类：

B.2.4.2 排放标准：

B.2.4.3 轮胎数：

B.2.4.4 轮胎规格：

B.3 模拟计算参数

B.3.1 整车及性能参数

B.3.1.1 当前车辆所属类别：

B.3.1.2 车辆型号：

B.3.1.3 车辆名称：

B.3.1.4 最大设计牵引质量(kg)[4)]：

B.3.1.5 计算质量(kg)：

B.3.1.6 整车整备质量(kg)：

B.3.1.7 额定载客(含驾驶员)：

B.3.1.8 外廓尺寸[长×宽×高(mm×mm×mm)]：

B.3.2 发动机参数

B.3.2.1 怠速转速：

B.3.2.2 额定转速：

B.3.2.3 最高转速：

B.3.3 底盘参数

B.3.3.1 主减速比：

B.3.3.2 滚动半径：

B.3.3.3 主副变速器挡位数：

B.3.3.4 变速器各挡位传动比：

B.3.4　滚动阻力系数

B.3.5　空气阻力系数

B.4　模拟结果

B.4.1　市区燃料消耗量(L/100 km)：……………………………………

B.4.2　公路燃料消耗量(L/100 km)：……………………………………

B.4.3　高速燃料消耗量(L/100 km)：……………………………………

B.4.4　综合燃料消耗量(L/100 km)：……………………………………

B.4.5　特征里程分配比例

B.4.5.1　市区(%)：……………………………………

B.4.5.2　公路(%)：……………………………………

B.4.5.3　高速(%)：……………………………………

B.5　负责进行模拟的机构：……………………………………

B.6　模拟地点：……………………………………

B.7　模拟日期：……………………………………

B.8　模拟报告日期：……………………………………

B.9　模拟报告编号：……………………………………

B.10　签名：……………………………………

附 录 C
（规范性附录）
行驶阻力测定及在底盘测功机上的模拟

C.1 试验准备

C.1.1 试验道路

C.1.1.1 道路滑行试验应在清洁、干燥、平直的沥青混凝土或混凝土路面上进行。

C.1.1.2 试验路面长度应满足试验要求，纵向坡度在±0.1%以内。

C.1.2 环境条件

C.1.2.1 试验应在无雨、无雾的天气下进行；

C.1.2.2 相对湿度小于95%；

C.1.2.3 大气温度在0 ℃～40 ℃之间；

C.1.2.4 在高出路面1.6 m处测量的平均风速不大于3 m/s，阵风不大于5 m/s。

C.1.3 装载质量

C.1.3.1 无特殊规定时，应使试验车辆处于最大设计总质量状态。

C.1.3.2 按GB/T 12534—1990中3.1对车辆加载。

C.1.4 试验车辆

C.1.4.1 对货车进行试验时，应采用迎风面积最大的上装。

C.1.4.2 对半挂牵引车进行试验时，半挂车应装载GB/T 1413—2008第4章规定的1AA型集装箱。

C.1.4.3 试验时应关闭车窗和驾驶室通风口。

C.1.5 试验设备精度

C.1.5.1 采用滑行能量变化法时，时间测量精度应不低于0.1 s；车速测量仪器精度应不低于0.5%。

C.1.5.2 采用等速扭矩测量法时，应使用适当的测量仪器测量扭矩，测量仪器精度不低于2%；车速仪器精度不低于0.5%。

C.2 滑行能量变化法

C.2.1 行驶阻力测量

C.2.1.1 道路行驶阻力测量

C.2.1.1.1 道路试验前，车辆应在试验路段上以中高速行驶不少于40 min。

C.2.1.1.2 将车辆加速至表C.1规定车速(V)以上，将变速器置于"空挡"位置进行滑行直至车速小于15 km/h。如车辆性能和场地条件允许，应在尽可能高的车速下滑行；如试验中无法达到表C.1规定车速，则在车辆所能达到的最高车速下滑行；如因试验道路长度限制无法一次完成滑行试验，可采用分段滑行法。

表 C.1 行驶阻力测定车速

车 辆 类 别	V/(km/h)
半挂牵引车	90
自卸汽车	75
货车(不含自卸汽车)	90
城市客车	70
客车(不含城市客车)	100

C.2.1.1.3 测量车辆从 $V_2=V+\Delta V$ 减速至 $V_1=V-\Delta V$ 所需时间 t_1;式中,$\Delta V\leqslant 5$ km/h。

C.2.1.1.4 在相反方向重复该操作,得到 t_2。

C.2.1.1.5 计算时间 t_1 和 t_2 的平均值,即耗用时间 T_i。

C.2.1.1.6 重复上述试验不少于 3 次(即滑行试验总数不少于 4 次)。

C.2.1.2 阻力和功率的计算

C.2.1.2.1 按公式(C.1)计算平均耗用时间 $\overline{T}=\frac{1}{n}\sum_{i=1}^{n}T_i$ 的统计准确度(p)。统计准确度(p)在 30 km/h~70 km/h 的速度点范围内不应大于 4%,在其他速度点不应大于 5%。如果统计准确度不能满足要求,则按表 C.1 要求的滑行初速度增加试验次数。

统计准确度(p)的定义为:

$$p=\frac{t\times s}{\sqrt{n}}\times\frac{1}{\overline{T}} \qquad \text{(C.1)}$$

式中:

t——表 C.2 给定的系数;

s——标准偏差,$s=\sqrt{\sum_{i=1}^{n}\frac{(T_i-\overline{T})^2}{n-1}}$;

n——试验次数。

表 C.2 系数

n	4	5	6	7	8	9	10	11	12	13	14	15
t	3.2	2.8	2.6	2.5	2.4	2.3	2.3	2.2	2.2	2.2	2.2	2.2
$t/\sqrt{n}$	1.6	1.25	1.06	0.94	0.85	0.77	0.73	0.66	0.64	0.61	0.59	0.57

C.2.1.2.2 按公式(C.2)计算道路等速行驶阻力

$$F=\frac{M\times 2\Delta V}{3.6\overline{T}} \qquad \text{(C.2)}$$

式中:

F——道路等速行驶阻力,单位为牛顿(N);

M——最大设计总质量,单位为千克(kg);

ΔV——与车速 V 的速度偏差,单位为千米每小时(km/h);

$\overline{T}$——n 次试验汽车从 $V+\Delta V$ 减速到 $V-\Delta V$ 的平均耗用时间,单位为秒(s)。

C.2.1.2.3 按公式(C.3)计算道路等速功率

$$P=\frac{M\times V\times \Delta V}{3.6\times 3.6\times 500\overline{T}} \quad \cdots\cdots(C.3)$$

式中:

P——功率,单位为千瓦(kW);

V——试验车速,单位为千米每小时(km/h);

M——最大设计总质量,单位为千克(kg);

ΔV——与车速 V 的速度偏差,单位为千米每小时(km/h);

$\overline{T}$——n 次试验汽车从 $V+\Delta V$ 减速到 $V-\Delta V$ 的平均耗用时间,单位为秒(s)。

C.2.1.2.4 在道路上测定的阻力(F)和功率(P)应分别按公式(C.4)、(C.5)校正至基准状态下的阻力和功率:

$$F_{校正}=K\times F_{测定} \quad \cdots\cdots(C.4)$$

$$P_{校正}=K\times P_{测定} \quad \cdots\cdots(C.5)$$

$$K=\frac{R_R}{R_T}\times[1+K_R\times(t-t_0)]+\frac{R_W}{R_T}\times\frac{d_0}{d} \quad \cdots\cdots(C.6)$$

式中:

R_R——速度 V 时的滚动阻力,单位为牛顿(N),按6.3.2.1计算;如车辆生产企业提供了该类数据,则采用车辆生产企业的数据。

R_W——速度 V 时的空气阻力,单位为牛顿(N),按公式(C.7)确定:

$$R_W=\frac{C_D\times A\times V^2}{21.15}(N) \quad \cdots\cdots(C.7)$$

式中:

C_D——空气阻力系数;如车辆生产企业提供了具体数值并附相关试验报告证明数据的合理性,则采用车辆生产企业的数据,否则将对半挂牵引车、自卸汽车、货车(不含自卸汽车)、城市客车和客车(不含城市客车)分别取固定值0.8、0.8、0.8、0.65和0.65;

A——迎风面积,单位为平方米(m^2),可通过车高减去离地间隙(取300 mm)的差值乘以车宽简化计算得出,也可采用车辆生产企业提交的数据;

R_T——总运行阻力,单位为牛顿(N),等于 R_R+R_W;

K_R——滚动阻力的温度校正系数,取 6×10^{-3}/℃,或由车辆生产企业提供并经检测机构认可给定的校正系数;

t——道路试验时大气温度,单位为摄氏度(℃);

t_0——基准大气温度,20℃;

d——试验条件下空气密度,单位为千克每立方米(kg/m^3);

$$d=d_0\times\frac{p}{p_0}\times\frac{T_0}{T} \quad \cdots\cdots(C.8)$$

式中:

d——试验条件下的空气密度,单位为千克每立方米(kg/m^3);

p——试验期间的大气压力,单位为千帕(kPa);

p_0——基准状态大气压力,100 kPa;

T——试验期间的绝对温度,单位为开氏度(K);

T_0——基准状态温度,293.15 K(20℃);

d_0——基准状态(20 ℃,100 kPa)下空气密度,1.189 kg/m^3。

C.2.2 底盘测功机调整

C.2.2.1 将车辆放置在底盘测功机上并采取适当的方法对车辆进行固定，确保试验安全。

C.2.2.2 按车辆生产企业的要求调整驱动轮的轮胎气压(冷态)。对照轮胎最大试验载荷和最高试验车速按生产企业的建议对轮胎进行充气。

C.2.2.3 按E.4设定底盘测功机的当量惯量(I)。

C.2.2.4 用合适的方法使车辆和底盘测功机达到运转温度。

C.2.2.5 在测功机上进行C.2.1.1.2、C.2.1.1.3、C.2.1.1.6和C.2.1.2.3规定的操作，且将C.2.1.2.3所述公式中的M改为I。

C.2.2.6 调整底盘测功机以再现C.2.1.2.4的校正功率，且考虑在道路上车辆质量(M)与使用的试验当量惯量(I)的差别。可按公式(C.9)计算在道路上从V_2滑行至V_1的平均校正时间，然后在底盘测功机上再现该时间：

$$T_{\text{校正}} = \frac{T_{\text{测得}}}{K} \times \frac{I}{M} \qquad \text{(C.9)}$$

式中：

K由C.2.1.2.4确定。

C.2.2.7 确定底盘测功机吸收的功率P_a，以确保同一车辆在不同日期都再现C.2.1.2.4中的功率。

C.3 等速下扭矩测量法

C.3.1 平均扭矩测量

C.3.1.1 将车辆加速至目标车速(V)并保持车速稳定。

C.3.1.2 连续实时记录至少20 s内的扭矩$C_{(t)}$和车速。数据记录系统的准确度，对于扭矩至少应为±1 N·m，对于车速至少应为±0.2 km/h。测量期间内，每秒记录的随时间变化的扭矩$C_{(t)}$和速度的变化量应不超过5%。

C.3.1.3 按公式(C.10)计算平均扭矩C_{t1}：

$$C_{t1} = \frac{1}{\Delta T}\int_{t}^{t+\Delta t} C_{(t)}\,\mathrm{d}t \qquad \text{(C.10)}$$

C.3.1.4 沿同一道路正、反两个方向各进行三次试验，分别计算正、反方向的平均扭矩，据此计算六次测量的平均扭矩。如果平均车速偏离目标车速1 km/h以上，应通过线性回归计算平均扭矩。

C.3.1.5 道路试验确定的平均值C_t应按公式(C.11)校正至基准状态：

$$C_{\text{校正}} = K \times C_{\text{测得}} \qquad \text{(C.11)}$$

式中：

K见C.2.1.2.4。

C.3.2 底盘测功机调整

C.3.2.1 按C.2.2.1～C.2.2.4对底盘测功机进行初始设定。

C.3.2.2 在底盘测功机上进行C.3.1.1至C.3.1.4规定的操作。

C.3.2.3 调整功率吸收装置，以再现C.3.1.5中的校正道路扭矩。

C.3.2.4 基于同样的目的，进行C.2.2.7同样的操作。

附 录 D
（规范性附录）
试验记录表格

表 D.1 滑行试验或底盘测功机试验用车辆参数

试验车辆信息	内 容
车辆型号	
车辆名称	
商标及生产企业	
底盘型号及生产企业[a]	
生产日期	
车辆类型	
车辆识别代号(VIN)	
里程表读数/km	
最高设计车速/(km/h)	
整备质量/kg	
最大设计总质量/kg	
列车最大总质量/kg [b]	
外廓尺寸：长×宽×高/(mm×mm×mm)[b]	
迎风面积[a,b]/m^2	
空气阻力系数[a,b]	
变速箱型号、型式及生产企业	
挡位数及各挡速比	
主减速比	
轮胎型号、数量及生产企业	
轮胎气压(前/后)/kPa	前：................................ /后：................................
驱动型式	
半挂车轴数[a]	
半挂车轮胎型号、数量及生产企业[b]	
半挂车轮胎气压/kPa[b]	
燃料类型及标号	

表 D.1（续）

试验车辆信息		内容
发动机	型号及生产企业	
	型式	
	进气方式	
	排量/L	
	净功率/转速/[kW/(r/min)]	
	最大扭矩/转速/[N·m/(r/min)]	
	怠速转速/(r/min)	

[a] 无参数的可以不填。

[b] 半挂牵引车试验时，填写与之配合的列车参数。

表 D.2 底盘测功机试验记录

底盘测功机行驶阻力设定			道路阻力系数			A/N	B/[N/(km/h)]		C/[N/(km/h)²]
			目标阻力						
			设定阻力						
试验仪器设备	类别		型号	精度	生产企业	检定校准情况			
						检定/校准单位			有效期截止日期
	底盘测功机								
	燃料流量计								
	排放分析仪								
试验序号	开始时间	结束时间	行驶里程 km	燃料消耗量试验值 mL	燃料平均温度 ℃	实验室温度 ℃	实验室大气压力 kPa		实验室相对湿度 %
1 市区									
1 公路									
1 高速									
2 市区									
2 公路									
2 高速									
3 市区									
3 公路									
3 高速									
其他说明(包括车辆能否达到循环最高车速、超差时间及次数等信息)：									

表 D.3　道路滑行试验记录

试验车速 km/h	时间/s																			
	第 1 次		第 2 次		第 3 次		第 4 次		第 5 次		第 6 次		第 7 次		第 8 次		第 9 次		第 10 次	
	正向	反向	正向	反向	正向	反向	正向	反向	正向	反向	正向	反向	正向	反向	正向	反向	正向	反向	正向	反向
100																				
95																				
90																				
85																				
80																				
75																				
70																				
65																				
60																				
55																				
50																				
45																				
40																				
35																				
30																				
25																				
20																				
15																				
10																				
5																				

试验时间：＿＿＿＿＿＿ 环境温度：＿＿＿＿＿＿ 天气状况：＿＿＿＿＿＿ 风　速：＿＿＿＿＿＿

试验地点：＿＿＿＿＿＿ 大气压力：＿＿＿＿＿＿ 道路状况：＿＿＿＿＿＿ 试 验 员：＿＿＿＿＿＿

[a] 时间是指道路滑行试验中速度序列对应的时间序列；

[b] 环境温度及大气压力取试验前后的平均值。

附　录　E
（规范性附录）
底盘测功机技术特性

E.1　概述

本附录规定了重型商用车辆燃料消耗量试验用单轴、单转鼓的交流电力底盘测功机的技术特性和要求，其他类型的底盘测功机可参照执行。

E.2　底盘测功机特性

E.2.1　底盘测功机应满足下列结构及功能要求：

a）具有两个能分别与轮胎耦合的转鼓；

b）能通过电惯量实现驱动功率吸收和惯量模拟；

c）具备时间、速度、行驶距离的测量功能；

d）具备附加制动功能；

e）道路模拟风机能与汽车速度同步。

E.2.2　底盘测功机精度应满足下列要求：

a）扭矩（驱动力）静态标定偏差不应超过±0.1%；

b）基本惯量偏差不应超过±0.5%；

c）加、减速度偏差不应超过±1%；

d）当速度高于 10 km/h 时，速度测量偏差不应超过±0.5 km/h；

e）当速度高于 30 km/h 时，稳定模拟的总行驶阻力偏差不应超过±3%；

f）模拟风机的风速与汽车速度偏差不应超过±5 km/h。

E.3　底盘测功机使用要求

E.3.1　驾驶员操作及辅助装置的运行，应满足 C-WTVC 循环规定的公差范围要求。

E.3.2　司机辅助驾驶装置应能实时显示曲线跟踪情况，并有偏差提示。

E.3.3　当测量燃料消耗量时，应能同时启动燃料消耗量、油温、行驶距离、行驶时间的测量装置。

E.3.4　试验过程中，驾驶员能通过驾驶辅助装置准确控制车辆的行驶速度和行驶时间。

E.4　底盘测功机设定

底盘测功机的当量惯量（I）应根据车辆最大设计总质量及非驱动轮的等效平动惯量确定。非驱动轮的等效平动惯量推荐为最大设计总质量的 1.5%；由车辆生产企业申请并经检测机构认可，也可根据非驱动轮质量占最大设计总质量的比重进行确定。

附 录 F
（规范性附录）
C-WTVC 循环

F.1 C-WTVC 循环曲线

C-WTVC 循环由市区、公路和高速工况组成，见图 F.1。

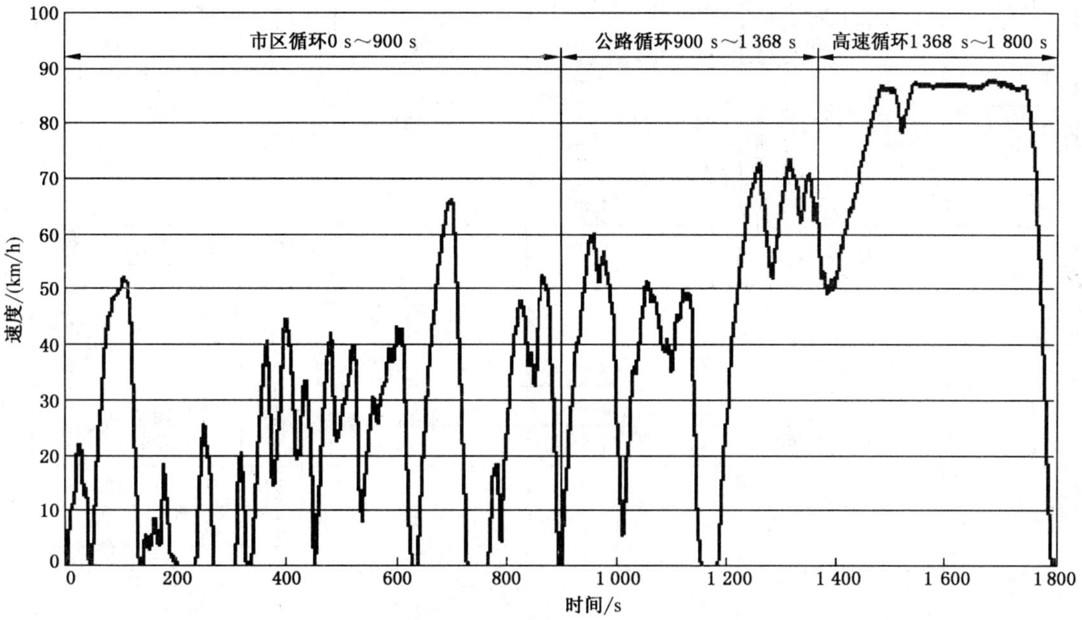

图 F.1 重型商用车 C-WTVC 循环曲线

F.2 C-WTVC 循环数据统计特征

C-WTVC 循环数据统计特征见表 F.1。

表 F.1 重型商用车 C-WTVC 循环数据统计特征

工况	运行时间 s	怠速时间 s	运行距离 km	最高速度 km/h	平均速度 km/h	最大加速度 m/s^2	最大减速度 m/s^2	里程比例 %
市区部分	900	150	5.730	66.2	22.895	0.917	1.033	27.94
公路部分	468	30	5.687	73.5	43.746	0.833	1.000	27.73
高速部分	432	6	9.093	87.8	75.772	0.389	0.967	44.33
C-WTVC 循环	1 800	186	20.510	87.8	40.997	0.917	1.033	100.00

F.3 C-WTVC 循环数据

C-WTVC 循环数据见表 F.2。

表 F.2 C-WTVC 循环数据

时间 s	速度 km/h	时间 s	速度 km/h	时间 s	速度 km/h	时间 s	速度 km/h	时间 s	速度 km/h	时间 s	速度 km/h
1	0.00	36	13.35	71	37.20	106	52.20	141	0.63	176	10.80
2	0.00	37	13.75	72	38.70	107	52.10	142	1.56	177	13.81
3	0.00	38	13.82	73	40.10	108	52.00	143	2.99	178	16.56
4	0.00	39	12.90	74	41.40	109	51.45	144	4.50	179	18.38
5	0.00	40	11.00	75	42.60	110	51.48	145	5.39	180	17.49
6	2.35	41	8.00	76	42.90	111	51.29	146	5.59	181	15.18
7	5.57	42	5.00	77	43.90	112	51.00	147	5.45	182	13.08
8	8.18	43	2.20	78	44.50	113	50.60	148	5.20	183	12.23
9	9.37	44	0.00	79	45.00	114	50.00	149	4.98	184	12.03
10	9.86	45	0.00	80	45.40	115	49.00	150	4.61	185	11.72
11	10.18	46	0.00	81	45.60	116	47.80	151	3.89	186	10.69
12	10.38	47	0.00	82	45.60	117	46.30	152	3.21	187	8.68
13	10.57	48	0.00	83	45.90	118	44.70	153	2.98	188	6.20
14	10.95	49	0.10	84	46.30	119	42.90	154	3.31	189	4.07
15	11.56	50	2.60	85	46.80	120	40.00	155	4.18	190	2.65
16	12.22	51	5.90	86	48.10	121	37.10	156	5.07	191	1.92
17	12.97	52	8.30	87	48.20	122	34.20	157	5.52	192	1.69
18	14.33	53	9.90	88	48.23	123	31.30	158	5.73	193	1.68
19	16.38	54	12.30	89	48.30	124	28.40	159	6.06	194	1.66
20	18.40	55	14.00	90	48.50	125	25.50	160	6.76	195	1.53
21	19.86	56	15.80	91	48.70	126	22.60	161	7.70	196	1.30
22	20.85	57	18.40	92	48.80	127	19.70	162	8.34	197	1.00
23	21.52	58	19.20	93	48.90	128	16.80	163	8.51	198	0.77
24	21.89	59	20.50	94	49.10	129	13.90	164	8.22	199	0.63
25	21.98	60	23.20	95	49.30	130	11.00	165	7.22	200	0.59
26	21.91	61	25.20	96	49.40	131	8.10	166	5.82	201	0.59
27	21.68	62	25.80	97	49.70	132	5.20	167	4.75	202	0.57
28	21.21	63	26.20	98	49.80	133	2.30	168	4.24	203	0.53
29	20.44	64	27.40	99	50.00	134	0.60	169	4.05	204	0.50
30	19.24	65	29.70	100	50.10	135	0.00	170	3.98	205	0.00
31	17.57	66	31.50	101	50.20	136	0.00	171	3.91	206	0.00
32	15.53	67	33.00	102	51.10	137	0.00	172	3.86	207	0.00
33	13.77	68	33.60	103	51.50	138	0.00	173	4.37	208	0.00
34	12.95	69	34.00	104	51.80	139	0.00	174	5.60	209	0.00
35	12.95	70	35.60	105	52.10	140	0.00	175	7.53	210	0.00

表 F.2（续）

时间 s	速度 km/h	时间 s	速度 km/h	时间 s	速度 km/h	时间 s	速度 km/h	时间 s	速度 km/h	时间 s	速度 km/h
211	0.00	249	23.50	287	0.00	325	8.54	363	39.20	401	43.96
212	0.00	250	25.00	288	0.00	326	5.15	364	40.08	402	43.41
213	0.00	251	25.50	289	0.00	327	1.96	365	40.44	403	42.83
214	0.00	252	25.55	290	0.00	328	0.00	366	39.26	404	42.15
215	0.00	253	25.18	291	0.00	329	0.00	367	38.00	405	41.28
216	0.00	254	23.94	292	0.00	330	0.00	368	35.00	406	40.17
217	0.00	255	22.35	293	0.00	331	0.00	369	32.00	407	38.90
218	0.00	256	21.28	294	0.00	332	0.00	370	29.00	408	37.59
219	0.00	257	20.86	295	0.00	333	0.00	371	25.60	409	36.39
220	0.00	258	20.65	296	0.00	334	0.00	372	22.00	410	35.33
221	0.00	259	20.18	297	0.00	335	0.00	373	18.50	411	34.30
222	0.00	260	19.33	298	0.00	336	0.00	374	16.56	412	33.07
223	0.00	261	18.23	299	0.00	337	0.00	375	15.39	413	31.41
224	0.00	262	16.99	300	0.00	338	1.50	376	14.77	414	29.18
225	0.00	263	15.56	301	0.00	339	3.40	377	14.58	415	26.41
226	0.00	264	13.76	302	0.00	340	5.20	378	14.72	416	23.40
227	0.00	265	11.50	303	0.00	341	6.60	379	15.44	417	20.90
228	0.00	266	8.68	304	0.00	342	7.90	380	16.92	418	19.59
229	0.00	267	5.20	305	0.00	343	10.00	381	18.69	419	19.36
230	0.00	268	1.99	306	0.00	344	12.30	382	20.26	420	19.79
231	0.00	269	0.00	307	0.00	345	14.00	383	21.63	421	20.43
232	0.00	270	0.00	308	1.00	346	16.30	384	22.91	422	20.71
233	0.00	271	0.00	309	3.00	347	18.20	385	24.13	423	20.56
234	0.00	272	0.00	310	5.50	348	19.90	386	25.18	424	19.96
235	0.00	273	0.00	311	8.00	349	21.70	387	26.16	425	20.22
236	0.00	274	0.00	312	11.00	350	23.60	388	27.41	426	21.48
237	1.00	275	0.00	313	14.00	351	24.90	389	29.18	427	23.67
238	2.50	276	0.00	314	17.00	352	26.60	390	31.36	428	26.09
239	4.50	277	0.00	315	18.00	353	28.00	391	33.51	429	28.16
240	7.00	278	0.00	316	19.00	354	29.50	392	35.33	430	29.75
241	9.50	279	0.00	317	20.01	355	30.80	393	36.94	431	30.97
242	11.50	280	0.00	318	20.30	356	32.00	394	38.60	432	31.99
243	13.50	281	0.00	319	19.53	357	33.20	395	40.44	433	32.84
244	15.50	282	0.00	320	17.92	358	34.10	396	42.29	434	33.33
245	17.50	283	0.00	321	16.17	359	35.00	397	43.73	435	33.45
246	19.50	284	0.00	322	14.55	360	35.90	398	44.47	436	33.27
247	21.00	285	0.00	323	12.92	361	37.10	399	44.62	437	32.66
248	22.50	286	0.00	324	11.07	362	38.20	400	44.41	438	31.73

表 F.2（续）

时间 s	速度 km/h	时间 s	速度 km/h	时间 s	速度 km/h	时间 s	速度 km/h	时间 s	速度 km/h	时间 s	速度 km/h
439	30.58	477	39.20	515	35.46	553	25.72	591	37.73	629	0.00
440	29.20	478	40.00	516	36.81	554	26.77	592	37.24	630	0.00
441	27.56	479	41.00	517	37.98	555	28.01	593	37.06	631	0.00
442	25.71	480	41.50	518	38.84	556	29.23	594	37.10	632	0.00
443	23.76	481	41.90	519	39.43	557	30.06	595	37.42	633	0.00
444	21.87	482	41.43	520	39.73	558	30.31	596	38.17	634	0.00
445	20.00	483	39.99	521	39.80	559	30.29	597	39.19	635	0.00
446	17.50	484	37.71	522	39.69	560	30.05	598	40.31	636	0.00
447	14.50	485	34.93	523	39.29	561	29.44	599	41.46	637	0.00
448	10.90	486	31.79	524	38.59	562	28.60	600	42.44	638	0.00
449	7.60	487	28.65	525	37.63	563	27.63	601	42.95	639	0.90
450	4.50	488	25.92	526	36.22	564	26.66	602	42.90	640	2.90
451	1.77	489	23.91	527	34.11	565	26.03	603	42.43	641	4.70
452	0.70	490	22.81	528	31.16	566	25.85	604	41.74	642	6.80
453	1.50	491	22.53	529	27.60	567	26.14	605	41.04	643	9.30
454	3.00	492	22.62	530	24.00	568	27.08	606	40.49	644	11.90
455	4.80	493	22.95	531	20.40	569	28.42	607	40.80	645	13.80
456	6.60	494	23.51	532	17.27	570	29.61	608	41.66	646	15.60
457	8.40	495	24.04	533	14.81	571	30.46	609	42.48	647	17.32
458	10.20	496	24.45	534	12.59	572	30.99	610	42.78	648	18.99
459	12.00	497	24.81	535	10.47	573	31.33	611	42.39	649	20.88
460	13.80	498	25.29	536	10.47	574	31.65	612	40.78	650	22.16
461	15.60	499	25.99	537	8.85	575	32.02	613	37.72	651	23.64
462	17.40	500	26.83	538	8.16	576	32.39	614	34.00	652	25.12
463	19.20	501	27.60	539	8.95	577	32.68	615	31.20	653	27.00
464	21.00	502	28.17	540	11.30	578	32.84	616	27.50	654	28.48
465	22.80	503	28.63	541	14.11	579	32.93	617	24.00	655	30.16
466	24.60	504	29.04	542	15.91	580	33.22	618	21.30	656	31.50
467	26.40	505	29.43	543	16.57	581	33.89	619	18.40	657	33.00
468	28.00	506	29.78	544	16.73	582	34.96	620	16.00	658	34.30
469	29.60	507	30.13	545	17.24	583	36.28	621	13.30	659	35.40
470	31.20	508	30.57	546	18.45	584	37.58	622	11.00	660	36.80
471	32.80	509	31.10	547	20.09	585	38.58	623	8.60	661	38.20
472	34.40	510	31.65	548	21.63	586	39.10	624	5.90	662	39.12
473	35.50	511	32.14	549	22.78	587	39.22	625	4.20	663	40.33
474	36.50	512	32.62	550	23.59	588	39.11	626	2.60	664	41.32
475	37.40	513	33.25	551	24.23	589	38.80	627	1.50	665	42.22
476	38.50	514	34.20	552	24.90	590	38.31	628	0.80	666	43.31

表 F.2（续）

时间 s	速度 km/h	时间 s	速度 km/h	时间 s	速度 km/h	时间 s	速度 km/h	时间 s	速度 km/h	时间 s	速度 km/h
667	44.10	705	61.10	743	0.00	781	18.31	819	45.13	857	42.34
668	45.19	706	59.00	744	0.00	782	18.05	820	45.84	858	44.16
669	45.88	707	57.20	745	0.00	783	17.39	821	46.40	859	45.90
670	46.59	708	55.00	746	0.00	784	16.35	822	46.89	860	47.55
671	48.13	709	52.60	747	0.00	785	14.30	823	47.34	861	49.09
672	49.25	710	49.70	748	0.00	786	11.10	824	47.66	862	50.42
673	50.33	711	47.00	749	0.00	787	7.81	825	47.77	863	51.49
674	51.43	712	44.90	750	0.00	788	5.25	826	47.78	864	52.23
675	52.01	713	42.00	751	0.00	789	4.62	827	47.64	865	52.58
676	53.22	714	39.40	752	0.00	790	5.62	828	47.23	866	52.63
677	54.10	715	36.00	753	0.00	791	8.24	829	46.66	867	52.49
678	55.04	716	34.00	754	0.00	792	10.98	830	46.08	868	52.19
679	55.90	717	31.00	755	0.00	793	13.15	831	45.45	869	51.82
680	56.54	718	28.10	756	0.00	794	15.47	832	44.69	870	51.43
681	57.20	719	26.00	757	0.00	795	18.19	833	43.73	871	51.02
682	57.60	720	23.40	758	0.00	796	20.79	834	42.55	872	50.61
683	58.23	721	20.00	759	0.00	797	22.50	835	41.14	873	50.26
684	59.00	722	16.90	760	0.00	798	23.19	836	39.56	874	50.06
685	60.01	723	14.10	761	0.00	799	23.54	837	37.93	875	49.97
686	60.77	724	11.40	762	0.00	800	24.20	838	36.69	876	49.67
687	61.46	725	8.00	763	0.00	801	25.17	839	36.27	877	48.86
688	62.00	726	5.10	764	0.00	802	26.28	840	36.42	878	47.53
689	62.78	727	2.00	765	0.00	803	27.69	841	37.14	879	45.82
690	63.54	728	0.00	766	1.00	804	29.72	842	38.13	880	43.66
691	63.90	729	0.00	767	2.00	805	32.17	843	38.55	881	40.91
692	64.70	730	0.00	768	3.30	806	34.22	844	38.42	882	37.78
693	65.21	731	0.00	769	5.40	807	35.31	845	37.89	883	34.89
694	65.30	732	0.00	770	7.70	808	35.74	846	36.89	884	32.69
695	65.40	733	0.00	771	10.00	809	36.23	847	35.53	885	30.99
696	65.60	734	0.00	772	12.20	810	37.34	848	34.01	886	29.31
697	65.70	735	0.00	773	13.90	811	39.05	849	32.88	887	27.29
698	65.88	736	0.00	774	15.60	812	40.76	850	32.52	888	24.79
699	66.00	737	0.00	775	17.00	813	41.82	851	32.70	889	21.78
700	66.10	738	0.00	776	17.30	814	42.12	852	33.48	890	18.51
701	66.20	739	0.00	777	17.60	815	42.08	853	34.97	891	15.10
702	66.09	740	0.00	778	17.90	816	42.27	854	36.78	892	11.50
703	65.00	741	0.00	779	18.20	817	43.03	855	38.64	893	7.90
704	63.00	742	0.00	780	18.30	818	44.14	856	40.48	894	4.64

表 F.2（续）

时间 s	速度 km/h	时间 s	速度 km/h	时间 s	速度 km/h	时间 s	速度 km/h	时间 s	速度 km/h	时间 s	速度 km/h
895	2.20	933	42.00	971	53.52	1 009	10.40	1 047	46.13	1 085	38.90
896	0.00	934	42.70	972	54.34	1 010	7.94	1 048	46.79	1 086	38.67
897	0.00	935	44.30	973	54.59	1 011	6.05	1 049	47.45	1 087	39.03
898	0.00	936	45.60	974	54.92	1 012	5.67	1 050	48.68	1 088	40.37
899	0.00	937	46.80	975	55.69	1 013	6.03	1 051	50.13	1 089	41.03
900	0.00	938	48.00	976	56.51	1 014	7.68	1 052	51.16	1 090	40.76
901	2.56	939	49.00	977	56.73	1 015	10.60	1 053	51.37	1 091	40.02
902	4.81	940	50.10	978	56.33	1 016	12.90	1 054	51.30	1 092	39.60
903	6.38	941	51.20	979	55.38	1 017	15.50	1 055	51.15	1 093	39.37
904	8.62	942	51.50	980	54.99	1 018	18.00	1 056	50.88	1 094	38.84
905	9.40	943	52.00	981	54.75	1 019	19.35	1 057	50.63	1 095	37.93
906	10.20	944	53.10	982	54.11	1 020	20.54	1 058	50.20	1 096	37.19
907	12.70	945	54.10	983	53.32	1 021	21.33	1 059	49.12	1 097	36.21
908	14.50	946	55.10	984	52.41	1 022	22.06	1 060	48.02	1 098	35.32
909	14.40	947	56.00	985	51.45	1 023	23.39	1 061	47.70	1 099	35.56
910	15.10	948	56.90	986	50.86	1 024	25.52	1 062	47.93	1 100	36.96
911	16.90	949	57.80	987	50.48	1 025	28.28	1 063	48.57	1 101	38.12
912	19.30	950	58.70	988	49.60	1 026	30.38	1 064	48.88	1 102	38.71
913	22.30	951	58.60	989	48.55	1 027	31.22	1 065	49.03	1 103	39.26
914	23.80	952	58.90	990	47.87	1 028	32.22	1 066	48.94	1 104	40.64
915	25.80	953	59.20	991	47.42	1 029	33.78	1 067	48.32	1 105	43.09
916	26.50	954	59.30	992	46.86	1 030	35.08	1 068	47.97	1 106	44.83
917	26.90	955	59.30	993	46.08	1 031	35.91	1 069	47.92	1 107	45.33
918	27.90	956	59.40	994	45.07	1 032	36.06	1 070	47.54	1 108	45.24
919	30.20	957	59.60	995	43.58	1 033	35.50	1 071	46.79	1 109	45.14
920	32.00	958	60.13	996	41.04	1 034	34.76	1 072	46.13	1 110	45.06
921	32.30	959	59.33	997	38.39	1 035	34.70	1 073	45.73	1 111	44.82
922	33.20	960	58.52	998	35.69	1 036	35.41	1 074	45.17	1 112	44.53
923	35.00	961	57.82	999	32.68	1 037	36.65	1 075	44.43	1 113	44.77
924	36.60	962	56.68	1 000	29.82	1 038	37.57	1 076	43.59	1 114	45.60
925	38.10	963	55.36	1 001	26.97	1 039	38.51	1 077	42.68	1 115	46.28
926	39.50	964	54.63	1 002	24.03	1 040	39.88	1 078	41.89	1 116	47.18
927	40.20	965	54.04	1 003	21.67	1 041	41.25	1 079	41.09	1 117	48.49
928	40.20	966	53.15	1 004	20.34	1 042	42.07	1 080	40.38	1 118	49.42
929	40.30	967	52.02	1 005	18.90	1 043	43.03	1 081	39.99	1 119	49.56
930	40.70	968	51.37	1 006	16.21	1 044	44.40	1 082	39.84	1 120	49.47
931	41.30	969	51.41	1 007	13.84	1 045	45.14	1 083	39.46	1 121	49.28
932	41.40	970	52.20	1 008	12.25	1 046	45.44	1 084	39.15	1 122	48.58

表 F.2（续）

时间 s	速度 km/h	时间 s	速度 km/h	时间 s	速度 km/h	时间 s	速度 km/h	时间 s	速度 km/h	时间 s	速度 km/h
1 123	48.03	1 161	0.00	1 199	25.50	1 237	62.80	1 275	56.10	1 313	73.50
1 124	48.20	1 162	0.00	1 200	26.30	1 238	64.20	1 276	55.40	1 314	73.40
1 125	48.72	1 163	0.00	1 201	26.90	1 239	65.60	1 277	55.10	1 315	73.40
1 126	48.91	1 164	0.00	1 202	27.80	1 240	65.90	1 278	54.60	1 316	73.38
1 127	48.93	1 165	0.00	1 203	29.40	1 241	66.10	1 279	54.00	1 317	72.79
1 128	49.05	1 166	0.00	1 204	31.00	1 242	66.70	1 280	53.50	1 318	71.95
1 129	49.23	1 167	0.00	1 205	33.10	1 243	66.90	1 281	53.20	1 319	71.06
1 130	49.28	1 168	0.00	1 206	35.30	1 244	67.10	1 282	52.80	1 320	70.45
1 131	48.84	1 169	0.00	1 207	36.80	1 245	67.30	1 283	52.30	1 321	70.23
1 132	48.12	1 170	0.00	1 208	38.20	1 246	67.80	1 284	53.60	1 322	70.24
1 133	47.80	1 171	0.00	1 209	39.60	1 247	68.60	1 285	54.80	1 323	70.32
1 134	47.00	1 172	0.00	1 210	40.90	1 248	68.90	1 286	55.50	1 324	70.30
1 135	45.98	1 173	0.00	1 211	42.20	1 249	69.20	1 287	55.70	1 325	70.05
1 136	42.40	1 174	0.00	1 212	43.00	1 250	69.50	1 288	56.30	1 326	69.66
1 137	38.80	1 175	0.00	1 213	43.90	1 251	69.90	1 289	57.00	1 327	69.26
1 138	35.20	1 176	0.00	1 214	44.40	1 252	70.40	1 290	57.80	1 328	68.73
1 139	31.60	1 177	0.00	1 215	44.90	1 253	70.90	1 291	58.70	1 329	67.88
1 140	28.58	1 178	0.00	1 216	45.70	1 254	71.30	1 292	59.40	1 330	66.68
1 141	25.00	1 179	0.00	1 217	46.70	1 255	71.70	1 293	60.20	1 331	65.29
1 142	21.40	1 180	0.00	1 218	47.70	1 256	72.10	1 294	60.90	1 332	63.95
1 143	17.80	1 181	0.00	1 219	48.70	1 257	72.30	1 295	61.70	1 333	62.84
1 144	14.50	1 182	0.00	1 220	49.80	1 258	72.60	1 296	62.50	1 334	62.21
1 145	11.90	1 183	0.00	1 221	50.80	1 259	72.80	1 297	63.20	1 335	62.04
1 146	9.30	1 184	0.50	1 222	51.80	1 260	72.60	1 298	63.90	1 336	62.26
1 147	7.00	1 185	1.80	1 223	52.80	1 261	71.80	1 299	64.70	1 337	62.87
1 148	5.08	1 186	3.30	1 224	53.90	1 262	70.00	1 300	65.40	1 338	63.55
1 149	4.32	1 187	4.80	1 225	54.30	1 263	68.40	1 301	66.20	1 339	64.12
1 150	3.32	1 188	6.80	1 226	54.90	1 264	67.70	1 302	66.80	1 340	64.73
1 151	1.92	1 189	8.80	1 227	55.40	1 265	67.00	1 303	67.50	1 341	65.45
1 152	1.07	1 190	10.80	1 228	56.10	1 266	66.30	1 304	68.20	1 342	66.18
1 153	0.66	1 191	12.80	1 229	56.90	1 267	65.60	1 305	68.90	1 343	66.97
1 154	0.00	1 192	14.80	1 230	57.70	1 268	65.00	1 306	69.50	1 344	67.85
1 155	0.00	1 193	16.80	1 231	58.50	1 269	64.40	1 307	70.20	1 345	68.74
1 156	0.00	1 194	18.90	1 232	59.30	1 270	63.50	1 308	70.80	1 346	69.45
1 157	0.00	1 195	21.00	1 233	60.20	1 271	61.30	1 309	71.50	1 347	69.92
1 158	0.00	1 196	22.60	1 234	61.00	1 272	60.00	1 310	72.00	1 348	70.24
1 159	0.00	1 197	24.20	1 235	61.80	1 273	59.00	1 311	72.70	1 349	70.49
1 160	0.00	1 198	24.90	1 236	62.20	1 274	58.50	1 312	73.40	1 350	70.63

表 F.2（续）

时间 s	速度 km/h	时间 s	速度 km/h	时间 s	速度 km/h	时间 s	速度 km/h	时间 s	速度 km/h	时间 s	速度 km/h
1 351	70.68	1 389	50.17	1 427	64.10	1 465	80.42	1 503	86.32	1 541	86.90
1 352	70.65	1 390	50.50	1 428	64.30	1 466	80.80	1 504	85.92	1 542	87.10
1 353	70.49	1 391	50.83	1 429	64.60	1 467	81.10	1 505	86.11	1 543	87.25
1 354	70.09	1 392	51.23	1 430	64.90	1 468	81.50	1 506	85.91	1 544	87.25
1 355	69.35	1 393	51.67	1 431	65.30	1 469	81.90	1 507	85.83	1 545	87.07
1 356	68.27	1 394	51.53	1 432	65.80	1 470	82.30	1 508	85.86	1 546	87.29
1 357	67.09	1 395	50.17	1 433	66.30	1 471	82.70	1 509	85.50	1 547	87.14
1 358	65.96	1 396	49.99	1 434	66.70	1 472	83.10	1 510	84.97	1 548	87.03
1 359	64.87	1 397	50.32	1 435	66.90	1 473	83.50	1 511	84.80	1 549	87.25
1 360	63.79	1 398	51.05	1 436	67.20	1 474	83.90	1 512	84.20	1 550	87.03
1 361	62.82	1 399	51.45	1 437	67.70	1 475	84.30	1 513	83.26	1 551	87.03
1 362	63.03	1 400	52.00	1 438	67.90	1 476	84.70	1 514	82.77	1 552	87.07
1 363	63.62	1 401	52.30	1 439	68.40	1 477	85.10	1 515	81.78	1 553	86.81
1 364	64.80	1 402	52.22	1 440	68.90	1 478	85.40	1 516	81.16	1 554	86.92
1 365	65.50	1 403	52.66	1 441	69.30	1 479	85.70	1 517	80.42	1 555	86.66
1 366	65.33	1 404	53.18	1 442	70.00	1 480	86.00	1 518	79.21	1 556	86.92
1 367	63.83	1 405	53.80	1 443	71.40	1 481	86.20	1 519	78.83	1 557	86.59
1 368	62.44	1 406	54.53	1 444	71.90	1 482	86.43	1 520	78.52	1 558	86.92
1 369	61.20	1 407	55.37	1 445	72.40	1 483	86.58	1 521	78.52	1 559	86.59
1 370	59.58	1 408	56.29	1 446	72.70	1 484	86.80	1 522	78.81	1 560	86.88
1 371	57.68	1 409	57.31	1 447	73.10	1 485	86.65	1 523	79.26	1 561	86.70
1 372	56.40	1 410	57.94	1 448	73.50	1 486	86.14	1 524	79.61	1 562	86.81
1 373	54.82	1 411	57.86	1 449	73.90	1 487	86.36	1 525	80.30	1 563	86.81
1 374	52.77	1 412	57.75	1 450	74.40	1 488	86.32	1 526	80.80	1 564	86.81
1 375	52.22	1 413	58.67	1 451	74.90	1 489	86.25	1 527	81.30	1 565	86.81
1 376	52.48	1 414	59.40	1 452	75.20	1 490	85.92	1 528	81.70	1 566	86.99
1 377	52.74	1 415	59.69	1 453	75.60	1 491	86.14	1 529	82.10	1 567	87.03
1 378	53.14	1 416	60.02	1 454	76.00	1 492	86.36	1 530	82.50	1 568	86.92
1 379	53.03	1 417	60.21	1 455	76.40	1 493	86.25	1 531	82.90	1 569	87.10
1 380	52.55	1 418	60.83	1 456	76.80	1 494	86.50	1 532	83.30	1 570	86.85
1 381	52.19	1 419	61.16	1 457	77.20	1 495	86.14	1 533	83.70	1 571	87.14
1 382	51.09	1 420	61.60	1 458	77.60	1 496	86.29	1 534	84.10	1 572	86.96
1 383	49.88	1 421	62.15	1 459	78.00	1 497	86.40	1 535	84.50	1 573	86.85
1 384	49.37	1 422	62.70	1 460	78.40	1 498	86.36	1 536	84.90	1 574	86.77
1 385	49.26	1 423	63.65	1 461	78.80	1 499	85.63	1 537	85.30	1 575	86.81
1 386	49.37	1 424	64.27	1 462	79.20	1 500	86.03	1 538	85.70	1 576	86.85
1 387	49.88	1 425	64.31	1 463	79.60	1 501	85.92	1 539	86.10	1 577	86.74
1 388	50.25	1 426	64.13	1 464	80.00	1 502	86.14	1 540	86.50	1 578	86.81

表 F.2（续）

时间 s	速度 km/h	时间 s	速度 km/h	时间 s	速度 km/h	时间 s	速度 km/h	时间 s	速度 km/h	时间 s	速度 km/h
1 579	86.70	1 616	87.14	1 653	86.37	1 690	87.69	1 727	86.30	1 764	72.15
1 580	86.52	1 617	86.96	1 654	86.59	1 691	87.54	1 728	86.44	1 765	69.69
1 581	86.70	1 618	87.03	1 655	86.55	1 692	87.76	1 729	86.33	1 766	67.17
1 582	86.74	1 619	86.85	1 656	86.70	1 693	87.50	1 730	86.00	1 767	64.75
1 583	86.81	1 620	86.77	1 657	86.63	1 694	87.43	1 731	86.33	1 768	62.55
1 584	86.85	1 621	87.10	1 658	86.55	1 695	87.47	1 732	86.22	1 769	60.32
1 585	86.92	1 622	86.92	1 659	86.59	1 696	87.50	1 733	86.08	1 770	58.45
1 586	86.88	1 623	87.07	1 660	86.55	1 697	87.50	1 734	86.22	1 771	56.43
1 587	86.85	1 624	86.85	1 661	86.70	1 698	87.18	1 735	86.33	1 772	54.35
1 588	87.10	1 625	86.81	1 662	86.55	1 699	87.36	1 736	86.33	1 773	52.22
1 589	86.81	1 626	87.14	1 663	86.70	1 700	87.29	1 737	86.26	1 774	50.25
1 590	86.99	1 627	86.77	1 664	86.52	1 701	87.18	1 738	86.48	1 775	48.23
1 591	86.81	1 628	87.03	1 665	86.85	1 702	86.92	1 739	86.48	1 776	46.51
1 592	87.14	1 629	86.96	1 666	86.55	1 703	87.36	1 740	86.55	1 777	44.35
1 593	86.81	1 630	87.10	1 667	86.81	1 704	87.03	1 741	86.66	1 778	41.97
1 594	86.85	1 631	86.99	1 668	86.74	1 705	87.07	1 742	86.66	1 779	39.33
1 595	87.03	1 632	86.92	1 669	86.63	1 706	87.29	1 743	86.59	1 780	36.48
1 596	86.92	1 633	87.10	1 670	86.77	1 707	86.99	1 744	86.55	1 781	33.80
1 597	87.14	1 634	86.85	1 671	87.03	1 708	87.25	1 745	86.74	1 782	31.09
1 598	86.92	1 635	86.92	1 672	87.07	1 709	87.14	1 746	86.21	1 783	28.24
1 599	87.03	1 636	86.77	1 673	86.92	1 710	86.96	1 747	85.96	1 784	26.81
1 600	86.99	1 637	86.88	1 674	87.07	1 711	87.14	1 748	85.50	1 785	23.33
1 601	86.96	1 638	86.63	1 675	87.18	1 712	87.07	1 749	84.77	1 786	19.85
1 602	87.03	1 639	86.85	1 676	87.32	1 713	86.92	1 750	84.65	1 787	16.37
1 603	86.85	1 640	86.63	1 677	87.36	1 714	86.88	1 751	84.10	1 788	13.09
1 604	87.10	1 641	86.77	1 678	87.29	1 715	86.85	1 752	83.46	1 789	10.49
1 605	86.81	1 642	86.77	1 679	87.58	1 716	86.92	1 753	82.77	1 790	7.81
1 606	87.03	1 643	86.55	1 680	87.61	1 717	86.81	1 754	81.78	1 791	5.28
1 607	86.77	1 644	86.59	1 681	87.76	1 718	86.88	1 755	81.16	1 792	3.09
1 608	86.99	1 645	86.55	1 682	87.65	1 719	86.66	1 756	80.42	1 793	1.88
1 609	86.96	1 646	86.70	1 683	87.61	1 720	86.92	1 757	79.21	1 794	0.88
1 610	86.96	1 647	86.44	1 684	87.65	1 721	86.48	1 758	78.48	1 795	0.00
1 611	87.07	1 648	86.70	1 685	87.65	1 722	86.66	1 759	77.49	1 796	0.00
1 612	86.96	1 649	86.55	1 686	87.76	1 723	86.74	1 760	76.69	1 797	0.00
1 613	86.92	1 650	86.33	1 687	87.76	1 724	86.37	1 761	75.92	1 798	0.00
1 614	87.07	1 651	86.48	1 688	87.80	1 725	86.48	1 762	75.08	1 799	0.00
1 615	86.92	1 652	86.19	1 689	87.72	1 726	86.33	1 763	73.87	1 800	0.00

附 录 G
（资料性附录）
模拟计算法流程图

模拟计算法流程图见图 G.1。

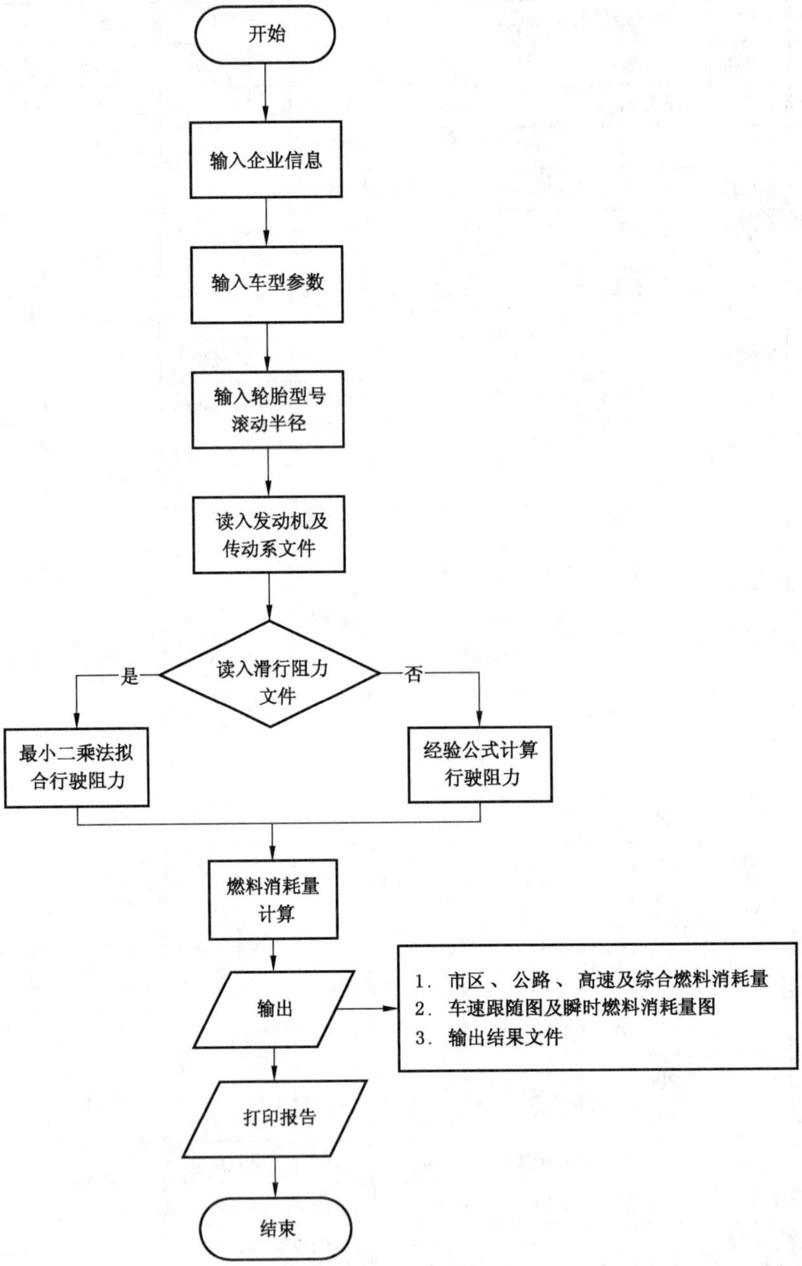

图 G.1 模拟计算法流程图

附 录 H
（规范性附录）
输入和输出文件格式

H.1 输入文件

H.1.1 输入文件均为文本文件；输入数据为小数的，建议保留两位或两位以上小数；为方便阅读，还应在数据右侧增加一列说明信息。

H.1.2 模拟程序的输入文件包括传动系文件、发动机反拖扭矩文件、发动机万有特性文件、发动机转速文件、发动机最大扭矩文件和滑行阻力文件。

a) 传动系文件自第二行数据起依次列出主减速比、起步挡位、主变速器挡位数、各挡位的传动比、副变速器挡位数以及变速器型式；其中，MT、AMT 用“0”表示，AT 用“1”表示。

示例：

5.286	主减速比
2	起步挡位
6	主变速器（挡位数）
6.314	1st
3.913	2nd
2.262	3rd
1.393	4th
1	5th
0.788	6th
0	副变速器（挡位数）
0	MT，AMT=0，AT=1

b) 发动机反拖扭矩文件应自第三行起，分两列依次列出各测量点对应的转速和反拖扭矩；其中，转速单位为转每分钟（r/min），扭矩单位为牛顿米（N·m）。

示例：

转速	反拖扭矩
（r/min）	（N·m）
1 000	−83.08
1 200	−89.13
1 400	−96.17
1 600	−105.04
1 800	−114.06
2 000	−123.66
2 200	−135.43
2 500	−153.55

c) 发动机万有特性文件应分三列依次列出发动机转速、扭矩和瞬态燃料消耗量（率）；其中，第一行数据为参数名称、第二、三行数据分别为怠速状态下的参数单位和数值；第四行数据为其他转速下的参数单位，自第五行数据起依次列出不同转速、扭矩及对应的瞬态燃料消耗率。

示例：

转速	扭矩	燃料消耗
（r/min）	（N·m）	（L/h）
600	0	1.18

(r/min)	(N·m)	(g/kWh)
800	1 410	205.605 694 9
……	……	……
……	……	……
1 900	85	518.027 8

d) 发动机转速文件应自第二列起依次列出发动机怠速转速、发动机额定转速、发动机最高转速，单位为转每分钟(r/min)。

示例：

转速	说明
600	发动机怠速转速(r/min)
2 100	发动机额定转速(r/min)
2 300	发动机最高转速(r/min)

e) 发动机最大扭矩文件分两列依次列出不同转速及对应的扭矩，转速单位为转每分钟(r/min)，扭矩单位为牛顿米(N·m)。

示例：

转速	扭矩
(r/min)	(N·m)
2 600	350
2 400	365
2 200	376
2 000	385
1 800	390
1 600	395
1 500	400
1 400	395
1 200	380
1 000	350

f) 滑行阻力文件应在第一、二行列出道路试验时的大气温度和压力，并自第五行起依次列出各减速区间($V+\Delta V, V-\Delta V$)的中间车速(V)及对应的减速时间；大气温度单位为摄氏度(℃)，大气压力单位为千帕(kPa)，车速单位为千米每小时(km/h)，时间单位为秒(s)。

示例：

25	道路试验时大气温度℃
120	道路试验时大气压力 kPa
车速 (V)	时间
km/h	s
85	27.33
80	28.57
75	30.16
70	31.84
65	33.91
60	36.34
55	38.34
50	39.27
45	40.39
40	42.44
35	44.61

30	45.9
25	47.42
20	50.37
15	55.12

H.2 输出文件

H.2.1 模拟程序的输出文件为程序运行自动形成的文本文件。

H.2.2 输出文件包括市区、公路、高速及综合燃料消耗量，工况车速，实际车速，发动机转速，发动机扭矩，转速百分比，扭矩百分比，挡位及瞬时燃料消耗量等信息，见图 H.1。

```
车辆型号    XXXX
所属类别    BQ40
计算质量     49000
主减速比    4.444

滚动半径：  .5252
空气阻力公式：   .2982 * V * V
滚动阻力公式：    (0.0041 + 0.0000256 * V)*G

市区百公里燃料消耗量:76.43 (L/100km)   市区工况平均车速: 21.25(km/h)   市区实际平均车速:21.07(km/h)   市区比例:0.0%
公路百公里燃料消耗量:59.23 (L/100km)   公路工况平均车速: 41.72(km/h)   公路实际平均车速:41.41(km/h)   公路比例:10.0%
高速百公里燃料消耗量:40.45 (L/100km)   高速工况平均车速: 75.46(km/h)   高速实际平均车速:75.47(km/h)   高速比例:90.0%
综合百公里燃料消耗量:42.33 (L/100km)   综合工况平均车速: 72.08(km/h)   综合实际平均车速:72.06(km/h)

市区工况
时间(s) 工况车速(km/h) 实际车速(km/h) 转速(r/min)  扭矩(N-m)   转速百分比(%)  扭矩百分比(%)  挡位   燃料消耗量(L/h)
 1      0.00          0.00          750.00      00.00      00.00%        00.00%        0      1.7800
 2      0.00          0.00          750.00      00.00      00.00%        00.00%        0      1.7800
 3      0.00          0.00          750.00      00.00      00.00%        00.00%        0      1.7800
 4      0.00          0.00          750.00      00.00      00.00%        00.00%        0      1.7800
 ……     ……            ……            ……          ……         ……            ……            ……     ……
公路工况
时间(s) 工况车速(km/h) 实际车速(km/h) 转速(r/min)  扭矩(N-m)   转速百分比(%)  扭矩百分比(%)  挡位   燃料消耗量(L/h)
 901    0.00          0.00          750.00      00.00      00.00%        00.00%        0      1.7800
 902    2.56          1.44          818.00      809.58     38.95%        100.00%       2      13.6005
 903    4.81          3.01          872.00      874.62     41.52%        100.00%       2      17.2177
 904    6.38          6.38          1157.00     1077.79    55.10%        96.73%        2      28.3093
 ……     ……            ……            ……          ……         ……            ……            ……     ……
高速工况
时间(s) 工况车速(km/h) 实际车速(km/h) 转速(r/min)  扭矩(N-m)   转速百分比(%)  扭矩百分比(%)  挡位   燃料消耗量(L/h)
 1369   62.00         62.00         1837.00     -279.80    87.48%        24.64%        8      0.0000
 1370   61.20         61.20         1813.00     -639.49    86.33%        55.84%        8      0.0000
 1371   59.58         59.58         1765.00     -1620.68   84.05%        139.83%       8      0.0000
 1372   57.68         57.68         1709.00     -1959.84   81.38%   1    69.52%        8      0.0000
 ……     ……            ……            ……          ……         ……            ……            ……     ……
 1800   0.00          0.00          750.00      00.00      00.00%        00.00%        0      1.7800
```

图 H.1 模拟软件输出文件

ICS 13.300;11.100
A 80

中华人民共和国国家标准

GB/T 27841—2011

工业用化学品　具有高溶解性的固体和液体水溶性测定　烧瓶法

Chemical products for industrial use—Determination of hydrosolubility of solids and liquids with high solubility—Flask method

2011-12-30 发布　　2012-08-01 实施

中华人民共和国国家质量监督检验检疫总局
中国国家标准化管理委员会　发布

前　言

本标准按照 GB/T 1.1—2009 给出的规则起草。本标准与 NF T 20-046:1985《工业用化学品　具有高溶解性的固体和液体水溶性测定　烧瓶法》(法文版)的技术内容相同。

为了方便使用,本标准进行了下述编辑性的修改:

——去掉了原法文标准 6.3 测定中的条文脚注(1),改为段注;

——增加了“规范性引用文件”一章,其中 GB/T 22227《工业用化学品　具有低溶解性的固体和液体水溶性测定　圆柱层析法》与法文标准 NF T 20-045:1985 的技术内容相同;

——规范性引用文件中 ISO 4788《实验室玻璃器皿　分度量筒》,与法国标准 NF B 35-302 的一致程度为等同。

本标准由全国危险化学品管理标准化技术委员会(SAC/TC 251)提出并归口。

本标准起草单位:中国检验检疫科学研究院、中国化工经济技术发展中心、江苏煤化工程设计研究院有限公司、中化化工标准化研究所。

本标准起草人:张静、陈会明、王晓兵、杨挺、郭新宇。

引　　言

仅本标准中的测试方法无法测定所有物质的水溶性，可分别采用以下两种测定方法：

——测试溶解性较高（大于 10^{-2} g/L）的基本纯净物质，并且在水中稳定，参考本标准的测定方法。

——测试溶解性较低（小于 10^{-2} g/L）的基本纯净物质，并且在水中稳定，参考国家标准 GB/T 22227。GB/T 22227《工业用化学品　具有低溶解性的固体和液体水溶性测定　圆柱层析法》是 2008 年发布的国家标准，与法文标准 NF T 20-045：1985 的技术内容相同。

截至本标准发布，国际标准化组织（ISO）未制定任何相关国际标准。本标准内容与委员会指令 84/449/EEC 的 A.6 中介绍的方法一致，该方法基于经济合作与发展组织（OECD）化学品测试方法导则 No.105。

工业用化学品　具有高溶解性的固体和液体水溶性测定　烧瓶法

1　范围

本标准规定了利用烧瓶法测定工业用化学品(以下简称产品)水溶性的方法。

本标准适用于水中稳定性良好且溶解性较高(大于 10^{-2} g/L)的基本纯净物质。

本标准不适用于不纯的产品(例如某些表面活性剂)、不稳定的产品和在水中不稳定的产品,测试物中杂质的存在将很大程度上影响该物质的水溶性测定结果;不适用于水中稳定性良好但溶解性较低(小于 10^{-2} g/L)的基本纯净物质。

2　规范性引用文件

下列文件对于本文件的应用是必不可少的。凡是注日期的引用文件,仅注日期的版本适用于本文件。凡是不注日期的引用文件,其最新版本(包括所有的修改单)适用于本文件。

GB/T 22227　工业用化学品　具有低溶解性的固体和液体水溶性测定　圆柱层析法

ISO 4788　实验室玻璃器皿　分度量筒(Laboratory glassware—Graduated measuring cylinders)

3　术语和定义

下列术语和定义适用于本文件。

3.1

产品的水溶解度　hydrosolubility of products

指定温度下产品在水中饱和状态下的质量浓度,以 kg/m^3 或者 g/L 表示。

4　原理

在略高于测定温度的条件下,将产品溶解在水中直至达到饱和状态。使溶液冷却并保持在测定温度,通过搅拌使其饱和状态的质量浓度恒定。抽取一定体积的饱和溶液采用适当的分析方法测定产品在水中饱和状态下的质量浓度。

5　试剂

蒸馏水或同等的纯净水。

6　试验仪器和设备

6.1　带刻度的磨口烧瓶:符合标准 ISO 4788 要求的 10 mL 和 100 mL 磨口烧瓶。

6.2　机械搅拌器。

6.3　调温箱:精度为±0.5 ℃。

6.4 离心机。

7 试验过程

7.1 试验温度

试验温度 20℃±0.5℃。如果每摄氏度温度变化对溶解性产生的影响大于 3%,则应选择分别比原定操作温度至少高或者低 10℃的另外两个温度。

7.2 预备试验

在 10 mL 的烧瓶(见 6.1)中,加入约 0.1 g 样品(固体样品应研磨成粉末状),在室温下逐步加入蒸馏水。

在每次加入一定量的水之后,用力摇动瓶中的混合物 10 min,观察是否存在尚未溶解的样品。在加完 10 mL 水之后,如果样品未完全溶解,将该烧瓶中的内装物转移至 100 mL 的烧瓶(见 6.1)中,加入更大量的水重复上述试验。有些低溶解度物质的溶解过程需要相当长的时间(至少 24 h)。表 1 提供了依据样品完全溶解时所加入的水的容量的近似溶解度。如果产品依旧存在不溶解现象,则应重新稀释以确认是否需要采取圆柱层析法,见 GB/T 22227。

表 1 0.1 g 样品的溶解度估测值

加入的水量/mL	0.1	0.5	1	2	10	100	>100
近似溶解度/(g/L)	1 000	1 000~200	200~100	100~50	50~10	10~1	<1

7.3 测定

7.3.1 根据预备试验(见 7.2)的结果,估算在所选择水的体积中达到饱和所需的样品总量。水的体积应取决于预定的分析方法和溶解度范围。

7.3.2 称量 3 份约等于上述估算出的样品总量 5 倍的样品量,将其分别放入 3 个容积与所选择水的体积合适的磨口烧瓶中。在每个烧瓶中都加入相同的所选择水的体积。

7.3.3 塞住瓶口并将其放在一个 30 ℃的调温箱中。用磁力搅拌器搅拌混合物 24 h,然后取出烧瓶于测定温度下保持 24 h,间歇搅拌混合物。然后在测定温度下将烧瓶的内装物离心分离并抽取透明溶液,再通过分析方法测定产品饱和状态的质量浓度。

注:选择产品的特定分析方法并考虑在已测得溶解性的测定过程中可能造成明显误差的可溶解杂质。

将另外两个烧瓶在 30 ℃恒温箱中分别放置 48 h 或 72 h,然后采用上述相同的方式对这两个烧瓶进行操作。如果这两个烧瓶中产品在饱和状态下的质量浓度符合该方法的重现性要求,则认为试验成功。反之,如果质量浓度随时间不断增加,则应采用更长的溶解时间重复进行整个试验,例如每间隔 24 h 分别测定两个烧瓶中产品的质量浓度,直至符合该方法的重现性要求。

7.3.4 注明每一份样品的 pH 值。

8 结果表述

8.1 表述方式

以 g/L 为单位表示指定温度下产品的溶解度,即三个烧瓶分别测定得到的产品饱和状态下质量浓度的平均值。

8.2 重复性试验

由同一个分析人员，使用相同的仪器设备，对同一样品进行的同步或连续完成的两次测定，所得结果之间的最大差值不可超过平均值的15%。

9 试验报告

试验报告至少应包含以下部分：

a) 测试物质的详细说明（物理特性和纯度）；

b) 编号方法；

c) 分析方法；

d) 测定的单个样品分析结果和平均分析结果，以及下列补充信息：

1）每次取样的pH值；

2）试验温度；

e) 以三次一致测量的平均值表示的试验结果；

f) 在测定过程中所有特殊明细记录；

g) 所有非本标准规定的操作或其他任意操作的记录。

参 考 文 献

[1] Law No 82-905 of 21 October 1982 amending Law No 77-771(OJ of 21 October 1982)

[2] Council Directive 67/548/EEC of 27 June 1967(OJ No L 196 of 16 August 1967,p. 1)

[3] Directive 79/831/EEC of 18 September 1967(OJ No L 259 of 15 October 1979,p. 10)

[4] Directive 84/449/EEC of 25 April 1984(OJ No. L251 of 19 August 1984,p. 1)

[5] OECD guideline for the testing of chemicals,No. 105 Water Solubility,OECD-PARIS,1981

ICS 13.300;11.100
A 80

中华人民共和国国家标准

GB/T 27842—2011

化学品 动态表面张力的测定 快速气泡法

Chemicals—Test method for dynamic surface tension—Fast-bubble technique

2011-12-30 发布 2012-08-01 实施

中华人民共和国国家质量监督检验检疫总局
中国国家标准化管理委员会 发布

前　言

本标准按照 GB/T 1.1—2009 给出的规则起草。

本标准与美国试验与材料协会标准 ASTM D 3825-90:2005《快速气泡法测定动态表面张力的标准试验方法》(Standard test method for dynamic surface tension by the fast-bubble technique)(英文版)的技术内容相同。

本标准进行了下列编辑性修改:

——用"本标准"代替"本试验方法";

——删除原 ASTM 标准前言、关键词等资料性部分;

——将所有的单位及其数值换算成我国法定计量单位;

——对原有缺失标题的图、表增补标题,并统一调整了全文的图、表、公式编号。

本标准由全国危险化学品管理标准化技术委员会(SAC/TC 251)提出并归口。

本标准起草单位:中国检验检疫科学研究院、中国化工经济技术发展中心、江苏煤化工程设计研究院有限公司、中化化工标准化研究所。

本标准主要起草人:李晞、陈会明、王晓兵、杨挺、郭新宇。

化学品　动态表面张力的测定
快速气泡法

重要提示：本标准无意陈述使用本标准所涉及的所有安全问题(如果有)。本标准的使用者在使用前，有责任咨询和制定适当的安全和健康规范，并确定其是否符合相关法律规定。相关警告声明见7.3、7.4和7.5。

1　范围

本标准规定了化学品快速气泡法测定动态表面张力的原理、意义和用途、仪器和设备、试剂和材料、校准和规范化、实验步骤、计算和报告。

本标准适用于表面形成瞬时液-气界面自由能的测定。

本标准适用于试验温度下，蒸汽压小于或等于30.0 kPa并且运动黏度小于或等于4.0 mm/s的液体。

注：更高黏度的液体尚未进行研究。

2　规范性引用文件

下列文件对于本文件的应用是必不可少的。凡是注日期的引用文件，仅注日期的版本适用于本文件。凡是不注日期的引用文件，其最新版本(包括所有的修改单)适用于本文件。

ASTM D 1193　试剂用水规范(Specification for reagent water)

ASTM D 1331　表面活性剂溶液表面张力和界面张力的试验方法(Test methods for surface and interfacial tension of solutions of surface-active agents)

ASTM E 1　玻璃液体温度计美国试验与材料协会规范(Specification for ASTM liquid-in-glass thermometers)

3　术语、定义和符号

3.1　术语和定义

下列术语和定义适用于本文件。

3.1.1

表面张力　surface tension

γ

液相和气相界面上的表面自由能，mN/m。

3.1.2

气泡频率　bubble frequency

S

起泡速率(每秒内的起泡数目)，s^{-1}。

3.1.3

气泡压力　bubble pressure

ΔP

宽口径毛细管最大压力(P_1)与窄口径毛细管最大压力(P_2)之差,Pa。

3.1.4

死时间　dead time

t_0

一个气泡从开始产生到完成所需时间,ms。

3.1.5

死时间百分率　dead time %

一个循环($t+t_0$)中死时间所占的百分率,%。

3.1.6

表面时效　surface age

t

新产生一个气泡所需时间,ms。

3.2 符号

下列符号适用于本文件。

D——密度,kg/m^3;

ΔP——最大压力差,Pa;

P_1——宽口径毛细管最大压力,Pa;

P_2——窄口径毛细管最大压力,Pa;

r——半径,mm;

S——气泡频率,s^{-1};

t_0——死时间,ms;

t——表面时效,ms;

γ——表面张力,mN/m。

4 方法原理

浸入液体的毛细管尖端形成气泡所需的压力通过气体流速来测定,该气体流速提供了一系列气泡频率。可用压力和校准常数来计算不同表面时效下的动态表面张力。

5 意义和用途

5.1 本方法适用于一种或多种成分移动至表面的混合物,也可用于液态纯物质。

5.2 在设计混合液处理设备,如蒸馏塔时,需用到此类数据。

6 仪器和设备

6.1 起泡装置:水套式(见图1)。

6.2 恒温控制装置:使用循环水让起泡器处于特定温度下。

6.3 烘箱:温度可达到105 ℃,防爆。

6.4 压力传感器:阻膜张力计,时间常数小于或等于25 ms,0 Pa～2 000 Pa,精度为±2%。

6.5　开关电源：供张力计使用。

6.6　示波镜：扫描时间小于 0.020 s。

6.7　过滤后(5 μm)的空气源：其压力调节器的压力值可比周围环境高 0 kPa～724 kPa。

注：如果有液体氧化的问题，可使用氮气代替氧气。

6.8　温度计：测量范围适宜，并符合 ASTM E1 要求。

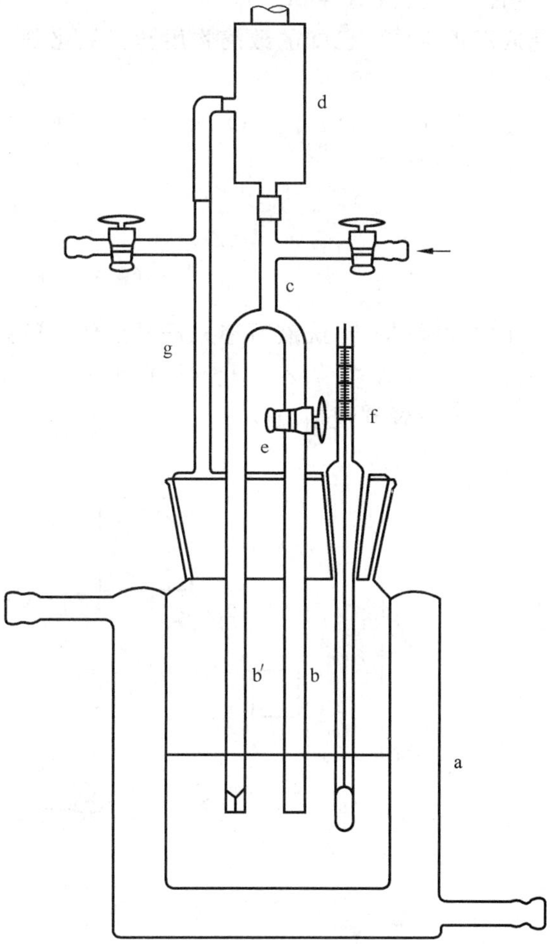

a——水套；

b——宽口径毛细管(内径＝2.0 mm±0.1 mm)；

b′——窄口径毛细管(内径＝0.11 mm±0.1 mm)；

c——进气歧管；

d——压力传感器；

e——旋塞阀；

f——温度计；

g——通风管路。

注：b 和 b′的末端应角切至相同水平面，并加工细磨(例如，44 μm S;C)。

图 1　起泡装置

7　试剂和材料

7.1　试剂的纯度：所有试验均应使用试剂级的化学品。如果能够确定试剂的纯度能满足使用需要，并且不会降低试验准确性，也可使用其他级别的化学品。

7.2 水的纯度：除非另有说明，本标准所用水为符合 ASTM D 1193 的Ⅲ型试剂水。

7.3 校准液：试剂级，表面张力范围应大。丙酮、甲苯、乙醇和甲醇均符合该要求。

a) 丙酮：(**警告：极度易燃。其气体可能导致闪火。见附录 A 中 A.1**)。

b) 甲苯：(**警告：易燃。气体有害。见附录 A 中 A.6**)。

c) 乙醇：(**警告：易燃。气体有害。见附录 A 中 A.5**)。

d) 甲醇：(**警告：易燃。变性。见附录 A 中 A.4**)。

7.4 洗液：铬酸洗液(**警告：造成严重烧伤。已知的致癌物质和强氧化剂，与有机物质接触可能引起火灾。吸湿。见附录 A 中 A.2**)。

7.5 氮气：不会与试液以及浓度小于 100 mg/L 的 CO_2 和胺发生反应的适宜纯度(**警告：高压下的压缩气体。见附录 A 中 A.3**)。

8 校准和规范化

8.1 用洗液清洗起泡器，然后用水冲洗(**警告：洗液可造成严重烧伤。已知的致癌物质和强氧化剂，与有机物接触可能引起火灾。吸湿，见附录 A 中 A.2**)。起泡器在水中浸泡 48 h，最后用水冲洗。

8.2 按图 2 所示装配设备，将恒温器设置到预期温度。

注：如果未规定试验温度，建议采用 25 ℃±0.1 ℃。

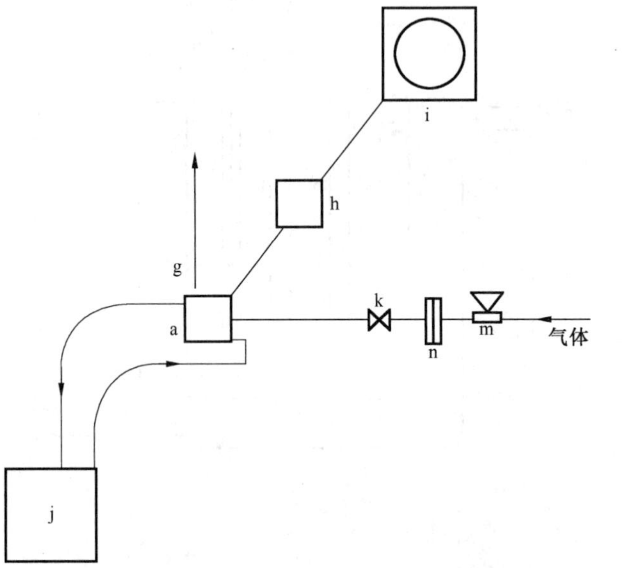

a——水套；
g——通风管路；
h——桥开关电源；
i——示波镜；
j——恒温器；
k——针形阀；
m——压力调节器；
n——过滤器，5 μm。

图 2 仪器的装配[1)]

8.3 对照合适的定时器，校准传感器和示波镜的纵坐标。

8.4 用合适的方法测量宽口径毛细管(b)的内径(r)，精确度为±5%。

8.5 在起泡器中加水至半满；然后将其与恒温控制装置连接，平衡至试验温度。

8.6 使气体以给定的速率 $S=0.5\ s^{-1}$ 通过窄口径毛细管(b′)，并记录最大压力作为 P_2。(**警告：高压下的压缩气体。见附录 A 中 A.3**)。

1) 装配时不应使用硅脂润滑旋塞阀或终端连接。

8.7　打开宽口径毛细管的旋塞阀(e)，记录压力作为 P_1。

8.8　排空起泡器，并在烘箱中烘干。

8.9　在起泡器中加入乙醇或甲醇至半满，重复 8.5～8.8 的步骤。

8.10　使用其他三种校准液重复 8.9 步骤。

8.11　用式(1)分别计算五种液体的校准常数 A：

$$A = \gamma/\Delta P(1 + 675rD/\Delta P) \quad \cdots\cdots(1)$$

求出结果的平均值。

通常，指南中 D 值已满足要求。但是还应知道每次提供的各种校准液的 γ 真值；如果无法从其他记录中得到该值，可根据 ASTM D 1331 的试验方法或其等效方法进行测定。

9　试验步骤

9.1　按照 8.1 清洗起泡器，并在烘箱内烘干。

9.2　在起泡器中加入试液至半满，将其与恒温控制装置连接并平衡。

9.3　关闭宽口径毛细管上的旋塞阀(e)。

a)　按照 8.6 使干燥气体通过窄口径毛细管，并记录 P_2 值。

b)　同步扫描电路，使压力曲线重合而不发生偏移，扫描速度记录为 S。

注：避免以 $2S$ 或 $3S$ 的速度同步进行，以目视方式观察气泡。

c)　打开旋塞阀，并记录 P_1 值。

9.4　关闭旋塞阀，使用针形阀(k)增加流速至给定值 $S = 1.0\ \text{s}^{-1}$，并记录下 S 和 P_2。打开旋塞阀，检查 P_1。

9.5　继续加倍气体的流速，记录每一步的 S 和 P_2，直至有证据表明死时间出现在右侧，如图 3 中的理想显示。此后，应根据显示的横坐标，记录 t_0 或死时间百分率。记录每一步的 P_1。

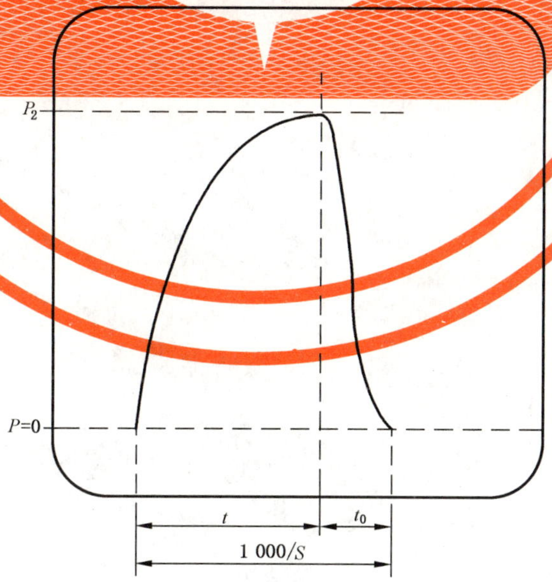

图 3　$S \approx 16\ \text{s}^{-1}$ 时的理想示波镜显示

注：对于类似装置，根据经验得到式(2)：

$$t_0 = 31.9 - 0.25S \quad \cdots\cdots(2)$$

该公式可作为 t_0 的观察性指南，但由于存在不确定的多维度差异，不能用它来计算结果。

9.6 继续加倍气体的流速，记录每一步的 S、P_2、t_0 和 P_1，直至有规律的气泡生成停止，表示为 P_2 值的突然增加。

注：停止取决于 γ 和黏度，以及一些设备的因素。使用水和表面活性剂所得到的最高速度 $S=50\ s^{-1}$。使用黏度最大的液体（黏度为 4 mm^2/s 的苯胺）时，出现停止情况的最低速度 $S=20\ s^{-1}$。

9.7 将气体流速降低至初始值 $S=(0.5\pm0.01)s^{-1}$，重新测定 P_2 和 P_1。如果差值 ΔP 的变化超过了 9.3 中规定值的±2%，应记录在试验过程中可证明样品性质发生变化的实际情况。

10 计算

10.1 利用式(3)或式(4)计算每一流速的表面时效：

$$t=(1\,000/S)(1-\%t_0/100) \quad \cdots\cdots(3)$$

$$t=(1\,000/S)-t_0 \quad \cdots\cdots(4)$$

10.2 利用式(5)计算每一流速的表面张力：

$$\gamma=A\Delta P(1+675rD/\Delta P) \quad \cdots\cdots(5)$$

10.3 绘制出 γ 和对应 t 的关系曲线，并内插加入 $t=25$ ms 或其他特定表面失效时的 γ 值。

11 报告

11.1 报告所有流速下的 γ 和 t 值（通常为 6 或 7）。

11.2 综合报告可包含 $t=2\,000$ ms 时的 γ 作为静态表面张力，以及 $t=25$ ms 或其他指定时间的 γ 作为动态表面张力。

11.3 如果 9.7 中得到的 ΔP 与 9.3 中的原始测量值稍有不同，报告试验过程中液体的变化，以 mN/m 表示。

附　录　A
（规范性附录）
警　告　声　明

A.1　丙酮

极度易燃，气体可能导致闪燃。
远离热源、火花和明火。
保持容器密封。
使用时应有适宜的通风。
气体可远距离传播，并引起暴燃。
避免蒸汽聚集，排除所有的火源，尤其是非防爆性的电气设备和加热器。
避免长时间吸入蒸汽或喷雾。
避免与眼睛和皮肤接触。
如有溢出，吸干并用大量的水冲洗。
如有着火，使用水、干粉灭火剂、CO_2 或泡沫灭火剂灭火。

A.2　铬酸（洗液）

造成严重烧伤。已知的致癌物质。
强氧化剂——接触其他材料可着火。吸湿。
切勿与眼睛、皮肤和衣服接触。
避免吸入蒸汽或烟雾。
保持容器密封。
使用时应有适宜的通风。
不得内服。
作业后彻底洗净。
如有溢出，用过量的碳酸钠吸收，再用大量的水冲洗。

A.3　压缩气体、氮气

高压下的压缩气体。气体会减少呼吸所需的氧气。
保持容器密封。
使用时应有适宜的通风。
除非通风充分，不得进入储存区。
始终使用压力调节器。打开气瓶阀门前先释放调节器压力。
不得向有气体的气瓶内传送另一种气体。不得在气瓶内混合气体。
切勿跌落气瓶。确保气瓶始终放于支架上。
开启气瓶阀门时，应远离气瓶出气口。
气瓶应避开阳光并远离热源。
避免将气瓶放置于腐蚀环境。

不得使用没有标签的气瓶。

不得使用有凹痕或损坏的气瓶。

仅供技术使用。不得用于吸入目的。

A.4 乙醇或酒精

易燃。变性不能使其无毒。

远离热源、火花和明火。

保持容器密封。

使用时应有适宜的通风。

避免长时间吸入蒸汽或喷雾。

避免与眼睛和皮肤接触。

不得内服。

A.5 甲醇(木醇)

易燃。蒸汽有害。

吞入或吸入可致命或造成失明。不得进行除毒处理。

远离热源、火花和明火。

保持容器密封。

避免与眼睛和皮肤接触。

避免吸入蒸汽或喷雾。

使用时应有适宜的通风。

不得内服。

A.6 甲苯

易燃。蒸汽有害。

远离热源、火花和明火。

容器保持密封。

使用时应有适宜的通风。

避免吸入蒸汽或喷雾。

避免与皮肤长时间或重复接触。

参 考 文 献

[1] Kloubek,J. ,Measurement of the Dynamic Surface Tension by the Maximum Bubble Pressure Method,Ⅲ,*Journal of Colloid and Interface Science*. ,1972,41:7-16

[2] Austin,M. ,Bright,B. B. and Simpson,E. A. ,The Measurement of the Dynamic Surface Tension of Manoxol OT Solutions for Freshly Formed Surfaces,Journal of Colloid and Interface Science,1967,23:108-112

[3] Razouk,R. Surface Tension of Propellants,JPL Quarterly Technical Review,1972,2:123-133

[4] Razouk,R. and Walmsley,D. ,Surface Tension Measurement by the Differential Maximum Bubble Pressure Method Using a Pressure Transducer,Journal of Colloid and Interface Science,1974,47:515-519

ICS 13.300
A 80

中华人民共和国国家标准

GB/T 27843—2011

化学品 聚合物低分子量组分含量测定 凝胶渗透色谱法(GPC)

Chemicals—Determination of the low molecular weight content of a polymer using Gel permeation chromatography (GPC)

2011-12-30 发布 2012-08-01 实施

中华人民共和国国家质量监督检验检疫总局
中国国家标准化管理委员会 发布

前　言

本标准按照 GB/T 1.1—2009 给出的规则起草。

本标准的技术内容与经济合作与发展组织(OECD)化学品测试方法 No. 119(1996 年)《凝胶渗透色谱法(GPC)测定聚合物低分子量组分的含量》(英文版)相同。

本标准作了下列编辑性修改：

——增加了范围部分；

——重新编排了页码；

——对原文重新进行了编号。

本标准由全国危险化学品管理标准化技术委员会(SAC/TC 251)提出并归口。

本标准起草单位：中国检验检疫科学研究院、中国化工经济技术发展中心、江苏煤化工程设计研究院有限公司、中化化工标准化研究所。

本标准主要起草人：宋乃宁、陈会明、王晓兵、杨挺、郭新宇。

引　言

本方法最初的提案包含在欧洲委员会(EC)关于聚合物特性方法的工作文件中。该提案于1993年4月在日本举办的OECD专家委员会上被提交,并被推荐作为发展OECD测试方法的基础。在1994年,秘书处将该提案按OECD测试方法的格式编排为EC文本分发至各成员国。随后在1994年OECD/EC联合专家会议对该测试方法的提案进行了讨论并提出了修改方案。修改后的提案再被分发至各成员国进行进一步讨论。经过两个回合的讨论,测试方法的草案以目前的形式完成。

本方法依据DIN 55672-1:2007。具体的测定方法和数据处理方法在DIN标准中都有介绍。在实际的测定条件须变化时,可作相应的调整。如果有其他完整参考的方法也可使用。本方法描述了使用已知多分散性聚苯乙烯样品做校正曲线。本方法可做相应修改以适用于特定聚合物,如水溶性聚合物和长支链聚合物。

化学品 聚合物低分子量组分含量测定 凝胶渗透色谱法(GPC)

1 范围

本标准规定了使用凝胶渗透色谱法(gel permeation chromatography,GPC)测定聚合物低分子量组分含量的方法。

本标准适用于测定聚合物低分子量组分的含量。由于聚合物材料性质多样,所含低分子量物质也不同,一些聚合物因具有特殊复杂结构而不适于使用凝胶色谱法来测定低分子量含量,可以采用其他方法测定,测定时根据聚合物材料的详细资料,选择相应的仪器测定。

2 规范性引用文件

下列文件对于本文件的应用是必不可少的。凡是注日期的引用文件,仅注日期的版本适用于本文件。凡是不注日期的引用文件,其最新版本(包括所有的修改单)适用于本文件。

DIN 55672-1:2007 凝胶渗透色谱法(GPC) 第1部分:用四氢呋喃(THF)作洗脱溶剂(Gel permeation chromatography (GPC)—Part 1:Tetrahydrofuran (THF) as elution solvent.)

3 术语和定义

下列术语和定义适用于本文件。

3.1

聚合物的数均分子量(M_n)和重均分子量(M_w) the number-average molecular weight M_n and the weight-average molecular weight M_w

$$M_n = \frac{\sum_{i=1}^{n} H_i}{\sum_{i=1}^{n} H_i/M_i} \qquad M_w = \frac{\sum_{i=1}^{n} H_i \times M_i}{\sum_{i=1}^{n} H_i}$$

式中:

H_i——洗脱体积为 V_i 的基线到检测信号的高度;

M_i——洗脱体积为 V_i 的聚合物的分子量;

n ——所测得数据的个数。

3.2

分子量分布宽度 the breadth of the molecular weight distribution

聚合物分子量分散程度的度量,由重均分子量和数均分子量的比值 M_w/M_n 表示。

3.3

低分子量 low molecular weight

分子量小于1 000 Da(1 Da=1 u=1.660 54×10^{-27} kg)。

4 参照物质

GPC测定聚合物平均分子量是一种相对方法,需用校正曲线进行校正。通常使用已知数均分子量

M_n 和重均分子量 M_w 的窄分子量分布的线性聚苯乙烯作为标准物质进行校正。得到的校正曲线只适用于测定与标准物质相同实验条件下的未知样品。因为洗脱体积和分子量的转化关系只在特定的实验条件下存在对应关系。这些实验条件包括:温度、溶剂(或混合溶剂)、色谱系统条件和分离柱或色谱柱系统等。通过这种方法所测定的聚合物样品的分子量为相对值,叫做“聚苯乙烯等价分子量(polystyrene equivalent molecular weight)”。由于样品和标准物质的结构和化学组成的差异,测出的相对分子量值与绝对值存在着或多或少的差异。如使用其他标准物质,如聚乙二醇、聚环氧乙烷、聚甲基丙烯酸甲酯和聚丙烯酸,需提供使用的理由。

5 方法原理

5.1 GPC 可以测定聚合物的数均分子量 M_n、重均分子量 M_w 和分子量分布。GPC 是一种特殊的液相色谱,样品分离基于单独组分的流体力学体积。当样品通过填充有多孔材料(通常为有机凝胶)的分离柱时,小分子可以进入孔内,而大分子被排除在孔外,所以大分子的路径较小分子要短而先被淋出。中等尺寸的分子进入一些孔中,稍后淋出;最小的分子由于它的平均流体力学半径小于凝胶的孔径,所以它可以进入所有的孔,最后被淋出。

5.2 色谱柱的分离完全决定于凝胶孔径及其分布与样品尺寸的匹配,但实际中很难避免吸附效应对结果的影响。另外,柱子中凝胶填充的不均匀性和死体积也会对分离造成不良影响[1]。

5.3 检测器检测受折光指数或紫外吸收的影响而呈现简单分布曲线,曲线表征实际分子量,需要通过已知分子量的聚合物校正色谱柱,理想状态是在较宽的分子量范围内选择结构相似的聚合物进行校正。被测样品的 GPC 曲线一般为典型的高斯分布曲线,但有的由于小分子部分拖尾,使曲线不对称。垂直坐标表示质量,不同分子量的组分被洗脱,水平坐标表示 lg 分子量。低分子量组分从曲线中得出,如果低分子量组分的组成、结构与聚合物完全一样,则可精确地计算出低分子量组分含量。

6 质量标准

洗脱体积的重复性(相对标准偏差 RSD)应小于 0.3%。如果色谱系统的评估具有时间依赖性和不符合 DIN 55672-1:2007,通过内标校准以确保符合分析的重现性要求。分散性依赖于标准品的分子量,通常使用的聚苯乙烯标准样品的要求是:

$M_p < 2\,000$ $\qquad$ $M_w/M_n < 1.20$

$2\,000 \leqslant M_p \leqslant 10^6$ $\qquad$ $M_w/M_n < 1.05$

$M_p > 10^6$ $\qquad$ $M_w/M_n < 1.20$

其中 M_p 为标准样品的峰位分子量。

7 方法描述

7.1 标准聚苯乙烯溶液的配制

7.1.1 用淋洗液为溶剂溶解聚苯乙烯标准样品,按照标准样品生产商的说明进行标准样品溶液浓度的配制。

7.1.2 标准样品溶液浓度的选择取决于不同因素,如进样体积、溶液黏度、检测器的灵敏度。最大进样量应与色谱柱长度相适应,注意防止色谱柱过载。使用 GPC 分析在使用 30 cm×7.8 mm 的柱子时通常的进样体积为 40 μL~100 μL,最高不要超过 250 μL。进样量与溶液浓度的比例关系应在柱子校正前确定。

7.2 样品溶液的配制

原则上与标准样品溶液的配制要求相同，样品溶在适合的溶剂中，如四氢呋喃(THF)，小心振荡，充分溶解，在任何情况下不能使用超声溶解。为了防止样品溶液中的大颗粒或微凝胶在色谱柱中堵塞，样品溶液应先通过一个孔径为 0.2 μm～2 μm 的膜过滤。在最终的实验报告中要写明有无未溶解的颗粒，这些颗粒可能是样品中高分子量部分。应采取适当的方法测定未溶解部分在试样中所占的百分比。所配制的溶液需在 24 h 之内使用。

7.3 对杂质及添加剂含量的校准

有必要对于聚合物中分子量低于 1 000 的非聚合物组分[如杂质和(或)添加剂]进行校准，只有当这些组分含量低于 1%时才不需要校准。对分子量低于 1 000 的非聚合物组分的分析，可以通过对聚合物溶液直接分析得到结果，也可以分析 GPC 洗脱液级分。如果色谱柱洗脱液级分中低分子量组分浓度太低，而需进一步分析时，就需将其浓缩。方法是将洗脱液蒸干，再重新溶解。但要确保洗脱液成分在蒸发过程中不发生变化。对 GPC 洗脱液级分的浓缩处理方法应取决于下一步所用的定量分析方法。

8 仪器

8.1 凝胶渗透色谱仪的组成部分

凝胶渗透色谱仪一般由下列各部分组成：

——溶剂贮存器；

——溶剂脱气过滤装置；

——泵；

——压力缓冲器；

——进样系统；

——色谱柱；

——检测器；

——流量计(如需要)；

——数据采集与处理系统；

——废液槽。

应确保 GPC 系统设备材料对所使用的流动相溶剂是惰性的(例如，用 THF 作流动相时应使用不锈钢毛细管)。

8.2 进样和溶剂输送系统

一定量的样品溶液是通过精确计量的自动进样器或手动进样输送到色谱柱中形成尖锐带。手动进样时，快速抽吸注射器可能引起分子量分布明显变化。溶液输送系统应尽可能保持无脉动，理想状态下应安装脉动阻尼器。流速为 1.0 mL/min。

8.3 色谱柱

根据聚合物样品特性选择使用单根色谱柱或多根色谱柱联用。商品化的色谱柱填料有不同的规格(如孔径、排除极限等性质)。对于凝胶种类和色谱柱长度的选择，由样品性质(如流体力学体积、分子量分布)及特定的分离条件，如溶剂、温度和流速决定，见 DIN 55672-1:2007。

8.4 理论塔板数

色谱柱或联用色谱柱的分离能力应用理论塔板数表示。色谱柱的理论塔板数测定方法，是用溶剂(如 THF)作流动相，在已知长度的色谱柱中注入一定量的乙苯或其他非极性溶剂，理论塔板数由式(1)表示：

$$N=5.54\left(\frac{V_e}{W_{½}}\right)^2 \text{ 或 } N=16\left(\frac{V_e}{W}\right)^2 \quad \cdots\cdots(1)$$

式中：

N ——理论塔板数；

V_e ——最大峰的洗脱体积；

W ——峰底的基线宽度；

$W_{½}$ ——半峰宽。

8.5 分离效率

8.5.1 除了理论塔板数之外，分离效率也与带宽相关，分离效率取决于校正曲线的陡度。色谱柱的分离效率从式(2)得出：

$$\frac{V_{e,M_x}-V_{e,(10M_x)}}{A_c}\geqslant 6.0 \quad \cdots\cdots(2)$$

式中：

V_{e,M_x} ——分子量为 M_x 的聚苯乙烯的洗脱体积；

$V_{e,(10M_x)}$ ——10 倍于聚苯乙烯分子量的洗脱体积；

A_c ——柱横截面积。

8.5.2 系统的分离度一般用式(3)得出：

$$R_{1,2}=2\times\frac{V_{e1}-V_{e2}}{W_1+W_2}\times\frac{1}{\lg\left(\frac{M_2}{M_1}\right)} \quad \cdots\cdots(3)$$

式中：

V_{e1},V_{e2}——两种聚苯乙烯标准品峰位的洗脱体积；

W_1,W_2——两种聚苯乙烯标准品峰的基线峰宽；

M_1,M_2——两种聚苯乙烯标准品的峰位分子量(应有 10 倍的区别)。

8.5.3 色谱柱系统的 R 值应大于 1.7。

8.6 溶剂

所有溶剂应是高纯度溶剂(如四氢呋喃(THF)纯度大于 99.5%)，溶剂储存器(如需要可在惰性气体下)应有足够容量，可完成色谱柱校正和样品分析。溶剂应在通过泵传运至色谱柱之前脱气。

8.7 温度控制

仪器主要部件的临界温度(进样管、色谱柱、检测器和管路)应恒定并与所选溶剂一致。

8.8 检测器

检测器的目的是定量记录从色谱柱洗脱出的样品浓度。为了避免不必要的峰加宽效应，应尽可能减小检测室的体积。除光散射和黏度检测器外不能超过 10 μL。微分折射计通常用于检测，如果样品特性或洗脱溶剂有特殊需要，也可使用其他类型的检测器，如紫外/可见、示差折光、黏度检测器等。

9 数据和报告

9.1 数据

9.1.1 有关数据采集与数据处理的要求及相关的评价标准见 DIN 55672-1:2007。

9.1.2 每个要测试的样品，应分别进行两次实验，并单独分析。

9.1.3 需要明确指出测量值是与使用标准品的分子量相当的相对值。

9.1.4 确保测定空白样品，并且空白样品的处理方法与被测样品相同。

9.1.5 测定洗脱体积或保留时间后(可能使用内标校正)，以 $\lg M_p$ 值(M_p 是标准样品的峰位分子量)对上述数值中的一个作图。每 10 倍级差的分子量至少需要两个校正点，整个校正曲线至少需要五个校正点，覆盖预计的样品分子量范围。校正曲线低分子量端点由正己苯或其他适宜的非极性溶质界定。曲线中分子量低于 1 000 的对应部分用作杂质和添加剂的测定时，有必要进行校准。

9.1.6 如果有不溶解的聚合物(分子量一般都大于可溶解部分)在色谱柱中保留，如果不考虑，会导致高估低分子量组分。不溶解聚合物对低分子量部分含量需较正，见附录 A。

9.1.7 分布曲线应以表格形式或图表(微分频率或百分比总和对 $\lg M$)得出。在绘图表示时，一个 10 倍分子量级差通常应 4 cm 宽度，最大峰高为 8 cm。对于积分分布曲线差异在纵坐标上，从 0% 到 100% 应大约为 10 cm。

9.2 试验报告

9.2.1 测试样品

9.2.1.1 测试样品的相关信息(特性、添加剂、杂质)；

9.2.1.2 样品的处理方法、观察到的现象及存在的问题。

9.2.2 仪器

9.2.2.1 洗脱液容器、惰性气体、洗脱液成分；

9.2.2.2 泵、脉冲阻尼器、进样系统；

9.2.2.3 分离柱(生产商、所有关于色谱柱特性的信息、如孔径、分离材料种类等等；标号、长度和色谱柱连接顺序)；

9.2.2.4 色谱柱(或联合柱)理论塔板数；分离效率(系统分离度)；

9.2.2.5 峰形对称性信息；

9.2.2.6 柱温，温控类型；

9.2.2.7 检测器(测量原理，型号、检测室体积)；

9.2.2.8 流量计，如果使用(生产商、测量原理)；

9.2.2.9 数据采集和处理系统(硬件和软件)。

9.2.3 系统的校正

9.2.3.1 作校正曲线方法的详细描述；

9.2.3.2 使用这种方法的质量标准(如：相关系数，方差之和等)；

9.2.3.3 在试验过程及数据计算和处理过程中所使用的所有外推法、假设值及近似方法；

9.2.3.4 在表中列出校正曲线的有关信息。包括：

——标准样品的名称；

——标准样品的制造商；

——制造商提供或其后测定并用定义法计算得到的标准样品的特性参数 M_n,M_w,M_p,M_n/M_w;
——标准样品浓度及进样体积;
——校正中使用标样的 M_p值;
——测得的标样峰最大值的淋出体积或保留时间;
——按峰最大值计算的分子量 M_p;
——M_p和校准值的百分比误差。

9.2.4 低分子量聚合物含量的数据

9.2.4.1 处理样品的过程及所使用的分析方法的描述;

9.2.4.2 低分子量组分在整个样品中所占的质量分数;

9.2.4.3 杂质、添加剂及其他非聚合物成分在整个样品中所占质量分数。

9.2.5 计算

进行计算时,应注意以下内容:
——以时间为基准计算,所用方法都应达到所要求的重复性(标明校正方法,内标等);
——以洗脱体积或保留时间为基准计算的影响因素;
——如果峰未完全分离,列出计算范围;
——如果曲线经过平滑处理,列出所用的平滑处理方法;
——样品预处理及溶液制备的方法、步骤;
——样品中是否有不溶解的颗粒存在;
——样品浓度(mg/mL)和样品进样体积(μL);
——观察到的导致偏离理想 GPC 谱图的因素;
——详细说明测试过程中所做的所有修正;
——说明误差范围;
——任何与测试结果相关的报告及数据。

附 录 A
（规范性附录）
聚合物溶液中存在不溶性聚合物计算低分子含量时的校正指南

A.1 当被测样品中含有不溶性聚合物时，经GPC分析会造成质量损失。因为不溶性聚合物会滞留在色谱柱中或过滤器上，只有溶解的部分才通过色谱柱。在这种情况下通过测定或计算聚合物溶液浓度的折光指数增量（dn/dc）就可以计算聚合物溶液流经色谱柱造成的质量损失。这可以用已知浓度和dn/dc的外部标准物质采用外部校正方法来校正示差折光仪的响应值。下面例子是以甲基丙烯酸甲酯（PMMA）为标准物质进行校正。

A.2 用外标校正一种丙烯酸酯聚合物，可以用标准物质PMMA配成已知浓度的THF溶液进行GPC分析，测得的数据可按式（A.1）求得示差折光仪常数K：

$$K=\frac{R}{(C\times V\times dn/dc)} \tag{A.1}$$

式中：

K ——示差折光仪常数，单位为微伏秒每毫升（μV·s/mL）；

R ——标准样品PMMA的响应值，单位为微伏秒（μV·s）；

C ——标样PMMA的溶液浓度，单位为毫克每毫升（mg/mL）；

V ——进校体积，单位为毫升（mL）；

dn/dc——标准样品PMMA的THF溶液的折光指数增量，单位为毫升每毫克（mL/mg）。

A.3 下列数据为标准物质PMMA的典型数据：

R=293 789；

C=1.07 mg/mL；

V=0.1 mL；

$dn/dc=9\times10^{-5}$ mL/mg。

A.4 如果注射的聚合物100%从检测器流出，按此检测器的理论响应值计算得到的K值为3.05×10^{11}。

参 考 文 献

［1］ Yau, W. W., Kirkland, J. J., and Bly, D. D. Modern Size Exclusion Liquid Chromatography. *J. Wiley and Sons*, 1979

ICS 13.300;11.100
A 80

中华人民共和国国家标准

GB/T 27844—2011

化学品 聚合物在水中的溶解/析出特性

Chemicals—Solution/extraction behaviour of polymers in water

2011-12-30 发布　　2012-08-01 实施

中华人民共和国国家质量监督检验检疫总局
中国国家标准化管理委员会　发布

前　言

本标准按照GB/T 1.1—2009给出的规则起草。

本标准与经济合作与发展组织(OECD)化学品测试方法导则No.120(2000年)《聚合物在水中的溶解/析出特性》(英文版)的技术内容相同。

本标准做了下列编辑性修改：

——删除了原文中的背景介绍；

——增加了“规范性引用文件”一章，其中GB/T 21845与OECD No.105:1995的技术内容相同，GB/T 22236与DIN 53733:1976的技术内容相同。

本标准由全国危险化学品管理标准化技术委员会(SAC/TC 251)提出并归口。

本标准起草单位：中国检验检疫科学研究院、中国化工经济技术发展中心、江苏煤化工程设计研究院有限公司、中化化工标准化研究所。

本标准主要起草人：张静、陈会明、王晓兵、杨挺、郭新宇。

化学品　聚合物在水中的溶解/析出特性

1　范围

本标准规定了聚合物在水中的溶解和析出特性的测定方法。

本标准适用于测定聚合物在水中的溶解和析出特性。

本标准不适用于液体聚合物以及在此试验条件下与水发生反应的聚合物。本标准方法不适用或不可用时，溶解/析出特性应采用其他方法研究。此时，需给出所采用方法的详细情况和使用理由。

2　规范性引用文件

下列文件对于本文件的应用是必不可少的。凡是注日期的引用文件，仅注日期的版本适用于本文件。凡是不注日期的引用文件，其最新版本(包括所有的修改单)适用于本文件。

GB/T 21845　化学品　水溶解度试验

GB/T 22236　塑料的检验　检验用塑料制品的粉碎

3　方法原理

在水介质中聚合物的溶解/析出特性是利用下述改进的烧瓶法(见 GB/T 21845)测定的。对于一些特定聚合物，如聚合物乳化液，在采用本标准之前还应有初期准备工作。

4　方法描述

4.1　试验装置

试验使用的装置有：

——粉碎装置，例如可制成已知尺寸颗粒产品的研磨机(见 GB/T 22236)；

——控温振荡设备；

——膜滤器系统；

——分析仪器；

——标准筛。

4.2　样品制备

用适当设备将有代表性的样品研磨，使颗粒大小降低至 0.125 mm～0.25 mm，为了保证样品的稳定，研磨过程中应冷却。具有橡胶性质的物质可在液氮温度(见 GB/T 22236)下粉碎。

如果仍未达到所需的颗粒尺寸，应尽可能降低颗粒大小，这时应报告在试验结果中。在试验报告中，应说明粉碎的样品在试验之前的贮存方法。

4.3　试验过程

4.3.1　操作步骤

称取 3 份 10 g 的待测物质样品，分别放入 3 个具玻璃塞的容器中，各加入 1 000 mL 水。如果证实处理 10 g 聚合物不可行，则应适当调整下一次的最大处理量和用水体积。盖紧容器塞子，在 20 ℃下不断摇动。搅拌或摇动应在恒温下进行。24 h 后，将各容器中的内装物离心或过滤，并用适当的分析方法测定澄清水相中的聚合物浓度。如果无合适的分析方法，可从过滤残渣或离心沉淀的干重估算总的溶解度和析出率。

既应定量区分杂质和添加剂，又应区分各种不同的低相对分子质量物质。在重量法测定中，为了计算试验过程中出现的残渣，应进行无试验物质的空白试验。

聚合物在水温 20 ℃、pH 值为 2 和 pH 值为 9 条件下与水温 37 ℃、pH 值为 7 条件下的溶解/析出特性可使用同一方法测定。pH 值可通过加入合适的缓冲溶液或适当的酸或碱（如盐酸、醋酸、分析纯氢氧化钠、分析纯氢氧化钾或氨水）来控制。

根据采用的分析方法，应进行 1～2 次试验。当有可靠方法可直接分析聚合物在水相中的组分时，则做上述一个试验就足够了。但是当没有可靠的方法时，聚合物的溶解/析出特性只限于间接测定水溶液析出物中的总有机碳（TOC），还应进行一项附加试验。附加试验需用少于 10 倍上述实验（见 4.3.1）中的聚合物样品量和等量的水进行 3 次。

4.3.2 分析

4.3.2.1 用一种样品的试验

当有适当分析方法时，可直接分析水相中聚合物组分；也可选择通过测定可溶解组分的总含量或考虑通过校正非特定聚合物组分，间接分析溶解/析出的聚合物组分。

总聚合种类的水相分析可通过具有高灵敏度的方法，包括却不限于：

——用过硫酸盐或重铬酸盐消化作用，产生二氧化碳，然后通过红外光谱（IR）或化学分析估算 TOC；

——原子吸收光谱（AAS）或电感耦合等离子体发射光谱（ICP）测定含有聚合物中的硅或金属；

——紫外吸收光谱（UV）或荧光分光光度法分析芳香聚合物；

——液相色谱-质谱法（LC-MS）分析低分子量样品。

此外，还可通过真空条件下将水相萃取物蒸发干燥，然后用光谱法（IR，UV 等）或 AAS/ICP 方法分析残渣。

如果这些水相分析不可行，应使用与水不混溶的有机溶剂（如氯化烃）萃取。将有机溶剂蒸发，用 IR、UV、AAS/ICP 等方法分析残渣，测定聚合物含量。应扣除任何被确定为杂质或添加剂的组分，以确定聚合物本身的溶解/析出程度。当这些物质存在量相对较大时，可能需要使用高效液相色谱（HPLC）或气相色谱法（GC）分析残渣，以区分来自单体和单体衍生物中的杂质，从而测定真实组分。在有些情况下，仅将有机溶剂蒸发干燥并称量干燥残渣即可。

4.3.2.2 用两种不同大小样品的试验

分析所有水相析出物的 TOC。

用重量分析法测定样品的不溶/非析出部分。如果经离心或过滤后各容器的聚合物残渣仍附着在容器壁上，应使用滤液清洗容器直至容器中所有可见的残渣被清洗下来。然后再将所有滤液离心或过滤。将附着在过滤器或离心管上的残渣在 40 ℃条件下真空干燥并称重，干燥应持续到恒重为止。

5 数据处理和试验报告

5.1 用一种样品进行的试验

应给出 3 个容器的每一测定结果和平均值，单位为单位体积溶液中的质量（如 mg/L）或者单位质量聚合物样品中的质量(如 mg/g)。另外,还应给出样品的损失(溶质质量除以初始样品质量计算得出)。计算出相对标准偏差(RSD)。所有物质(聚合物和重要添加剂等)各自的数据和单个聚合物(减去添加剂的影响)的数据均应给出。

5.2 用两种不同大小样品进行的试验

对于两组 3 次试验的水溶液中析出物各自的 TOC 值和每次试验的平均值,用 mg/L 和 mg/g 表示。

注:mg/L:单位体积溶液的质量(以 C 计);mg/g:单位质量原始样品的质量(以 C 计)。

如果在高和低的样品/水的比例之间没有差别,表示所有可析出组分都已被析出。在这种情况下不必进行直接分析。应给出残渣各自的质量,以样品的初始百分含量来表示,每次试验应计算平均值。通过 100 %和测定百分数之间的差异,可知初始样品中的溶解/析出物质所占百分数。

5.3 试验报告

5.3.1 试验物质

所有有关试验物质可获得的信息(特性、添加剂、杂质、低相对分子质量物质部分)。

5.3.2 试验条件

试验报告应包含以下试验条件:

——试验步骤和试验条件的描述;

——分析和测定方法的描述。

5.3.3 试验结果

试验报告应包含以下试验结果:

——溶解度/析出率的结果(mg/L):不同溶液中析出试验的单个值和平均值,聚合物分解部分和杂质、添加剂等;

——聚合物的溶解度/析出率的结果(mg/g);

——水萃取物的 TOC 值、溶解物的质量和计算的百分数(如果测定);

——每个样品的 pH 值;

——空白试验值;

——必要时,应有试验过程和分析过程试验物质不稳定性的资料;

——所有对解释结果重要的信息。

ICS 13.300;11.100
A 80

中华人民共和国国家标准

GB/T 27845—2011

化学品　土壤粒度分析试验方法

Chemicals—Test method for particle-size analysis of soils

2011-12-30 发布　　2012-08-01 实施

中华人民共和国国家质量监督检验检疫总局
中国国家标准化管理委员会　发布

前言

本标准按照GB/T 1.1—2009给出的规则起草。

本标准与美国试验与材料协会标准ASTM D 422-63：2007《土壤粒度分析的标准试验方法》(Standard test method for particle-size analysis of soils)(英文版)的技术内容相同。

本标准进行了下列编辑性修改：

——用“本标准”代替“本试验方法”；

——删除原ASTM标准前言、关键词等资料性部分；

——将所有的单位换算成国际单位制；

——对原有缺失标题的图、表增补标题，并统一调整了全文的图、表、公式编号。

本标准由全国危险化学品管理标准化技术委员会(SAC/TC 251)提出并归口。

本标准起草单位：中国检验检疫科学研究院、中国化工经济技术发展中心、江苏煤化工程设计研究院有限公司、中化化工标准化研究所。

本标准主要起草人：李晞、陈会明、王晓兵、杨挺、郭新宇。

化学品 土壤粒度分析试验方法

1 范围

本标准规定了土壤粒度分布的定量试验方法。

本标准适用于土壤粒度分析的定量测定。粒度大于 75 μm(留存在 200 目筛上的)粒度分布,通过筛分法来测定;粒度小于 75 μm 的粒度分布,通过沉降过程中用液体密度计测得的必要数据来测定。

注 1:可使用 4.75 mm(4 目)、425 μm(40 目)或 75 μm(200 目)筛,代替 2.00 mm(10 目)筛进行分离。无论使用何种筛,报告中均说明孔径大小。

注 2:分散装置有两种:一种是高速机械搅拌器,另一种是空气分散装置。大量调查表明,对于土壤粒度小于 20 μm 的塑性土,用空气分散装置的分散效果更好,对于砂质土,用空气分散装置可略微减少其降解。使用空气分散装置具有明显的优点,建议采用。使用这两种装置所得结果的差异很大,这是由于土壤的类型不同,导致粒度分布具有显著差异,尤其是当土壤粒度小于 20 μm 时。

2 规范性引用文件

下列文件对于本文件的应用是必不可少的。凡是注日期的引用文件,仅注日期的版本适用于本文件。凡是不注日期的引用文件,其最新版本(包括所有的修改单)适用于本文件。

ASTM D 421 粒度分析和土壤常数测定所用土壤样品的干法制备规程(Practice for dry preparation of soil samples for particle-size analysis and determination of soil constants)

ASTM E11 试验用筛网和筛的规范(Specification for wire cloth and sieves for testing purposes:2004)

ASTM E100 美国试验与材料协会液体密度计规范(Specification for ASTM hydrometers)

3 仪器设备

3.1 天平

可通过 2.00 mm(10 目)筛的物质,使用灵敏度为 0.01 g 的天平来称量;留存于 2.00 mm(10 目)筛上的物质,使用灵敏度达到待称样品质量 0.1%的天平来称量。

3.2 搅拌装置

3.2.1 可使用装置 A 或装置 B。

3.2.2 装置 A 应含有一个机械操作的搅拌设备,装配有合适的电动机带动立轴,在无负载时能以不低于 10 000 r/min 的转速转动。立轴上应装有金属、塑料或硬橡胶制成的可更换的搅拌桨,装置 A 的搅拌桨见图 1。

单位为毫米

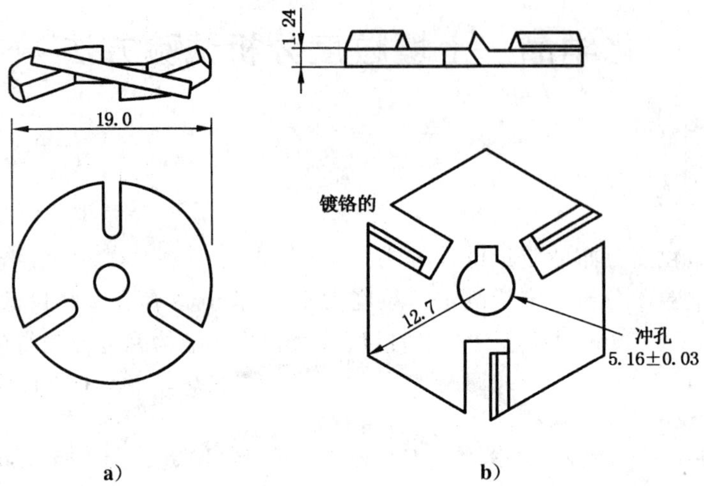

图 1　装置 A 的搅拌桨

立轴长度应使搅拌桨能在距分散杯底部 19.0 mm～38.1 mm 处运转。使用图 2 所示任一式样的专用分散杯,用于分散试样时存放样品。

单位为毫米

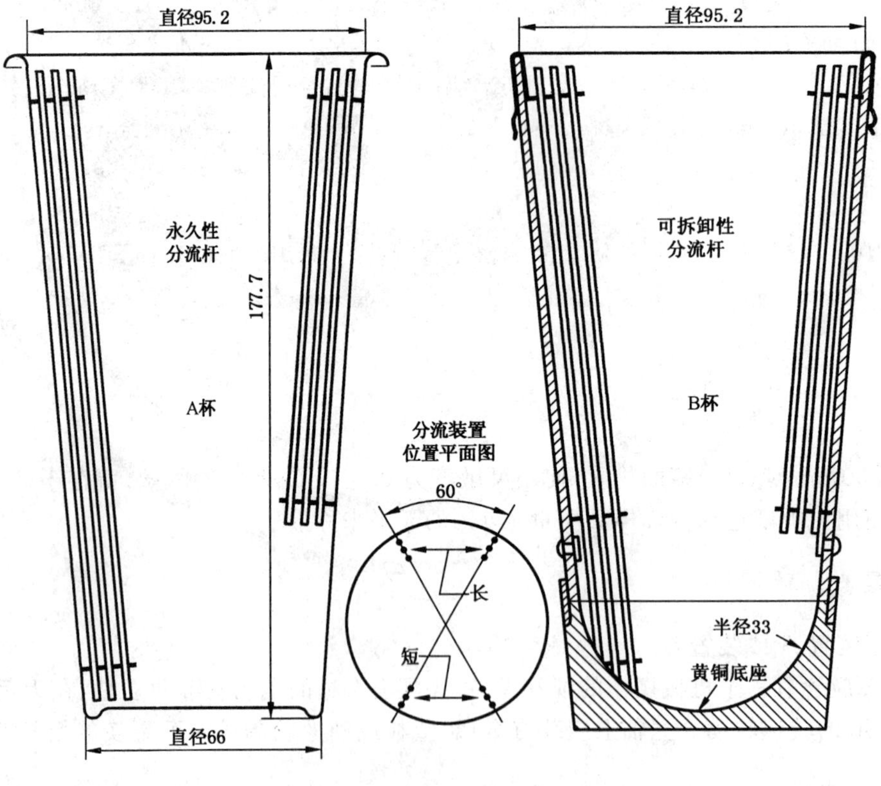

图 2　装置 A 的分散杯装置

3.2.3 装置B应包括符合图3要点的喷气分散杯。

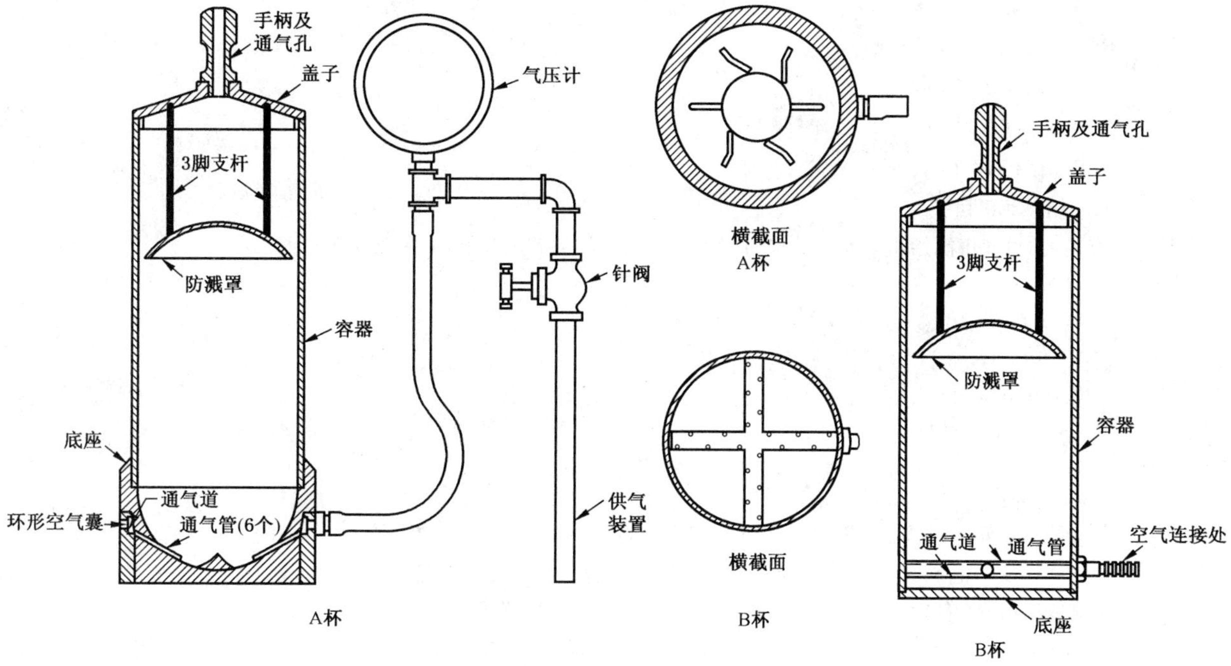

图3 装置B的喷气分散杯

注1：喷气分散杯所需的空气量达到57 dm^3/min(2 ft^3/min)。

注2：另一种空气型分散装置为分散管,其使用效果与使用喷气分散杯相同。使用分散管时,将样品在沉降筒内浸透,以排除转移泥浆的需要。如果使用了空气分散管,在报告中予以说明。

注3：空气管内的水分可能在不使用时会凝结。使用空气进行分散前,通过在空气管内设置存水弯或者将水分吹出空气管的方式清除水分。

3.3 液体密度计

液体密度计应确保可读出悬浮液的比密度或每升液体中含有多少克的悬浮物,并且符合ASTM E100中对液体密度计151H或152H的要求。两种液体密度计的量纲相同,仅刻度不同。

3.4 沉降筒

玻璃沉降筒高为457 mm,直径为63.5 mm,容量为1 000 mL。其内径为:内部从底部至1 000 mL标记处是36 cm±2 cm。

3.5 温度计

精确度为0.5 ℃的温度计。

3.6 筛

本标准所用筛为一系列符合ASTM E11要求,具有方孔铁丝网眼的筛。一整套筛应包括下列几种:

——75 mm;

——50 mm;

——37.5 mm;

——25.0 mm;

——19.0 mm;

——9.5 mm;

——4.75 mm(4 目)；
——2.00 mm(10 目)；
——850 μm(20 目)；
——425 μm(40 目)；
——250 μm(60 目)；
——106 μm(140 目)；
——75 μm(200 目)。

注：如有需要，可使用能绘出 8.6 中要求的图表上点间隔均匀的一整套筛，包括下列几种：
——75 mm；
——37.5 mm；
——19.0 mm；
——9.5 mm；
——4.75 mm(4 目)；
——2.36 mm(8 目)；
——1.18 mm(16 目)；
——600 μm(30 目)；
——300 μm(50 目)；
——150 μm(100 目)；
——75 μm(200 目)。

3.7 水浴槽或恒温室

液体密度分析过程中，用水浴槽或恒温室，使土壤悬浮液保持恒温。符合要求的水浴槽应为隔热水浴槽，能使悬浮液保持在 20 ℃或 20 ℃左右的适宜恒温。装置示意图见图 4。在自动控制恒温的室内操作时，不必使用水浴槽。

单位为毫米

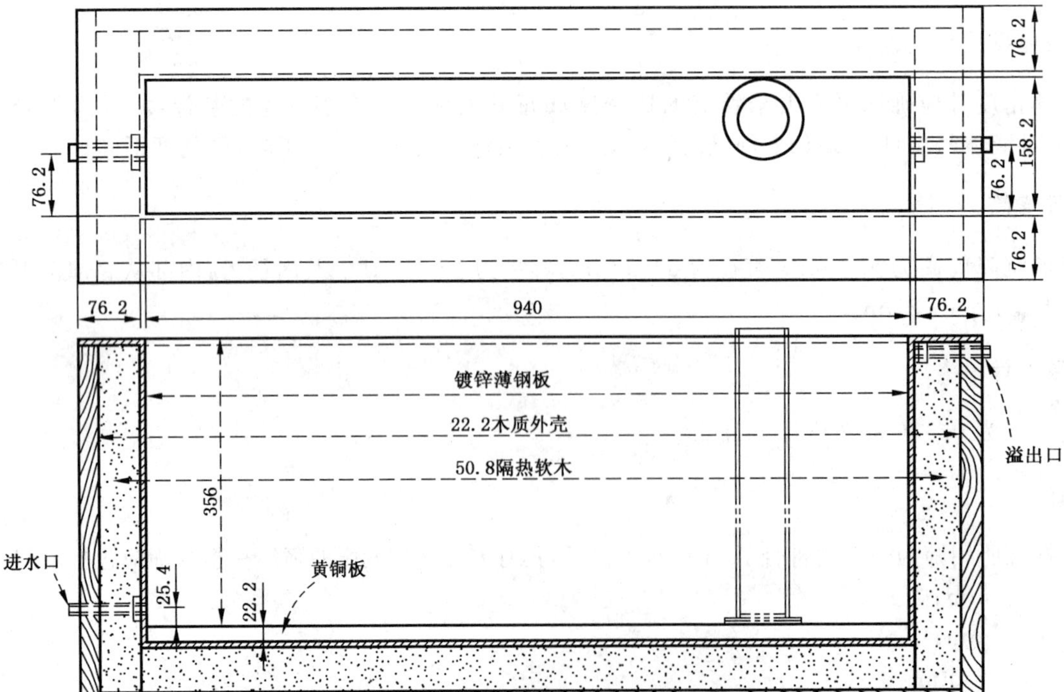

图 4　保温水浴槽

3.8 烧杯

容量为 250 mL 的烧杯。

3.9 计时装置

带有秒针的表或钟。

4 分散剂

4.1 每升蒸馏水/软化水中加入 40 g 六偏磷酸钠(又名偏磷酸钠)。

注：如果该盐溶液为酸性，它将会缓慢恢复或水解成为正磷酸盐，随即减少分散作用。经常地(至少每月一次)制备该溶液，或用碳酸钠调节 pH 值至 8 或 9。盛装溶液的瓶子上标明制备日期。

4.2 试验用水应为蒸馏水或软化水。液体密度试验用水的温度应达到预定温度。例如，如果沉降筒放置进水浴槽内，那么所用蒸馏水/软化水的温度应与控温水浴槽的温度相同；或者，如果沉降筒在控温室内使用，试验水温应与室温相同。液体密度试验的基本温度为 20 ℃。小范围的温度变化不会产生实质上的差别，也不会妨碍依照规定使用校正值。

5 试验样品

5.1 按照 ASTM D421 制备用于机械(粒度)分析的试样。在准备阶段将试样分成两部分，一部分是留存于 2.00 mm(10 目)筛上的颗粒，另一部分是通过 2.00 mm 筛的颗粒。按 ASTM D421 要求，选出风干试验土壤的量应能满足机械(粒度)分析的要求如下：

在 2.00 mm 筛上留存部分的质量取决于最大颗粒的颗粒度，见表 1。

表 1 2.00 mm 筛上留存部分质量与最大颗粒度关系对照表

最大颗粒的公称直径/mm	2.00 mm 筛上留存部分最小质量的近似值/g
9.5	500
19.0	1 000
25.4	2 000
38.1	3 000
50.8	4 000
76.2	5 000

通过 2.00 mm 筛的部分，若为砂质土，则约为 115 g，若为粉砂质土和黏质土，则约为 65 g。

5.2 ASTM D421 第 5 节规定了试验用风干土壤的称量方法，在 2.00 mm 筛上进行干筛和冲洗对土壤进行分离，以及对 2.00 mm 筛上留存的冲洗和干燥部分进行称量。通过以上两个量，可根据 8.1.1 计算 2.00 mm 筛上留存部分以及通过部分的百分率。

注：检查土块质量和土块的粉碎彻底性，可对通过 2.00 mm 筛的部分进行称量，并将该值与留存于 2.00 mm 筛的冲洗和烘干部分质量相加。

6 留存于 2.00 mm 筛部分的过筛分析

6.1 使用 75 mm 筛、50 mm 筛、37.5 mm 筛、25.0 mm 筛、19.0 mm 筛、9.5 mm 筛、4.75 mm 筛和 2.00 mm筛，或者根据样品可能的需要及试验材料的规范要求，将 2.00 mm 筛上的留存部分分离成一系列小部分。

6.2 震击的同时，水平、垂直摇动筛以进行筛分，使试样能够连续地在筛表面移动。任何情况下，都不应翻动或移动粉碎样品过筛。连续过筛，直至 1 min 的过筛过程中，通过筛部分的质量小于或等于残留筛上质量的 1%。如果使用机械法过筛，用上述手筛法检测过筛的彻底性。

6.3 用天平测定每部分的质量(见 3.1)。称量结束后，所有筛上留存的样品质量总和应约等于过筛的样品原质量。

7 液体密度计和通过 2.00 mm 筛部分的过筛分析

7.1 液体密度计读数的综合校正

7.1.1 8.3.3 中给出的悬浮液中剩余土壤的质量分数公式，是基于使用蒸馏水/软化水得到的。但是由于水中使用了分散剂，因此所得到液体的比密度会略大于蒸馏水/软化水的密度。

在 20 ℃下，对土壤液体密度计进行校准，在实际液体密度计读数中，实际温度与该标准温度的偏差会造成读数出现误差。与标准温度偏差越大，误差越大。

由于液体密度计被设计为由柱心上液体所形成的弯月面底部进行读数，无法确保得到半月面底部的土壤悬浮液读数，应由弯月面顶部进行读数并校正。

列举的三项校正的净总值称为综合校正值，可由试验测定。

7.1.2 可根据需要制备或使用预计试验温度范围内相差 1 ℃的一系列温度的综合校正图或综合校正表。综合校正值可在预期试验温度范围内的两个温度上测量，假定两个测定值之间为直线关系，计算出中间温度的校正值。

7.1.3 按照在沉降(液体密度计)试验中相同的比例，制备 1 000 mL 的蒸馏水/软化水和分散剂的混合液。将混合液置于沉降筒中，沉降筒置于恒温水浴槽内，在将使用的两个温度中选择一个来设定温度。液体温度达到恒定后，放入液体密度计，等待片刻让液体密度计与液体达到相同温度，读出液体密度计柱心形成的半月面顶部对应的刻度值。对于 151H 液体密度计，其综合校正值是该读数与 1 之差；对于 152H 液体密度计，其综合校正值是该读数与 0 之差。确保综合校正值与之前相同，让液体和液体密度计达到另一个温度值。

7.2 吸湿水分

对液体密度试验所用试样进行称量后，用金属或玻璃小容器称取另一份 10 g～15 g 的试样，在烘箱内以 110 ℃±5 ℃将样品烘干到恒定的质量，重新称量。记录下质量值。

7.3 土壤样品的分散

7.3.1 如果土壤主要成分为黏质土和粉砂质土，称出约 50 g 的风干土壤样品。如果土壤主要成分为砂质土，则应称出约 100 g 的土壤样品。

7.3.2 将样品放入 250 mL 的烧杯，并加入 125 mL(40 g/L)的六偏磷酸钠溶液。搅拌至土壤完全湿透。至少允许浸泡 16 h。

7.3.3 浸泡阶段结束时，使用装置 A 或 B 进一步分散样品。如果使用搅拌装置 A，将土壤-水泥浆从烧杯转移至图 2 所示的专用分散杯中，用蒸馏水/软化水冲洗烧杯，将烧杯中的所有残留物转移进分散杯内。必要时加入蒸馏水/软化水，使分散杯中溶液为大于半杯。搅拌 1 min。

注：在洗涤操作中，可用大号的注射器作为简便设备。其他装置包括水洗瓶和喷嘴与增压蒸馏水箱连接的软管。

7.3.4 如果使用搅拌装置 B(见图 3)，取下盖子，用橡胶软管连接分散杯与压缩空气供气装置。应在分散杯与调节阀之间安装一个气压计。打开控制阀，调节压力至 7 kPa。初始气压应达到 7 kPa，以防止土壤-水混合物在转移至分散杯时进入空气喷流室。用蒸馏水/软化水冲洗烧杯，将烧杯内的土壤-水泥浆转移至喷气分散杯。必要时加入蒸馏水/软化水，使分散杯内总量达到但不超过 250 mL。

7.3.5 将盖子放到分散杯上，打开空气控制阀，调至压力为 140 kPa。根据表 2 分散土壤。

表 2 土壤塑性系数与分散时间对应表

塑性指数	分散时间/ min
≤5	5
6～20	10
>20	15

云母含量大的土壤只需分散 1 min。分散完成后，在将土壤-水泥浆转移至沉降筒前，降低压力至 7 kPa。

7.4 液体密度试验

7.4.1 将土壤-水泥浆分散后立即转移至玻璃沉降筒，并加入蒸馏水/软化水，使总量达到 1 000 mL。

7.4.2 用手掌封住沉降筒的开口端(或将一个橡皮塞放在开口端)，将沉降筒来回颠倒 1 min，以搅拌泥浆。这 1 min 内翻转次数应约为 60 次，来回颠倒 1 次计作翻转 2 次。翻转的最初几次，残留在沉降筒底部的所有土壤都应在沉降筒倒置时通过激烈晃动而松动。

颠倒 1 min 后，将沉降筒放置于适宜位置，并以下列时间间隔(从沉降开始时开始计算)对液体密度计进行读数：2 min、5 min、15 min、30 min、60 min、250 min 和 1 440 min，或根据试验材料的样品或规范，按需要尽量多地读数。如果使用控温水浴槽，沉降筒应在第 2 分与第 5 分的读数间放入水浴槽中。

7.4.3 如果需要得到液体密度计的读数，根据读数时的深度，在读数前 20 s～25 s 时放入密度计。读数后，取出密度计，放在一个盛有蒸馏水/软化水的刻度容器内。重要的是每次读数后应立即取出液体密度计。由于无法确保得到半月面底部的土壤悬浮液读数，应由柱心周围悬浮液形成的弯月面顶部进行读数。

7.4.4 每次读数后，将温度计插入悬浮液测定其温度。

7.5 过筛分析

对液体密度计末次读数后，将悬浮液转移至 75 μm(200 目)筛，用水龙头的水进行冲洗，直至冲洗水变为干净为止。将留存于 75 μm 筛上的物质转移到合适的容器内，放在烘箱内以 110 ℃±5 ℃的温度烘干，按照材料要求或者试验中材料的规范要求，根据需要，使用多个筛，对筛上存留部分进行过筛分析。

8 计算和报告

8.1 留存于 2.00 mm 筛部分的过筛分析值

8.1.1 将通过 2.00 mm 筛的土壤质量除以 2.00 mm 筛上原来分离的土壤质量，再乘以 100，得出通过

2.00 mm 筛土壤的质量分数值。用初始质量减去留存于 2.00 mm 筛的土壤质量，可得出通过 2.00 mm 筛的土壤质量。

8.1.2 将通过 2.00 mm 筛的土壤质量和通过 4 目筛但留存于 2.00 mm 筛部分的土壤质量相加，可得出通过 4.75 mm（4 目）筛的土壤质量。将通过 4 目筛的土壤总质量与通过 9.5 mm 筛但留存于 4.75 mm筛部分的土壤质量相加，可得出通过 9.5 mm 筛的土壤总质量。对其他筛，以相同的方法进行计算。

8.1.3 用通过筛的土壤质量（见 8.1.2）除以样品的总质量，将结果乘以 100，可得出通过每个筛的土壤质量分数。

8.2 吸湿水分校正系数

吸湿水分校正系数是烘箱烘干样品质量与干燥前风干质量之比。除非不存在吸湿，该系数应小于 1。

8.3 悬浮液中土壤的质量分数

8.3.1 用风干质量乘以吸湿水分校正系数，得到液体密度计分析中烘箱烘干的土壤质量。

8.3.2 用使用烘箱烘干的土壤质量除以通过 2.00 mm（10 目）筛的质量分数，再乘以 100，得到用液体密度试验中所用土壤质量表示的总样品质量。该数值是悬浮液中剩余土壤质量分数公式中的质量 W。

8.3.3 在液体密度计测量悬浮液密度的液面上，悬浮液中剩余的土壤质量分数可以按式（1）或式（2）计算：

对于液体密度计 151H：

$$P = [(100\,000/W) \times G/(G - G_1)](R - G_1) \qquad (1)$$

注：液体密度计 151H 公式的方括号内部分是一系列读数的常数，可首先计算得到，然后再乘以圆括号内的部分。

对于液体密度计 152H：

$$P = (R\alpha/W) \times 100 \qquad (2)$$

式中：

α ——液体密度计 152H 读数所用的校正系数（刻度显示的数值是按照比密度为 2.65 计算得到的。校正系数见表 3）；

P ——利用液体密度计测量悬浮液密度的液面高度上悬浮液中剩余的土壤质量分数；

R ——综合校正后的液体密度计读数（见第 7 章）；

W ——总样品中烘箱烘干的土壤质量，用分散的土壤质量表示（见 8.3.2），单位为克（g）；

G ——土壤颗粒的比密度；

G_1 ——土壤颗粒悬浮液的比密度。两种情况公式中均使用数值 1。第一种情况下，任何可能的变化均不会产生重要的影响，第二种情况下，基于对 G_1 的值对 R 进行综合校正（见表 3）。

表 3 不同密度土壤颗粒的校正系数（α）

比密度	校正系数[a]
2.95	0.94
2.90	0.95
2.85	0.96
2.80	0.97
2.75	0.98

表 3（续）

比密度	校正系数[a]
2.70	0.99
2.65	1.00
2.60	1.01
2.55	1.02
2.50	1.03
2.45	1.05

[a] 使用液体密度计 152H 时，用于计算公式中悬浮液中的剩余土壤质量分数。

8.4 土壤颗粒的直径

8.4.1 某一直径的颗粒在沉降最初时在悬浮液表面，最终会停留在液体密度计测量悬浮液密度的液面处。在此基础上，可根据斯托克斯定律（Stokes'law）计算液体密度计读数所示质量分数对应的颗粒直径：

$$D=\sqrt{[30n/980(G-G_1)]\times L/T} \qquad \cdots\cdots(3)$$

式中：

D——颗粒直径，单位为毫米（mm）；

n——悬浮介质（本例中为水）的黏度系数（随着悬浮介质的温度变化而变化）；

L——从悬浮液表面到悬浮液密度测量液面的距离，单位为厘米（cm）（对于给定的液体密度计和沉降筒，该值随着液体密度计读数而变化。该距离被称为有效深度，见表 4）；

T——从沉降开始到读数的时间间隔，单位为分（min）；

G——土壤颗粒的比密度；

G_1——悬浮介质的比密度（相对密度）（实际使用中可使用 1.000）。

注：斯托克斯定律认为，在无穷大的液体内，一个球体下落的最终速度计算得到的量纲即为土壤颗粒以相同速度下落的球体直径。

表 4 基于特定液体密度计和沉降筒的有效深度值[a]

液体密度计 151H		液体密度计 152H			
液体密度计的实际读数	有效深度 L/cm	液体密度计的实际读数	有效深度 L/cm	液体密度计的实际读数	有效深度 L/cm
1.000	16.3	0	16.3	31	11.2
1.001	16.0	1	16.1	32	11.1
1.002	15.8	2	16.0	33	10.9
1.003	15.5	3	15.8	34	10.7
1.004	15.2	4	15.6	35	10.6
1.005	15.0	5	15.5	36	10.4
1.006	14.7	6	15.3	37	10.2
1.007	14.4	7	15.2	38	10.1

表 4（续）

液体密度计 151H		液体密度计 152H			
液体密度计的实际读数	有效深度 L/cm	液体密度计的实际读数	有效深度 L/cm	液体密度计的实际读数	有效深度 L/cm
1.008	14.2	8	15.0	39	9.9
1.009	13.9	9	14.8	40	9.7
1.010	13.7	10	14.7	41	9.6
1.011	13.4	11	14.5	42	9.4
1.012	13.1	12	14.3	43	9.2
1.013	12.9	13	14.2	44	9.1
1.014	12.6	14	14.0	45	8.9
1.015	12.3	15	13.8	46	8.8
1.016	12.1	16	13.7	47	8.6
1.017	11.8	17	13.5	48	8.4
1.018	11.5	18	13.3	49	8.3
1.019	11.3	19	13.2	50	8.1
1.020	11.0	20	13.0	51	7.9
1.021	10.7	21	12.9	52	7.8
1.022	10.5	22	12.7	53	7.6
1.023	10.2	23	12.5	54	7.4
1.024	10.0	24	12.4	55	7.3
1.025	9.7	25	12.2	56	7.1
1.026	9.4	26	12.0	57	7
1.027	9.2	27	11.9	58	6.8
1.028	8.9	28	11.7	59	6.6
1.029	8.6	29	11.5	60	6.5
1.030	8.4	30	11.4		
1.031	8.1				
1.032	7.8				
1.033	7.6				
1.034	7.3				
1.035	7.0				
1.036	6.8				
1.037	6.5				
1.038	6.2				

表 4（续）

液体密度计 151H		液体密度计 152H			
液体密度计的实际读数	有效深度 L/cm	液体密度计的实际读数	有效深度 L/cm	液体密度计的实际读数	有效深度 L/cm

[a] 根据式(4)计算有效深度值：

$$L = L_1 + 1/2[L_2 - (V_B/A)] \quad \cdots\cdots(4)$$

式中：

L ——有效深度，单位为厘米(cm)；

L_1——沿柱心从密度计球管到密度计读数标记的距离，单位为厘米(cm)；

L_2——液体密度计球管的总长度，单位为厘米(cm)；

V_B——液体密度计球管的体积，单位为立方厘米(cm^3)；

A ——沉降筒的横截面面积，单位为平方厘米(cm^2)。

计算表 4 中数值所使用的值如下：

对于 151H 和 152H 两种液体密度计：

L_2=14.0 cm；

V_B=67.0 cm^3；

A=27.8 cm^2。

对于液体密度计 151H：

L_1=10.5 cm(读数 1.000 时)；

L_1=2.3 cm(读数 1.031 时)。

对于液体密度计 152H：

L_1=0 g/L(读数 10.5 cm 时)；

L_1=2.3 cm(读数 50 g/L 时)。

8.4.2 为方便计算，式(3)也可改为式(5)的形式：

$$D = K\sqrt{L/T} \quad \cdots\cdots(5)$$

式中：

K——取决于悬浮液温度和土壤颗粒比密度的常数。一定范围的温度和密度的 K 值见表 5。K 值不会随着试验中的一系列读数而改变，但 L 和 T 的值会改变。

表 5 液体密度计分析计算颗粒直径公式中所用 K 值

温度/℃	土壤颗粒的比密度								
	2.45	2.50	2.55	2.60	2.65	2.70	2.75	2.80	2.85
16	0.015 30	0.015 05	0.014 81	0.014 57	0.014 35	0.014 14	0.013 94	0.013 74	0.013 56
17	0.015 11	0.014 86	0.014 62	0.014 39	0.014 17	0.013 96	0.013 76	0.013 56	0.013 38
18	0.014 92	0.014 67	0.014 43	0.014 21	0.013 99	0.013 78	0.013 59	0.013 39	0.013 21
19	0.014 74	0.014 49	0.014 25	0.014 03	0.013 82	0.013 61	0.013 42	0.132 3	0.013 05
20	0.014 56	0.014 31	0.014 08	0.013 86	0.013 65	0.013 44	0.013 25	0.013 07	0.012 89
21	0.014 38	0.014 14	0.013 91	0.013 69	0.013 48	0.013 28	0.013 09	0.012 91	0.012 73
22	0.014 21	0.013 97	0.013 74	0.013 53	0.013 32	0.013 12	0.012 94	0.012 76	0.012 58

表 5（续）

温度/℃	土壤颗粒的比密度								
	2.45	2.50	2.55	2.60	2.65	2.70	2.75	2.80	2.85
23	0.014 04	0.013 81	0.013 58	0.013 37	0.013 17	0.012 97	0.012 79	0.012 61	0.012 43
24	0.013 88	0.013 65	0.013 42	0.013 21	0.013 01	0.012 82	0.012 64	0.012 46	0.012 29
25	0.013 72	0.013 49	0.013 27	0.013 06	0.012 86	0.012 67	0.012 49	0.012 32	0.012 15
26	0.013 57	0.013 34	0.013 12	0.012 91	0.012 72	0.012 53	0.012 35	0.012 18	0.012 01
27	0.013 42	0.013 19	0.012 97	0.012 77	0.012 58	0.012 39	0.012 21	0.012 04	0.011 88
28	0.013 27	0.013 04	0.012 83	0.012 64	0.012 44	0.012 55	0.012 08	0.011 91	0.011 75
29	0.013 12	0.012 90	0.012 69	0.012 49	0.012 30	0.012 12	0.011 95	0.011 78	0.011 62
30	0.012 98	0.012 76	0.012 56	0.012 36	0.012 17	0.011 99	0.011 82	0.011 65	0.011 49

8.4.3 用普通的 10 英寸计算尺计算 D 值，就可满足准确度的要求。

注：用 L 值除以通过刻度 A 和 B 得到的 T 值，由 D 刻度可得到平方根。未能确定平方根值时，可乘以通过刻度 C 或 CI 得到的 K 值。

8.5 通过 2.00 mm 筛部分的过筛分析值

8.5.1 计算在筛分液体密度试验相关各步骤中样品通过各种筛的质量分数。计算 2.00 mm 筛上留存部分的质量。该质量等于 2.00 mm 筛上留存土壤的总质量分数(100 减去通过的总质量分数)乘以所用土壤总质量表示的总样品质量(8.3.2 中计算得出)，所得结果再除以 100。

8.5.2 计算通过 75 μm 筛的土壤总质量。将包括 2.00 mm 筛在内的所有筛上留存部分的质量相加，从总样品质量(8.3.2 中计算得出)中减去该值。

8.5.3 按照 8.1.2 中相同的方法，计算出通过其他各筛的土壤总质量。

8.5.4 用通过的土壤总质量(8.5.3 中计算得出)除以样品总质量(8.3.2 中计算得出)，所得结果再乘以 100，计算出通过的总质量分数。

8.6 图表

进行液体密度分析时，在对数刻度上以颗粒直径作为横坐标，以小于相应直径的质量分数的算术刻度为纵坐标绘出试验结果图。如果未对部分的土壤进行液体密度分析，则因为可直接从所列数据中得出该值，因此图的制备是可选的。

8.7 试验报告

8.7.1 试验报告的内容：

a) 颗粒的最大粒度。

b) 通过(或存留)每个筛的土壤质量分数，可通过列表或绘图表示。

c) 对沙子和砂砾颗粒的描述。

——形状：圆形或有角；

——硬度：坚硬和耐用，柔软，或者可风化和易碎的。

d) 比密度，如果显著的高或低。

e) 在通过 2.00 mm(10 目)筛进行分散时如有困难，则表明分散剂类型和量发生了变化。

f) 所使用的分散装置和分散时间。

注：所绘图表显示了试样的分级。如果试验前已去除掉了比样品所含颗粒大的颗粒，报告中应当说明数量以及颗粒的最大粒度。

8.7.2 为证明试验所用材料符合相应规范，将规范中要求部分写入报告。小于 2.00 mm 筛的部分可由图读出。

8.7.3 对于未说明是否符合相应规范的材料，以及几乎全部由通过 4.75 mm(4 目)筛的颗粒组成的土壤，那么，由图读出的结果报告如下：

a) 通过 75 mm 筛，并留存于 4.75 mm 筛的砂砾 …… %

b) 通过 4.75 mm 筛，并留存于 75 μm 筛的沙子 …… %

——通过 4.75 mm 筛，并留存于 2.00 mm 筛的粗沙 …… %

——通过 2.00 mm 筛，并留存于 425 μm 筛的中(粒) …… %

——通过 425 μm 筛，并留存于 75 μm 筛的细沙 …… %

c) 粉沙粒度，0.074 mm～0.005 mm …… %

d) 黏质土粒度，小于 0.005 mm …… %

e) 胶体，小于 0.001 mm …… %

8.7.4 对于未说明是否符合相应规范的材料，以及土壤中留存于 4 目筛上的部分足以要求对该部分进行过筛分析时，结果报告见表 6。

表 6 结果报告示例

过筛分析	
筛分粒度	通过质量分数
75 mm	……
50 mm	……
37.5 mm	……
25 mm	……
19 mm	……
9.5 mm	……
4.75 mm(4 目)	……
2.00 mm(10 目)	……
425 μm(40 目)	……
75 μm(200 目)	……
液体密度分析	
0.074 mm	……
0.005 mm	……
0.001 mm	……
注：可用 2.36 mm(8 目)筛和 300 μm(50 目)筛代替 2.00 mm(10 目)筛和 425 μm(40 目)筛。	

ICS 13.300
A 80

中华人民共和国国家标准

GB/T 27846—2011

化学品　黏度测定 Höppler 落球式黏度计法

Chemicals—Measurement of viscosity using the Höppler falling-ball viscometer

2011-12-30 发布　　2012-08-01 实施

中华人民共和国国家质量监督检验检疫总局
中国国家标准化管理委员会　发布

前 言

本标准按照 GB/T 1.1—2009 给出的规则起草。

本标准与德国标准 DIN 53015:2001《黏度测定 Höppler 落球式黏度计法》(英文版)的技术内容相同。

本标准作了下列编辑性修改:

——删除了德国标准的前言、修订情况和之前的版本情况;

——增加了“参考文献”。

本标准由全国危险化学品管理标准化技术委员会(SAC/TC 251)提出并归口。

本标准起草单位:中国检验检疫科学研究院、中国化工经济技术发展中心、江苏煤化工程设计研究院有限公司、中化化工标准化研究所。

本标准主要起草人:孙鑫、陈会明、王晓兵、杨挺、郭新宇。

化学品 黏度测定 Höppler 落球式黏度计法

1 范围

本标准规定了利用 Höppler 落球式黏度计测定牛顿液体动力黏度的方法。

本标准适用于测量－20 ℃～120 ℃温度下 0.6 mPa·s～250 000 mPa·s 范围内的动力黏度。

2 规范性引用文件

下列文件对于本文件的应用是必不可少的。凡是注日期的引用文件，仅注日期的版本适用于本文件。凡是不注日期的引用文件，其最新版本(包括所有的修改单)适用于本文件。

ISO/TR 3666 水的黏度(Viscosity of water)

DIN 1319-1 测量技术基础 第 1 部分：基本术语(Fundamentals of metrology—Part 1：Basic terminology)

DIN 1319-3 计量学基础 第 3 部分：单一测量值测量、测量误差评价(Fundamentals of metrology—Part 3：Evaluation of measurements of single measurand，measurement uncertainty)

DIN 1342-1 黏度 第 1 部分：流变概念(Viscosity—Part 1：Rheological concepts)

DIN 12785 实验室玻璃仪器 专用实验室温度计(Laboratory glassware：special purpose laboratory thermometers)

DIN ISO 3585 硅酸硼玻璃 3.3 性质(Borosilicate glass 3.3—Properties)

ISO/IEC Guide 98 测量值的不确定度表达式指南(Guide to the expression of uncertainty in measurement)

3 术语和定义

DIN 1319-1 和 DIN 1342-1 界定的以及下列术语和定义适用于本文件。

3.1

标准黏度试样 standard viscosity sample

利用标准黏度计在一个或多个温度下测量其黏度的标准牛顿液体试样，其黏度值及其溯源性在国家黏度标准中有记载，并作为发布黏度单位的实物量具。

4 符号、量和单位

符号、量和单位见表 1。

表 1 符号、量和单位

符号	量	SI 单位	其他法定单位
d	球体直径	m	mm、μm
D	球体与液体密度之差	kg/m^3	g/cm^3

表 1（续）

符号	量	SI 单位	其他法定单位
g	因黏度测量场地的重力引起的加速度	m/s^2	—
g'	因黏度计校准场地的重力引起的加速度	m/s^2	—
K	校准常数	$Pa \cdot s \cdot m^3/(kg \cdot s)$	$mPa \cdot s \cdot cm^3/(g \cdot s)$
m	球体质量	kg	g
m_w	球体质量的称重值	kg	g
n	在一系列的测量中的下落次数	1	—
$(s'_D)^2$	球体与液体密度差的相对方差	1	—
$(s'_K)^2$	校准常数的相对方差	1	—
$(s'_N)^2$	因黏度计位置偏离水平方向引起的黏度相对方差	1	—
$(s'_t)^2$	球体下落时间的相对方差	1	—
$(s'_{timer})^2$	计时器的相对方差	1	—
s_θ	温度测量标准偏差	℃	K
$(s'_{\theta,\eta})^2$	因温度测量值的不确定度引起的黏度相对方差	1	—
$S^2_{\rho F}$	液体密度方差	kg^2/m^6	g^2/cm^6
$S^2_{\rho K}$	球体密度方差	kg^2/m^6	g^2/cm^6
$(s'_{\rho K})^2$	球体密度相对方差	1	—
t	球体下落时间	s	—
t_1	计算不确定度需要的最短下落时间(见表 4)	s	—
t_2	计算重复测量值的最短下落时间	s	—
t_{max}, t_{min}	在一系列的 n 个单次测量中最长和最短的球体下落时间	s	—
U_θ	温度测量值的不确定度	℃	K
U_η, U_ν	动态或运动黏度的温度系数	1/K	1/℃
u'_η	黏度测量值的相对不确定度	1	—
$U'_{\rho K}$	球体密度测量值的相对不确定度	1	—
U'_K	测定校准常数的相对不确定度	1	—
W	空气浮力常数	1	—

表 1（续）

符号	量	SI 单位	其他法定单位
α	线性热膨胀系数	1/K	—
ε_t	利用一个黏度计进行的一系列测量中球体下落时间的相对范围	1	—
η	动力黏度	Pa·s	mPa·s
η_N	标准试样的动力黏度	Pa·s	mPa·s
$\eta_{N\theta}$	在校准温度下标准试样的动力黏度	Pa·s	mPa·s
θ	温度	℃	K
θ_K	校准温度	℃	K
ρ_F	液体密度	kg/m^3	g/cm^3
ρ_K	球体密度	kg/m^3	g/cm^3
ρ_{KW}	球体密度的指导值(用于计算空气浮力校正)	kg/m^3	g/cm^3

5 测量范围

本标准适合测量−20 ℃～120 ℃温度下 0.6 mPa·s～250 000 mPa·s 范围内的动力黏度。要涵盖这一范围，应使用 6 个直径不同的球，每个球覆盖这一范围的一部分（见表 2）。

注 1：如果要测量的液体密度为 1.0 g/cm^3 或更高，那么 0.6 mPa·s 的下限是在表 3 中规定的最短下落时间 t_2 时达到的。

注 2：如果使用的材料（例如密封件、供水软管）合适，很可能在规定的温度范围（−40 ℃～150 ℃）以外进行测量。热管套内的温度测量值与下落管试样的温度之差可能大于 8.4 中规定的温度值。

表 2 15.94 mm 直径的内部下落管对应的黏度计球体直径

球体号	材料	密度(指导值)ρ_{KW}/(g/cm^3)	球体直径/mm	偏离圆度的差值/mm	校准常数(指导值)K/[$mPa\cdot s\cdot cm^3/(g\cdot s)$]	黏度测量范围/(mPa·s)
1	硼硅酸玻璃	2.4	15.81±0.01	±0.000 5	0.00 7	0.6～10
2	硼硅酸玻璃	2.4	15.6±0.05	±0.000 5	0.09	9～140
3	镍/铁	8.1	15.6±0.05	±0.001	0.09	40～700
4	镍/铁	8.1	15.2±0.1	±0.001	0.7	150～5 000
5	镍/铁	8.1	14.0±0.5	±0.001	7	1 500～50 000
6	镍/铁	8.1	11.0±1	±0.002	35	7 500 以上

6 原理

在一个装满检测液体的倾斜圆柱形管内测量一个球体在重力作用下穿过一段用标记(计量长度)标出的距离所需的时间。

7 计算方法

该方法利用从斯托克斯定律得出的黏度计公式,见式(1):

$$\eta = K \times (\rho_K - \rho_F) \times t \times \frac{g}{g'} \quad \cdots\cdots (1)$$

注:常数 K 和 ρ_K 是通过校准测定的(见第 11 章)。

8 仪器

8.1 Höppler 落球式黏度计

8.1.1 黏度计(见图 1)由一个装有待测液体的下落管和一个经过选择适合液体黏度的球体组成。下落管由装在座架上的热控制管套(简称"热管套")环绕着。热管套和下落管通过一根枢轴连接在一起,枢轴垂直于下落管的轴线并以 10°±1°的角度向水平方向倾斜。要将球体返回到起始位置,下落管和热管套组件可以相对于座架位置旋转 180°。在起始位置,该组件通过锁定装置固定在座架上。座架有三条腿,其中两条腿的高度可以通过校平螺钉进行调节。座架上有一个最大误差为 0.2°的水平仪,用来保证下落管处于垂直方向上的正确角度。温度是在热管套内用可更换的温度计进行测量的。

8.1.2 下落管[1]是一个采用 DIN ISO 3585 由硼硅酸玻璃 3.3[2]制成的经校准后精确的玻璃管,硼硅酸玻璃具有 $3.3\times10^{-6}\ K^{-1}$线性热膨胀系数,其内径为 15.94 mm。在下落管的中段有上、下两个标记(分别为 M_1 和 M_2),用来确定计量长度(100 mm±1 mm),另外还有一个下落管识别号和一条纵线或类似的标记。下落管将要插入内部,使热管套盖板上的箭头与纵线对齐。下落管用两个塞子进行密封,上塞上有一根毛细管连接到一个空腔。两个塞子的作用是防止在温度出现波动时压力发生无法接受的变化和空气进入。

8.1.3 黏度计所有 6 个球体,每个球都确保在表 2 给出的测量范围内。所有球应与下落管共有相同线性热膨胀系数(即 $3.3\times10^{-6}\ K^{-1}$),否则不能应用不确定性方法。

8.2 温度计

只要在全浸入并采用校准证书上规定的校正值时,允许热管套内温度的测量产生的不确定度 μ_θ 为 0.03 ℃(见第 12 章),那么不论是校准过的(全浸入式)玻璃水银温度计还是电温度计都可以使用。合适的温度计例如:设计符合 Höppler 黏度计的 DIN 12785 玻璃水银温度计或合适设计的铂电阻温度计。如果管套内温度测量的测量值不确定度较大,那么在 12.2 的不确定度计算中应计算公差。

在测量过程中温度计应防止受到热辐射。

---

1) 该术语采用 BS 188,参考国际标准 ISO 12058-1 中的"测量管"。

2) DIN ISO 3585 规定的具有一定耐化学性和物理特性的玻璃,称为"硅酸硼玻璃 3.3"。

单位为毫米

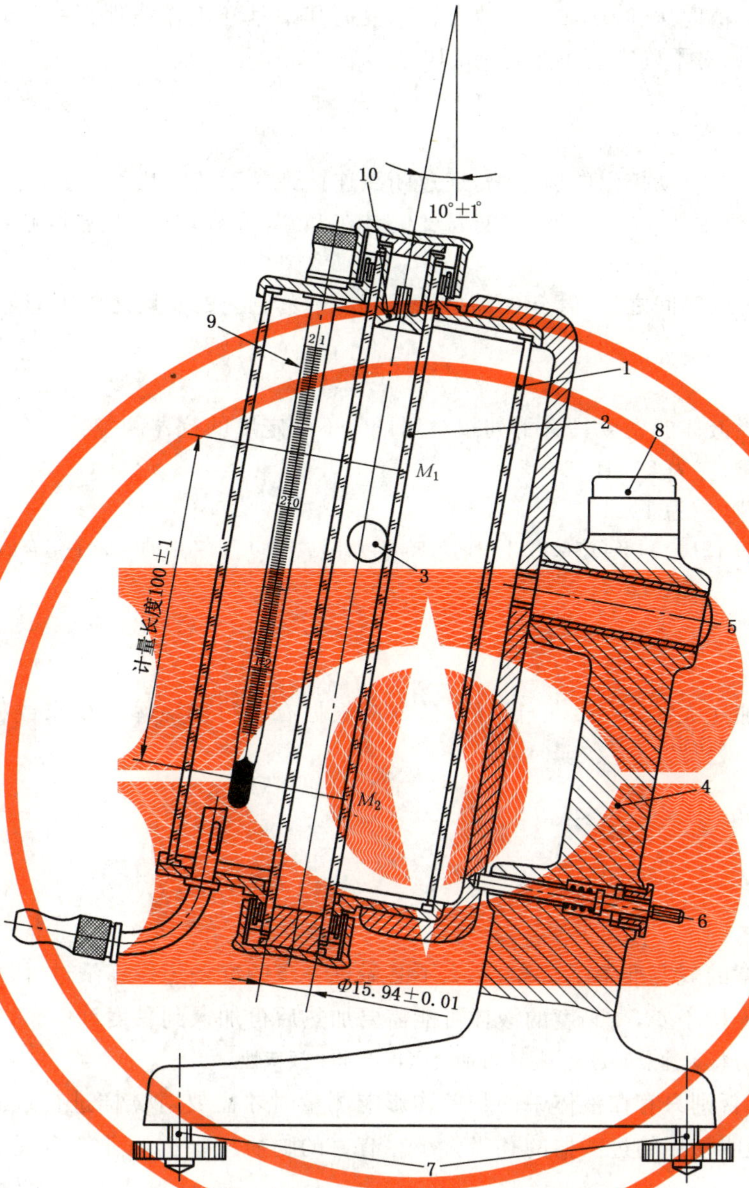

1——热管套；
2——下落管；
3——球体；
4——座架；
5——枢轴；
6——锁定装置；
7——校平螺钉；
8——水平仪；
9——温度计；
10——上塞；
M_1、M_2——标记。

图1 Höppler 落球式黏度计例图

8.3 计时器

计时器应是一个读数精度达到 0.01 s 的秒表。应根据其型号和工作条件在一段时间后重新进行校准，注意确保测量值的相对不确定度不超过 2×10^{-4}。

8.4 恒温器

使用的恒温器应是一个自动控温的恒温槽，通过闭路连接到黏度计的热管套上，并在进行一系列的测量时，应确保管套内的温度从 10 ℃～70 ℃的温度偏差在 0.02 ℃以内（或在温度超出这一范围时能恒温在 0.05 ℃以内）。

在达到稳态条件规定的时间之后，管套内的指示温度与下落管内的温度之差不应超过 0.01 ℃。

8.5 密度测量

密度应由能确定受检液体的密度具有下列相对测量值不确定度的仪器测量：

a） 如果使用玻璃球，应为 5×10^{-4}；

b） 如果使用金属球，应为 1×10^{-3}。

注：合适的仪器例如 ISO 12185 和 ISO 15212-1 中的振动密度计，或 ISO 3507 中的与天平组合的比重计。

9 取样

一个黏度计内需要加注大约 40 mL 的试样。试样应根据有关待测液体的要求或相关液体取样标准中的规定进行收集和预处理。

10 准备

10.1 试样的准备

10.1.1 如果按照第 9 章的规定准备了试样，那么不必做进一步的准备工作。不过，假如加热后再恢复到测量温度时液体黏度保持不变，高黏度的液体可能需要加热后再加入到黏度计中。

注：如果在液体或其组分接近冰点时进行测量，可能会呈现出非牛顿特性。

10.1.2 除非另有规定，否则只有在液体中的颗粒物影响测量时才需要对试样进行过滤。在这种情况下，还应在试验报告中说明使用的过滤器的孔径大小。有害的物质应根据职业安全规定和废弃物处理的有关规定进行处理。

10.2 球体的选择

10.2.1 所选球体的下落时间不应低于表 3 中列出的值。

表 3 最短下落时间

球 体 号	最短下落时间/s	
	t_1	t_2
1	700	60
2	300	50
3	300	50

表 3（续）

球体号	最短下落时间/s	
	t_1	t_2
4	150	50
5	30	30
6	30	30

10.2.2 在表 3 中，t_1 是根据 12.2 为计算不确定度（见表 4）所需的最短下落时间，而 t_2 是为获得重复性测量的最短下落时间。小于 t_1 的下落时间会使式（1）产生系统偏差（即转移时间延长），可达到百分之几。可以利用一些已知黏度的液体确定每一个黏度计的校正曲线。

10.3 测量下落时间

10.3.1 仪器的准备

10.3.1.1 用合适的液体和提供的下落管清洗毛刷清洗黏度计球体、下落管、端盖和盖板、塞子和密封圈。校准前，首先利用无残留物的挥发性石油醚（或者例如参考德国药典（German Pharmacopoeia）中规定的清洗用消毒酒精）进行清洗。冲洗几次后，将烘箱温度调到不高于 50 ℃进行烘干。

10.3.1.2 保证不阻塞塞子上的毛细管。

10.3.1.3 在测量前防止球体、下落管、端盖和盖板、塞子和密封圈进入灰尘。

10.3.1.4 插入下落管，使热管套盖板上的箭头与下落管纵线或下落管上的标记对齐。

10.3.2 步骤

10.3.2.1 利用内置水平仪校准黏度计，然后按黏度计操作手册中的规定将试样倒入下落管内。待温度稳定 30 min 后，重新取下上端盖，然后再将其装回并拧紧，形成压力平衡。保证塞子内进入部分空气。

10.3.2.2 将下落管翻转 180°，使球体下落到起始位置。然后再次将下落管翻转 180°，测量球体从上定时标记移动到下定时标记所需的时间，用放大镜观察这些标记，避免出现视差。球体外表面的最低点通过上部定时标记对准虚平面时开始测量计时，通过下部定时标记对准虚平面时停止测量计时。测量下落时间 5 次。

10.3.2.3 如果液体是不透明的，球体将由管壁上的亮点指示。在这种情况下，利用亮点通过两个标记的通道来测定时间。

10.3.2.4 在测量开始之前和结束之后即刻读出温度。保证最高和最低温度差不超过 0.02 ℃。

10.3.2.5 计算 5 次下落时间的平均值，并检查最长和最短下落时间的相对差，见式（2）和式（3）：

$$\varepsilon_t = \frac{t_{\max} - t_{\min}}{t} \leqslant 2.0 \times 10^{-3} \qquad \cdots\cdots(2)$$

式（2）用于 1 至 4 号球体。

$$\varepsilon_t \leqslant 2.5 \times 10^{-3} \qquad \cdots\cdots(3)$$

式（3）用于 5 号和 6 号球体。否则，清洗黏度计并重复进行测量。如果仍达不到要求，找出原因（例如管套内的温度波动过大）。在试验记录中报告任何达不到要求的情况，因为这将导致测量值的不确定度增大。

10.3.3 测量液体密度

确定液体密度的测量精确度达到 8.5 中的规定。

10.4 结果评价

10.4.1 利用第 7 章式(1)计算以 mPa·s 为单位的动力黏度，用平均下落时间代替 t，用测量温度时的密度值代替球体和液体密度值。

10.4.2 假定已根据本标准中的规定进行了校准，并且球体常数的相对不确定度与表 6 中所规定的值一致，如果能达到第 8 章至第 10 章中规定的要求，下落时间不短于表 3 中的 t_1，而且 ρ_F 等于 0.8 g/cm^3，那么将采用表 4 中给出的动力黏度测量值的相对不确定度。黏度温度系数对于 1 至 4 号球体是 0.07 K^{-1}，5 至 6 号球体是 0.1 K^{-1}。

10.4.3 如果使用的是有 0.1 ℃刻度间隔和 0.1 ℃测量值的不确定度的校准过的(全浸入)DIN 12785 玻璃水银温度计或有类似不确定度的其他温度计，测定的是全浸入且只用了 3 次而不是 5 次球体下落，那么表 4 中规定的 1 至 4 号球体的测量值的不确定度将增大 0.4%，5 号和 6 号球体将增大 0.6%。

表 4 假定符合第 8 章至第 10 章中的要求，液体密度 ρ_F 为 0.8 g/cm^3 而且下落时间不短于表 3 中所列的 t_1(适用于 K=2)时的动力黏度测量值的相对不确定度 u'_η

球体号	黏度测量值的相对不确定度 u'_η/%
1	0.6
2	0.6
3	0.6
4	0.7
5	0.9
6	1.2

10.4.4 如果测量条件不同，应根据第 12 章中的规定评估其不确定度。

10.5 试验报告

试验报告应参考本标准并至少包括下列内容：

a) 试样材料鉴别；
b) 测量温度，单位为摄氏度(℃)；
c) 使用的球体号、下落管号，球体常数和 20 ℃时的球体密度；
d) 1 至 4 号球体的动力黏度为 4 位有效数字，5 和 6 号球体的动力黏度为 3 位有效数字，单位为毫帕秒(mPa·s)；
e) 动力黏度的测量值不确定度；
f) 采用的校正值；
g) 测量日期。

11 黏度计校准

11.1 原理

黏度计校准的原理包括：黏度计的校准(例如由制造商、用户或授权的试验室校准)，结果的重复性和按第12章评估的测量值不确定度。对要求的每个球体进行校准并包括下列内容：

a) 测量球体的直径 d 和质量 m，并用式(4)计算球体的密度：

$$\rho_K = \frac{6m}{\pi d^3} \qquad \cdots\cdots(4)$$

b) 按式(5)利用两个黏度 η_N 已知但不同和密度 ρ_N 已知的标准试样从球体的下落时间中测定球体常数 K：

$$K = -\frac{\eta_N}{(\rho_K - \rho_N) \times t} \qquad \cdots\cdots(5)$$

11.2 标准试样和仪器

应使用下列标准试样和仪器：

a) 选择两种黏度不同的标准试样，使下落时间和测量值的相对不确定度符合表5中规定的要求；标准试样的密度应在0.8 g/cm³～1.2 g/cm³ 范围内，相对不确定度不超过 5×10^{-4}；

b) 适合测定球体质量的天平，精度为0.2 mg，必要时使用标准砝码校准；

c) 落球式黏度计适用的玻璃水银温度计，测量范围为19 ℃～21 ℃，刻度间隔为0.02 ℃(例如DIN 12785 温度计)，全浸入校准，具有规定的校正值，不确定度不超过0.01 ℃。只要温度计的测量值不确定度不超过0.01 ℃，就可以使用经过校准的合适电温度计(例如，铂电阻温度计)；

d) 测量球体直径的装置和量块，分辨率为0.2 μm，不确定度为0.000 2 mm(例如外径千分尺，其游标刻度间隔为0.002 mm)；

e) 8.3中的计时器；

f) 8.4中的恒温器。

表5 校准黏度计的标准试样

球体号	校准期间的下落时间/s	黏度指导值/(mPa·s)	允许的最大黏度相对不确定度(用于 $K=2$)
1	700～800 900～1 000	7.8～9 10～11	0.25 0.25
2	300～400 500～600	43～58 72～86	0.3 0.3
3	300～400 500～600	200～270 330～400	0.35 0.35
4	300～400 500～600	1 500～2 100 2 500～3 100	0.45 0.45
5	300～400 500～600	15 000～20 000 25 000～30 000	0.6 0.6
6	300～400 500～600	75 000～100 000 125 000～150 000	1.0 1.0

11.3 校准条件

适合校准的条件如下：

a） 环境温度：20 ℃±1 ℃；

b） 黏度计管套内的温度：19.9 ℃～20.1 ℃；

c） 多次测量中管套内允许的温度变化：≤0.02 ℃；

d） 直径测量中球体的温度：20 ℃±1 ℃；

e） 黏度计中标准试样达到热平衡的时间：≥30 min；

f） 测量直径之前球体达到热平衡的时间：≥3 h；

g） 从注满黏度计到下落时间测量结束的时间：≤6 h。

11.4 测量次数

11.4.1 测定球体常数时，对每个球体和不同黏度的每两个标准试样需要下落5次进行测定（见11.2）。

11.4.2 球体的直径应在表面上尽可能分布均匀的10个不同的点进行测定。

11.5 清洁度和光洁度

所有的黏度计部件都应保持清洁，不应有任何可能影响功能的可见缺陷（例如下落管内壁或球体表面上的划痕）。

11.6 测定球体密度

11.6.1 球体质量

球体质量应利用式（6）计算，单位为克（g）：

$$m=\frac{m_W}{W} \qquad \cdots\cdots(6)$$

式中：

$$W=\frac{\rho_{KW}-1.2\times10^{-3}}{0.999\ 850\times\rho_{KW}} \qquad \cdots\cdots(7)$$

注：利用式（7）计算空气浮力校正值时，用表2中合适的指导值替代球体密度值 ρ_{KW}。

11.6.2 球体直径

11.6.2.1 只能借助工具（例如取球镊子）取出球体，防止造成污染和引起温度变化。测量过程中应遵守长度测量装置制造商对进行测量和装配球体的说明。测量仪器在球体上施加的测量力不应超过1 N，防止压扁球体（赫兹压力）。

11.6.2.2 偏离圆度的差值，1号和2号球体不应大于0.5 μm，3号至5号球体不应大于1 μm，6号球体不应大于2 μm。

11.6.3 球体密度

用式（6）计算出球体质量，用式（4）通过十个球体直径的平均值和球体质量计算出球体密度。

11.7 测定球体常数

11.7.1 准备进行测量并按10.3的规定测定球体下落的时间。利用式（5）从校正温度下标准试样的动力黏度、球体下落时间平均值和球体黏度中计算出校准常数。

11.7.2 如果校准温度与20 ℃相差不大于0.1 ℃，则利用式（8）将标准样品在20 ℃下的黏度转换成校准温度下的黏度：

$$\eta_{N\theta}=\eta_N[1+U_\eta(20-\theta_K)] \qquad \cdots\cdots(8)$$

注：U_η 可以在标准试样的校准证书上找到（U_η 可以设定为等于 U_V）。见12.3中校准测量值不确定度的表6。

11.8 校准结果

校准报告应包含下列信息：

a) 仪器号；

b) 下落管号；

c) 球体质量，单位克(g)；

d) 20 ℃温度下的球体密度，单位克每立方厘米(g/cm^3)；

e) 20 ℃温度下的校准常数，单位毫帕秒立方厘米每克秒[$mPa \cdot s \cdot cm^3/(g \cdot s)$]；

f) 校准场地因重力引起的加速度；

g) 球体密度的不确定度；

h) 校准常数的不确定度。

12 测量值的不确定度

12.1 概述

12.1.1 水在 20 ℃温度的黏度值是国际认可的黏度的值(见 ISO/TR 3666)。在报告不确定度时可以不考虑基础值的不确定度。

12.1.2 假定测量场地和校准场地的重力加速度是已知的(相对不确定度不超过 1×10^{-4})，所以它对不确定度的影响可以忽略不计。测量值的不确定度应利用 DIN 1319-3(见附录 A)中描述的方法确定，并应报告为包含因子等于 2 时的结果，相当于大约 95％的置信度。

12.2 黏度测量

12.2.1 为确定测量值的不确定度，应考虑到下列作用变量的影响，有关的相对经验标准差以及分别用 s'和$(s')^2$ 表示并具有适当下标的相对方差。

a) 校准常数$(s'_K)^2$

根据第 11 章的规定进行校准时，采用表 6 内规定的不确定度和方差。

b) 球体密度 ρ_K 与液体密度 ρ_F 之间的差 D。

相对方差$(s'_D)^2$ 将取决于球体与液体密度差以及两个变量的不确定度，通过式(9)给出：

$$(s'_D)^2=\frac{1}{(\rho_K-\rho_F)^2}(s^2_{\rho_K}+s^2_{\rho_F}) \quad \cdots\cdots(9)$$

已知液体密度为 0.8 g/cm^3，符合 8.5 中的液体密度不确定度和 12.3 中的球体校准不确定度，那么 1 号和 2 号球体(玻璃球)的方差(s'_D)结果见式(10)：

$$s'_D=5.4\times10^{-8} \quad \cdots\cdots(10)$$

3 号至 6 号球体(金属球)的方差(s'_D)结果见式(11)：

$$s'_D=2.7\times10^{-8} \quad \cdots\cdots(11)$$

注：球体和液体密度之差 D 越小，这些密度的不确定度对(s'_D)，以及随后对测量值的相对不确定度的影响就越大，即：如果 D 接近零，那么 u'_D 和 u'_η 则趋于∞。如果使用的是玻璃球则不确定度大，但是一般金属球的 ρ_K 比 ρ_F 大很多。

c) 计时器$(s'_{timer})^2$

如果满足 8.3 中规定的要求，那么$(s'_{timer})^2$ 见式(12)：

$$(s'_{timer})^2=1.3\times10^{-8} \quad \cdots\cdots(12)$$

d) 温度测量$(s'_{\theta\eta})^2$

黏度测量值因温度测量值而引起的不确定度(s_θ)是由在相对测量温度下校准温度计时的不确定度

和在下落管中测量温度计与液体之间可能的大约 0.01 ℃的温度差造成的。如果满足 8.2 和 8.4 中规定的要求，那么 u_θ 将是 0.04 ℃。由于高黏度液体的黏度温度系数 U_η 通常大于低黏度液体的黏度温度系数，因此 1 号至 4 号球体的值假定为式(13)所示：

$$U_\eta = 0.07\ \text{K}^{-1} \qquad \cdots\cdots(13)$$

而 5 号和 6 号球体的值假定为式(14)所示：

$$U_\eta = 0.1\ \text{K}^{-1} \qquad \cdots\cdots(14)$$

由此可以得出以下结论，式(15)用于 1 至 4 号球体：

$$(s'_{\theta\eta})^2 = (U_\eta \times S_\theta)^2 = 2.6 \times 10^{-6} \qquad \cdots\cdots(15)$$

式(16)用于 5 号和 6 号球体(见附录 A 中的 A.3)：

$$(s'_{\theta\eta})^2 = (U_\eta \times S_\theta)^2 = 5.3 \times 10^{-6} \qquad \cdots\cdots(16)$$

e) 下落时间 $(s'_t)^2$

假如满足 10.3 中规定的要求，并考虑到 5 次下落时间的系数 F_2(见附录 A)，1 至 4 号球体的方差 $(s'_t)^2$ 将如式(17)所示：

$$(s'_t)^2 = 14.8 \times 10^{-8} \qquad \cdots\cdots(17)$$

而 5 号和 6 号球体的方差将如式(18)所示：

$$(s'_t)^2 = 23.1 \times 10^{-8} \qquad \cdots\cdots(18)$$

f) 下落管的倾斜度 $(s'_N)^2$

方差 $(s'_N)^2$ 如式(19)所示：

$$(s'_N)^2 = 1.3 \times 10^{-7} \qquad \cdots\cdots(19)$$

通过式(20)得出测量黏度的方差：

$$(s'_\eta)^2 = (s'_K)^2 + (s'_{\text{timer}})^2 + (s'_{\theta\eta})^2 + (s'_t)^2 + (s'_D)^2 + (s'_N)^2 \qquad \cdots\cdots(20)$$

12.2.2 根据 a)～f)项中得出的值可以计算出表 4 中规定的测量值的不确定度。

12.3 校准的不确定度

12.3.1 校准常数的不确定度

12.3.1.1 测定校准常数的不确定度时，将考虑到下列作用变量：

a) 标准试样

校准用标准试样黏度值的不确定度可在相关的校准证书中找到。表 5 中规定的不确定度最大值将用于下列计算。

b) 温度

校准 1 至 4 号球体使用的标准试样假定黏度温度系数 U_η 为 0.07 K^{-1}，校准 5 号和 6 号球体使用的标准试样假定黏度温度系数 U_η 是 0.1 K^{-1}(见 12.2)。

由于校准中温度测量的不确定度极限比黏度测量的低(0.02 ℃与 0.04 ℃相比)

1 至 4 号球体的方差 $(s'_{\theta,\eta})^2$ 将为式(21)所示：

$$(s'_{\theta,\eta})^2 = 0.65 \times 10^{-6} \qquad \cdots\cdots(21)$$

而 5 号和 6 号球体的方差将为式(22)所示：

$$(s'_{\theta,\eta})^2 = 1.3 \times 10^{-6} \qquad \cdots\cdots(22)$$

c) 球体与液体密度之差 (s'_D)[见 12.2.1b)]。

计时器、下落时间和下落管倾斜度的方差与黏度测量相同。

考虑到统计关系，利用两种标准试样对每个球体进行校准的方差可通过式(23)求出：

$$(s'_K)^2 = (s'_{\eta N})^2 + (s'_D)^2 + \frac{1}{2}(s'_t)^2 + (s'_{\text{timer}})^2 + (s'_{\theta,\eta})^2 + (s'_N)^2 \qquad \cdots\cdots(23)$$

12.3.1.2 这样就可以得出表6中规定的20 ℃温度下校准的相对方差。由于表6中规定的校准常数和测量值相对方差在整个温度范围(−20 ℃～120 ℃)内都适用,在规定表6中的U'_K时应考虑附加一个0.05%的不确定度(绝对值),使校准常数随着温度的变化而变化。

表6 在进行本标准中规定的校准时,校准常数(温度在−20 ℃～120 ℃之间)在20 ℃温度下校准的相对方差$(s'_K)^2$和测量值相对不确定度u'_K,(适用于$K=2$)

球体号	相对方差$(s'_K)^2$	相对不确定度U'_K/%
1	2.45×10^{-6}	0.37
2	3.14×10^{-6}	0.41
3	3.92×10^{-6}	0.45
4	5.92×10^{-6}	0.54
5	10.57×10^{-6}	0.70
6	26.59×10^{-6}	1.08

12.3.2 球体密度的不确定度

已知符合校准条件,球体密度的不确定度$u_{\rho K}$主要是作为表2中规定的所有玻璃和金属球体半径测量值不确定度的一个函数,其值将为式(24)所示:

$$u_{\rho K}=4\times10^{-4} \qquad (24)$$

相对方差$(s'_{\rho K})^2$将为式(25)所示:

$$(s'_{\rho K})^2=4\times10^{-8}(适用于K=2) \qquad (25)$$

附　录　A
（规范性附录）
确定测量值的不确定度

A.1　计算本标准中规定的测量值不确定度的程序是根据 DIN 1319-3 制定的，同时也符合《测量值的不确定度表达式指南》的规定。

A.2　如果一个被测变量 $y=G(x_1, x_2, \cdots, x_r)$ 是作用变量 $x_i(i=1, \cdots, r)$ 的一个函数，可以按式（A.1）求出相对方差 $(s'_y)^2$：

$$(s'_y)^2=\sum_{i=1}^{r}\left(\frac{x_i}{G}\times\frac{\partial G}{\partial x_i}\right)^2(s'_{x_i})^2 \qquad \cdots\cdots\cdots\cdots\cdots\cdots(A.1)$$

式中 $(s'_{xi})^2$ 是 x_i 的相对经验方差。

包含因子 K 为 2 时，按式（A.2）得出被测变量 y 测量值的相对不确定度：

$$u'_y=2\times s'_y \qquad \cdots\cdots\cdots\cdots\cdots\cdots(A.2)$$

大约为 95% 的置信度。

A.3　如果一个变量 x_i 只能估计其上限 a_0 和下限 a_u（相对范围，$\varepsilon=\frac{1}{\chi_i}(a_0-a_u)$），式（A.3）可以作为相对变量的估计值：

$$(s_{xi})^2=\frac{1}{3}\left(\frac{\varepsilon}{2}\right)^2 \qquad \cdots\cdots\cdots\cdots\cdots\cdots(A.3)$$

A.4　如果是一系列 x_i 的 n 次独立测量值，其相对方差的估计值见式（A.4）：

$$(s'_{xi})^2=\frac{1}{n}(s'_{Vi})^2 (n\geqslant 1) \qquad \cdots\cdots\cdots\cdots\cdots\cdots(A.4)$$

式中 s'_{Vi} 是利用式（A.5）估计的各单次测量值的标准偏差：

$$(s'_{Vi})^2=\frac{1}{\overline{V}_i}\sqrt{\frac{1}{n-1}\left[\sum_{j=1}^{n}(V_{ij}-\overline{V}_i)^2\right]} \qquad \cdots\cdots\cdots\cdots\cdots\cdots(A.5)$$

式中 $\overline{V}_i$ 由式（A.6）计算：

$$\overline{V}_i=\frac{1}{n}\sum_{j=1}^{n}V_{ij} \qquad \cdots\cdots\cdots\cdots\cdots\cdots(A.6)$$

A.5　如果在重复测量条件下进行的测量少于 10 次，式（A.5）可能导致对测量值的不确定度影响估计不足。在这种情况下，应估计出经验值（s'_{xi}）（例如根据前一次测量结果）。如果不可能或不合适，利用式（A.5）得出的 s'_{Vi} 数值应乘以表 A.1 中列出的因数 F_1。

表 A.1　因数 F_1 作为单次测量次数的一个函数

测量次数 n	因数 F_1
3	2.3
4	1.7
5	1.4
6	1.3
7	1.3
8	1.2
9	1.2

因数 F_1 的值在包含因子是 2 时有效，是根据 t 分布和正态分布计算出的。

A.6 如果一个作用变量的单次测量次数很少，可以从测量值的相对范围 ε 中计算出相对经验标准偏差。在这种情况下，应使用式(A.7)而不使用式(A.5)：

$$s'_{Vi}=\varepsilon\times F_2 \qquad \cdots\cdots\cdots\cdots\cdots\cdots\cdots\cdots\cdots\cdots(\text{A.7})$$

因数 F_2 取自表 A.2。

表 A.2 因数 F_2 作为单次测量次数的一个函数

测量次数 n	因数 F_2
3	0.591
4	0.486
5	0.430
6	0.395
7	0.370
8	0.351

参 考 文 献

[1] BS 188:1997 British Standard Methods for determination of the viscosity of liquids

[2] ISO 12058-1:1997 Plastics—Determination of viscosity using a falling-ball viscometer—Part 1:Inclined-tube method

[3] ISO 12185:1996 Crude petroleum and petroleum products—Determination of density—Oscillating U-tube method

[4] ISO 15212-1:1998 Oscillation-type density meters—Part 1:Laboratory instruments

[5] ISO 3507:1999 Laboratory glassware—Pyknometers

[6] German Pharmacopoeia

ICS 13.300;11.100
A 80

中华人民共和国国家标准

GB/T 27847—2011

石油产品 闪点测定 阿贝尔-宾斯基闭口杯法

Petroleum products—Determination of flash point—Abel-Pensky closed tester

2011-12-30 发布 2012-08-01 实施

中华人民共和国国家质量监督检验检疫总局
中国国家标准化管理委员会 发布

前　言

本标准按照 GB/T 1.1—2009 给出的规则起草。

本标准与法国标准 NF M 07-036(1984)《石油产品　闪点测定阿贝尔-宾斯基闭口杯闪点测定器》(法文版)的技术性内容相同。

本标准进行了下列编辑性修改：

——删除了原文中的纪事部分；

——用"本标准"代替"本试验方法"；

——将原标准附录中的图插入到正文的相应位置，保留附录中关于温度计的表和图。

本标准由全国危险化学品管理标准化技术委员会(SAC/TC 251)提出并归口。

本标准起草单位：中国检验检疫科学研究院、中国化工经济技术发展中心、江苏煤化工程设计研究院有限公司、中化化工标准化研究所。

本标准主要起草人：王立峰、陈会明、王晓兵、杨挺、郭新宇。

石油产品　闪点测定　阿贝尔-宾斯基闭口杯法

1　范围

本标准规定了阿贝尔-宾斯基(Abel-Pensky)闭口杯测定石油产品以及其他液体闪点的方法。

本标准适用于闪点在 5 ℃～65 ℃范围内的石油产品以及其他液体闪点的测定。温度低于 5 ℃时，本方法可以适用，但所得结果的精密度必然明显低于 9.3 中规定的数值。

本标准不适用于多相物质和黏性溶液闪点的测定，如清漆、涂料或胶合剂等。

2　规范性引用文件

下列文件对于本文件的应用是必不可少的。凡是注日期的引用文件，仅注日期的版本适用于本文件。凡是不注日期的引用文件，其最新版本(包括所有的修改单)适用于本文件。

ISO 3170　石油液体　手工采样(Petroleum liquids—Manual sampling)

ISO 3171　石油液体　自动管线采样(Petroleum liquids—Automatic pipeline sampling)

3　术语和定义

下列术语和定义适用于本文件。

3.1

闪点　flash point

试样在规定条件下加热到其蒸气与空气的混合物接触火焰发生闪火时的最低温度。

4　试验原理

闭口杯放入水浴或甘油浴中加热，水浴温度设定在预计闪点以上约 30 ℃。接近预计闪点时，温度上升速率控制在 1 ℃/min。每上升 0.5 ℃，记录一次温度计的读数，同时启动自动装置，打开油杯盖上的开口，引入点火源，观察是否闪火。重复该操作，直到容器开口处发生闪火。出现闪火时温度计的读数即为未校正的闪点。

5　试验仪器

5.1　一般装置

仪器装置由闭口杯、顶盖、旋转滑板、点火装置、滑板控制系统、水浴、漏斗、铜箱、环形法兰、外套、旋钮、摇杆、铅垂线、三角架、溢流管等部分组成，如图 1。闭口杯为铜质，内侧镀锡，也可选用导热性相同的不锈材料，悬挂在铜箱中，如图 2。仪器装置放在三脚架上，利用铅垂线控制垂直度。装置的加热方式不限。

单位为毫米

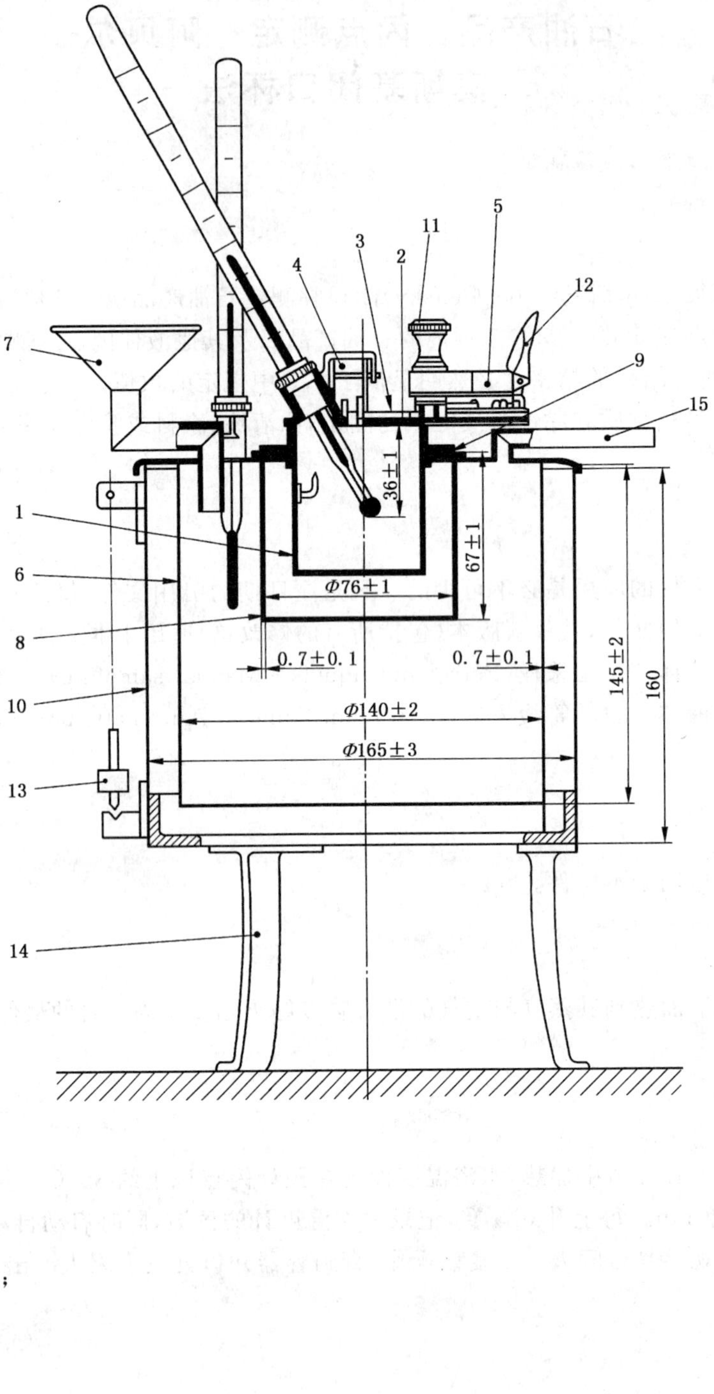

1——闭口杯；

2——顶盖；

3——旋转滑板；

4——点火装置；

5——滑板控制系统；

6——水浴；

7——装水漏斗；

8——铜箱；

9——环形法兰；

10——充满空气的外套；

11——旋钮；

12——摇杆；

13——铅垂线；

14——三角架；

15——溢流管。

图 1 ABEL PENSKY 闭口杯闪点测定器结构图(非精确点火型)

单位为毫米

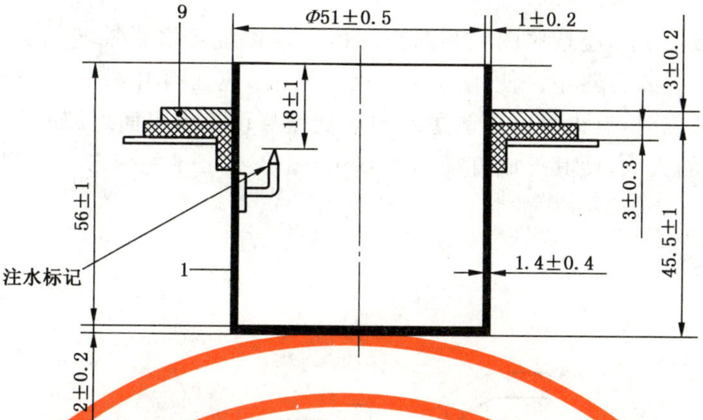

图 2　闭口杯

5.2　顶盖和旋转滑板

顶盖和旋转滑板上设两个开口，通过滑板的转动控制其开与关，如图 3 和图 4。滑板的转动由滑板控制系统控制，操作旋钮可抬起滑板。在 2 s±0.2 s 的时间内，点火装置能通过打开滑板、伸入和移除火焰喷嘴，再关闭滑板，完成一次点火试验。

单位为毫米

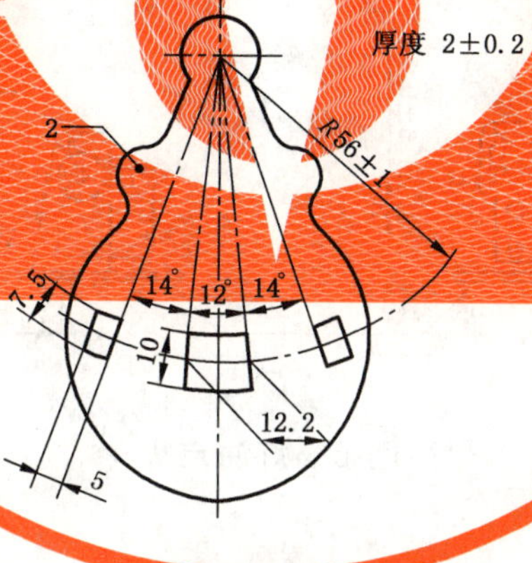

图 3　顶盖

单位为毫米

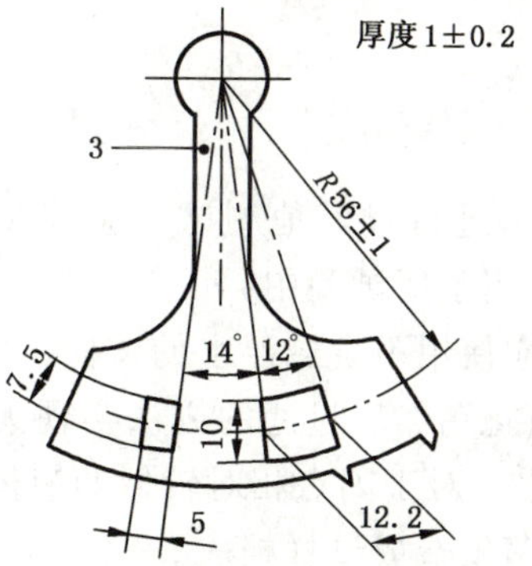

图 4　容器顶盖的转向滑板

5.3 点火装置

5.3.1 在转动滑板的过程中，应按照图5和图6的指示将可绕着水平轴转动的点火喷嘴放下，使火焰能够经由顶盖上的开口进入容器中。使用灯油点火喷嘴时，应在打开滑板的同时转动油箱，向灯芯供油。当火焰达到其最低点时，点火喷嘴内侧边缘的最低点与顶盖内表面之间的距离不得超过2 mm。

5.3.2 调节点火喷嘴的火焰，使其形成直径为3.5 mm±0.5 mm的球形。装置上配有一个燃气点火喷嘴，或在必要时配备一个与图6中的装置相对应的灯油点火喷嘴。

单位为毫米

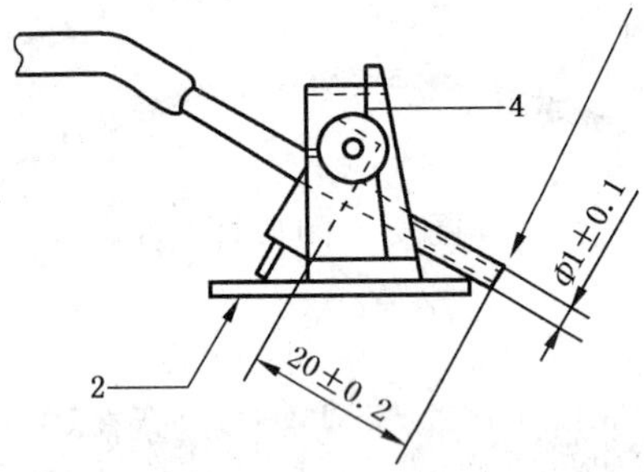

图5 燃气点火

单位为毫米

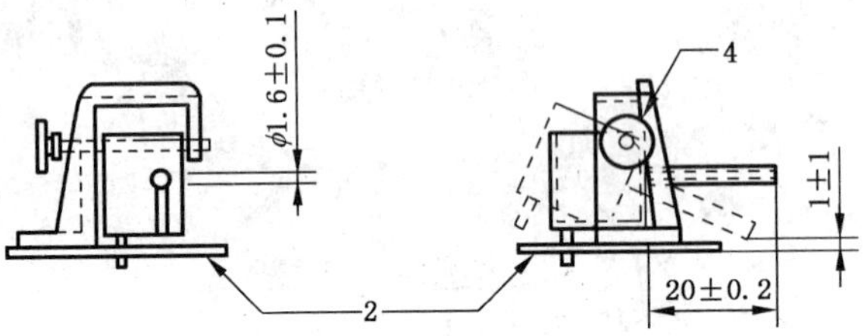

图6 灯油点火

5.4 温度计

容器和水浴中使用的温度计见附录A。

6 取样

6.1 闪点测定试验所使用的试样应未进行过其他测试。应按照ISO 3170或ISO 3171的规定取样。已进行过闪点测定试验的试样不得再用于新试验中。

6.2 取样后应立即密封容器。试验应使用不含悬浮水的试样。如试样含水分，应在密闭容器中保存直到水分析出。含水试样可通过添加氯化钙然后过滤的方法实现无加热脱水。含酒精的碳氢燃料，应在25 ℃以下添加无水硫化钠细粉末脱水。对于闪点相对较低的液体燃料，应采取措施使试样在整个试样制备过程中处于低温状态，避免由于蒸发造成试样损失。

7 试验准备

7.1 装置的准备

试验场所温度应控制在20 ℃左右，不通风。为了便于调节火焰和观察闪火，试验场所的光线不宜太强。将无闭口杯的闪点测量装置放在水平工作台上，利用铅垂线调整垂直度。

7.2 灯油点火装置的制备

将未压实的棉花塞入配有缠绕灯芯的喷嘴里，灯油逐滴注入棉花中，直到棉花和灯芯都达到完全饱和状态。

7.3 水浴的准备

通过漏斗向水浴中注水，直到水从溢流管中溢出。宜使用温水，调整水浴温度时只需稍微升高温度。水浴加热过程中，避免三脚架上的支撑环过热。试验过程中应保持水浴温度恒定不变。当温度超过90 ℃时，应使用甘油浴。表1提供了与各个闪点值对应的水浴温度(表1仅提供了水浴温度的参考值，升温速率应按照8.1的规定)。

表1 水浴温度与闪点之间的对应关系

单位为摄氏度

闪点 T_F	水浴温度 T_W
5～15	32～40
15～25	40～50
25～35	50～65
35～45	65～75
45～55	75～90
55～60	90～100(甘油)
60～65	100(甘油)

7.4 闭口杯和试样的准备

7.4.1 闭口杯的清洗和温度的调节

清洗闭口杯、顶盖和温度计 T_1，烘干后放入冷却器或冷藏室中冷却，直到达到注水温度。闪点低于40 ℃时，冷却温度应比预计闪点低约20 ℃。闪点高于40 ℃时，注水时的温度应为20 ℃左右。冷却后出现冷凝现象，应再次烘干。

7.4.2 温度调节和装样

试样调节至注水温度，装入闭口杯容器中，防止产生气泡。容器持续加样，直到试样刚好淹没水位标记。水位标记上方的容器壁被浸湿时，应倒空容器，清洗烘干后，再用新的试样装入闭口杯。装样后应立即盖上顶盖。水浴温度达到7.3规定的温度后，将装有试样的容器放入水浴中。

8 试验步骤

8.1 加热试样

容器装入温度计 T_1，温度调至 T_E，水箱中的水浴温度为 T_W，容器中液体的温度将如图 7 和表 2 所示逐渐上升。接近闪点时，升温速率保持 0.5 ℃/30 s 左右。

容器中温度接近 8.2 确定的起始温度 T_A 时，点燃点火喷嘴，并将火焰调节成球形。根据箭头指示的方向将旋钮转到止动位置上即可启动滑板控制系统。

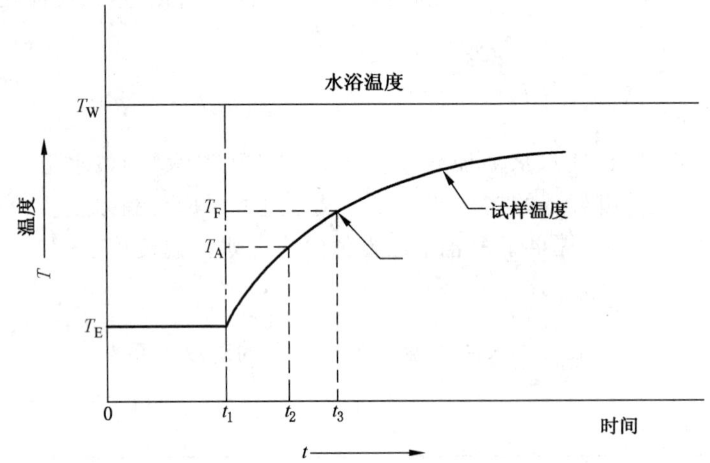

图 7 温度变化示意图

表 2 各阶段温度表

试验阶段	时间 t	温度 T	
		水箱中水浴温度	试样温度
开始试验	$t=0$	T_W＝常数	
将闭口杯放入装置中	$t=t_1$	T_W＝常数	T_E＝注水时的温度
开始正式试验	$t=t_2$	T_W＝常数	T_A＝试验开始时的起始温度，比 T_F 低 6 ℃～8 ℃
闪火	$t=t_3$	T_W＝常数	T_F＝未校正的闪点

8.2 初步试验

在开始正式试验之前，应进行一次或多次初步试验，确定预计闪点，由试样的预计闪点确定试验的起始温度 T_A。该起始温度比预计闪点低 6 ℃～8 ℃。

8.3 正式试验

8.3.1 准备

试验开始前，记录当时的大气压。

8.3.2 第一次试验

当试样达到起始温度 T_A 后，立即打开容器顶盖上的开口，引入点火源，观察是否闪火。如果未闪火，则温度计 T_1 每升高 0.5 ℃点火一次，直到发生闪火。

接近闪点时，点火会产生一个光环。但是，只有出现一个相当大的蓝色火焰并蔓延到整个液面时，才能认为该试样已经闪火。出现闪火现象时温度计 T_1 的温度即试样的未校正闪点 T_F。

8.3.3 重复试验

使用新试样重复上述步骤，测得第二个闪点值。重复试验前，应重复第一次试验中的清洗、烘干、冷却和制备等操作，同时应清洗温度计 T_1。前两个测量结果经校正差值大于 1.0 ℃时，则应再测定两个闪点值。认真清洗并检验整个试验仪器，观察顶盖和温度计 T_1 的位置以及点火时点火喷嘴的位移。对仪器进行检查后，所得新测量结果的差值仍大于 1.0 ℃，应中止试验，并在试验报告中注明燃烧的不规则性源自试验液体的属性。

9 计算

9.1 温度计的校正

按照温度计的标定证书对未校正的闪点值进行校正，得到闪点的观测值 T_0。

9.2 大气压的校正

利用式(1)～式(3)可得到 101.3 kPa 下的闪点观测值 T_0：

$$T_n = T_0 - \frac{P_1 - 101.3}{4} \quad \cdots\cdots(1)$$

或

$$T_n = T_0 - \frac{P_2 - 1\,013}{40} \quad \cdots\cdots(2)$$

或

$$T_n = T_0 - \frac{P_3 - 760}{30} \quad \cdots\cdots(3)$$

式中：

T_n——101.3 kPa 下校正后的闪点，单位为摄氏度(℃)；

T_0——闪点观测值，单位为摄氏度(℃)；

P_1——大气压，单位为千帕(kPa)；

P_2——大气压，单位为毫巴(mbar)[1)]；

P_3——大气压，单位为毫米汞柱(mmHg)[2)]。

计算两次校正了的闪点平均值，精确至 0.5 ℃。

9.3 精密度

9.3.1 重复性

正确操作情况下，在 5 ℃～65 ℃的温度范围内，由同一操作人员，在同一实验室内，使用同一仪器，

1) 1 mbar=0.1 kPa。

2) 1 mmHg=0.133 322 368 421 05 kPa。

对同一试样，20 次连续试验中，置信度 95%时，测试结果的最大差值大于 1 ℃的次数不得大于 1 次。

9.3.2 再现性

正确操作情况下，在 5 ℃～65 ℃的温度范围内，由不同操作人员，在不同实验室内，对同一试样，20 次连续试验中，置信度 95%时，测试结果的最大差值大于 1.5 ℃的次数不得大于 1 次。

注：闪点低于+5 ℃时，试验结果离散性较大。例如闪点低于-20 ℃时，上述最大差值应乘以 2。

10 试验报告

试验报告至少应包含以下信息：

——试验产品的类型和标识；

——国家标准的编号；

——试验结果；

——点火装置类型；

——所有不规则的燃烧现象；

——试验日期。

附　录　A
（规范性附录）
阿贝尔-宾斯基闭口杯闪点测定仪的密闭容器和水箱中所用玻璃水银温度计的基本规范

表 A.1　温度计规格参数表

名　　称	单位	密闭容器的温度计 T_1	水箱的温度计 T_2
类型		带保护分度	带保护分度
额定分度	℃	0～70	35～100
刻度	℃	0.5	1
浸没，刻度	mm	57±1	75±1
总长度	mm	280	285
拉杆直径	mm	9.5±0.5	9.5±0.5
容器的形状	—	球形	圆柱形
容器的长度	mm	—	20±1
容器的直径	mm	9.5±0.5	6.5±0.5
刻度部分的长度	mm	140±10	130±10
容器底部与刻度部分的间距	℃	0	35
	mm	75±5	90±5
容器底部与分度板边缘的间距	mm	30±5	45±5
保护壳与刻度部分的间距	℃	70	100
	mm	50（近似值）	50（近似值）
容器底部与拉杆上凸起部分中心的间距	mm	62±1	80±1
拉杆凸起部分的直径	mm	12_{-1}^{0}	12_{-1}^{0}
拉杆凸起部分的长度	mm	2±0.5	2±0.5
每条长线	℃	1	5
每个数字标注	℃	10	10
露出杆的温度	℃	25	25
最大分度误差	℃	±0.25	±0.5

注 1：DIN 12 785-BE 0.5/0/70 标准中规定的温度计适用于密闭容器。

注 2：DIN 12 785-BE 1/35/100 标准中规定的温度计适用于水箱。

单位为毫米

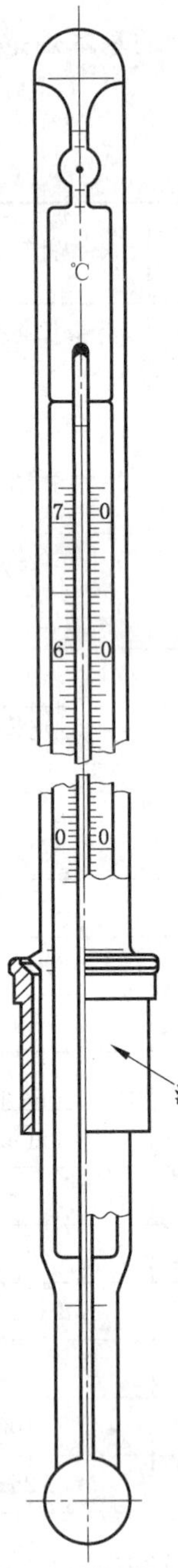

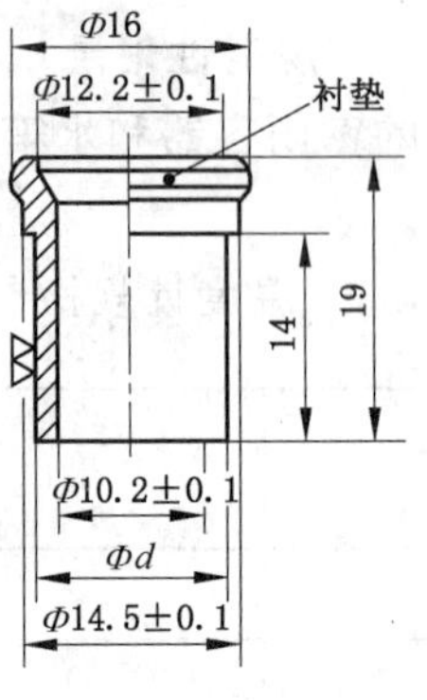

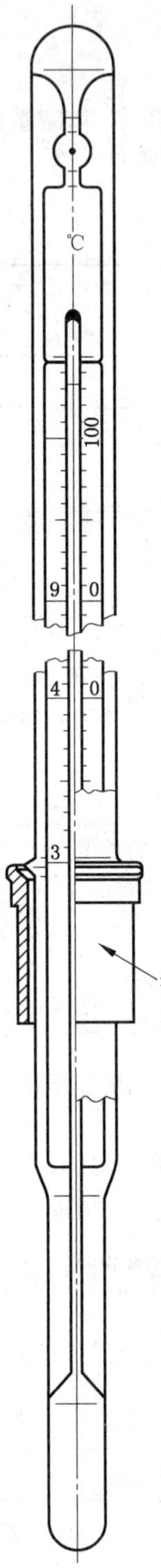

a） 温度计 T_1

b） 温度计 T_2

图 A.1 密闭容器和水箱中所用温度计的形状

ICS 13.300;11.100
A 80

中华人民共和国国家标准

GB/T 27848—2011

液态沥青和稀释沥青　闪点测定 阿贝尔闭口杯法

Liquid asphalt and derivatives—Determination of flash point—Abel closed tester

2011-12-30 发布　　　　2012-08-01 实施

中华人民共和国国家质量监督检验检疫总局
中国国家标准化管理委员会　发布

前　言

本标准按照 GB/T 1.1—2009 给出的规则起草。

本标准的技术内容与 NF T66-009:1969《使用阿贝尔闭合式试验器测定液态沥青和稀释沥青的闭杯闪点》(法文版)相同。

本标准做了下列编辑性修改：

——计量单位改为我国法定计量单位。

——重新排列图表编号。

本标准由全国危险化学品管理标准化技术委员会(SAC/TC 251)提出并归口。

本标准起草单位:中国检验检疫科学研究院、中国化工经济技术发展中心、江苏煤化工程设计研究院有限公司、中化化工标准化研究所。

本标准主要起草人:李蕾、陈会明、王晓兵、杨挺、郭新宇。

液态沥青和稀释沥青　闪点测定　阿贝尔闭口杯法

1　范围

本标准规定了使用阿贝尔闭合式试验器测定液态沥青和稀释沥青闪点的方法。

本标准适用于闪点低于或等于110 ℃的液态沥青和稀释沥青闪点的测定。

2　规范性引用文件

下列文件对于本文件的应用是必不可少的。凡是注日期的引用文件，仅注日期的版本适用于本文件。凡是不注日期的引用文件，其最新版本(包括所有的修改单)适用于本文件。

NF M07-033　石油产品　与试验方法有关的精度数据的测定和应用(Petroleun products—Determination and application of precision data in relation to methods of test)

3　术语和定义

下列术语和定义适用于本文件。

3.1

闪点　flash point

试样在规定条件下加热到其蒸汽与空气的混合物接触火焰发生闪火时的最低温度。

4　试验原理

密闭容器中将试验样品与流动空气隔开，慢慢搅动并均匀地加热。按照一定的间隔时间引入点火源，并记录样品闪火的最低温度。

5　试验仪器

5.1　阿贝尔装置

阿贝尔装置见图1。

单位为毫米

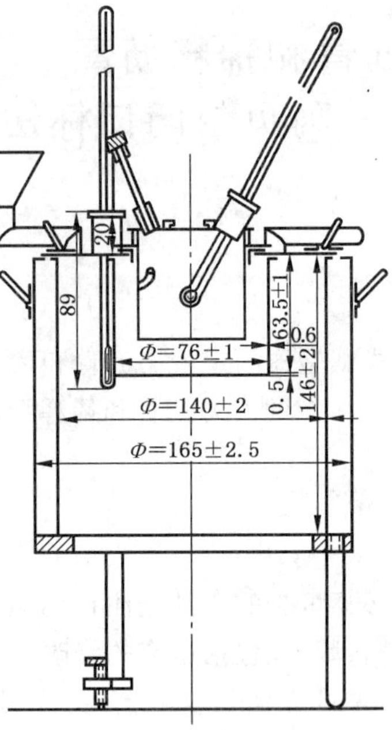

图 1　阿贝尔装置(无搅拌器)

5.2　容器

容器如图 2 所示。

单位为毫米

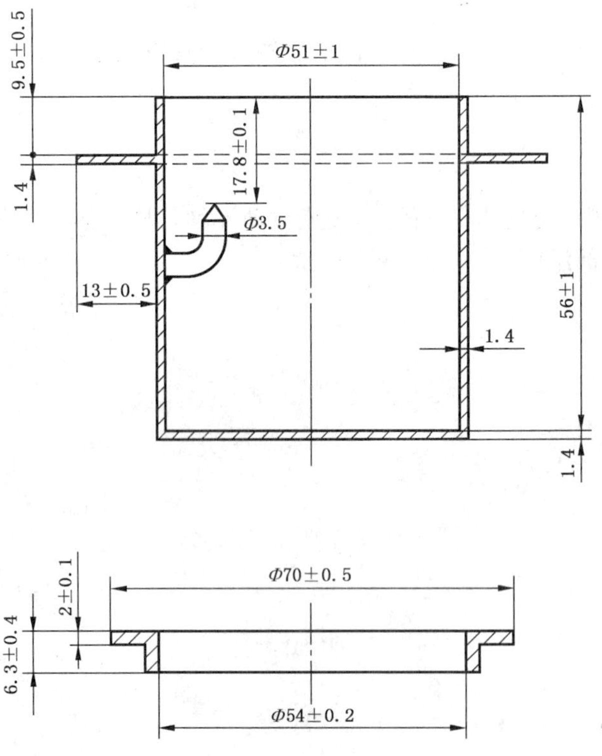

图 2　容器和纤维垫圈

容器材料为黄铜或青铜，圆柱型器皿，上端开口，外部有一个直角圆形平法兰盘。其内部用银焊接或铅焊，容器壁上有金属杆的测量仪，测量仪头部向上，尖状末端。该容器详细规格尺寸见表1。

表1 容器规格表

单位为毫米

容器零件名称	规格
容器壁和底部的厚度	1.4
内径	51±1
内深度	56±1
法兰盘的厚度	1.4
法兰盘的宽度	13±0.5
法兰盘上部到容器边缘的距离	9.5±0.5
计量仪的直径	3.5
计量仪顶点到容器上端边的距离	17.8±0.1

5.3 盖子

5.3.1 容器盖子保证容器的密闭性。配有向下的封口环，与容器的法兰盘对齐。法兰盘用银焊或铅焊接，可以与盖子连接在一起。盖子上部装有温度计的座槽和支撑点火器的轴销。导轨上固定着一对导销、一个白色滚珠和一个连接搅拌装置的套管。

5.3.2 盖子上部有3个方形孔，对称分布在盖子直径上，一个在中心位置，另外两个相对紧靠在法兰盘的内端。导轨在定位销的相对位置移动可开启或关闭盖子上的方形孔。导轨的行程被适配的限位块限制，其到达朝外的行程终点时，盖孔完全打开，到达相反位置时，盖孔完全关闭。

5.3.3 支撑点火器灯的轴销固定于定位销的上部，其可使灯能自由摆动，且需装有灯芯嘴。如果导轨移动露出方孔，摆动的灯会与固定在导轨上的限位块接触。灯在中央开口的上部翻转，翻转到最低位置时，灯芯嘴需处于盖子和中央孔的中间。火源处于孔内的中央位置。可以使用煤气点火器。温度计的坐槽为插口座，且需按一定角度安装。温度计的坐槽在这个角度上正好能使温度计竖着从盖中心穿过。装在盖子上的白色滚珠直径为3.8 mm±0.2 mm。盖子上面除了滚珠，其他所有部分使用材料均为黄铜，滚珠可以用象牙或其他合适的材料。盖子如图3所示。盖子及温度计插座规格尺寸见表2。

5.3.4 套管用于连接叶片式机械搅动器(图4)，搅拌器用于在加温过程温度分配更均匀。套管尽量靠近盖子的外沿并与温度计座槽相对。套管的倾角及搅拌器的规格要求如下：旋转中连杆不接触液位计，叶片处于温度计槽下面且两者不能接触。搅拌器由连杆组成，连杆下端焊接4个叶片。套管的下截面和卡环的上截面应尽量避免在旋转中产生任何竖向间隙。所有机械装置的配置能确保试验中连杆转速达到70 r/min～80 r/min。套管及搅拌装置规格尺寸见表3。

单位为毫米

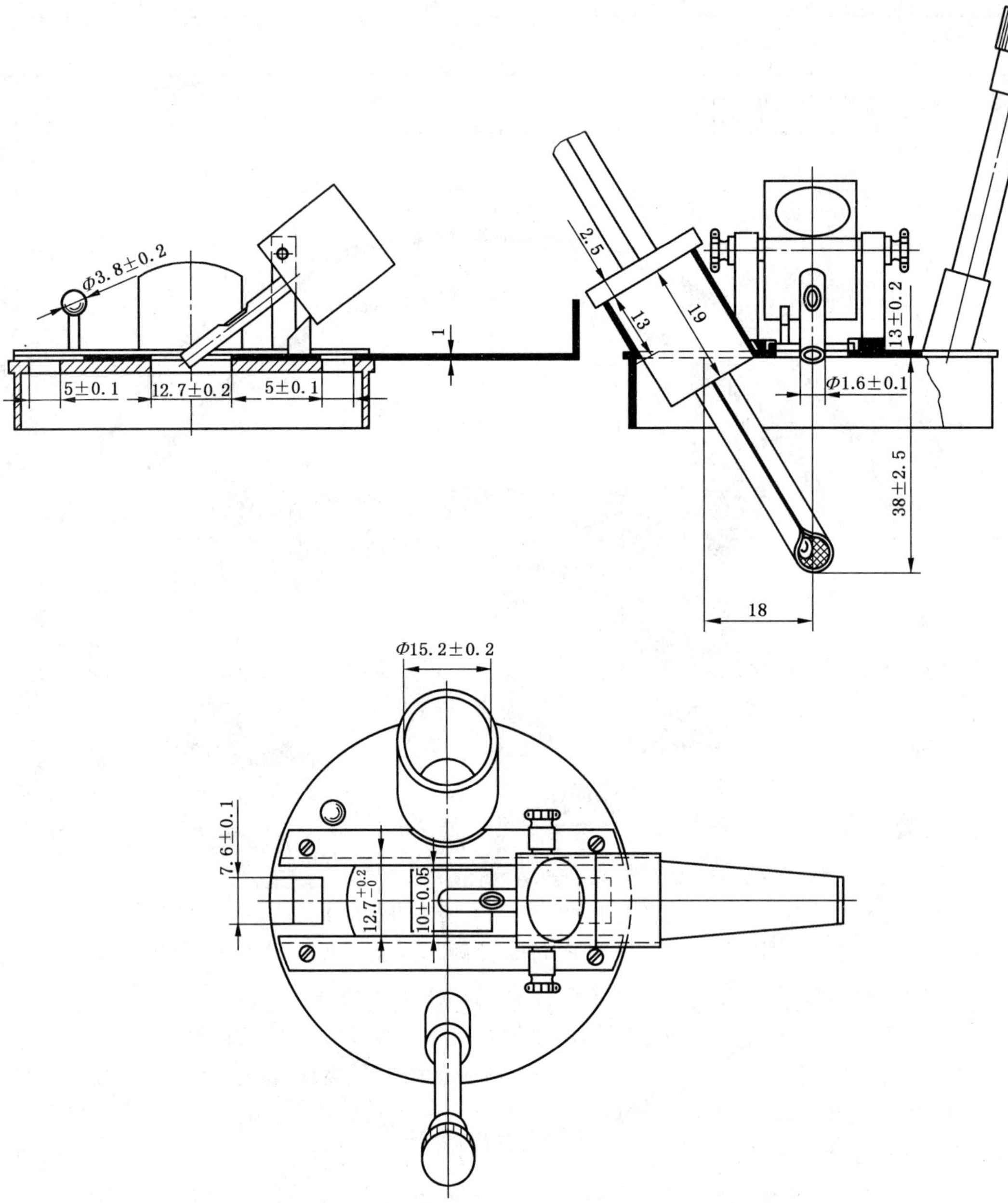
Φ3.8±0.2
5±0.1
12.7±0.2
5±0.1
1
2.5
13
19
13±0.2
Φ1.6±0.1
38±2.5
18
Φ15.2±0.2
7.6±0.1
12.7 +0.2 −0
10±0.05

图 3　盖子

表 2　盖子及温度计插座规格表

单位为毫米

项目		规格
盖子	盖子厚度	1.3±0.2
	导轨方向中心孔的长度	12.7±0.2
	中心孔的宽度	10± 0.05
	导轨方向周边孔的长度	5±0.1
	周边孔的宽度	7.6±0.1
	导轨厚度	1
	导轨上部的宽度	12.7±0.2
	点火器,灯芯管总长度	15 左右以便符合灯翻转时位置要求为准
	点火嘴孔的直径	1.6±0.1
	滚珠的直径	3.8±0.2
温度计插座	内径	15.2±0.2
	盖子下部微型发生器的长度	13 左右
	盖子下部大发生器的长度	19 左右
	插座中心到盖子中心的距离	18 左右
	盖子上插座的截面中心与盖子中心的距离	38±2.5

单位为毫米

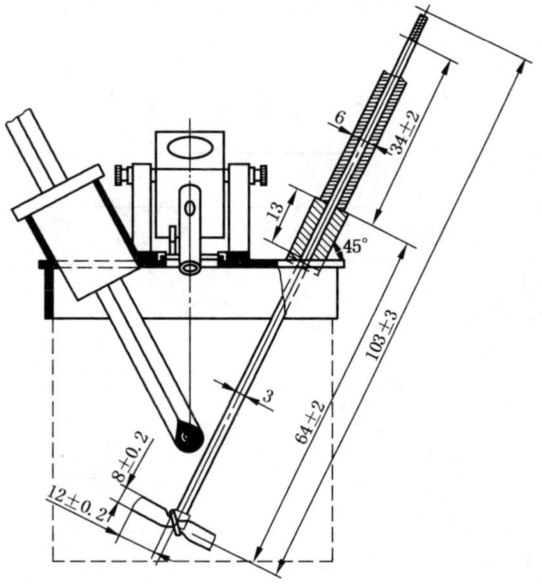

图 4　搅拌装置

表 3 套管与搅拌装置规格表

单位为毫米

<table>
<tr><th colspan="3">项　目</th><th>规　格</th></tr>
<tr><td colspan="2" rowspan="3">连接搅拌装置的套管</td><td>总长</td><td>16±2</td></tr>
<tr><td>套管内径</td><td>3.5 左右，应保证搅拌装置可自由旋转并且没有相对搅拌装置的竖向间隙</td></tr>
<tr><td>超出盖子部分的轴向长度</td><td>13±2</td></tr>
<tr><td rowspan="9">搅拌装置</td><td rowspan="6">连杆</td><td>总长</td><td>103±3</td></tr>
<tr><td>叶片焊点下端的长度</td><td>2 左右</td></tr>
<tr><td>从套管下顶端到上截面的长度</td><td>64±2</td></tr>
<tr><td>从套管上截面到连接机械操纵杆的螺纹丝下面长度</td><td>34±2</td></tr>
<tr><td>截面直径</td><td>3 左右</td></tr>
<tr><td>管头外径</td><td>6 左右</td></tr>
<tr><td rowspan="3">叶片</td><td>厚度</td><td>2</td></tr>
<tr><td>连杆以外的长度</td><td>12±0.2</td></tr>
<tr><td>宽度</td><td>8±0.2</td></tr>
</table>

5.4 容器内部温度计

为了保证容器内的体积条件，应准确确定温度计的内部尺寸。

5.5 加热槽

5.5.1 由两个平底圆柱形容器组成，其共同焊接在铜制环形板一个轴面上，两个圆柱形容器之间完全扣紧，环形板的外径大于容器的最大外径，其内径小于容器的最小内径。另外加热槽还包括环形板、纤维或胶木垫圈以及温度计插座。加热槽规格尺寸见表 4。

表 4 加热槽规格表

单位为毫米

<table>
<tr><th colspan="2">项　目</th><th>规　格</th></tr>
<tr><td rowspan="3">内槽</td><td>厚度</td><td>0.6</td></tr>
<tr><td>内径</td><td>76±0.1</td></tr>
<tr><td>深度</td><td>63.5±1</td></tr>
<tr><td rowspan="3">外槽</td><td>厚度</td><td>0.6</td></tr>
<tr><td>内径</td><td>140±2</td></tr>
<tr><td>深度</td><td>146±2</td></tr>
<tr><td rowspan="3">环形板</td><td>厚度</td><td>1</td></tr>
<tr><td>外径</td><td>160±2</td></tr>
<tr><td>内径</td><td>不能大于纤维或胶木垫圈直径的 2.5 倍</td></tr>
</table>

表 4（续）

单位为毫米

项　　目		规　　格
纤维或胶木垫圈（图 2）	内径	54±0.2
	边缘外径	70±0.5
	垫圈高度	6.3±0.4
	厚度（突出边）	2±0.1
温度计插座	内径	15.2±0.2
	突出板外的高度	20

5.5.2　纤维或胶木垫圈右截面为角尺形，装于加热槽的中央开口。容器与垫圈应都位于加热槽内的中心位置。纤维或胶木垫圈由 6 个螺丝固定，以避免加热槽和容器之间接触。开口插座与容器盖上的插座类似，竖立直放，以便将温度计埋在水槽中。漏斗和排放管通过板的上部与加热槽连接，板上固定着两个环可以将整个装置抬起。

5.5.3　加热槽放于铸铁三角架上。三角架上固定一个厚度大于或等于 0.55 mm 的铜制圆柱形外壳，外壳朝里折边，槽正好与外壳的外折叠边平齐。外壳配有直径为 165 mm ±2.5 mm 的 2 个柄。加热槽可以用任何合适的装置加热。装置应位于通风循环良好的环境，例如：风通过小直径管子可从开孔进入加热槽中。

5.5.4　温度计的卡环为黄铜材料，其外径可在插座上调节，温度计管厚度为 0.5 mm，边缘厚度为 2.5 mm±0.1 mm。

5.5.5　使用规定特性的加热槽温度计。加热槽温度计与容器温度计规格见附录 A。

5.5.6　分钟摆动 75 次～80 次，可用有效长度为 60 cm 的吊摆代替节拍器。

6　样品分析特别注意事项

6.1　样品分析注意事项

为了避免挥发性试剂的损耗，在取样和试验操作中尽量避免样品与大气的接触。将样品保存在密封的容器中，在有争议的情况下，至少单独保留 100 g 样品。

6.2　操作方法

6.2.1　如果在实验室温度下，样品因太稠不能倒出，可把样品放于密封容器在加热槽中加热，使试样温度最大控制在预期闪点值 10 ℃以下。

6.2.2　如果测定的闪点在 100 ℃以上，将加热槽装满水，并用水或水和甘油混合剂容器将槽直径的环形空间填满。使槽的温度大于预热试样的温度。

6.2.3　如 6.2.1 所示条件下，抽取样品达到液位计指示器的最高位。装上盖子并配上温度计。

6.2.4　起动搅拌装置，将搅拌速度调节到 70 r/min～80 r/min。在很稠的样品中刚开始不能到达这个转速，但随着温度的上升转速也上升，最终达到 70 r/min～80 r/min。

6.2.5　点燃点火器。调节加热槽使容器中沥青的温度每分钟升高 0.4 ℃至 0.7 ℃。

注：为了保持加温的速度，要求保持槽的温度比试验样品的温度高 4 ℃。

6.2.6　温度每升高 1 ℃，就将点火器的火苗放在气体中测试是否可燃，同时不断搅拌。在设定闪点温度的 10 ℃以下时用下列方式进行第一次操作：慢慢打开盖子的导轨，在节拍器摆动前 3 次时处于打开状态，摆动第4次时关闭。

6.2.7 控制温度不断升高，直到点火器可将其点燃，产生明火，但不可将其与围绕着测试火的浅蓝色光晕混淆。记录此温度，样品在这个温度下发生燃烧并且气压表的气压接近100 Pa(1 mbar)。

如果温度最终确定，但以下任何一种准备工作未完成，应重新试验，如：试样的预先热处理，升温的速度等。

6.3 试验结果表达

6.3.1 修正温度计读取数值的误差。

6.3.2 在6.2.1基础上根据大气压差再次修正数值，修正大气压差101.3kPa(760 mm Hg)，操作如下：在103 kPa以下每3.3 kPa加1 ℃，而在101.3 kPa以上每3.3 kPa减去1 ℃。

7 试验方法的准确性

试验方法的准确性根据NF M07-033标准确认。试验结果的允许误差不能超出表5所示：

表5 试验允许误差表

重复性	再现性
2 ℃	4 ℃

8 试验报告

试验报告中应记录所得试验结果。此外还应注明所有在标准中并未规定或者任选的操作细节，以及可能影响试验结果的操作。

附　录　A
（资料性附录）
加热槽温度计与容器温度计规格尺寸

A.1　加热槽温度计规格见表A.1。

表A.1　加热槽温度计规格

项　　目	加热槽温度计
温度计的刻度范围	15 ℃～121 ℃
温度计刻度	0.5 ℃
温度计总长	305 mm±10 mm
连杆直径	6.1 mm～7.6 mm
储水池的形状	圆柱体
储水池的长度	20 mm 左右
储水池的直径	最大等于连杆直径
刻度的长度	≥152 mm
从储水池下部到15℃刻度的距离	≥102 mm
最长刻度	1℃～5℃
刻度编号	5 ℃
膨胀室	需要
顶部装饰	玻璃环
刻度最大误差	0.2 mm
浸入	为了卡环顶部到储水池下部的距离等于89 mm±2.5 mm，应在连杆上设计凸缘以保证温度计固定在卡环上

A.2　容器温度计规格见表A.2。

表A.2　容器温度计规格

项　　目	容器温度计
温度计的刻度范围	10 ℃～110 ℃
温度计刻度	0.5 ℃
温度计总长	305 mm±10 mm
连杆直径	6.1 mm～7.6 m
储水池的形状	圆柱体
储水池的直径	8.9 mm±1.5 mm
刻度的长度	≥178 mm
从储水池下部到15 ℃刻度的距离	≥76 mm

表 A.2（续）

项　　目	容器温度计
最长刻度	1 ℃～5 ℃
刻度编号	5 ℃
膨胀室	需要
顶部装饰	玻璃环
刻度最大误差	0.2 mm
浸入	为了卡环顶部到储水池下部的距离等于 89 mm±2.5 mm，应在连杆上设计凸缘以保证温度计固定在卡环上